最完整
犬種
圖鑑百科

下

多明妮克‧迪‧畢托
（Dominique De Vito）

海瑟‧羅素瑞維茲
（Heather Russell-Revesz）

史蒂芬妮‧佛尼諾
（Stephanie Fornino）——著

晨星出版

格陵蘭犬 Greenland Dog

品種資訊

原產地
格陵蘭／北極區域

身高
公 23-27 英寸（58-68 公分）／母
21.5 英寸（55 公分）或以上｜母
20-24 英寸（51-61 公分）[KC]

體重
公 75-104.5 磅（34-47.5 公斤）／
母 50.5-90.5 磅（27-41 公斤）

被毛
雙層毛，外層毛直、粗糙、濃密，
底毛柔軟、濃密

毛色
所有顏色皆可｜但不可為白化種
[ARBA] [CKC] [FCI]

其他名稱
Grønlandshund

註冊機構（分類）
ARBA（狐狸犬及原始犬）；CKC
（工作犬）；FCI（狐狸犬及原始
犬）；KC（工作犬）；UKC（北
方犬）

起源與歷史

　　格陵蘭犬與其他北方雪橇哈士奇的血緣相近，這些哈士奇曾經有許多不同變種。幾千年前因紐特人抵達格陵蘭及其他北極區域，帶來了幫他們拉雪橇、狩獵、守護家園的健壯犬隻。這些狗也被用於狩獵海豹，因為牠們的靈敏嗅覺、拖拉重物和作為雪橇犬的能力而備受讚揚。數個世紀以來，這些狐狸犬是因紐特人的重要交通工具，牠們厚實的被毛和強而有力的身軀能忍受嚴寒氣候，在 -45.5°C 的低溫下存活。隨著寒冷氣候地區出現其他交通方式，需要格陵蘭犬拖拉的需求已逐漸減少，但格陵蘭犬仍存活了下來，在格陵蘭之外的地區並不常見。格陵蘭犬是稀有犬種，但和牠一起工作的人們直到現在都還很重視牠們。

個性

對於在格陵蘭及其他北方國家嚴寒氣候下生長的犬隻來說，牠們必須保持身心強健；而格陵蘭犬正是如此。牠能獨立思考也能儲存大量體力。需要勞動以激發完整潛力；若是沒有工作的話，不但對健康有害，也會讓牠無聊難耐。

照護需求

運動

勤勞的格陵蘭犬喜歡運動，尤其是拉雪橇或是其他能讓牠參與日常家事的活動。幼犬時期既有活力又愛玩，之後會長成健壯的大型成犬。在住家附近散步或偶爾健行將無法滿足牠的運動需求。

飲食

格陵蘭犬需要高品質的飲食來保持活力，若在寒冷氣候環境中更為需要。

梳理

牠的被毛幾乎不需清理，只需要偶爾梳理以保持底毛並確保被毛和皮膚的健康。牠的大型絨毛尾巴則需要特殊照護以保持乾淨。

健康

格陵蘭犬的平均壽命為十二至十四年，根據資料並沒有品種特有的健康問題。

訓練

只要訓練方向包括從事勞動，格陵蘭犬的學習速度會很快，也會積極學習。但若訓練內容要求牠完成牠認為不合理的事可能會有點困難。牠會獨立思考，若主人沒有給予足夠動機誘導牠服從命令，牠會憑自我意識行動。幼犬時期的社會化訓練很重要，多和不同人群、其他動物進行互動，多去各種地方並嘗試新事物。

速查表

適合小孩程度	梳理
🐾🐾🐾🐾🐾	🐾🐾🐾🐾🐾
適合其他寵物程度	忠誠度
🐾🐾🐾🐾🐾	🐾🐾🐾🐾🐾
活力指數	護主性
🐾🐾🐾🐾🐾	🐾🐾🐾🐾🐾
運動需求	訓練難易度
🐾🐾🐾🐾🐾	🐾🐾🐾🐾🐾

靈緹犬 Greyhound

品種資訊

原產地
大不列顛

身高
公 27-30 英寸（68.5-76
公分）／母 26-28 英寸
（66-71 公分）

體重
公 65-75 磅（29.5-34 公
斤）／母 60-70 磅（27-
31.5 公斤）

被毛
短、平滑、堅實、緊密

毛色
黑、白、紅、藍、淺黃褐、
淡棕、虎斑，或任何前述
顏色帶紋白色

其他名稱
英國靈緹犬（English
Greyhound）

註冊機構（分類）
AKC（狩獵犬）；ANKC
（狩獵犬）；CKC（狩獵
犬）；FCI（視覺型獵犬）；
KC（狩獵犬）；UKC（視
覺型獵犬及野犬）

起源與歷史

　　西元前四世紀的埃及陵墓上所繪的犬類畫像外貌與我
們熟知的靈緹犬以及薩路基獵犬十分相似，看得出來此犬
種在當時非常受人尊崇。在接下來幾個世紀裡，靈緹犬的
海外出口量非常高，散布範圍擴展到近東和歐洲。而進入
英國後，靈緹犬才開始發展與改良，成為貴族及富人的最
愛。有一句威爾斯諺語提到：「你可藉由馬匹、猛鷹和獵
犬來認識一個人。」事實上，英國貴族也喜歡將靈緹犬當
作身份地位的表徵。他們於 1016 年通過了一條法律，若是
「平民」飼養靈緹犬就要被處罰。

　　一般認為其名稱「Greyhound」可能是來自這些字源：
拉丁語「Gradus」（迅捷）、古英語「grech」或「greg」
（犬），也可能是「草食獵犬」（graze hound）或「巨型獵犬」
（great hound）的誤用。

　　這些傑出的獵犬能夠捕捉動作敏捷的動物，是公認速
度最快的犬種，時速可達 70 公里／小時。人們很快就發現
靈緹犬的這項優點，並開始利用牠們比賽。幾世紀以來，
靈緹犬競速的熱潮一直沒有降低。在某些國家，這只是一
項使用鄰居家的狗競賽的簡單娛樂。然而，在其他國家卻
已經商業化，且競賽的獵犬常常受到虐待。這也造就了一
種靈緹犬團體：整救競賽型靈緹犬。當靈緹犬因為各種不
同原因而結束競賽生涯後，就會有人將牠們從競賽場上（或
瀕死狀態中）救出，並由一般家庭認養。這項計劃十分成
功，從賽場退下來的獵犬被往美國或甚至是世界各地的認
養家庭。

個性

　　溫和、熱情、好動而高貴，靈緹犬擁有無數優點。幾個世紀以來，有許多人稱讚牠的性情。靈緹犬非常高雅又莊嚴，在獵場上的職責也盡善盡美，是全方位的絕佳夥伴。天生具有同情心、容易管教，既甜美又有調皮的幽默感。對陌生人保持距離，有點像貓，而愛好者也覺得這項特點很可愛。出外散步時不該將牽繩解開，因為牠的狩獵直覺強烈，若開始追逐動物，會跑得不見蹤影。

照護需求

運動

　　身為全世界速度最快動物之一，靈緹犬其實不需要太多的運動時間。並不是說牠不需要出門；相反地，牠很喜歡飼主定期帶牠外出，尤其是到安全的大型封閉場地，讓牠能夠盡情馳騁，也能找到東西追逐。只要能定期進行這樣的運動，平時牠會很樂意在家打盹。

飲食

　　靈緹犬需要高品質的飲食。曾擔任賽犬的犬隻會有消化問題，因為牠們的飲食常使用劣質的蛋白質。這些問題通常會在被收養後幾個月內消失，因為牠們的身體已經適應新食物。

梳理

　　靈緹犬的平滑短毛只需要偶爾梳理，用獵犬潔毛手套擦拭或用馬梳來鬆開或除去死毛。

健康

　　靈緹犬的平均壽命為十至十二年，品種的健康問題可能包含胃擴張及扭轉、骨肉瘤，以及甲狀腺問題。

訓練

　　靈緹犬天生教養良好，透過直覺就能輕鬆學習並享受誘導獵捕。如果要訓練牠們做出天生不會做的事，就有點困難。身為大型犬，牠的體型專為迅捷速度而生，可能會比其他狗更難學會「坐下」。靈緹犬通常有自己的行動模式，對嚴厲的訓練方式也非常敏感，溫和而正向的訓練方法才是上策。應該從幼犬時期就進行社會化訓練，以避免牠們個性變得恐懼或安靜。

品種資訊

原產地
比利時

身高
7-8 英寸（18-20 公分）[估計]

體重
8-13 磅（3.5-6 公斤）

被毛
雙層毛，外層毛和底毛皆粗；有鬍鬚和髭鬚

毛色
黑色、黑棕褐色

其他名稱
Belgian Griffon

註冊機構（分類）
FCI（伴侶犬及玩賞犬）

比利時格里芬犬 Griffon Belge

起源與歷史

　　比利時格里芬犬是來自比利時的三種小型㹴犬之一。牠與美國人熟知的布魯塞爾格里芬犬有直接的血統關聯，而近親則是擁有柔順被毛的小布拉邦松犬。這三個犬種在歐洲因被毛類型的差異而被視為不同品種：平毛型（小布拉邦松犬）、紅色粗毛型（布魯塞爾格里芬犬），以及其他顏色的粗毛型（比利時格里芬犬）。美國育犬協會（AKC）並不認可比利時格里芬犬為獨立犬種，而是布魯塞爾格里芬犬的變種，該犬種的被毛可為剛毛或平毛。

　　這三個犬種的歷史難以分辨，皆由猴㹴演變而來，自十三世紀起就已存活至今。牠在當時為農作犬種，體型也比現代品種稍大（近似獵狐㹴體型），早期甚至因為能捕殺馬廄裡的老鼠而被稱為馬廄㹴（Griffon D'Ecurie）。牠的性格讓牠贏得馬車前座的位置，也受到更多注目，喜愛牠的名人包括法國國王亨利二世以及比利時的瑪麗·亨麗埃塔女王（Henrietta Maria）和愛史翠女王（Astrid）。之後牠被培育成更小體型的犬種，可能藉由與英國玩具小獵犬、巴哥犬或其他玩賞犬種雜交，才演變成我們現今較

為熟知的三個犬種。

個性

此犬種最明顯的特色就是牠的臉孔，牠有著與人類相近的戲謔表情。比利時格里芬犬極為聰明而敏感，情緒喜怒無常。活潑、迷人，有時候又容易興奮，比利時格里芬犬需要主人投入大量關注，但牠也會以巨大的熱情回報。這個小傢伙的活潑和善讓全家人都樂意親近。

照護需求

運動

如玩具般的格里芬犬很樂意跟著主人一起出門散步。出於好奇心，牠會在房屋周遭活動，也替牠帶來額外的運動量。

飲食

比利時格里芬犬通常蠻貪吃的，需要提供高品質、營養充足的飲食。

梳理

比利時格里芬犬的粗毛需要專業清理，防止毛髮看起來凌亂粗糙。如同㹴犬的被毛一樣，必須用手梳理才能讓毛髮朝正確方向垂落。需要特別注意臉部的扁鼻與凸眼。

健康

比利時格里芬犬的平均壽命為十二至十五年，品種的健康問題可能包含眼部問題、髖關節發育不良症、膝蓋骨脫臼、繁殖問題，以及呼吸系統問題。

訓練

比利時格里芬犬既敏感又聰明，對正向、溫和的訓練方式有良好反應。可能很難學會定點如廁。

藍色加斯科尼格里芬獵犬 Griffon Bleu de Gascogne

品種資訊

原產地
法國

身高
公 19.5-22.5 英寸（50-57 公分）
／母 19-21.5 英寸（48-55 公分）

體重
36-40 磅（16.5-18 公斤）[估計]

被毛
堅韌、粗、蓬亂

毛色
完全雜色，呈現暗藍灰色的效果

其他名稱
Blue Gascony Griffon

註冊機構（分類）
FCI（嗅覺型獵犬）；
UKC（嗅覺型獵犬）

起源與歷史

　　藍色加斯科尼格里芬獵犬是五種藍色加斯科尼犬的其中一種，其餘四種包括藍色加斯科尼短腿獵犬、小藍色加斯科尼獵犬、小藍色加斯科尼格里芬獵犬、大藍色加斯科尼獵犬。牠們是位於法國西南部、鄰近庇里牛斯山及西班牙邊境的加斯科尼省所培育出的犬種。這些獵犬是古典法國犬種，源自於高盧人和腓尼基人獵犬貿易中的原始嗅覺型獵犬。加斯科尼犬和格里芬犬是法國兩個古老的犬種，也是大部分現代犬種的祖先。

　　藍色加斯科尼格里芬獵犬是樸實、可靠而多用途的獵犬，能夠幫忙追蹤野豬蹤跡或獵捕野兔。

個性

　　藍色加斯科尼格里芬獵犬天性溫和，工作也十分勤奮。以群體或單獨工作性質

而育種的牠能夠與其他人相處融洽。牠在野外會提高警戒心，也會處於緊繃狀態，在家中卻很熱情。

照護需求

運動

　　成群狩獵的藍色獵犬需要固定在野外運動。若是作為伴侶犬飼養，則可以從模擬打獵的途中獲益良多，但固定在公園或住家附近散步也足夠維持牠的體態。

飲食

　　健壯的藍色加斯科尼格里芬獵犬需要高品質的飲食。

梳理

　　藍色加斯科尼格里芬獵犬的粗毛很容易維持整潔，因為弄亂的被毛很快就能自己回到自然狀態，經過簡單梳理後也會散發出光澤。牠下垂的雙耳若不保持乾淨、乾燥，會容易受到感染。

健康

　　藍色格里芬獵犬的平均壽命為十至十五年，根據資料並沒有品種特有的健康問題。

訓練

　　成群狩獵是牠們的天性，若要學習家庭犬的禮儀、服從的細節或其他特殊訓練，則可能需要許多堅持和耐心。

速查表

適合小孩程度	梳理
🐾🐾🐾🐾🐾	🐾🐾🐾🐾🐾
適合其他寵物程度	忠誠度
🐾🐾🐾🐾🐾	🐾🐾🐾🐾🐾
活力指數	護主性
🐾🐾🐾🐾🐾	🐾🐾🐾🐾🐾
運動需求	訓練難易度
🐾🐾🐾🐾🐾	🐾🐾🐾🐾🐾

法福布列塔尼格里芬獵犬 Griffon Fauve de Bretagne

品種資訊

原產地
法國

身高
19-22 英寸（48-56 公分）

體重
大約 44 磅（20 公斤）[估計]

被毛
短、非常粗糙

毛色
淺黃褐色調、從金麥色到紅磚色

其他名稱
Fawn Brittany Griffon

註冊機構（分類）
FCI（嗅覺型獵犬）；
UKC（嗅覺型獵犬）

起源與歷史

　　布列塔尼是法國已獨立著稱的區域，位於法國的西北方，深入大西洋，包含 750 英里（1,207 公里）的崎嶇海岸線。當地的獵犬必須能專心一致、耐力十足，並且適應家庭生活。十六世紀時，法國有四種獵犬，淺黃褐布列塔尼獵犬（大布列塔尼法福犬）就是其中之一。1885 年時，大型法福犬幾乎已經絕種，但二十世紀的法國育種者試圖復育這個犬種。如今仍存在兩種法福犬：中型的法福布列塔尼格里芬獵犬，以及較小型的巴色特法福布列塔尼犬。

　　法福布列塔尼格里芬獵犬的倖存要歸功於馬歇潘布朗（Marcel Pambrun），他於 1949 年成立了法福布列塔尼格里芬獵犬協會。到了 1980 年代，該協會在伯納德瓦列（Bernard Vallée）的帶領下，讓該犬種繼續在法國原產地興盛繁殖。不像在國外愈來愈受歡迎的巴色特法福犬，法福格里芬獵犬在法國自有牠死忠的支持者，那些喜愛牠的飼主都以「狩獵第一」為宗旨。

個性

　　詭計多端的法福布列塔尼格里芬獵犬在野外勇敢且不屈不撓，是動作俐落而勤奮的獵犬。法福格里芬獵犬天生適合打獵並在野外工作，但同時也適合養在家中，在沙發上和身處叢林中一樣自在。牠在家中既快樂又開心，與小孩及其他寵物都能和樂相處。

照護需求

運動

　　這隻有運動需求卻相對節制的獵犬需要外出並跟著牠的嗅覺走，外出頻率愈高愈好。該品種適合群體工作，一次狩獵數小時，牽繩在住家附近繞幾圈將無法滿足牠的運動需求。牠也能適應都市生活，但必須有充足的運動量。

飲食

　　法福布列塔尼格里芬獵犬很喜歡吃東西，但過重有礙健康。牠需要適量的優質飲食，飼主也要注意牠的體重。

梳理

　　法福格里芬獵犬粗糙濃密的被毛相對容易照顧。在耳邊的毛髮較短，讓飼主能輕鬆完成全身梳毛。基本上牠是一隻「易洗快乾」的狗。

健康

　　法福布列塔尼格里芬獵犬的平均壽命為十至十四年，根據資料並沒有品種特有的健康問題。

訓練

　　如同其他獵犬，這種狗只會聽從牠感興趣的指令。若訓練方式能讓牠感興趣，牠會高興地依主人希望或需要從事。牠生性外向，對有興趣的訓練方式格外興奮，和大部分人和動物都能相處愉快。

速查表

適合小孩程度	梳理
適合其他寵物程度	忠誠度
活力指數	護主性
運動需求	訓練難易度

尼維爾格里芬獵犬 Griffon Nivernais

品種資訊

原產地
法國

身高
公 21.5-24.5 英寸（55-62 公分）
／母 21-23.5 英寸（53-60 公分）

體重
49-55 磅（22-25 公斤）[估計]

被毛
長、蓬亂且濃密、粗、堅韌；有
少許鬚鬚和髭鬚

毛色
狼灰色、藍灰色、野豬灰；棕褐
色斑紋

註冊機構（分類）
ARBA（狩獵犬）；FCI（嗅覺型
獵犬）；UKC（嗅覺型獵犬）

起源與歷史

　　尼維爾格里芬獵犬來自法國中部、巴黎南邊的尼維爾區域。身為最古老的法國獵犬之一，這些灰色獵犬大約是在第四次十字軍東征後由巴爾幹半島傳入，並與其他獵犬雜交而生。牠們的歷史可以追溯至十三世紀，當時被稱為聖路易灰犬（Chien Gris de St. Louis），因為是路易九世國王最喜愛的犬種。牠們的地位維持了數百年，由於在四百年之後，牠們也深受太陽王路易十四喜愛。

　　尼維爾犬最初的育種目的是為了成群獵捕野豬及野狼，牠們是許多嗅覺型獵犬的先驅，富人甚至會一次養好幾百隻。在法國大革命期間和之後，這種大規模群獵的頻率愈來愈低，而尼維爾獵犬也和其他品種一樣，在十九世紀末瀕臨絕種。專職的育種者在 1900 年成立了協會，將所剩個體聚集起來，並復育該品種。如今，尼維爾獵犬在世界各地仍極為少見，但在其原產地備受珍惜。牠常參與小型狩獵比賽，是週末獵人的最愛。牠的支持者形容牠「簡單而強壯」，比起快速奔跑，體型更適合長時間工作。牠的暱稱為「barbouillard」（意即「骯髒鬼」）。

個性

尼維爾獵犬是平易近人的狩獵犬，個性平和且適應力強。在野外，牠能將工作完美完成。在家中，牠能開心地「隨波逐流」，無論是和孩子玩耍、與任何家庭成員外出散步或活動，或是在火爐邊打盹都很滿足。

照護需求

運動

尼維爾格里芬獵犬的狩獵直覺非常強烈，必須實際參與行動才能讓牠真正感到開心。帶牠到能鑽進草叢玩耍或能追蹤氣味的地方，能讓牠的身心保持在最佳狀態。只要能讓牠外出並用鼻子到處嗅聞，在室內就能保持安靜。

飲食

這隻健壯的獵犬需要均衡、高品質飲食，以提供牠在野外活動的能量。

梳理

尼維爾獵犬厚實的長毛需要定期梳理以保持整潔、柔順。

健康

尼維爾格里芬獵犬的平均壽命為十二至十四年，根據資料並沒有品種特有的健康問題。

訓練

需要密切合作、性情平和獵犬的飼主會發現尼維爾獵犬極為容易訓練。而需要精準度佳、服從度高獵犬的飼主可能會覺得尼維爾獵犬不太好訓練。牠執著於追逐氣味，當然也就容易分心。訓練時最好給予足夠的誘因，並縮短訓練時間。

速查表

適合小孩程度	梳理
適合其他寵物程度	忠誠度
活力指數	護主性
運動需求	訓練難易度

哈爾登獵犬 Haldenstøvare

品種資訊

原產地
挪威

身高
公 20.5-23.5 英寸（52-60 公分）／
母 19.5-23 英寸（50-58 公分）

體重
44-55 磅（20-25 公斤）[估計]

被毛
雙層毛，外層毛直、粗糙、濃密，
底毛濃密

毛色
白色帶黑色斑塊、棕褐色陰影色

其他名稱
Halden Hound；Haldenstövare

註冊機構（分類）
FCI（嗅覺型獵犬）；
UKC（嗅覺型獵犬）

起源與歷史

　　自十九世紀初期以來，挪威嗅覺型獵犬在該國一直是熱門獵犬品種，但在其他地方並不常見。哈爾登獵犬是以哈爾登小鎮命名，該犬種在此處由原生的獵犬和獵狐犬雜交而生。牠是體型優雅而輕盈的獵犬，常用於寬闊野地中（甚至雪地中）的快速追獵。事實上，牠的腳爪專為挪威地勢而生，既高大又緊密，長爪也能在雪地上抓地，指爪間的濃密被毛則能保護腳掌。雖然是一隻優秀的獵犬，但這種原生的挪威獵犬數量卻不多。

個性

　　哈爾登獵犬個性甜美隨和，對家人可親又忠心。牠的適應性強也具有多種用途，在原生地被當作獵犬和伴侶犬使用。身為群居動物，牠和其他犬類能和平相處，但牠的狩獵直覺強烈，應該讓牠遠離小型寵物。牠對小孩及大部分人類都非常熱情。

照護需求

運動

　　成群狩獵時，哈爾登獵犬的力量和耐力足以長距離追逐速度快的獵物。若不是作為獵犬飼養，牠仍需要經常進行長時間的戶外工作，但在日常生活上，牠會滿足於數次的散步，享受家人的陪伴。

飲食

　　哈爾登獵犬需要高品質、適齡的飲食。

梳理

　　哈爾登獵犬光澤的短毛幾乎不需要照顧，只需要用抹布擦拭就能維持整潔。

健康

　　哈爾登獵犬的平均壽命為十二至十四年，根據資料並沒有品種特有的健康問題。

訓練

　　成熟的哈爾登獵犬會順應飼主的要求，但就像其他獵犬一樣，牠也很有自己的想法。正向的訓練方法最適合此犬種。

速查表

適合小孩程度	梳理
🐾🐾🐾🐾🐾	🐾🐾🐾🐾🐾
適合其他寵物程度	忠誠度
🐾🐾🐾🐾🐾	🐾🐾🐾🐾🐾
活力指數	護主性
🐾🐾🐾🐾🐾	🐾🐾🐾🐾🐾
運動需求	訓練難易度
🐾🐾🐾🐾🐾	🐾🐾🐾🐾🐾

哈密爾頓斯多弗爾犬 Hamiltonstövare

品種資訊

原產地
瑞典

身高
公 21-24 英寸（53-61 公分）／
母 19.5-22.5 英寸（49-57 公分）

體重
50-60 磅（22.5-27 公斤）[估計]

被毛
雙層毛，外層毛中等長度、粗糙、
緊密、耐候，底毛短、緊密、柔軟

毛色
三色：黑、棕和白色斑紋

其他名稱
Hamilton Hound；瑞典獵狐犬
（Swedish Foxhound）

註冊機構（分類）
ANKC（狩獵犬）；ARBA（狩獵犬）；
FCI（嗅覺型獵犬）；KC（狩獵犬）；
UKC（嗅覺型獵犬）

起源與歷史

十九世紀末期，亢特・哈密爾頓（Count A.P. Hamilton）創造了同名獵犬：哈密爾頓斯多弗爾犬。亢特家族創立了瑞典育犬協會，也是獵犬品種的行家。他以兩隻狗「佩恩」（Pang）與「史黛拉」（Stella）開始配種，牠們基本上是英國獵狐犬或哈利犬種。哈密爾頓引進了德國獵犬（例如漢諾威獵犬及霍斯坦獵犬），將其與英國犬種雜交。這些混種犬中誕生了哈密爾頓斯多弗爾犬，這種獵犬的育種目的是為了在瑞典茂盛的松木林中獵捕野兔和狐狸，在樹林中能找到並壓制獵物，並以叫聲告知飼主牠的足跡。哈密爾頓斯多弗爾犬和德國獵犬一樣是單獨狩獵，而非群體狩獵。牠夠強壯，能單獨追蹤如野豬或野鹿等大型獵物，也能適應雪地。雖然在原產地之外地區並不出名，但牠到現在仍是瑞典最受喜愛的獵犬，熱門到擁有自己的民間故事：據說會幫助瑞典家庭主婦的小精靈湯姆特（Tomten），身邊就跟著一隻叫做「卡羅」（Karo）的哈密爾頓斯多弗爾犬。

個性

哈密爾頓斯多弗爾犬的性情如同典型的獵犬，對眾人既甜美又友善，同時也是勤奮的獵犬。牠喜愛與家人待在一起，也很喜歡外出狩獵。在有獵物的地區時建議繫上牽繩，若是沒有牽繩，牠一聞到氣味很可能馬上就會跑得失去蹤跡。

照護需求

運動

哈密爾頓斯多弗爾犬的狩獵天性與動機十分強烈，需要提供牠大量的運動機會。牠尤其喜愛在廣大的區域狩獵，但若是無法這樣做，需要讓牠每天進行數次的高強度健行。

飲食

哈密爾頓斯多弗爾犬進行狩獵時有著旺盛的胃口，以「貪吃狗」而聞名。牠需要高品質的飲食來維持身形。

梳理

哈密爾頓斯多弗爾犬濃密的短毛需要以獵犬潔毛手套定期擦拭以維持整潔。

健康

哈密爾頓斯多弗爾犬的平均壽命為十二至十四年，根據資料並沒有品種特有的健康問題。

訓練

哈密爾頓犬極為「忠於自我」。即便牠友善又愛與人互動，牠天生會優先順從自身欲望行動，而非聽從飼主指令。飼主需要熱情和稱讚來說服哈密爾頓犬聽從指令。一旦受到鼓舞，牠會遵從指令。

速查表

適合小孩程度	梳理
🐾🐾🐾🐾	🐾🐾
適合其他寵物程度	忠誠度
🐾🐾🐾	🐾🐾🐾🐾
活力指數	護主性
🐾🐾🐾	🐾🐾
運動需求	訓練難易度
🐾🐾🐾🐾	🐾🐾🐾

漢諾威獵犬 Hanoverian Hound

品種資訊

原產地
德國

身高
公 19.5-21.5 英寸（50-55 公分）
／母 19-21 英寸（48-53 公分）

體重
公 66-88 磅（30-40 公斤）／
母 55-77 磅（25-35 公斤）

被毛
短、厚、粗糙

毛色
淺至深鹿紅色和虎斑；或有面罩；
或有白色斑紋

其他名稱
Hannover'scher Schweisshund；
Hanoverian Scenthound；
Hanoverian Schweisshund

註冊機構（分類）
ARBA（狩獵犬）；FCI（嗅覺型
獵犬）；UKC（嗅覺型獵犬）

起源與歷史

　　漢諾威獵犬起源於十九世紀，由德國中部平原上漢諾威市周邊的獵場看守人培育而成。德語「Schweisshund」意即「尋血獵犬」或「追蹤犬」，在歐洲有許多這類的犬種。德國獵犬的天職是尋回任何被擊中的獵物，因為獵物被擊中後，直到死亡前還能逃上一段距離，因此對獵人而言，尋血獵犬或追蹤犬不可或缺。漢諾威獵犬特別被培育成追蹤大型獵物的獵犬，是由大型追蹤犬（如索靈勒布雷克犬〔Solling-Leitbracke〕）與較小型的獵犬（如海布雷克犬〔Haidbracke〕）雜交而產生。牠是一隻動作緩慢的獵犬，卻擁有卓越的嗅覺，能夠追蹤獵物之前留下的氣味。雖然曾被當作群體狩獵的獵犬使用，但現在漢諾威獵犬多用於單獨狩獵。一位德國林務員表示，他的漢諾威獵犬約一週齡時就帶到野外狩獵。牠工作了好幾天，步行超過 30 英里（48.5 公里），直到成功發現獵物為止。這種特殊天分讓牠成了林務員的最愛。

個性

冷靜、安靜、鎮定並十分親近人類家人，漢諾威獵犬是既專一又堅持不懈的獵犬，會盡力完成工作。和牠一起打獵的人們非常欣賞牠突出的天賦，若是牠和不打獵的家庭生活，會有點困難。

照護需求

運動

漢諾威獵犬需要定期訓練來微調牠的能力，這代表飼主需要花時間讓牠進行追蹤狩獵。這是幫助訓練漢諾威獵犬身心的最佳方法，也能讓牠完全發揮潛力。

飲食

漢諾威獵犬是健壯的工作犬，需要高品質的飲食。

梳理

漢諾威獵犬的短毛很容易照護，只需偶爾梳理，並用獵犬潔毛手套擦拭即可。

健康

漢諾威獵犬的平均壽命為十二至十四年，根據資料並沒有品種特有的健康問題。

訓練

漢諾威獵犬在野外是熱情而追蹤能力傑出的工作犬，在家裡則對家人犧牲奉獻，只要在對的工作環境中，都能好好成長。要求牠在特定區域工作與牠的天性不符，牠可能會抵抗。

速查表

適合小孩程度	梳理
🐾🐾🐾🐾🐾	🐾🐾🐾🐾🐾

適合其他寵物程度	忠誠度
🐾🐾🐾🐾🐾	🐾🐾🐾🐾🐾

活力指數	護主性
🐾🐾🐾🐾🐾	🐾🐾🐾🐾🐾

運動需求	訓練難易度
🐾🐾🐾🐾🐾	🐾🐾🐾🐾🐾

哈利犬 Harrier

速查表

適合小孩程度
🐾🐾🐾🐾🐾

適合其他寵物程度
🐾🐾🐾🐾🐾

活力指數
🐾🐾🐾🐾🐾

運動需求
🐾🐾🐾🐾🐾

梳理
🐾🐾🐾🐾🐾

忠誠度
🐾🐾🐾🐾🐾

護主性
🐾🐾🐾🐾🐾

訓練難易度
🐾🐾🐾🐾🐾

品種資訊

原產地
大不列顛

身高
19-21.5 英寸（48-55 公分）

體重
40-60 磅（18-27 公斤）[估計]

被毛
短、硬、濃密、有光澤、防水

毛色
任何顏色 | 任何認可的獵犬顏色
[ANKC] [UKC] | 通常為白底，帶
黑色至橙色調 [FCI]

註冊機構（分類）
AKC（狩獵犬）；ANKC（狩獵犬）；
CKC（狩獵犬）；FCI（嗅覺型獵
犬）；UKC（嗅覺型獵犬）

起源與歷史

　　哈利犬跟英國獵狐犬有血緣關係；事實上，牠應該就是小型版的英國獵狐犬，和使用大型嗅覺型獵犬與輕巧小型的獵犬（如米格魯）雜交產生的大型獵犬出自同一血統。最初的用途是替徒步的獵人追蹤行動較緩慢的大型歐洲灰兔，後來跟獵狐犬一樣成為騎馬獵人的嚮導。紀錄顯示，埃里亞斯・德米德霍普爵士（Sir Elias de Midhope）早在 1260 年就飼養了一群哈利犬，而許多哈利犬也在 1700 年代被帶往美國殖民地。

　　大部分的哈利犬是由專門的獵犬協會繁殖，以供協會成員使用。群獵犬逐漸變得有名，例如夸門哈利犬（Quarme Harriers）或邁黑哈利犬（Minehead Harriers），而且一百多年以來，有許多群獵犬不斷地被育種並加入狩獵。英國的哈利群獵犬受到哈利犬與米格魯專家協會（Association of Maters of Harriers and Beagles）的認可與管制。如今牠的人氣雖然不如米格魯或獵狐犬，但仍受到一群十分忠心的粉絲喜愛。

個性

　　儘管哈利犬、獵狐犬和米格魯在體型上有許多相似特徵，但哈利犬有著不同的性格。牠比獵狐犬更愛玩、外向，卻比米格魯稍微內斂一點。這讓牠成為寬容、溫和、適應性強獵犬，喜歡所有人類。身為群居獵犬，牠也和其他犬種相處融洽，但對其他動物可能較缺乏耐心，除非是從小就相處在一起的動物。和米格魯一樣，哈利犬也喜歡用響亮的聲音大聲吼叫。

照護需求

運動

　　哈利犬應該擁有讓牠能狩獵、奔跑的寬闊空間。除此之外，每天帶牠出門長程散步數次也能滿足牠的需求，散步能讓牠自由地到處嗅聞。

飲食

　　哈利犬需要高品質、適齡所需的飲食。

梳理

　　哈利犬的硬短毛只需要偶爾梳理，或使用獵犬潔毛手套擦拭來刷除死毛，並刺激新毛生長。

健康

　　哈利犬的平均壽命為十至十二年，品種的健康問題可能包含髖關節發育不良症。

訓練

　　哈利犬的個性固執而專一，因此應該採取正向但堅定的訓練方式。幼犬時期開始社會化訓練能幫牠發展貼心友善的性情。

速查表

適合小孩程度
🐾🐾🐾🐾🐾

適合其他寵物程度
🐾🐾🐾🐾🐾

活力指數
🐾🐾🐾🐾🐾

運動需求
🐾🐾🐾🐾🐾

梳理
🐾🐾🐾🐾🐾

忠誠度
🐾🐾🐾🐾🐾

護主性
🐾🐾🐾🐾🐾

訓練難易度
🐾🐾🐾🐾🐾

哈瓦那犬 Havanese

品種資訊

原產地
古巴

身高
8.5-11.5 英寸（21.5-29 公分）

體重
7-14 磅（3-6.5 公斤）

被毛
雙層毛，外層毛長、柔軟、量多、扁平、呈波浪狀或捲曲，底毛如羊毛、不發達

毛色
所有顏色｜淺黃褐色調、黑色、哈瓦那棕色、菸草色、紅棕色、雜色、極少的純白 [ANKC] [FCI]｜兩種類型：淺黃褐色調、黑色、哈瓦那棕色、菸草色、紅棕色、雜色、極少的純白；亦有黑色 [CKC]

其他名稱
哈瓦那比熊犬（Bichon Havanais）；哈瓦那絲絨犬（Havana Silk Dog）

註冊機構（分類）
AKC（玩賞犬）；ANKC（玩賞犬）；ARBA（伴侶犬）；CKC（玩賞犬）；FCI（伴侶犬及玩賞犬）；KC（玩賞犬）；UKC（伴侶犬）

起源與歷史

　　哈瓦那犬是舊世界比熊犬種的直系後代，但明確是哪一種犬種還有待商榷。古巴人相信哈瓦那犬是隨著義大利的船長來到他們島上，將源頭指向馬爾他或波隆那。其他人則稱此犬種是在西班牙人殖民西印度群島時跟隨他們而來，並將特內里費島視為起源地。我們知道這種小型白犬是十七世紀時從歐洲被帶往古巴。牠們適應了島上的氣候和習俗，並在此繁衍被毛更柔順、體型更小的後代，被稱為哈瓦那小白犬或哈瓦那絲絨犬。此犬種在十八到十九世紀之間深受古巴貴族喜愛。哈瓦那絲絨犬最終與法國及德國貴賓犬雜交，其培育而成的品種愈來愈受歡迎，並命名為哈瓦那比熊犬。

　　當古巴人於 1960 年代逃出他們國家並移民到美國時，有些人也帶著他們的狗。

此犬種雖然在古巴已經滅絕，但美國犬類育種者古戴爾太太（Mrs. Goodale）成功地延續了哈瓦那犬的生命。她一開始先和移民家庭合作取得純種犬，其育種計畫最終成功地在美國穩定了此犬種的數量。如今牠們在世界各地都受到歡迎。

個性

哈瓦那犬是討喜的夥伴，牠反應敏捷、警覺性高、細心，也喜歡所有人。牠和所有年齡層的人類都能處得來，也和其他寵物相處融洽。個性外向而聰明，是合適的護衛犬，因為牠能察覺到異常活動並向飼主示警，卻不太會過度吠叫或緊張。一直到今天，都被人類認為是珍貴的伴侶犬。

照護需求

運動

哈瓦那犬是一隻好奇心重而討喜的狗，喜歡出門運動和社交。牠會很開心地隨著家人出門，無論是在房子或社區附近走走，或是遊走世界各地都好。

飲食

哈瓦那需要適合體型、高品質的飲食。牠喜歡表演把戲來換取零食，因此飼主要注意牠的體重。

梳理

飼主通常會將哈瓦那犬的被毛修剪成簡短而俐落的形狀，因為長毛需要耗費極大心力照顧。因為牠身上的死毛不太會自然脫落，需要梳理才能刷除，通常一週需要梳毛數次。腳部附近的被毛需要修短或修齊，腳部看起來才會呈圓形。需固定檢查眼睛與耳朵，因為這兩個部分極易感染。哈瓦那犬外表天生看起來就十分蓬亂，卻很適合過敏族群，因為牠幾乎不會掉毛。

健康

哈瓦那犬的平均壽命為十三至十五年，品種的健康問題可能包含先天性耳聾、耳部感染、髖關節發育不良症、幼年型白內障、膝蓋骨脫臼，以及犬漸進性視網膜萎縮症（PRA）。

訓練

受到家人關注就會興奮的哈瓦那犬熱愛學習，學習速度也快。天生就是小丑的料，也曾為馬戲團受過訓練。只要採用以獎賞為主的正向訓練方法，牠會很享受學習一切把戲和要求的過程。

希臘獵犬 Hellenic Hound

品種資訊

原產地
法國

身高
公 18.5-21.5 英寸（47-55 公分）
／母 17.5-21 英寸（45-53 公分）

體重
37.5-44 磅（17-20 公斤）

被毛
短、濃密、稍硬、緊貼

毛色
黑棕褐色；胸前或有白色斑紋

註冊機構（分類）
ARBA（狩獵犬）；FCI（嗅覺型
獵犬）；UKC（嗅覺型獵犬）

起源與歷史

　　希臘獵犬源自古希臘的 lagonikoi（lagos 意即「野兔」，而 kynes 意即「狗」），是隻大型、黑棕褐色的獵犬，已經持續狩獵工作幾百年。隨著殖民行動與海上貿易的展開，希臘獵犬也散布到了歐洲各地。但因為使用希臘獵犬最普及的巴爾幹半島位置孤立，牠得以保持血統純淨，在漫長歲月中僅有少許改變。牠的體型比例適中且實用，能單獨狩獵也能群體狩獵。牠能在追逐中發出聲音，追蹤並抓回獵兔交給獵人。

個性

　　希臘獵犬個性外向、勇敢、有愛心、愛玩又友善，也是熱情的獵犬。這種狗喜愛寬闊空間，十分樂意在農場工作或加入打獵搭檔或團隊。牠會津津有味地進行工作，追逐害

獸、保護家園，並陪伴家人做家事。牠和周遭所有人類及動物都能相處融洽。

照護需求

運動

希臘獵犬喜歡戶外生活，但牠當然也希望在沒有工作或不外出時成為家犬。在附近散步幾次並無法滿足此犬種的運動需求，必須定期活動和運動才能維持牠的身心健康。

飲食

這隻健壯獵犬需要營養充足、高品質的飲食。

梳理

希臘獵犬的短毛讓維持清潔的工作成了簡單任務，偶爾使用獵犬潔毛手套擦拭即可。

健康

希臘獵犬的平均壽命為十二至十四年，根據資料並沒有品種特有的健康問題。

訓練

這隻獨立心強的獵犬有時候非常固執，對不了解牠的飼主挑戰性很高，對專為牠狩獵天性所設計的訓練方式反應良好。

速查表

適合小孩程度	梳理
🐾🐾🐾🐾	🐾🐾🐾
適合其他寵物程度	忠誠度
🐾🐾🐾🐾	🐾🐾🐾
活力指數	護主性
🐾🐾🐾	🐾🐾🐾
運動需求	訓練難易度
🐾🐾🐾🐾	🐾🐾🐾

北海道犬 Hokkaïdo

速查表

適合小孩程度
🐾🐾🐾🐾🐾

適合其他寵物程度
🐾🐾🐾🐾🐾

活力指數
🐾🐾🐾🐾🐾

運動需求
🐾🐾🐾🐾🐾

梳理
🐾🐾🐾🐾🐾

忠誠度
🐾🐾🐾🐾🐾

護主性
🐾🐾🐾🐾🐾

訓練難易度
🐾🐾🐾🐾🐾

品種資訊

原產地
日本

身高
公 19-20.5 英寸（48.5-52 公分）／母
18-19 英寸（45.5-48.5 公分）

體重
45-65 磅（20.5-29.5 公斤）[估計]

被毛
雙層毛，外層毛直、粗糙，底毛柔軟、
濃密

毛色
芝麻色、虎斑、紅色、黑色、黑棕褐
色、白色

其他名稱
愛努犬（Ainu Dog；Ainu-Ken）；
Hokkaido Ken

註冊機構（分類）
ARBA（狐狸犬及原始犬）；FCI（狐
狸犬及原始犬）；UKC（北方犬）

起源與歷史

　　愛努族大約在三千年前抵達日本，並帶來了吃苦耐勞的狐狸犬。一般相信這些
粗獷的狗是日本犬中最古老的品種。牠們和部落在十二世紀期間一同遷徙，當時愛
努族受到大和族的逼迫，從日本本島遷移到更北方的北海道。為了忍受北海道的嚴
寒，這些狗必須聰明機警，向釣捕鮭魚的漁獵採集者警示危險，偶爾也需要避開野
熊。幾世紀以來，北海道犬僅有少許改變，個別犬種偶爾會呈現黑色舌頭的特徵，
這彰顯牠與中國鬆獅犬的血統關聯。這種勇敢的犬種仍被用於狩獵和警衛，在日本
以外地區極少現蹤。

個性

北海道犬以牠的力量、勇氣、奉獻精神聞名，願意攻擊任何牠認定會對人類家庭造成傷害的人事物。原先被用做拖曳犬，現在牠主要擔任狩獵、守衛及陪伴的責任。北海道犬在家中愛乾淨又有禮貌，會遵從主人的命令。但牠不是軟弱的犬種，靈敏而無懼的天性讓牠時刻警戒危險。

照護需求

運動

因為北海道犬仍與牠的族群居住於較為原始孤立的區域，牠們能從狩獵及守衛家庭的任務中獲得所需運動量。身為警戒心高的犬種，牠需要運動來保持身心活力。

飲食

北海道犬需要高品質、營養充足的飲食。

梳理

北海道犬擁有厚實濃密的被毛來幫助牠抵禦北海道的嚴寒氣候。底毛若不定期梳理就會掉毛，必須一週刷毛數次。除此之外，牠的短毛十分容易照顧，也不需要修剪。

健康

北海道犬的平均壽命為十一至十五年，根據資料並沒有品種特有的健康問題。

訓練

北海道犬對牠的家人忠心奉獻，而牠的警戒心也讓牠在陌生人身邊時會緊張，可能產生攻擊行為。社會化訓練是北海道犬訓練中極為必要的重要環節，必須及早開始並持續訓練。牠在家中需要有份「工作」，若是無事可做，牠會將活力引導至其他目標上，這可能會讓牠惹出麻煩。這種工作可以是任何服務或活動，讓牠能保持心神專注。牠需要堅定而友善的訓練者。

荷花瓦特犬 Hovawart

品種資訊

原產地
德國

身高
公 25-27.5 英寸（63-70 公分）／
母 23-26 英寸（58.5-66 公分）

體重
公 66-88 磅（30-40 公斤）／
母 55-77 磅（25-35 公斤）

被毛
雙層毛，外層毛長、略呈波浪狀、
堅韌、濃密、緊密，底毛稀疏

毛色
黑金色、黑色、金黃色；或有白色
斑紋

註冊機構（分類）
ARBA（工作犬）；CKC（工作犬）；
FCI（獒犬）；KC（工作犬）；
UKC（護衛犬）

起源與歷史

　　早在十三世紀時，就流傳著德國荷花瓦特犬（hofewart）的描述與照片，hofewart 意即「住宅犬」或「農場管理員」。一般來說，荷花瓦特犬會守衛城堡，而竊取這些狗的人會被處以高額罰鍰。隨著德國貴族沒落，荷花瓦特犬數目也隨之降低，直到幾乎滅絕。在正式犬界中，有好幾個世紀沒有提過這個犬種。而在進入二十世紀之際，愛好者克爾德‧康尼格（Kurt Konig）成功復育該犬種，但他究竟是將其「再現」還是「再造」仍有爭議。有些人相信康尼格曾遠赴哈茨山和黑森林鄉村地區的農場，尋找該品種被孤立的個體。其他可能的理論則說該犬種是利用德國狼犬、紐芬蘭犬、庫瓦茲犬、蘭伯格犬和半野生非洲草原犬再造而成。無論何種方法，荷花瓦特犬於二十世紀初期復育成功，並在 1937 年受到德國育犬協會的認可。現今，荷花瓦特犬仍作為護衛犬及保護犬使用，但牠在感受到威脅時會有攻擊行為。

個性

聰明、可靠、反應敏捷,荷花瓦特犬認真執行牠作為家庭與農場守護者的職責。牠有著穩定的性情,在家中能保持安靜,但也有稚氣的一面,年老時愈發明顯。雖然與人第一次見面時較為疏離,在熟悉並將那些人納入生活圈後,牠會非常熱情,並盡力保護那些人。牠傾向於跟家庭中的某一人產生緊密羈絆。

照護需求

運動

荷花瓦特犬需要定期運動。牠也會本能地任命自己為家庭及房屋的守衛者和警戒者。在和祖先一樣完成「房屋」或土地整體巡視後的時刻,牠最為快樂。

飲食

荷花瓦特犬身體健壯,有著健康的胃口。牠需要高品質、適齡的飲食。

梳理

掉毛量適中,荷花瓦特犬的被毛相當容易照護。只需要偶爾梳理就可以,但要特別注意尾巴及腳部的長毛。

健康

荷花瓦特犬的平均壽命為十二至十五年,根據資料並沒有品種特有的健康問題。

訓練

荷花瓦特犬很有主見,可能很難持續訓練。嚴厲的訓練方式可能會有問題,有必要採取堅定而公平的訓練方法。幼犬時期進行社會化訓練能幫助荷花瓦特犬增進對未來遇見人類的信賴程度。

速查表

適合小孩程度	梳理
🐾🐾🐾🐾🐾	🐾🐾🐾🐾🐾
適合其他寵物程度	忠誠度
🐾🐾🐾🐾🐾	🐾🐾🐾🐾🐾
活力指數	護主性
🐾🐾🐾🐾🐾	🐾🐾🐾🐾🐾
運動需求	訓練難易度
🐾🐾🐾🐾🐾	🐾🐾🐾🐾🐾

匈牙利靈緹犬 Hungarian Greyhound

速查表

適合小孩程度
🐾🐾🐾🐾🐾

適合其他寵物程度
🐾🐾🐾🐾🐾

活力指數
🐾🐾🐾🐾🐾

運動需求
🐾🐾🐾🐾🐾

梳理
🐾🐾🐾🐾🐾

忠誠度
🐾🐾🐾🐾🐾

護主性
🐾🐾🐾🐾🐾

訓練難易度
🐾🐾🐾🐾🐾

品種資訊

原產地
匈牙利

身高
公 25.5-27.5 英寸（65-70 公分）／
母 24.5-26.5 英寸（62-67 公分）

體重
49-68 磅（22-31 公斤）[估計]

被毛
短、粗、平滑、濃密

毛色
所有顏色，除了藍色、藍白色、棕色、狼灰色、黑棕褐色、三色

其他名稱
馬札爾犬（Magyar Agar；Magyar Agár）

註冊機構（分類）
ARBA（狩獵犬）；FCI（視覺型獵犬）；UKC（視覺型獵犬及野犬）

起源與歷史

　　瑪札爾人在西元九世紀入侵匈牙利時，身邊伴隨著牧牛犬和牧羊犬，以及來自俄羅斯大草原的獵犬。在西元初期，這些狗與當地自凱爾特時代起就存在的視覺型獵犬雜交，創造出瑪札爾犬（或北美所稱的匈牙利靈緹犬）。匈牙利語「Agár」意即「銳目獵犬」或「獵犬」。這些敏捷而鋒利的獵犬數個世紀以來都被貴族用來進行正式狩獵與追獵，也被平民用來偷獵。

　　十九世紀及二十世紀初期，該犬種更混入了靈緹犬血統以提升速度和優雅度。許多匈牙利人認為這樣會毀了舊式的馬札爾犬，淡化血統並讓此犬種變得虛弱。匈牙利靈緹犬於 1966 年受到世界畜犬聯盟（FCI）認可，許多裁判都偏愛賽場上「舊式」的馬札爾犬。

　　匈牙利人使用匈牙利靈緹犬來獵捕野兔和狐狸，在賽場上則讓牠追逐機械誘餌。

牠的體型比靈緹犬稍小，頭部較寬，有著更長的尾巴、下垂耳朵，以及較重的肌肉組織。牠的被毛也較為粗糙，以抵抗嚴酷氣候。

個性

匈牙利靈緹犬是冷靜卻又熱情的犬種，動作敏捷而優雅，就像牠的嗅覺型獵犬近親一樣，但牠的外表更為穩重而結實。愛乾淨、個性又像貓，匈牙利靈緹犬是脾性平和、個性慵懶的伴侶犬。

照護需求

運動

雖然匈牙利靈緹犬能夠爆發速度奔跑，但牠不需要每天跑上許久才能獲得足夠運動量。牠反而靠長距離散步和與家人一同活動就能維持體型。牠喜歡擁有奔跑和追逐的機會，但這樣的活動應該限制在安全封閉的區域中。

飲食

匈牙利靈緹犬十分享受用餐時刻。牠需要從食物中獲得食物能量，但當然也需要控制飲食以維持體型。最好給予高品質、適齡的飲食。

梳理

匈牙利靈緹犬粗糙的短毛很容易維持乾淨，只需定期使用獵犬潔毛手套擦拭。

健康

匈牙利靈緹犬的平均壽命為十至十二年，根據資料並沒有品種特有的健康問題。

訓練

身為溫和的犬種，匈牙利靈緹犬最好以獎勵為基礎的方式訓練，能夠給予牠動力和鼓勵。牠對追逐的熱情讓牠成為誘導狩獵好手，也能享受其中。除此之外，長期保持毅力和耐心，就能成功完成訓練，讓牠擁有良好教養。讓匈牙利靈緹犬從幼犬時期就進行社會化訓練，能讓牠更容易適應任何改變。

海根獵犬 Hygen Hound

品種資訊

原產地
挪威

身高
公 19.5-23 英寸（50-58 公分）／
母 18.5-21.5 英寸（47-55 公分）

體重
44-55 磅（20-25 公斤）[估計]

被毛
不過短、直、稍粗、濃密、有光澤

毛色
紅棕色或帶黑色陰影色、黃紅色或
帶黑色陰影色、黑色和棕褐色或帶
白色斑紋、白色帶紅棕色或黃紅色
斑塊和碎斑，或帶黑色和棕褐色斑
紋

其他名稱
Hygenhund

註冊機構（分類）
FCI（嗅覺型獵犬）；
UKC（嗅覺型獵犬）

起源與歷史

　　挪威育種家海根（Hygen）在十九世紀晚期創造出這隻獵犬。他使用了德國霍斯坦獵犬（Holsteiner hound）及其他獵犬品種雜交而成。海根獵犬被育種為一隻耐久的獵犬，能在極地雪地上長時間奔跑而不顯疲累。牠能追捕許多種動物，即使在嚴寒氣候下也能進行狩獵。牠是一個稀有的品種，因繁殖過程嚴格遵守繁殖規則，僅在原產地出現且數量稀少。

個性

　　身為快樂的犬種，海根獵犬同時也是認真的獵犬，擁有極佳持久力。牠的精力充沛，是活潑的伴侶犬也是伶俐的工作犬。牠也對家人非常忠心，能當作護衛犬。

照護需求

運動

　　海根獵犬被育種成能夠忍受嚴峻氣候，牠堅強健壯，不太容易感到疲累。牠必須定期進行大量運動以維持身心最佳狀態。

飲食

　　海根獵犬需要高品質、適齡的飲食。

梳理

　　海根獵犬濃密的被毛只需要偶爾使用獵犬清潔手套擦拭或梳理，以鬆動並去除死毛。

健康

　　海根獵犬的平均壽命為十至十二年，根據資料並沒有品種特有的健康問題。

訓練

　　身為獨立性強、能照料自己的犬種，海根獵犬對家庭也十分忠心。和牠熟悉後，牠會變得非常熱情而迷人，對正向的訓練方式反應良好。

速查表

適合小孩程度	梳理
🐾🐾🐾🐾🐾	🐾🐾🐾🐾🐾
適合其他寵物程度	忠誠度
🐾🐾🐾🐾🐾	🐾🐾🐾🐾🐾
活力指數	護主性
🐾🐾🐾🐾🐾	🐾🐾🐾🐾🐾
運動需求	訓練難易度
🐾🐾🐾🐾🐾	🐾🐾🐾🐾🐾

伊比莎獵犬 Ibizan Hound

速查表

適合小孩程度
🐾🐾🐾🐾🐾

適合其他寵物程度
🐾🐾🐾🐾🐾

活力指數
🐾🐾🐾🐾🐾

運動需求
🐾🐾🐾🐾🐾

梳理（粗）
🐾🐾🐾🐾🐾

梳理（細）
🐾🐾🐾🐾🐾

忠誠度
🐾🐾🐾🐾🐾

護主性
🐾🐾🐾🐾🐾

訓練難易度
🐾🐾🐾🐾🐾

品種資訊

原產地
西班牙

身高
公 23.5-28.5 英寸（59.5-72 公分）／
母 22.5-26.5 英寸（57-67 公分）｜
22-29 英寸（56-74 公分）[ANKC] [KC]

體重
公 44-55 磅（20.5-25 公斤）／
母 40-50 磅（18-22.5 公斤）

被毛
兩種類型：平毛型堅韌、硬、有光澤、濃密、
粗／粗毛型剛硬、濃密；或有鬍鬚／髭鬚 [AKC]
[CKC] [FCI] [UKC]

毛色
白色或紅色、純色或任何組合｜亦有栗色
[ANKC] [KC] ｜粗毛型亦有淺黃褐色 [FCI]

其他名稱
Ca Eivissencs；Ibizan Podenco；Ibizan Warren
Hound；Podenco Ibicenco

註冊機構（分類）
AKC（狩獵犬）；ANKC（狩獵犬）；CKC（狩
獵犬）；FCI（狐狸犬及原始犬）；KC（狩獵犬）；
UKC（視覺型獵犬及野犬）

起源與歷史

　　很久以前，穿越地中海的貿易商船載著創造法老王獵犬的豎耳犬種來到西班牙
岸邊的巴利亞利群島。位於群島中的伊比莎島就是此古老犬種的命名由來。漢尼拔
將軍（Hannibal）即出生於伊比莎，據說他入侵義大利時，伊比莎獵犬也乘坐在他的
大象上。該品種在整個群島上已經有五千多年的歷史，牠靠著獵捕野兔和其他小型
獵物換取飼主飼養，為島上居民相對貧脊的食物加餐。隨著時間流逝，牠也逐漸被
歐洲大陸所熟知，先是西班牙的加泰隆尼亞，牠們在那裡被稱為 Ca Eivissencs，接
著則是法國的普羅旺斯，牠在那裡被稱為 Charnique，深受盜獵者的喜愛。該犬種與
盜獵者走私活動的關聯最終導致牠在法國被禁。

　　二十世紀時，西班牙巴賽隆納的貝爾希達侯爵夫人多娜瑪麗亞（Doña Maria

Dolores Olives de Cotonera）對伊比莎獵犬產生濃厚興趣，那時牠還被視為西班牙的本土品種。多娜瑪麗亞在巴利亞利群島中最大的馬略卡島上有間犬舍，她在那裡培育優質的伊比莎獵犬，並推廣到全世界。如今，伊比莎獵犬在世界各地都是珍貴的獵犬、追逐犬、展示犬和伴侶犬。

個性

伊比莎獵犬給人的第一印象是高大、高貴且具有光澤感，感覺很疏離，這也是許多視覺型獵犬的典型特質。然而當與伊比莎獵犬更為熟悉後，就知道牠們不吝於表露情感，很理智、有禮貌，甚至很愛玩。眾所皆知，比薩能夠跳躍到高達兩公尺的高度，也能達到每小時 40 英里（64.5 公里）的速度。伊比莎獵犬也是群居動物，能順利地融入家庭。牠們需要和其他動物（如貓和其他小型動物）共同成長或積極互動，因為若是沒有經過引導訓練，牠會將那些動物視為獵物。伊比莎獵犬在室內能保持乾淨和安靜。

照護需求

運動

伊比莎獵犬在充分運動後能夠維持健康。若能擁有足夠空間讓牠伸展四肢並盡情奔跑，即便只是爆發速度的短跑，牠也會非常高興。牠也喜歡玩你丟我撿遊戲，也是很好的自行車同伴（當牠們長大後）。在遛伊比莎獵犬時，最好不要不牽繩，除非是在安全的封閉區域中。牠的速度很快又能跳，只會在盡興之後才回來。

飲食

伊比莎獵犬並不挑食，喜歡高品質、適齡的飲食。

梳理

無論短毛或粗毛，伊比莎獵犬天生就能保持整潔，被毛也容易照護。短毛型只需要用獵犬潔毛手套擦拭，而粗毛型只需要偶爾梳理就能保持整潔。

健康

伊比莎獵犬的平均壽命為十至十二年，品種的健康問題可能包含過敏。

訓練

獨立性強的伊比莎獵犬，任性且看似心不在焉，但牠很希望成為家中的一員，因此會努力學習家中規矩。牠的訓練最好使用正面、以獎賞鼓勵的方式，毅力和耐心是關鍵。帶領伊比莎獵犬進行社會化訓練，與各種人、地方和其他寵物互動能夠拓展牠的視野。

冰島牧羊犬 Icelandic Sheepdog

速查表

適合小孩程度
🐾🐾🐾🐾🐾

適合其他寵物程度
🐾🐾🐾🐾🐾

活力指數
🐾🐾🐾🐾🐾

運動需求
🐾🐾🐾🐾🐾

梳理（粗）
🐾🐾🐾🐾🐾

梳理（細）
🐾🐾🐾🐾🐾

忠誠度
🐾🐾🐾🐾🐾

護主性
🐾🐾🐾🐾🐾

訓練難易度
🐾🐾🐾🐾🐾

品種資訊

原產地
冰島

身高
公 18 英寸（45.5 公分）／
母 16-16.5 英寸（40.5-42 公分）

體重
20-30 磅（9-13.5 公斤）[估計]

被毛
兩種類型：短毛型為雙層毛，外層毛中等長度、直或略呈波浪狀、偏粗或平滑、耐候，底毛厚、柔軟；有頸部環狀毛／長毛型為雙層毛，外層毛較長、直或略呈波浪狀、偏粗或平滑、耐候，底毛厚、柔軟；有頸部環狀毛

毛色
棕褐色調、巧克力棕、灰、黑，皆帶白色斑紋；棕褐色、灰色犬隻有黑色面罩

其他名稱
Iceland Dog；Iceland Sheepdog；Islenskur Fjárhundur

註冊機構（分類）
AKC（其他）；ARBA（狐狸犬及原始犬）；CKC（畜牧犬）；FCI（狐狸犬及原始犬）；UKC（畜牧犬）

起源與歷史

　　冰島牧羊犬是冰島唯一的原生犬種，由維京人於西元 880 年殖民冰島時所帶來。近期的血統測試確認了牠們與芬蘭品種卡瑞利亞熊犬（Karelian Bear Dog）有關聯。中世紀時，許多冰島牧羊犬被進口到英國，成了貴族的最愛。牠們甚至在莎士比亞的《亨利五世》（第二幕第一景）中被角色畢斯托爾（Pistol）提及，他說道：「呸，冰島狗！你這豎耳的冰島狗。」

　　這些小型畜牧犬幾世紀以來在冰島貧瘠的土地上被用來圈趕家畜，牠們對驅趕羊群這項任務而言非常重要，大部分農場都養了好幾隻冰島牧羊犬。牠們的嗅覺無以倫比，據說能找到埋在深達 0.5 公尺雪下的羊。十九世紀晚期，由於犬瘟爆發以及對犬隻課稅的法律通過，牠們的數量陡然降低。之後透過使用英國和冰島育種者所

能找到的犬隻,加上必要時引進其他北歐牧羊犬,成功地復育冰島牧羊犬。1969 年,協助冰島牧羊犬的協會正式成立。現今該犬種已受到全世界認可。

個性

育種目的為照顧動物群(畜群)的冰島牧羊犬警覺性極高,且行動敏捷。在牧羊時會吠叫,這是在危機四伏的冰島土地上所發展出來的獨特工作模式,能讓牧人知道牠的位置。牠是種既熱情又友善的狗,和大家都能相處融洽,也很喜歡小孩。愛玩、好奇心重、勇敢,牠希望能參與身邊發生的所有活動。

照護需求

運動

冰島牧羊犬活潑而充滿精力,需要極大運動量來保持牠的身心健康。若不能將牠當成工作犬使用,需要每天帶牠散步長距離,並花上大量時間和牠玩耍。

飲食

有活力又勤奮的冰島牧羊犬需要高品質、營養充足的飲食來維持良好的身形和被毛。

梳理

長毛型和短毛型皆有厚重耐候的雙層毛,每年換毛兩次。這兩個時期需要頻繁梳毛,但在其他時間也需要時常梳理被毛,以保持冰島牧羊犬厚重被毛的清潔。

健康

冰島牧羊犬的平均壽命為十一至十四年,品種的健康問題可能包含白內障。

訓練

身為熱情的學習者和精力無窮的好動份子,冰島牧羊犬對訓練反應良好,尤其是有挑戰性又能運動的訓練內容。完整設計的一連串訓練過程,如敏捷、飛球、競爭性服從或畜牧等運動能幫助牠耗費精力。

愛爾蘭紅白蹲獵犬 Irish Red and White Setter

速查表

適合小孩程度
🐾🐾🐾🐾🐾

適合其他寵物程度
🐾🐾🐾🐾🐾

活力指數
🐾🐾🐾🐾🐾

運動需求
🐾🐾🐾🐾🐾

梳理
🐾🐾🐾🐾🐾

忠誠度
🐾🐾🐾🐾🐾

護主性
🐾🐾🐾🐾🐾

訓練難易度
🐾🐾🐾🐾🐾

品種資訊

原產地
愛爾蘭

身高
公 24.5-26 英寸（62-66 公分）／
母 22.5-24 英寸（57-61 公分）

體重
50-75 磅（22.5-34 公斤）[估計]

被毛
長、直、扁平、絲滑、細緻，
有羽狀飾毛

毛色
白色帶純紅色斑塊

註冊機構（分類）
AKC（獵鳥犬）；ANKC（槍獵犬）；
ARBA（獵鳥犬）；CKC（獵鳥犬）；
FCI（指示犬）；KC（槍獵犬）；UKC（槍
獵犬）

起源與歷史

　　愛爾蘭蹲獵犬的切確來源已不可考，但現存的「蹲獵犬」紀錄最早可追溯回十七世紀。這些狗被用於狩獵鳥類，牠們在鳥類被驚起後必須保持「靜止」，不繼續追逐，以免阻擋獵人開槍的視線。愛爾蘭蹲獵犬起初呈現紅白色，有時候一窩之中也會生下全紅色的幼犬。然而在 1850 年代，稀少的全紅色愈來愈受歡迎，數量也隨之增加；同時，紅白色犬隻的數量則開始減少。該犬種在愛爾蘭部分地區維持一定數量，因為獵人喜歡使用顏色較顯著的紅白色。

　　二十世紀初期，唐郡的諾伯·哈斯頓牧師（Reverend Noble Huston）拯救了紅白蹲獵犬，讓牠們不至於滅絕。最終在 1940 年代早期出現了一個品種協會，以促進愛爾蘭紅白蹲獵犬的狩獵品質。愛爾蘭科克郡的威爾·卡迪與莫琳·卡迪（Will and Maureen Cuddy）在此時開始了他們的育種計畫，幾乎所有現今的愛爾蘭紅白蹲獵犬皆為卡迪繁殖犬的後代。該品種在北美及世界各地逐漸獲得人氣。

個性

　　充滿生命力與精力的愛爾蘭紅白蹲獵犬，是喜愛戶外運動家庭的良好同伴。有人認為這種精力旺盛的犬種令人暈頭轉向、非常吵鬧，但你也可以說這些特質是「生活的快樂泉源」。牠的狩獵直覺十分強烈，若飼主能讓牠幫忙的話，就能保持愛爾蘭紅白蹲獵犬身心健全。

照護需求

運動

　　富有朝氣的愛爾蘭紅白蹲獵犬需要大量運動，其中應該包括讓牠在野外開放區域自由探索的時間。牠對狩獵的熱愛和直覺仍然非常強烈，工作時的模樣也賞心悅目。牠健壯而有活力，運動對牠來說非常重要，愈多愈好。

飲食

　　活躍的愛爾蘭紅白蹲獵犬必須要有高品質優良、營養充足的飲食，以維持身體健壯和被毛的柔順與光澤。

梳理

　　該品種柔順的長毛需要定期梳理以保持外表整潔，特別注意尾巴、腳步、腹部的羽狀飾毛。牠的耳朵應保持乾淨，以避免感染。

健康

　　愛爾蘭紅白蹲獵犬的平均壽命為十一至十三年，品種的健康問題可能包含胃擴張及扭轉、犬隻白血球附著能力缺乏症（CLAD）、後囊極性白內障（PPC），以及類血友病。

訓練

　　要精力充沛、容易無聊的愛爾蘭紅白蹲獵犬專心在訓練上可能有點困難。最好讓牠頻繁地做些少量工作，耐心反覆訓練才能看到結果。

愛爾蘭蹲獵犬 Irish Setter

速查表

適合小孩程度
🐾🐾🐾🐾🐾

適合其他寵物程度
🐾🐾🐾🐾🐾

活力指數
🐾🐾🐾🐾🐾

運動需求
🐾🐾🐾🐾🐾

梳理
🐾🐾🐾🐾

忠誠度
🐾🐾🐾🐾🐾

護主性
🐾🐾🐾🐾🐾

訓練難易度
🐾🐾🐾🐾🐾

品種資訊

原產地
愛爾蘭

身高
公 23-27 英寸（58.5-68.5 公分）／
母 21.5-25 英寸（54.5-63.5 公分）

體重
公 70-75 磅（31.5-34 公斤）／
母 60-65 磅（27-29.5 公斤）

被毛
中等長度、直、扁平，有羽狀飾毛

毛色
濃栗紅色且無任何黑色；或有白色斑紋｜
亦有赤褐色 [AKC] [CKC] [UKC]

其他名稱
愛爾蘭紅色蹲獵犬
（Irish Red Setter）

註冊機構（分類）
AKC（獵鳥犬）；ANKC（槍獵犬）；
CKC（獵鳥犬）；FCI（指示犬）；
KC（槍獵犬）；UKC（槍獵犬）

起源與歷史

　　蹲獵犬從十八世紀開始就存在於愛爾蘭。雖然牠們的切確來源仍未確定，一般相信愛爾蘭蹲獵犬是從數種小獵犬、蹲獵犬和指示犬交配的後代。因為擁有極度敏銳的嗅覺，牠們被用來定位鳥類的位置。一旦發現獵物，牠們會停在原地而非上前追逐，這樣能確保牠們不會被砲火誤擊。十八世紀到十九世紀初期，愛爾蘭所繁殖的蹲獵犬皆為紅色和紅白色，十九世紀中葉，全紅色的蹲獵犬開始在賽場上大出風頭，愈來愈受歡迎。1882 年，為該犬種所成立的協會稱為愛爾蘭紅蹲獵犬協會。

　　這些蹲獵犬於十九世紀晚期被引進美國作為槍獵犬使用，而牠們也實至名歸。其閃耀的紅色被毛讓牠們在賽場上大受歡迎。在二十世紀中葉，牠們是美國最受歡迎的犬種之一。對幼犬的過度需求損害了牠們，之後熱度也緩緩下降。品種數量下降讓育種者能復原牠們的特色，現今的育種者努力重新強調牠作為勤奮野外犬與槍

眼展示犬的特質，而不用犧牲牠的性情。如同其他獵鳥犬，野外犬和展示犬之間非常不同，後者通常體型更大，被毛也更厚。

個性

　　大型優雅又健美，加上具有光澤感的紅色被毛和開朗性格，愛爾蘭蹲獵犬所到之處無不引人注目。牠漫不經心的個性加上無憂無慮的氣質，讓牠深受所有人的喜愛。但牠的優點不僅是姣好外貌和個性；愛爾蘭蹲獵犬是令人開心的同伴，能夠與遇見的所有人成為朋友，非常熱情、聰明又忠誠。只要牠的狩獵天性受到啟發，就能再次在野外證明牠的能力。

照護需求

運動

　　愛爾蘭蹲獵犬需要大量運動。長距離散步、打獵、健行、跑步跟騎自行車等運動都能讓牠享受其中，同時保持身體與心靈健康。有許多運動和活動能讓愛爾蘭蹲獵犬享受娛樂並運動，像是狩獵測試、靈敏度訓練、競爭式服從，甚至是寵物心理治療都可以。

飲食

　　精力充沛的愛爾蘭蹲獵犬需要高品質、適合其運動量及年齡的飲食。

梳理

　　愛爾蘭蹲獵犬飄逸的長毛必須定期梳理以保持外觀清潔，特別要注意大量的羽狀飾毛。展示犬需要由專業人員清潔。若牠的長耳朵不保持乾淨，很容易受到感染。

健康

　　愛爾蘭蹲獵犬的平均壽命為十一至十五年，品種的健康問題可能包含關節炎、胃擴張及扭轉、犬隻白血球附著能力缺乏症（CLAD）、癲癇、髖關節發育不良症、肥大性骨質萎縮（HOD）、甲狀腺功能低下症、骨肉瘤、開放性動脈導管（PDA）、犬漸進性視網膜萎縮症（PRA），以及類血友病。

訓練

　　愛爾蘭蹲獵犬的熱情可能讓牠很難長時間專注在訓練上。讓牠多做工作並縮短訓練時間是最好達到效果的方法。牠很想要取悅別人，正向、獎勵為基礎的訓練方法對這個敏感的品種最為有效。

愛爾蘭㹴 Irish Terrier

速查表

適合小孩程度
🐾🐾🐾🐾🐾

適合其他寵物程度
🐾🐾🐾🐾🐾

活力指數
🐾🐾🐾🐾🐾

運動需求
🐾🐾🐾🐾🐾

梳理
🐾🐾🐾🐾🐾

忠誠度
🐾🐾🐾🐾🐾

護主性
🐾🐾🐾🐾🐾

訓練難易度
🐾🐾🐾🐾🐾

品種資訊

原產地
愛爾蘭

身高
公 19 英寸（48 公分）／母 18 英寸（45.5
公分）｜ 18 英寸（45.5 公分）[AKC] [CKC]
[FCI] [UKC]

體重
公 27 磅（12 公斤）／母 25 磅（11.5 公斤）

被毛
雙層毛，外層毛剛硬、堅挺、濃密，底毛
較柔軟；或稍有鬍鬚

毛色
全身亮紅色、金紅色、麥紅色｜
亦有小麥色 [AKC]

其他名稱
愛爾蘭紅㹴（Irish Red Terrier）

註冊機構（分類）
AKC（㹴犬）；ANKC（㹴犬）；CKC（㹴
犬）；FCI（㹴犬）；KC（㹴犬）；UKC
（㹴犬）

起源與歷史

　　愛爾蘭㹴犬被認為是最古老的㹴犬之一，發源於幾千年前的愛爾蘭。牠的故鄉
位於約克郡，一直被用來驅除家族土地上的害獸及保護家庭成員。這隻工作㹴犬是
小型農場的必備寵物，他們需要這種勤奮、技巧高超的捕鼠犬，同時也能親近人類
並和平相處。牠有力的下顎能輕易捕捉最難纏的老鼠，但牠也被當作口齒柔軟的尋
回犬，以小型獵物替家庭的餐桌加餐。十九世紀晚期，牠在英國變得十分受歡迎，
當時該品種有多種體型及毛色變化：從輕於 9 磅（4 公斤）到超過 30 磅（13.5 公斤），
顏色則從純白到黑棕褐色都有。在進入二十世紀之際，該品種體型標準化，並且只
認可紅色犬隻。愛爾蘭㹴也因此很快地在美國找到牠的未來和愛好者，並於 1896 年
在該國成立了該品種的協會。除了作為家庭及農場的守護者外，愛爾蘭㹴也被當做
尋回犬和戰時信差犬使用。獵犬及護衛犬勇敢的血液至今仍在牠體內流動。

個性

　　脾氣好、忠心、對人熱情，勇敢的愛爾蘭㹴生氣勃勃的模樣替牠贏得了相稱的外號「冒失鬼」。牠很有勇氣、暴躁，卻又迷人，在牠自信的腳步後隱藏著善良的心。牠非常依戀家人，也對孩子非常有辦法。個性固執而獨立，因此飼主和愛爾蘭㹴一起生活需要持續訓練牠，還要加上幽默感。

照護需求

運動

　　生氣勃勃又外向的愛爾蘭㹴喜歡任何牠能參與的外出活動，因為這樣能提供牠的身心所需的運動量。若是沒有足夠機會奔跑、玩耍，或是沒有與他人互動，愛爾蘭㹴就無法滿足，很快就會投入有害活動中。以體型大小來說，牠算是非常好動而健壯。

飲食

　　樂觀的愛爾蘭㹴十分享受進食，需要高品質、適齡的飲食。過量餵食可能會導致過胖，因此應注意食物攝取量。

梳理

　　如同許多㹴犬，愛爾蘭㹴的剛毛用手梳是最好看的，最好由專業梳理人員一年進行數次手梳。在這幾次手梳期間，只要定期自行梳理，牠的被毛就能保持整潔。被毛很少掉毛。

健康

　　愛爾蘭㹴的平均壽命為十二至十四年，根據資料並沒有品種特有的健康問題。

訓練

　　愛爾蘭㹴學習速度很快，但牠「高漲」的情緒讓牠很容易分心。牠的訓練時間最好保持簡短，讓牠專注於正面事物上。一旦牠學到按照要求所做就有獎賞，就能很快地學習到新事物。早期讓牠與其他狗和各種動物進行社會化非常重要。

愛爾蘭水獵犬 Irish Water Spaniel

品種資訊

原產地
愛爾蘭

身高
公 21-24 英寸（53-61 公分）
／母 20-23 英寸（51-58.5 公分）

體重
公 55-65 磅（25-29.5 公斤）
／母 45-58 磅（20.5-26.5 公斤）

被毛
雙層毛，量多、濃密、厚、垂墜的捲毛或呈波浪狀

毛色
純肝紅

註冊機構（分類）
AKC（獵鳥犬）；ANKC（槍獵犬）；CKC（獵鳥犬）；FCI（水犬）；KC（槍獵犬）；UKC（槍獵犬）

起源與歷史

　　愛爾蘭使用獵犬進行水上工作的歷史要追溯到數個世紀前。在 1850 年代，愛爾蘭只有兩種水獵犬：一種是位於北方、擁有波浪微捲毛的小型雜色品種，另一種則是南方的捲毛品種。然而直到 1830 年代，愛爾蘭人賈斯丁・麥卡錫（Justin McCarthy）才開始培育現今人們熟知的愛爾蘭水獵犬。他的狗名為「水手長」（Boatswain），被公認為該品種之父，但麥卡錫從未揭露他使用的基因來源。一般推測除了原本的兩個愛爾蘭水獵犬品種外，麥卡錫還加入了貴賓犬／巴貝犬的基因，因為麥卡錫的祖先曾和愛爾蘭軍旅並肩作戰，在法國為路易十二對抗英國。葡萄牙水手曾在英國停留，也將葡萄牙水犬一併帶來，可能對該品種有所幫助。無論血統來源，愛爾蘭水獵犬出現後就一直極受歡迎。

　　愛爾蘭水獵犬是獵捕水中獵物的好手，出色表現讓牠在家鄉受到喜愛。在 1878 年受到認可後，在美國早期移民族群中也受到歡迎。牠獨特的被毛能保護牠不受冰冷水流侵襲，既厚實又防水。雖然犬種數量不多，喜歡牠的人卻堅定不移，愛爾蘭水獵犬以獵犬及伴侶犬的身份受到許多人愛護。

個性

　　雖然面對陌生人時有點疏離，愛爾蘭水獵犬在面

對家人與朋友時是興致高昂的小丑，非常喜歡玩遊戲以及跟人玩耍。聰明、大膽、喜歡取悅眾人，個性有點固執，愛爾蘭水獵犬有足夠勇氣與智慧能工作一整天；而牠愛玩和熱情的特質也讓牠成為深受喜愛的伴侶犬。牠通常能保持安靜，但有陌生人靠近時會向飼主示警，讓牠也適合成為護衛犬。幼犬時期讓牠與他人進行社會化訓練對牠極為有益；若沒有互動，牠可能會變得多疑而防衛心重。這種大型又強壯的狗常常會流口水。

速查表

適合小孩程度	梳理
適合其他寵物程度	忠誠度
活力指數	護主性
運動需求	訓練難易度

照護需求

運動

強健又勤勞的愛爾蘭水獵犬最好能獲得大量運動。牠非常喜歡游泳，外出時到池塘、湖邊、海灘，甚至游泳池都是牠的最愛。因為被毛保護性強，牠到任何氣候環境都能適應。

飲食

愛爾蘭水獵犬有著健康的胃口，若不注意可能會變得暴飲暴食。最好給予高品質、適齡的飲食。

梳理

雖然牠掉毛稀少，也不需要像貴賓犬一樣修剪，但愛爾蘭水獵犬的被毛需要定期照護才能維持整潔。被毛通常很厚，因此必須定期梳理；也需要定期剪短以避免雜亂，最好由專業梳理人員來整理。牠下垂而沉重的耳朵限制了空氣流通，若不維持乾淨可能會引起感染。

健康

愛爾蘭水獵犬的平均壽命為十至十三年，品種的健康問題可能包含髖關節發育不良症以及甲狀腺功能低下症。

訓練

愛爾蘭水獵犬天生就適合訓練，牠是美國第一隻贏得服從頭銜的獵鳥犬。既聰明又願意取悅飼主，牠適合接受訓練者堅定而體貼的訓練，因為牠在嚴厲命令下會退縮，也不會服從出於善意卻不一致的要求。必須於幼犬時期就讓牠進行社會化訓練，能夠增進牠的自信與對他人的信任度。

愛爾蘭獵狼犬 Irish Wolfhound

品種資訊

原產地
愛爾蘭

身高
公至少 31-32 英寸（79-81 公分）／母至少 28-30 英寸（71-76 公分）｜32-34 英寸（81-86.5 公分）[UKC]

體重
公至少 120 磅（54.5 公斤）／母至少 89-105 磅（40.5-47.5 公斤）

被毛
被毛粗硬；覆蓋於眼上的鬍鬚和毛髮特別長且剛硬

毛色
灰色、虎斑、紅色、黑色、純白、淺黃褐色，或任何可能出現於獵鹿犬的其他顏色｜亦有小麥色和鋼灰色 [KC]

其他名稱
Cú Faoil

註冊機構（分類）
AKC（狩獵犬）；ANKC（狩獵犬）；CKC（狩獵犬）；FCI（視覺型獵犬）；KC（狩獵犬）；UKC（視覺型獵犬及野犬）

起源與歷史

　　愛爾蘭獵狼犬的歷史粗略，但這隻莊嚴的視覺型獵犬自有歷史記載以來就一直存在於愛爾蘭。牠的神話從愛爾蘭的英雄時代（西元前二世紀到西元二世紀）開始流傳，包括「艾爾比」（Ailbhe），據說牠替整個省抵抗了倫斯特國王的攻擊。還有勇敢的「布蘭」（Bran），牠神奇地向國王預警了敵人的攻擊。據說在西元十二世紀，奧斯特國王以四千頭牛換取一隻令人垂涎的獵狼犬，拒絕他的下場就是一場戰爭。對這個巨型品種最可靠的真實評價來自西元十三世紀：北威爾斯的王子羅埃林（Llewelyn）在貝德蓋勒特有塊地，他在那裡打獵都會帶著最忠實的獵犬「吉勒特」（Gelert）。有天，吉勒特在狩獵中因不明原因失蹤，留下王子一人。羅埃林在回程中遇到牠，發現牠身上沾滿血腥味，卻還快樂地圍著主人跑。王子心中暗自警戒，回到兒子的嬰兒床邊確認孩子安危，卻發現被子和地上覆滿鮮血。狂亂的王子拔出劍插入滿是鮮血的獵犬身上。獵犬垂死之際發出的叫聲引起一陣嬰兒的哭聲。羅埃林發現他的兒子毫髮無傷地躺在一頭巨大的死狼附近，這頭狼正是被吉勒特所咬死。王子懊悔無比，據說他之後再也沒笑過。吉勒特在北威爾斯的墳墓上有個紀念碑寫著「他將吉勒特葬於此地」，地點即是貝德蓋勒特。

　　整個中世紀期間，愛爾蘭獵狼犬都被當作戰犬、保護土地的守衛犬，也用來狩獵野豬、雄鹿和現已絕種的大角鹿。在十五和十六世紀期間，牠們逐漸轉變成專門狩獵野狼的獵犬，品種外型也在此時固定。十七世紀期間，英

國禁止出口愛爾蘭獵狼犬，因為該國境內野狼猖獗。但當最後一隻狼在十八世紀末期被消滅，獵狼犬失去最主要的工作，牠的數量也開始下降。愛爾蘭大饑荒時期對這個巨型品種也有負面影響，讓牠們幾乎滅絕。直到十九世紀晚期，喬治·奧古斯特·葛拉漢隊長（Captain George Augustus Graham）開始致力於復育該犬種，才讓牠再次興起。1885 年也成立了該品種的協會，至今這種巨大的視覺型獵犬仍蓬勃發展。

速查表

適合小孩程度	梳理
🐾🐾🐾🐾🐾	🐾🐾🐾🐾🐾
適合其他寵物程度	忠誠度
🐾🐾🐾🐾🐾	🐾🐾🐾🐾🐾
活力指數	護主性
🐾🐾🐾🐾🐾	🐾🐾🐾🐾🐾
運動需求	訓練難易度
🐾🐾🐾🐾🐾	🐾🐾🐾🐾🐾

個性

現代愛爾蘭獵狼犬是很溫和的巨犬。牠聰明、有耐心又熱情，也對家人很忠心。雖然體型巨大嚇人，牠和孩子、朋友甚至所有牠認識的人相處方式卻值得信任。牠成熟速度很慢，至少要到兩歲後才能長成完全體型，但體型變化速度很快。牠的大小和整體外型讓牠鶴立雞群，因此牠和他人互動很輕鬆，因為大家都會圍過來；而牠也很愛這樣！牠也能和其他動物相處融洽，但若小型動物一起奔跑，可能會引得牠開始追逐。

照護需求

運動

當牠在幼犬階段逐漸成長時，最好將牠的活動方式限制在玩耍及短距離散步。在牠快速成長時運動過量可能會產生許多問題。直到長成成犬後，牠會開心自己能使用天生的衝刺短跑能力。應讓牠在安全封閉的範圍內奔跑，因為牠很快就能跑贏飼主。只要定期散步、偶爾跑步、有玩耍時間並與家人相處，牠就能獲得充足運動。

飲食

大型的愛爾蘭獵狼犬食量很大，需要高品質、適合體型的飲食。

梳理

愛爾蘭獵狼犬粗糙的中長毛需定期梳理以保持乾淨整齊。掉毛程度中等，應該讓專業梳理人員一年清潔數次，拔除較粗、較長的毛以維持外觀。

健康

愛爾蘭獵狼犬的平均壽命為六至八年，品種的健康問題可能包含胃擴張及扭轉、骨癌、心臟問題、甲狀腺功能低下症、肝門脈系統分流，以及類血友病。

訓練

聰明的愛爾蘭獵狼犬很快就能學會飼主對牠的要求，訓練牠的過程相對容易。堅持不懈和讚美是成功訓練的關鍵。身為以人類為主的狗，愛爾蘭獵狼犬很樂意和任何接近牠的人相處。無論年齡多大，常常帶牠到公眾場合能增加牠的自信。

伊斯特拉粗毛獵犬 Istrian Coarse-Haired Hound

品種資訊

原產地
克羅埃西亞

身高
18-23 英寸（46-58 公分）

體重
35.5-53 磅（16-24 公斤）

被毛
雙層毛，外層毛粗糙、無光澤、如鬃毛，底毛短、厚

毛色
雪白色帶橙色斑點紋路

其他名稱
Istarski Ostrodlaki Gonič；Istrian Wire-Haired Scent Hound；伊斯特拉剛毛獵犬（Wirehaired Istrian Hound）

註冊機構（分類）
ARBA（狩獵犬）；FCI（嗅覺型獵犬）；UKC（嗅覺型獵犬）

起源與歷史

幾個世紀以來，東南歐發展了數種嗅覺型獵犬。這些中等體型、和善的獵犬包括波士尼亞粗毛獵犬、塞爾維亞獵犬、塞爾維亞三色獵犬、保沙瓦獵犬，以及來自伊斯特拉最古老的獵犬。伊斯特拉位於亞得里亞海北邊的半島上，前身為南斯拉夫的一部分，現在這個半島上有三個國家：克羅埃西亞（面積最大）、義大利和斯洛維尼亞。這裡的獵犬被用來獵捕狐狸、野兔及野豬，通常是成對或成群在粗獷嚴峻的地勢上進行狩獵。

伊斯特拉獵犬品種類型的建立要歸功於艾凡·羅倫齊克博士（Dr. Ivan Lovrencic），他可能使用了法國格里芬凡丁犬和伊斯特拉短毛獵犬雜交以繁殖出伊斯特拉粗毛獵犬。伊斯特拉獵犬於 1866 年首次在維也納展出，並於 1938 年在南斯拉夫註冊。第一隻登記的粗毛獵犬叫做柏林（Burin），是羅倫齊克博士飼養的一隻獵犬。除了被毛外，粗毛和平毛兩種類型的標準非常相近，粗毛型比平毛型稍高、稍重。

個性

伊斯特拉粗毛獵犬比短毛獵犬更為認真，對狩獵非常投入。牠有著無窮無盡的精力和耐力，也對狩獵抱有巨大的熱情。牠冷靜而友善，對那些善待牠的人而言，也是適應力強、極為忠心的家庭犬。

照護需求

運動

身為活躍的獵犬，伊斯特拉粗毛獵犬需要定期運動，參與愈多狩獵活動愈好。對氣味不太興奮、不太想找獵物時，牠會安靜而沉穩地待在室內。

飲食

健壯的伊斯特拉粗毛獵犬食量很大，應該注意牠的體重。牠需要食物所給予的能量，但也需要維持身形。最好給予高品質、適齡的飲食。

梳理

伊斯特拉粗毛獵犬的剛硬外層毛和厚實底毛在任何狩獵環境下都能保護牠。被毛也是面對髒污碎屑的天然防護，髒污有時會卡在被毛中而不侵害皮膚。最好在狩獵後清潔伊斯特拉粗毛獵犬的被毛，但平時只需要定期梳理就能保持整潔。

健康

伊斯特拉粗毛獵犬的平均壽命為十一至十三年，根據資料並沒有品種特有的健康問題。

訓練

身為專注力強而認真的狩獵犬，伊斯特拉粗毛獵犬對飼主的要求都能給予良好反應。牠熱衷狩獵，單獨或成群皆可。

速查表

適合小孩程度	梳理
🐾🐾🐾🐾🐾	🐾🐾🐾🐾🐾
適合其他寵物程度	忠誠度
🐾🐾🐾🐾🐾	🐾🐾🐾🐾🐾
活力指數	護主性
🐾🐾🐾🐾🐾	🐾🐾🐾🐾🐾
運動需求	訓練難易度
🐾🐾🐾🐾🐾	🐾🐾🐾🐾🐾

伊斯特拉短毛獵犬 Istrian Short-Haired Hound

品種資訊

原產地
克羅埃西亞

身高
17.5-22 英寸（44-56 公分）

體重
公 29.5 磅（18 公斤）／
母犬推測較輕 [估計]

被毛
短、細緻、濃密、有光澤

毛色
雪白色帶橙色或橙色斑點的耳朵，
以及檸檬色／橙色斑紋

其他名稱
Istarski Kratkodlaki Gonič；
Istrian Short-Haired Scent Hound；
Shorthaired Istrian Hound

註冊機構（分類）
FCI（嗅覺型獵犬）；UKC（嗅覺
型獵犬）

起源與歷史

　　幾個世紀以來，東南歐發展了數種嗅覺型獵犬，包括波士尼亞粗毛獵犬、塞爾維亞獵犬、塞爾維亞三色獵犬和保沙瓦獵犬。最古老的獵犬則來自亞得里亞海北邊的伊斯特拉半島，伊斯特拉半島前身為南斯拉夫的領土，現在則由三個國家瓜分：克羅埃西亞（面積最大）、義大利和斯洛維尼亞。根據世界畜犬聯盟（FCI）的標準所述：「壁畫（1474 年的聖瑪麗禮拜堂）、繪畫（如十八世紀初期的提香〔Titian〕）和歷代記（1719 年的約克佛基本主教）都見證了伊斯特拉短毛獵犬的古老歷史。」

　　伊斯特拉獵犬品種類型的建立要歸功於艾凡‧羅倫齊克博士（Dr. Ivan Lovrencic）。伊斯特拉獵犬於 1866 年首次在維也納展出，並於 1938 年在南斯拉夫註冊。第一隻登記的短毛獵犬叫做維特（Vit），是由梅特利卡的達可‧馬卡（Dako Makar）育種，並由斯特魯加的馬提茲‧霍格勒（Matevz Hoegler）所擁有。除了被毛外，粗毛和平毛兩種類型的標準非常相近，粗毛型比平毛型稍高、稍重。短毛型在兩

者中較受歡迎，因為牠高超的狩獵技巧及個性在伊斯特拉受到珍惜。牠也因為洪亮的嗓音和追捕氣味時堅持的吼叫而聞名。

速查表

適合小孩程度	梳理
🐾🐾🐾🐾	🐾🐾🐾
適合其他寵物程度	忠誠度
🐾🐾🐾🐾	🐾🐾🐾🐾
活力指數	護主性
🐾🐾🐾🐾	🐾🐾🐾🐾
運動需求	訓練難易度
🐾🐾🐾🐾🐾	🐾🐾🐾🐾

個性

個性甜美而溫和，伊斯特拉短毛獵犬是適應力強、隨和的同伴，也熱愛打獵。白天打獵是牠最快樂的時光，牠在森林小徑上也非常活潑而熱情。在家中則很冷靜，喜歡在一天辛勤工作後，蜷曲在家人腳邊休息。

照護需求

運動

身為活躍的獵犬，伊斯特拉短毛獵犬需要定期運動，參與愈多狩獵活動愈好。對氣味不太興奮、不太想找獵物時，牠會安靜而沉穩地待在室內。

飲食

健壯的伊斯特拉短毛獵犬食量很大，應該注意牠的體重。牠需要食物所給予的能量，但也需要維持身形。最好給予高品質、適齡的飲食。

梳理

伊斯特拉短毛獵犬平滑的短毛很容易照顧。只需要偶爾使用獵犬潔毛手套擦拭，就能鬆開死毛並活絡皮膚循環，讓新毛生長並帶出光澤。

健康

伊斯特拉短毛獵犬的平均壽命為十一至十三年，根據資料並沒有品種特有的健康問題。

訓練

伊斯特拉短毛獵犬穩重且適應力強，對飼主的一般要求都能做出很好的回應。牠熱衷狩獵，單獨或成群皆可。

義大利靈緹犬 Italian Greyhound

速查表

適合小孩程度

適合其他寵物程度

活力指數

運動需求

梳理

忠誠度

護主性

訓練難易度

品種資訊

原產地
義大利

身高
12.5-15 英寸（32-38 公分）

體重
8-10 磅（3.5-4.5 公斤）／
最重 11 磅（5 公斤）[FCI]

被毛
短、細緻、有光澤、柔軟

毛色
黑、藍、奶油、淺黃褐、紅、白，或任何前
述顏色紋路帶白色；無虎斑、黑或藍色帶棕
褐色斑紋 [ANKC] [KC]｜可接受所有顏色和

斑紋，除了黑棕褐色犬隻身上的虎斑和棕褐
色斑紋 [AKC] [UKC]｜白、奶油、淺黃褐、
藍、灰、黑、紅、巧克力，古銅、藍／淺黃褐、
紅／淺黃褐色；有白色斑紋；無曼徹斯特
㹴犬般的棕褐色斑點、虎斑 [CKC]｜黑、灰、
暗藍灰、灰黃 [FCI]

其他名稱
Piccolo Levriero Italiano

註冊機構（分類）
AKC（玩賞犬）；ANKC（玩賞犬）；
CKC（玩賞犬）；FCI（視覺型獵犬）；
KC（玩賞犬）；UKC（伴侶犬）

起源與歷史

　　迷你靈緹犬存在的證據可以在兩千年前的埃及墳墓以及地中海國家遺跡和工藝
品中找到。而羅馬人將這種小型視覺型獵犬育種到完美狀態。這些小型犬似乎完全
被育種為伴侶犬，或許是受拉丁語格言「cave canem」（小心此狗）所啟發，這並非
警告賓客要小心羅馬人的強大獒犬守衛，而是要求他們小心不要傷害這些小型狗。
十六世紀時，該品種得到「義大利靈緹犬」的名稱，牠們也逐漸在歐洲各地受到歡迎。
這些熱情的玩賞犬常受到宮廷女士們的喜愛，包括瑪麗一世、丹麥的安妮，以及維
多利亞女王。就連腓特烈大帝也臣服在牠的魔力之下，無論到哪裡都帶著他最愛的
寵物，甚至在戰場上。

　　牠們在維多利亞時期達到人氣最高峰，但十九世紀時，有人企圖培育更小型的義大利靈緹犬，導致牠們整體基因庫衰弱。而在歐洲，兩次世界大戰的代價也促成了牠們的衰退。而在美國和加拿大，穩定的數量和健全的培育方法讓義大利靈緹犬持續健康發展。一直到今天，牠仍是喜愛伴侶犬族群眼中的珍寶。

個性

　　嬌小的義大利靈緹犬對家人既熱情又忠心，常常和牠「團隊」中的某一個成員羈絆特別深。牠的體型架構需要特殊照護，包括維持身體溫暖，在骨骼發展期間不要讓牠過度操勞。在面對陌生人時可能會有點疏離；孩子在牠身邊時也要小心，尤其是還不了解如何和牠相處的年幼孩童。牠最愛與其他同類相處，最好一次養數隻義大利靈緹犬讓牠們開心。好奇心重而個性溫和，行動快速又時而淘氣，義大利靈緹犬是複雜卻又引人注目的伴侶犬。

照護需求

運動

　　秀氣的義大利靈緹犬每天能從玩耍及陪伴家人散步中獲得所需的運動量。牠通常會配合家庭改變運動強度。

飲食

　　義大利靈緹犬需要高品質、適合體型的飲食。定時餵食能幫助牠習慣定期如廁。

梳理

　　義大利靈緹犬細緻的短毛不常掉毛，是容易梳理的品種，只需偶爾使用柔軟布料擦拭，並特別注意臉部清潔即可。牠的皮膚很薄，需要注意保暖。

健康

　　義大利靈緹犬的平均壽命為十二至十五年，品種的健康問題可能包含自體免疫疾病、牙齒問題、癲癇、甲狀腺功能低下症、股骨頭缺血性壞死，以及膝蓋骨脫臼。

訓練

　　為了防止牠被寵得太過，義大利靈緹犬應該自小就接受訓練，以鼓勵牠服從並保持良好禮節。短時間的訓練課程加上充滿活力的讚美與足夠的獎勵，能夠獲取義大利靈緹犬的專注。牠在受到鼓勵時，學習速度很快。如廁訓練可能比其他犬類需要更多時間。有必要在幼犬時期進行社會化訓練，以幫助牠面對各種情況。

義大利粗毛獵犬 Italian Hound, Coarsehaired

速查表

適合小孩程度
🐾🐾🐾🐾🐾

適合其他寵物程度
🐾🐾🐾🐾🐾

活力指數
🐾🐾🐾🐾🐾

運動需求
🐾🐾🐾🐾🐾

梳理
🐾🐾🐾🐾🐾

忠誠度
🐾🐾🐾🐾🐾

護主性
🐾🐾🐾🐾🐾

訓練難易度
🐾🐾🐾🐾🐾

品種資訊

原產地
義大利

身高
公 20.5-23.5 英寸（52-60 公分）／
母 19-23 英寸（48-58 公分）

體重
公 44-61.5 磅（20-28 公斤）／
母 39.5-57.5 磅（18-26 公斤）

被毛
剛硬、粗糙、濃密、緊密

毛色
純淺黃褐色調、黑棕褐色；或有白色斑紋

其他名稱
Italian Coarsehaired Hound；Roughhaired
Italian Hound；Segugio Italiano；Segugio
Italiano a Pelo Forte

註冊機構（分類）
FCI（嗅覺型獵犬）；KC（狩獵犬）；
UKC（嗅覺型獵犬）

起源與歷史

　　義大利獵犬經典而獨特的外表，可追溯到嗅覺型獵犬與視覺型獵犬雜交的古老起源。身為古老品種，牠很可能是由早期高盧南部的凱爾特獵犬（Celtic Hound）和腓尼基的視覺型獵犬雜交而生。該品種在義大利文藝復興時期極為受歡迎，深受所有階級歡迎，用於狩獵。當時的義大利貴族會舉行大型狩獵，後面簇擁著小喇叭手和衣著華麗的侍從，後頭跟著一大群獵犬走過鄉間小路。現在的義大利獵犬仍和幾世紀前繪畫及掛氈上所繪大型狩獵場面中的優雅獵犬非常相似。

　　隨著昔日大型狩獵的場面已過，該品種逐漸沒落。幸好在二十世紀時，眾人對這個獨特的義大利品種重拾興趣。隨著國家品種協會「義大利國際職業獵犬協會」（Societa Italiana Pro Segugio）的成立並承諾保育該品種，現今作為狩獵犬和伴侶犬的義大利獵犬十分受歡迎。牠們被用來在平坦地勢和山陵地區獵捕兔子、野兔和野豬。義大利獵犬被註冊為兩種類型——粗毛型和短毛型，但除了被毛差別以外，兩種

差異不大。

個性

　　義大利獵犬冷靜、溫柔而感情豐富，是合適的家庭犬。牠在野外擁有絕佳耐力和精力，可以在野外打獵一整天後，隔天出門還是能做同樣的活動。牠是個性溫和、脾氣平穩的獵犬，友善而善於與人互動。如同許多獵犬，牠可能會展現固執的一面，但經過持續訓練就能改善問題。

照護需求

運動

　　身為健壯而活動力強的品種，若義大利獵犬沒有外出打獵，應該每天帶牠出去長距離散步或慢跑。

飲食

　　活力十足的義大利獵犬食量很大，應該注意牠的體重。牠需要食物帶來的能量，卻也必須維持身形。最好給予高品質、適齡的飲食。

梳理

　　義大利粗毛獵犬應該每週梳理一次，必須定期注意長耳清潔，以確保雙耳乾淨而健康。

健康

　　義大利粗毛獵犬的平均壽命為十至十三年，根據資料並沒有品種特有的健康問題。

訓練

　　這隻個性溫和的獵犬喜歡和人群相處，也願意和主人快樂地打獵一整天。牠可能會有點固執，對命令反應有點慢，也可能被嗅到的氣味吸引而分心，因此巨大的耐心和一致性對訓練非常重要。也因為牠溫柔的天性，不應該被嚴厲教訓。

義大利短毛獵犬 Italian Hound, Shorthaired

速查表

適合小孩程度
🐾🐾🐾

適合其他寵物程度
🐾🐾🐾🐾

活力指數
🐾🐾🐾🐾

運動需求
🐾🐾🐾

梳理
🐾

忠誠度
🐾🐾🐾

護主性
🐾🐾

訓練難易度
🐾🐾

品種資訊

原產地
義大利

身高
公 20.5-23 英寸（52-58 公分）／
母 19-22 英寸（48-56 公分）

體重
39.5-61.5 磅（18-28 公斤）

被毛
平滑、厚、有光澤、濃密

毛色
純淺黃褐色調、黑棕褐色；或有白色斑紋

其他名稱
Italian Shorthaired Hound；Segugio Italiano；
Segugio Italiano a Pelo Raso

註冊機構（分類）
FCI（嗅覺型獵犬）；KC（狩獵犬）；
UKC（嗅覺型獵犬）

起源與歷史

義大利獵犬經典而獨特的外表，可追溯到嗅覺型獵犬與視覺型獵犬雜交的古老起源。身為古老品種，牠很可能是由早期高盧南部的凱爾特獵犬（Celtic Hound）和腓尼基的視覺型獵犬雜交而生。該品種在義大利文藝復興時期極為受歡迎，深受所有階級歡迎，用於狩獵。當時的義大利貴族會舉行大型狩獵，後面簇擁著小喇叭手和衣著華麗的侍從，後頭跟著一大群獵犬走過鄉間小路。現在的義大利獵犬仍和幾世紀前繪畫及掛氈上所繪大型狩獵場面中的優雅獵犬非常相似。

隨著昔日大型狩獵的場面已過，該品種逐漸沒落。幸好在二十世紀時，眾人對這個獨特的義大利品種重拾興趣。隨著國家品種協會「義大利國際職業獵犬協會」（Societa Italiana Pro Segugio）的成立並承諾保育該品種，現今作為狩獵犬和伴侶犬的義大利獵犬十分受歡迎。牠們被用來在平坦地勢和山陵地區獵捕兔子、野兔和野豬。義大利獵犬被註冊為兩種類型——粗毛型和短毛型（被描述為「如玻璃般」），

但除了被毛外，兩種差異不大。

個性

義大利獵犬冷靜、溫柔而感情豐富。牠很活潑，卻不過於敏感，和孩子與其他動物能和睦相處，也是適合的家庭犬。牠在野外狩獵時擁有絕佳耐力。牠個性溫和、脾氣平穩，友善而善於與人互動。

照護需求

運動

身為健壯而活動力強的犬種，義大利獵犬喜歡狩獵勝過一切。若沒有機會讓牠追逐獵物，應該每天帶牠出去長距離散步或慢跑。

飲食

活力十足的義大利獵犬食量很大，應該注意牠的體重。牠需要食物帶來的能量，卻也必須維持身形。最好給予高品質、適齡的飲食。

梳理

義大利短毛獵犬只需要最低程度的梳理，偶爾使用獵犬潔毛手套擦拭即可。必須定期注意長耳清潔，以確保雙耳乾淨健康。

健康

義大利獵犬的平均壽命為十至十三年，根據資料並沒有品種特有的健康問題。

訓練

這隻個性溫和的獵犬喜歡和人群相處，願意和主人快樂地打獵一整天。牠可能會有點固執，對命令反應有點慢，也可能被嗅到的氣味吸引而分心，因此巨大的耐心和一致性對訓練非常重要。也因為牠溫柔的天性，不該被嚴厲教訓。

傑克羅素㹴 Jack Russell Terrier

速查表

適合小孩程度
🐾🐾🐾🐾

適合其他寵物程度
🐾🐾🐾🐾🐾

活力指數
🐾🐾🐾🐾

運動需求
🐾🐾🐾🐾

梳理
🐾🐾🐾🐾

忠誠度
🐾🐾🐾🐾

護主性
🐾🐾🐾🐾

訓練難易度
🐾🐾

品種資訊

原產地
英格蘭

身高
10-12 英寸（25-30 公分）

體重
每 2 英寸（5 公分）為 2 磅（1 公斤）／
11-13 磅（5-6 公斤）[UKC]

被毛
三種類型，皆耐候：平毛／粗毛／碎毛

毛色
以白色為主，帶黑色和／或棕褐色斑紋｜
亦有棕色斑紋；亦有純白 [UKC]

註冊機構（分類）
ANKC（㹴犬）；FCI（㹴犬）；UKC（㹴犬）

起源與歷史

　　十九世紀時，來自英格蘭德文郡的牧師約翰・傑克・羅素（Parson John "Jack" Russell）為了狩獵狐狸而開始繁殖㹴犬。他利用獵狐㹴以及可能是小型米格魯或其他鬥牛㹴類型的犬隻，創造出他認為最適合搭配獵狐犬的㹴犬血脈。這種㹴犬會跟在獵狐犬身邊一起奔跑，等到狐狸現身平地後，牠就能開始追逐狐狸並將之驅逐出巢穴。他的㹴犬必須要大膽到能在野外奔跑，也要控制住自己不殺害獵物、毀掉狩獵行程。羅素的㹴犬也明顯以白色為主，只有頭部或尾巴連接身體部分有褐色或黑褐色斑點。十九世紀末期，㹴犬逐漸減少用在獵捕狐狸上（因為花費驚人地高），反而被帶到狐狸或獾的巢穴直接殺害或逼出害獸。在當時，無論牠們是否擁有傑克牧師理想中的聰明、穩定性格和體能特質，所有的㹴犬都被統一稱為「傑克羅素㹴」。幸好在 1904 年，有一群南英格蘭的㹴犬愛好者決定拯救傑克羅素㹴，並替羅素最愛的品種訂定標準。

　　牠現在成了世界各地極受歡迎的犬種，因牠的毅力和勇氣而受到欣賞。隨著時

間過去，變種的發展讓該品種依高度和體型大小分成不同類別。現今，長腿、身形較方的被稱為帕森羅素㹴（Parson Russell Terrier），而短腿、身形較長的則被稱為傑克羅素㹴。

個性

傑克羅素㹴勇於面對任何挑戰和獵物。若站上狩獵場，牠會表現得無畏而專一；若是在家中，牠會是熱情的伴侶犬，準備好探索並參與所有家庭活動。牠會不畏害羞博取目光，也會堅持成為注目焦點。在過度興奮時，牠會變得有點愛吵架、對其他人或動物脾氣也不好。這只是牠暫時的疏失，代表遊戲的步調和節奏需要減緩，好讓牠也能冷靜下來。有趣、可愛、活潑、好運動、積極又帥氣，傑克羅素㹴在獵狐犬中以對狩獵的熱情渴望贏得了牠應有的地位，也在追逐中以實力贏得尊嚴。牠是同樣熱愛戶外及冒險族群的最佳夥伴。

照護需求

運動

傑克羅素㹴是眾所矚目的焦點人物，所到之處無不散播對運動的喜愛和牠的熱情。牠必須每天進行數次長距離散步，最好到讓牠能維持狩獵天性的地方，牠會到處嗅聞，包括每一個洞、每一枝落枝。牠既活潑又警戒，偶爾散步將無法滿足牠身心所需要的刺激。

飲食

朝氣蓬勃的傑克羅素㹴很愛吃，需要注意牠的體重。最好給予高品質、適齡的飲食。

梳理

三種被毛類型（平毛、粗毛、碎毛）只要定期梳理都很容易保持清潔。

健康

傑克羅素㹴的平均壽命為十二至十四年，品種的健康問題可能包含小腦共濟失調、先天性耳聾、股骨頭缺血性壞死、重症肌無力（MG）、膝蓋骨脫臼，以及類血友病。

訓練

聰明的傑克羅素㹴同時也非常獨立。為了獲得訓練效果，需要集中注意力並給予鼓勵。頻繁的短時間課程和及時獎勵最為適合。幼犬時期開始社會化能幫助牠發展社交技巧和禮節。

德國獵㹴 Jagdterrier

品種資訊

原產地
德國

身高
13-16 英寸（33-40.5 公分）

體重
公 20-22 磅（9-10 公斤）／母
16.5-18.5 磅（7.5-8.5 公斤）｜
16-22 磅（7.5-10 公斤）[ARBA]
[UKC]

被毛
兩種類型，皆扁平、濃密；可接
受介於兩者之間的所有質地：粗
毛型粗、硬／平毛型粗

毛色
黑色、深棕色、灰黑色；淺黃褐
色斑紋；或有面罩；或有小型白
色斑紋｜亦有棕色、紅色和黃色
斑紋 [ARBA] [UKC]

其他名稱
Deutscher Jagdterrier；German
Hunt Terrier；German Hunting
Terrier

註冊機構（分類）
ANKC（㹴犬）；ARBA（㹴犬）；
FCI（㹴犬）；UKC（㹴犬）

起源與歷史

　　在第一次世界大戰後，德國一群運動員對本土德國㹴犬燃起興趣，重新繁殖這種能用於所有狩獵和野外活動的犬種。昆伍德（C.E. Gruenwald）、佛斯特・費斯局長（Chief Forester R. Fiess）、賀伯特・拉克納博士（Dr. Herbert Lackner）和華特・柴克伯（Walter Zangenbert）開始進行密集的繁殖計劃，使用黑棕褐色的佩特戴爾㹴和剛毛獵狐㹴來創造德國獵㹴。該品種在極短時間內就成功建立，大概僅花費了十年，且德國獵㹴也很快以其果斷無畏的獵犬性格和大聲的吠叫聲而聞名。

　　有趣的是，各國使用這種高效率德國獵㹴的方式皆不相同。在其原產地德國，牠被用來狩獵各種動物，包括野豬、獾和狐狸。在美國和加拿大，牠則被用來作為趕上樹犬，獵捕浣熊和松鼠。各種用途顯示出牠的多功能性，也代表大家有多希望和牠成為工作夥伴。

個性

有人描述德國獵ㄓㄨ的個性為「烈如火」，牠是隻活動力強、警戒性高又勤奮工作的狗，準備好戰勝每一隻害獸或其他獵物。牠永不妥協也毫不畏懼，猛烈而勇敢地進行狩獵。牠對陌生人持多疑心態，會自然地想要保護家人。牠的飼主需要強勢領導牠，一旦贏得了牠的尊敬，就會一生都保持忠心耿耿。

速查表

適合小孩程度		梳理	
活力指數		護主性	
運動需求		訓練難易度	

適合小孩程度 🐾🐾🐾🐾

梳理 🐾🐾🐾🐾

適合其他寵物程度 🐾🐾🐾🐾

忠誠度 🐾🐾🐾🐾

活力指數 🐾🐾🐾🐾

護主性 🐾🐾🐾🐾

運動需求 🐾🐾🐾🐾

訓練難易度 🐾🐾🐾🐾

照護需求

運動

活躍的德國獵ㄓㄨ需要運動也需要工作。牠警戒而好奇的天性需要透過狩獵活動和積極參與外面世界來宣洩。若運動量或工作量不夠，德國獵ㄓㄨ會覺得無聊，也對其身心有害。

飲食

德國獵ㄓㄨ需要高品質、適齡的飲食，讓牠在狩獵時保持體力，也讓牠在家時健康而滿足。

梳理

平毛和粗毛的德國獵ㄓㄨ都很容易照顧，只需偶爾梳理就能維持整潔。

健康

德國獵ㄓㄨ的平均壽命為十二至十四年，根據資料並沒有品種特有的健康問題。

訓練

獨立而責任心重的德國獵ㄓㄨ會依靠牠的直覺和訓練來完成工作，有時候牠的看法不一定和飼主一致。但牠十分願意為家庭奉獻，若以此為動機，會願意聆聽並學習。無論幼犬或成犬時期，都有必要與其他動物和孩童進行社會化訓練。

日本狆 Japanese Chin

速查表

適合小孩程度

適合其他寵物程度

活力指數

運動需求

梳理

忠誠度

護主性

訓練難易度

品種資訊

原產地
日本

身高
公 10 英寸（25.5 公分）／母犬較小｜
8-11 英寸（20-28 公分）[AKC]

體重
4-7 磅（2-3 公斤）｜兩種類別：7 磅（3 公斤）
以上或以下 [CKC]

被毛
單層毛，長、量多、直、絲滑；
有頸部環狀毛

毛色
黑白色、紅白色｜亦有黑白色帶棕褐色斑點
[AKC] [UKC]

其他名稱
狆（Chin）；日本小獵犬（Japanese
Spaniel）

註冊機構（分類）
AKC（玩賞犬）；ANKC（玩賞犬）；
CKC（玩賞犬）；FCI（伴侶犬及玩賞犬）；
KC（玩賞犬）；UKC（伴侶犬）

起源與歷史

　　雖然不確定日本狆的祖先來自於韓國還是中國，但能確定該品種是在日本發展與改良。根據古代皇宮的刺繡和擁有幾世紀歷史的古老陶器圖案顯示，日本狆在日本是由貴族所飼養的狗。犬類在貴族之間地位崇高，被視為極高榮耀的禮物，而日本狆正是送禮的首選品種。

　　培理將軍（Perry）在 1853 年打開了日本和西方來往的大門，他也是第一個將日本狆帶到英國的人。一對「日本小獵犬」（日本狆 1977 年前的名稱）被當作禮物送給維多利亞女王，她是眾所皆知的愛犬人士。她對此品種的熱愛很快就讓日本狆在英國、歐洲和北美洲深受歡迎，也逐漸受到世界各國的喜愛。第二次世界大戰期間，當美國和日本的關係降到冰點時，日本狆引進美國的交易停止，但歐洲和英國卻繼續保持多產的繁殖，然而當戰況反轉後，有許多犬隻被送到美國以培育該品種。直

到今天，日本狆仍是世界各地受到喜愛的伴侶犬。

個性

　　日本狆看上去天生就有皇室貴族的氣息。牠們喜歡吸引眾人的注意，卻以一種迷人而高貴的方式尋求關注。聰明、活潑、快樂，溫和又愛玩，牠是忠實的伴侶犬，能讓主人一整天都開心。牠們體型嬌小，也比較脆弱。即使牠們很愛與人相處，最好還是能監督牠們與幼童或吵鬧孩子的互動過程。日本狆也能和其他寵物相處融洽，若是在幼犬時期就先進行過社會化訓練會更好。

照護需求

運動

　　嬌小的日本狆只要每天跟著家人在家中亂轉或玩幾次遊戲就能運動。牠體型偏小，有點脆弱，飼主不該常常抱起牠；若是有過重問題就更不應該抱。

飲食

　　日本狆需要高品質、適合體型的飲食。牠可能對防腐劑和劣質的成分很敏感，會引發過敏反應。

梳理

　　日本狆如人類一般的長毛需要時常梳理。牠們耳朵的長毛容易掉落到狗食中，最好在牠進食時使用網帽（一塊有彈性的布料，讓牠低頭時耳朵不會垂到臉上）以避免耳朵毛落入食物中。

健康

　　日本狆的平均壽命為十至十二年，品種的健康問題可能包含白內障、心雜音，以及膝蓋骨脫臼。

訓練

　　雖然日本狆渴望學習，思考速度也很快，但牠們內心纖細，需要溫和對待。這並不代表牠們不需要訓練，相反地，牠們仍需學習基本禮節，並學習如何與其他人及動物互動。牠們一直以來為了替皇室和其他人表演而學習各種把戲，也喜歡透過學習新事物來和外界互動並獲得刺激。

品種資訊

原產地
日本

身高
公 13.5-14.5 英寸（34-37 公分）／
母 12-13.5 英寸（30-34 公分）| 公
12-15 英寸（30.5-38 公分）／母犬
較小 [ARBA] [CKC] [FCI] [UKC]

體重
11-20 磅（5-9 公斤）[估計]

被毛
雙層毛，外層毛直、蓬鬆，底毛短、
柔軟、濃密；有鬃毛

毛色
純白

其他名稱
Nihon Supittsu

註冊機構（分類）
ANKC（家庭犬）；ARBA（狐狸
犬及原始犬）；CKC（家庭犬）；
FCI（狐狸犬及原始犬）；KC（萬
用犬）；UKC（北方犬）

日本狐狸犬 Japanese Spitz

起源與歷史

　　由於第二次世界大戰期間摧毀了育種紀錄，因此日本狐狸犬的切確來源已經不可
考。該品種是小型的狐狸犬，源自二十世紀初期從北歐帶到日本的長毛犬。其中一個
祖先可能的是薩摩耶犬，牠是一種西伯利亞原生犬，被帶到日本後經過改良，體型愈
變愈小。日本狐狸犬於 1948 年被日本畜犬協會承認，此後不久開始在原產地受到歡
迎。牠也漸漸開始被散布到世界各地，桃樂絲‧肯揚（Dorothy Kenyon）於 1970 年
代從瑞典帶著數隻日本狐狸犬進入英國。牠們立刻在當地受到歡迎，並在 1977 年受
到英國育犬協會（KC）的認可。

個性

　　日本狐狸犬的小狗身體中裝著大狗的靈魂，跟體型比牠大兩倍的狗一樣健壯又
活躍。朝氣蓬勃、有警戒心、聰明、愛玩又服從，牠的笑臉捕捉了愛狗人士的心。
牠會積極地和孩童、其他動物和陌生人成為朋友，相較於其他狐狸犬種，疑心較少。

牠喜歡使用吠叫聲，在其他人接近時會用來警示牠的主人。

照護需求

運動

日本狐狸犬精力旺盛且好奇心重，需要到外界運動身心。牠渴望探索外界並認識新朋友，在附近地區散步或在公園玩耍能增進牠和飼主的生活品質，因為牠能為大眾帶來歡樂。

飲食

日本狐狸犬並不挑食，高品質的飲食就能讓牠健康成長。注意將牠的體重保持在適當範圍，能幫助避免因肥胖而產生的健康問題。

梳理

日本狐狸犬厚實的被毛自成風格，也很容易照顧。需要定期梳理，但在掉毛季節要用細齒梳來盡可能梳除死毛。

健康

日本狐狸犬的平均壽命為十一至十四年，品種的健康問題可能包含膝蓋骨脫臼。

訓練

日本狐狸犬是個表演家，渴望取悅他人，牠能透過熱情而堅持不懈的訓練學習到許多不同指令和把戲。正向訓練方式最適合這種活潑的品種，早期社會化訓練也能確保牠習慣各種狀況。

速查表

適合小孩程度	梳理
🐾🐾🐾🐾🐾	🐾🐾🐾🐾🐾
適合其他寵物程度	忠誠度
🐾🐾🐾🐾🐾	🐾🐾🐾🐾🐾
活力指數	護主性
🐾🐾🐾🐾🐾	🐾🐾🐾🐾🐾
運動需求	訓練難易度
🐾🐾🐾🐾🐾	🐾🐾🐾🐾🐾

日本狙 Japanese Terrier

品種資訊

原產地
日本

身高
12-13 英寸（30-33 公分）

體重
6.5-8.5 磅（3-4 公斤）[估計]

被毛
短、平滑、有光澤、濃密

毛色
三色、白色帶黑色斑點、白色帶
黑色或棕褐色斑紋

其他名稱
Nihon Teria；Nippon Terrier

註冊機構（分類）
FCI（狙犬）；UKC（狙犬）

起源與歷史

　　荷蘭水手於 1702 年大老遠將平毛獵狐狙從荷蘭運到日本，抵達長崎港（當時唯一對西方開放的港口）。這些捕鼠犬和當時的日本犬種一起混合繁殖，之後更加入義大利獵犬一起培育。這些小型獵犬最好的犬種範例是神戶地區的「神戶狙」。神戶狙犬為日本狙奠定了基礎，在經過多年謹慎繁殖與挑選後，日本狙的標準在 1930 年確立。牠們專為寵物犬用途而培育，讓飼主外出時能抱著牠們走，而此品種也在日本的大型城鎮中逐漸受到歡迎。日本狙在第二次世界大戰期間幾乎瀕臨絕種，在 1980 年代中期也因為不再受歡迎，品種數目再次降低。喜愛牠的育種者拯救了這個活潑的品種，然而即使在原生國家，現在也還是相對稀有。

個性

　　活潑而警戒心重的日本狙是典型狙犬的代表。牠不害怕追逐認定的獵物，也會警戒可疑的活動。牠既聰明又熱情，淘氣而有幽默感。牠通常傾向於和一個人建立

親密關係，但仍會對整個家族忠心並保護他們，是
富有魅力又大膽的小型伴侶犬。

照護需求

運動

日本狽不需要太多運動，但牠必須每天伸展四
肢。可以透過玩遊戲方式運動，牠也極為喜愛遊戲。

飲食

日本狽需要營養充足、均衡的飲食。在日本通
常會在正常飲食外加入小魚乾。

梳理

日本狽平滑的短毛很容易保持整潔，只需偶爾使用柔軟布料或軟刷梳理被毛即可。

健康

日本狽的平均壽命為十三至十五年，根據資料並沒有品種特有的健康問題。

訓練

日本狽有警戒心且反應快，雖然有著狽犬常見的固執個性，但牠也熱衷且善於學習。因
為牠天性多疑，自幼犬時期就需要進行社會化訓練。

速查表

適合小孩程度	梳理
適合其他寵物程度	忠誠度
活力指數	護主性
運動需求	訓練難易度

珍島犬 Jindo

品種資訊

原產地
韓國

身高
公 19.5-21.5 英寸（50-55 公分）／
母 17.5-19.5 英寸（45-50 公分）

體重
公 40-50 磅（18-22.5 公斤）／
母 33-42 磅（15-19 公斤）

被毛
雙層毛，外層毛長度中等、堅挺、稍微蓬鬆，
底毛柔軟、濃密

毛色
黑棕褐色、虎斑、紅淺黃褐色、灰色、白色｜
亦有黑色 [ARBA] [FCI] [UKC]｜僅紅色調、
白色、黑棕褐色 [KC]

其他名稱
Jindo Dog；Korean Jindo；韓國珍島犬（Korea
Jindo Dog）

註冊機構（分類）
AKC（FSS：家庭犬）；ARBA（狐狸犬及
原始犬）；FCI（狐狸犬及原始犬）；KC（萬
用犬）；UKC（北方犬）

起源與歷史

　　書面紀錄中沒有關於珍島犬的歷史紀錄，但普遍相信牠長久以來存活於韓國離島珍島上。有個理論推斷這些狗是蒙古人於十三世紀侵略韓國時，蒙古犬在這個島上留下的後代。這些狗和島上的原生犬交配，由於島嶼位置孤立而選擇性繁殖留下了純種後代。然而，位於珍島郡的珍島犬研究及測試中心（Jindo Dog Research and Testing Center）則相信珍島犬是當地純種的狩獵品種，歷史可追溯至石器時代。幾個世紀以來，牠們一直是神秘而有能力的獵犬，能獵取野鹿和野豬，群體狩獵時甚至能擊落西伯利亞虎。

　　韓國政府於 1962 年認證珍島犬為第 53 號自然紀念物，並通過珍島犬保育條例來保護該品種。1988 年，一隻珍島犬在韓國首爾奧運開幕式中躍上舞台遊行。1993 年有項驚人事蹟在韓國造成了轟動，一隻七歲的珍島犬被飼主賣到 138.5 公里之外的

城市後，幾個月後逃跑並回到牠第一個家。這隻狗叫做貝古（Baekgu），牠的故事也被改編成電視紀錄片、卡通和兒童故事書。2004 年，珍島郡也立起一座紀念牠的雕像。

個性

珍島犬十分忠誠，很享受與家人相處的時間。牠極為渴望關注，需要一直參與家人活動。雖然這些是令人喜愛的特質，珍島犬同時也是獨立而精力旺盛的犬種。留在室內過久對牠不好，牠比較喜歡在戶外活動，喜歡奔跑，跳躍力和攀爬力極佳。珍島犬既聰明又機敏，若不好好照顧，牠可能會試圖掌控全局，意思就是需要讓牠保持活動，並專心一致地訓練牠。牠是傑出的護衛犬，有非凡能力辨認出對方是敵是友，幼犬時期幾乎就能自行完成如廁訓練。

照護需求

運動

活潑的珍島犬喜歡待在戶外，需要足夠的活動量以避免讓牠感到無聊。運動內容應該包括在寬闊的空間中讓牠有足夠時間跑跳玩耍。牠不喜歡水，所以別讓牠游泳。但只要經過適當訓練，牠能成為適合的慢跑和自行車伴侶犬，牠也很樂意陪伴家人健行或遠足。

飲食

珍島犬有時候會很挑食，但必須餵食對牠有益的食物。牠需要能夠符合個別成長階段的高品質飲食，可能需要嘗試幾次後才能找到健康又能吸引牠的食物。

梳理

珍島犬會季節性掉毛。除了嚴重掉毛季節以外，牠只需要偶爾梳毛就能保持乾淨，天生被毛就很整潔。

健康

珍島犬的平均壽命為十二至十四年，根據資料並沒有品種特有的健康問題。

訓練

珍島犬的訓練者需要和犬隻一樣自信而堅定，但也要公平並適當給予鼓勵，對珍島犬生氣並無法改變情況。應該自幼犬時期就進行工作訓練，才能讓牠在各種情況下和他人互動。牠的飼主也該做出簡單而誘導性強的要求，讓牠能輕鬆完成。有必要保持耐心和毅力，並多加稱讚。

甲斐犬 Kai Ken

速查表

適合小孩程度
🐾🐾🐾🐾

適合其他寵物程度
🐾🐾🐾🐾

活力指數
🐾🐾🐾🐾

運動需求
🐾🐾🐾🐾

梳理
🐾🐾🐾

忠誠度
🐾🐾🐾🐾🐾

護主性
🐾🐾🐾🐾🐾

訓練難易度
🐾🐾🐾🐾

品種資訊

原產地
日本

身高
公 18.5-22 英寸（47-56 公分）／
母 17.5-20 英寸（44.5-51 公分）

體重
25-55 磅（11.5-25 公斤）

被毛
雙層毛，外層毛長中等、直、粗糙、厚，底
毛柔軟、濃密

毛色
任何虎斑色均可接受 | 僅黑色虎斑、紅色虎
斑、虎斑 [AKC] [ARBA] [FCI]

其他名稱
Kai；Kai-Ken；虎犬（Tora Dog）

註冊機構（分類）
AKC（FSS：工作犬）；ARBA（狐狸犬及
原始犬）；FCI（狐狸犬及原始犬）；UKC（北
方犬）

起源與歷史

　　這種北方犬是日本本州甲斐縣（現稱山梨縣）的原生犬種。山梨縣群山環繞的
環境讓甲斐犬幾個世紀以來一直受到保護，也讓牠被認定為日本最為純粹的犬種。
牠於 1943 年受到日本畜犬協會認可，並於 1950 年代首次引進美國，雖然只短暫出
現了一陣子。直到 1990 年再次引進其他甲斐犬後，育種計畫才正式開始。而引進的
這些甲斐犬即是美國甲斐犬族群的基礎。

　　甲斐犬的外表和其他日本狐狸犬種相似。1930 年代期間，日本學者磯貝晴雄將
日本原生犬種分成三類：大型、中型及小型。甲斐犬是鹿型犬或中型犬之一（其他
包括紀州犬和四國犬）。牠的體型比柴犬大，但比秋田犬小。其虎斑色被毛和反轉
到背部上方的鐮刀狀尾巴是最明顯的兩個特徵。甲斐犬最初被用於獵捕和追蹤野鹿
和野豬，被日本人視為獵犬兼護衛犬，也被認定為國寶。

個性

日本人認為甲斐犬是可靠而聰明的護衛犬，對主人非常忠心，甚至願意為保護牠愛的人而犧牲性命。據說牠比其他狐狸犬種更願意取悅親近的人，雖然在面對陌生人時會有所保留，卻能和牠認為可信的人很快就親密起來。牠與孩童相處融洽，對其他犬隻也不太有侵略性。牠也是傑出的護衛犬。

照護需求

運動

強壯的甲斐犬是運動健將，需要也十分享受定期戶外遠足。需要有足夠空間讓牠安全地奔跑和玩耍。除了在封閉地區外，外出時必須繫著牽繩。每天大量運動能保持牠的身心健康。

飲食

健壯的甲斐犬食量很大，必須注意牠的體重。牠需要食物給予的能量，但也必須保持體型苗條。最好給予高品質、適齡的飲食。

梳理

甲斐犬厚實的雙層毛時常掉毛，需要定期梳理。除此之外，牠的被毛能夠抵禦嚴寒氣候，看起來自然就有光澤。只要定期整理，看起來就能容光煥發。

健康

甲斐犬的平均壽命為十二至十五年，根據資料並沒有品種特有的健康問題。

訓練

據說甲斐犬比起其他近親的狐狸犬種更容易對訓練者的要求做出反應。牠對以耐心和毅力進行的誘導訓練反應最好，但也需要堅定而公平的訓練者。牠天性對人群、其他犬隻和動物非常親切，但也有必要自幼犬時期就開始社會化訓練。

坎高犬 Kangal Dog

品種資訊

原產地
土耳其

身高
公 30-32 英寸（76-81 公分）／
母 28-31 英寸（71-78.5 公分）

體重
公 110-145 磅（50-66 公斤）／
母 90-120 磅（41-54.5 公斤）

被毛
雙層毛，外層毛短、濃密，
底毛厚

毛色
從灰褐色到鋼灰色；有黑色面罩

其他名稱
卡拉巴什犬（Karabash）；錫瓦
斯坎高犬（Sivas-Kangal Dog）

註冊機構（分類）
ANKC（萬用犬）；
UKC（護衛犬）

起源與歷史

數千年以來，這種古老的護衛犬在土耳其東部山區和平原一直被當成牧羊犬使用。該品種以與世隔絕的錫瓦斯省中部坎高鎮命名。這些守護家畜的護衛犬的切確來源不明，但最新研究顯示牠們是從中亞遷徙而來。坎高犬有時被稱為「卡拉巴什犬」或「黑頭犬」，牠們身體健壯而警戒，常被用來守護綿羊或山羊群，並幫忙驅逐掠食者（通常是野狼）。

該品種在原產地以外地區極為少見，僅有數隻於 1960 年代被帶到英國。大衛和茱蒂絲‧尼爾森（David and Judith Nelson）兩位美國人住在土耳其時進行犬種研究，並於 1985 年將一隻坎高犬帶入美國。同時期也有幾隻坎高犬也被引進，成為美國該品種的育種基礎。土耳其以外的某些愛犬人士認為坎高犬和土耳其其他牲畜護衛犬（包括阿卡巴士犬和卡爾斯犬〔Kars〕）沒有分別，應該被放在「安納托利亞牧羊犬」的分類下（一個已在美國及英國受到認可的犬種），但土耳其人並不認同。

至今，坎高犬仍被錫瓦斯省當地居民用來保衛家畜和家園。該品種受到土耳其政府保護，已被認定為國家遺產並禁止進口到土耳其以外國家。土耳其人非常以此品種為傲，牠甚至還被印製成郵票。

個性

　　高大雄壯的坎高犬十分認真對待牠守衛牲畜的工作。在由主導的情況下，牠警戒心高也具有領土意識，會使用自己的力量和速度來攔截並阻擋任何認定的威脅。雖然對可能威脅到家畜的動物非常有危險性，但牠對待家人極為和善而熱情，也比其他牲畜護衛犬種更樂於與人相處。據說土耳其孩童會像騎馬一樣騎在牠的背上。雖然警戒心格外地重，但經過社會化訓練後，也能和大家融洽相處。

速查表

適合小孩程度	梳理
適合其他寵物程度	忠誠度
活力指數	護主性
運動需求	訓練難易度

照護需求

運動

　　坎高犬是工作犬，能從巡邏及畜牧行為中獲得足夠的運動。牠體型巨大又健壯，若是沒有工作讓牠做的話，需要將牠的體力和心力導向其他活動，讓牠保持健康而敏銳。這些活動包括每天繫繩長距離散步或慢跑。

飲食

　　坎高犬喜歡吃健康的食物。因為成長快速、體型又大，牠們需要最高品質的飲食，以確保牠們獲得足夠營養。飼主必須小心不要餵食過量，過肥可能會引發健康問題。

梳理

　　坎高犬濃密的短毛很容易照顧，只需每隔幾週梳理一次。牠會季節性掉毛，在這時候則需要額外梳理照護。

健康

　　坎高犬的平均壽命為十至十四年，品種的健康問題可能包含髖關節發育不良症。

訓練

　　坎高犬聰明、反應快，同時也很獨立、會自己做主。訓練過程需要謹慎、一致且正面的手法，因為牠們對嚴厲方法或批評非常敏感。雖然這類大型犬通常很有禮貌且穩定，牲畜護衛犬仍需受到良好領導和適當訓練。自幼犬時期就開始社會化訓練非常重要，能幫助牠們自在地與人群和其他動物在各種場所相處。

卡瑞利亞熊犬 Karelian Bear Dog

速查表

適合小孩程度
🐾🐾🐾🐾🐾

適合其他寵物程度
🐾🐾🐾🐾🐾

活力指數
🐾🐾🐾🐾🐾

運動需求
🐾🐾🐾🐾🐾

梳理
🐾🐾🐾🐾🐾

忠誠度
🐾🐾🐾🐾🐾

護主性
🐾🐾🐾🐾🐾

訓練難易度
🐾🐾🐾🐾🐾

品種資訊

原產地
芬蘭

身高
公 21.25-23.5 英寸（54-59.5 公分）／
母 19.25-21.25 英寸（49-54 公分）

體重
公 55-61.5 磅（25-28 公斤）／
母 37.5-44 磅（17-20 公斤）

被毛
雙層毛，外層毛長度中等、直、堅挺，底毛
柔軟、濃密

毛色
黑色，或為棕色或灰褐色；白色斑紋

其他名稱
Carelian Bear Dog；Karjalankarhukoira

註冊機構（分類）
AKC（FSS：工作犬）；ARBA（狐狸犬及
原始犬）；CKC（工作犬）；FCI（狐狸犬
及原始犬）；UKC（北方犬）

起源與歷史

　　卡瑞利亞熊犬來自歐洲北方卡瑞利亞地區，此地區目前為俄羅斯和芬蘭兩國領土。普遍認為該品種為科密犬（Komi dog）的後代，而科密犬來自於俄羅斯東北方的科密共和國。牠由俄羅斯人和芬蘭人培育而成，作為護衛犬或獵犬使用，可用於獵捕小型獵物（如松鼠和雪貂）或大型獵物（如麋鹿、野豬和歐亞棕熊）。卡瑞利亞熊犬在狩獵中必須強壯而無畏，平時也要能吃苦耐勞以抵禦該環境的艱苦條件。

　　這些狗早期擁有紅色、紅灰色和黑白色被毛。隨著時間經過，黑白色犬隻逐漸獲得優勢，成為今日的卡瑞利亞熊犬。第一個品種標準於 1945 年確立，而芬蘭育犬協會於 1946 年承認該品種。卡瑞利亞熊犬至今仍是芬蘭最受歡迎的品種。

個性

　　卡瑞利亞熊犬自信、獨立、聰明而勇敢。牠需要一個公平而堅定的領導者，否

則會自己掌控一切。牠與家人關係緊密，有時候會對其中一人特別忠心，而且無論全家人或一人，牠會一輩子保持熱情而忠心。牠對其他犬隻或動物可能會有領地意識或具侵略性，但對人類卻很少這樣，牠有強烈的直覺能分別出誰有威脅性。卡瑞利亞熊犬對孩童非常熱情。

照護需求

運動

卡瑞利亞熊犬需要大量運動來消耗牠的時間並保持體型。牠喜愛下雪，可以在雪堆裡玩耍嬉戲好幾個小時。在玩耍或沒有繫繩時，應該讓牠待在封閉區域中；否則牠一聞到氣味，就會開始追蹤。

飲食

卡瑞利亞熊犬通常很喜歡吃，也不太挑剔吃進的食物。也因為這樣，飼主需要注意牠們攝取的食物量以避免過胖。在牠還小時，可能會將精力耗費在各種家庭活動中，像是玩耍或打獵，此時需要最高品質的飲食以確保牠能獲得所需的營養。

梳理

卡瑞利亞熊犬厚實的雙層毛大約一年會掉兩次毛，這時候需要使用金屬刷來刷除死毛並加速換毛過程。其他時間牠的被毛整齊且容易照顧，只會有一點點狗味。

健康

卡瑞利亞熊犬的平均壽命為十至十二年，根據資料並沒有品種特有的健康問題。

訓練

訓練獨立的卡瑞利亞熊犬時需要訓練者保持堅定而公平。牠聰明而有警戒心，很快就能分辨出飼主是不是認真要求。將其體力程度和靈敏直覺考量在內的誘導訓練能獲得最好的結果。社會化訓練能幫助牠建立自信且接受不同人類和場所。

凱斯犬 Keeshond

品種資訊

原產地
荷蘭

身高
公 18 英寸（45.5 公分）／母 17
英寸（43 公分）

體重
55-66 磅（25-30 公斤）[估計]

被毛
雙層毛，外層毛長、直、粗糙，
底毛厚、如絨毛；有頸部環狀毛

毛色
混合灰色、黑色和奶油色

其他名稱
Wolfsspitz

註冊機構（分類）
AKC（家庭犬）；ANKC（家庭
犬）；CKC（家庭犬）；KC（萬
用犬）；UKC（北方犬）

起源與歷史

　　凱斯犬和德國狐狸犬有著相同的犬種血統，但
荷蘭人似乎特別喜歡採用大型似狼的犬種。幾個世
紀以來，荷蘭農場、貨船和小船將牠當成伴侶犬和
護衛犬。牠的名字來自於暱稱為凱斯（Kees）的凱
內流斯・德・吉塞拉（Cornelius de Gyselaer），是
法國大革命時期的荷蘭愛國人士。而他忠心耿耿的
寵物犬後來被稱為凱斯，並被後來追隨德・吉塞拉
的平民和中產階級所組成荷蘭愛國者黨當作象徵。
隨著德・吉塞拉的失敗，該犬也變得聲名狼藉。著
名人物證明了他們其實並沒有贏得自家狗的忠心，
也不想被人看見他們養著「凱斯的狗」。該品種自
此從都市和貴族階級的世界消失。

　　將近一百五十年後，范・哈登伯克男爵夫人
（Baroness van Hardenbroek）於 1920 年對該品種產
生興趣，並開始尋找個體。她驚訝地發現鄉村地區
的運船夫、農夫和卡車司機仍非常喜愛此品種。他
們所繁殖的凱斯犬仍是非常優秀的個體。隨著男爵
夫人開始育種後，凱斯犬再度引起風潮，荷蘭各地
也逐漸能再次見到牠的蹤跡。該品種於 1930 年代被
引進美國和英國。凱斯犬在許多國家都被視為獨立
的犬種，但世界畜犬聯盟（FCI）則將其視為德國狐
狸犬的一種（詳見德國狐狸犬——凱斯犬）。

個性

身為外向而重視家庭的犬種，凱斯犬有時候被稱為「愛笑的荷蘭人」。喜歡擁抱又愛與人互動，和孩童十分親近，難怪常常成為家中的焦點人物。牠十分享受家人的愛護，渴望參與家中所有活動。牠愛玩，和飼主相處融洽的話，學習速度也快。牠可作為良好的護衛犬，喜歡使用牠的嗓音。

照護需求

運動

凱斯犬喜歡一天出門散步數次，讓牠有機會運動並探險。牠們敏捷而穩重，這種伴侶犬會開心地陪著主人到他們想去的地方並嘗試新的活動。

飲食

牠食慾很好，需要餵食高品質的食物。牠也喜歡要求零食，但要注意不要過度餵食，否則體重會快速上升。

梳理

雖然牠的茂密被毛看起來需要耗費許多時間清潔，事實上卻並非如此。牠需要一週梳毛數次，以刺激新毛生長，並將出油平均分散到被毛和皮膚上。牠一年會大量掉毛兩次，除此之外不需要太耗費心力整理牠的被毛。

速查表

適合小孩程度	梳理
適合其他寵物程度	忠誠度
活力指數	護主性
運動需求	訓練難易度

健康

凱斯犬的平均壽命為十二至十四年，品種的健康問題可能包含庫欣氏症、癲癇、髖關節發育不良症、甲狀腺功能低下症、膝蓋骨脫臼，以及原發性副甲狀腺機能亢進（PHPT）。

訓練

自由行動的凱斯犬可能會為飼主帶來訓練上的挑戰。牠需要有適當誘因刺激以遵從飼主的指令。只要經過適當的鼓勵，牠會很快學會並順從飼主要求。反覆指令和耐心是重要關鍵。社會化訓練對牠而言非常重要，能刺激牠天生的自信心發展。

凱利藍㹴 Kerry Blue Terrier

品種資訊

原產地
愛爾蘭

身高
公 18-19.5 英寸（45.5-49.5 公分）
／母 17.5-19 英寸（44.5-48.5 公分）｜公 18-19 英寸（46-48 公分）／母犬較小 [ANKC] [CKC] [KC]

體重
公 33-40 磅（15-18 公斤）／母犬較輕

被毛
單層毛，呈波浪狀、柔軟、絲滑、濃密

毛色
任何藍灰或灰藍色調；或有小型白色斑紋；或有黑色斑點

其他名稱
愛爾蘭藍㹴（Irish Blue Terrier）

註冊機構（分類）
AKC（㹴犬）；ANKC（㹴犬）；CKC（㹴犬）；FCI（㹴犬）；KC（㹴犬）；UKC（㹴犬）

起源與歷史

凱利藍㹴（在原產地被稱為愛爾蘭藍㹴）的來歷是個謎團，但有無數民間故事和傳說圍繞在這隻祖母綠島嶼㹴犬身上。牠也許是 1770 年代晚期從特拉利灣外失事船隻游上岸的「俄國藍犬」；也可能是 1588 年西班牙艦隊沉船中倖存的「深色獵犬」與愛爾蘭當地㹴犬留下的後代；或當地農民偷偷用貴族的愛爾蘭獵狼犬培育而成的盜獵犬。無論來歷為何，牠在愛爾蘭至少存在超過一個世紀，主要集中在基拉尼湖旁的凱利郡。農夫常用牠這樣勤奮的獵犬撲滅害獸、打獵、照顧家畜、守衛家園並照顧家人。除了這些工作外，據說牠是唯一能「一爪在深水中抓住水獺」的犬種。凱利藍㹴和愛爾蘭㹴及軟毛麥色㹴有血緣關係，這兩者都在凱利藍㹴發展的歷史中有所貢獻。

這種愛爾蘭原生的「愛國犬」在 1924 年數量達最高峰，超過愛爾蘭育犬協會登記總數的四分之一。約在此時，愛爾蘭正經歷脫離大不列顛的獨立運動，凱利藍㹴也成為愛國者的幸運物。喜愛牠的人眾多，甚至在政治最動盪的 1920 年成立都柏林愛爾蘭藍㹴協會，組成會員來自兩邊不同黨派。一提到狗，政治人物表現非常大方（甚至可說無視黨派）。數年來，凱利藍㹴被作為警犬、軍隊護衛犬、尋回犬和畜牧犬使用。

個性

體格健壯的凱利藍㹴可以和任何年齡族群玩在一起。活潑、迷人而精力十足，牠為大家帶來活力，成為眾人目光的焦點。牠既聰明又自信，但面對外人時會有保護領土意識，尤其是看到陌生人與家人互動時更為明顯。需要從幼犬時期開始多方面的社會化訓練，以壓抑牠有時候過於激進的直覺；也需要注意牠和其他犬類相處的方式。

照護需求

運動

凱利藍㹴需要大量運動來讓身心持續面對挑戰。牠是多用途的犬種，願意參加任何活動。牠很享受在戶外散步，也精力旺盛，願意參加決大部分的運動和活動，包括敏捷。

飲食

凱利藍㹴很喜歡吃東西，通常不論飼主餵食什麼，牠都會大口吞下。也因為如此，飼主必須注意牠們吃下的食物，以避免過胖。牠可能會因參與不同家庭活動如玩遊戲或健行等而消耗大量精力，需要高品質的飲食來確保牠獲取足夠的營養。

梳理

在賽場中比賽的凱利藍㹴需要經由專業梳理人員來整理，以呈現修剪過的特殊被毛造型。即使是作為寵物的凱利藍㹴也需要讓專業人士維持被毛整潔，大約每六到八週梳理一次。牠幾乎不會掉毛，適合過敏人士飼養。不同於其他品種，沐浴並不會使凱利藍㹴皮膚乾燥。雖然牠幾乎沒有狗味，但沐浴能夠去除卡在鬍鬚中的食物及其他碎屑。

健康

凱利藍㹴的平均壽命為十二至十五年，品種的健康問題可能包含小腦營養性衰竭（CA）、耳部感染、眼部問題、甲狀腺功能低下症、膝蓋骨脫臼，以及皮膚問題。

訓練

牠需堅定但不過於嚴厲的訓練。牠容易失去興趣，需飼主隨時提醒牠。專一短時的訓練方式最適合牠。透過幼犬時期與其他人和動物來往，能夠有效馴化牠的領土意識本能。

國王牧羊犬 King Shepherd

品種資訊

原產地
美國

身高
公至少 27 英寸（68.5 公分）／
母至少 25 英寸（63.5 公分）

體重
公至少 100 磅（45.5 公斤）／
母至少 80 磅（36.5 公斤）

被毛
兩種類型：粗毛型的外層毛直、濃密，長度
依犬隻而異／長毛型的被毛較粗毛型長，並
非一定全直

毛色
深褐色、雙色（主要為黑色帶紅色、棕褐色
或奶油色）、黑色鞍型斑帶紅色、棕褐色、
金色、奶油色或銀色斑紋、純黑、純白

註冊機構（分類）
ARBA（畜牧犬）

起源與歷史

　　數個品種混合產生了國王牧羊犬，至於到底是哪些或多少品種則眾說紛紜。然而，一般相信是以美國血統的德國牧羊犬與阿拉斯加雪橇犬為基礎，加上一些護衛犬或畜牧犬（最常提起大白熊犬）。這個剛開始發展的品種又與德國或歐洲血統的德國牧羊犬雜交，產生今日的國王牧羊犬。牠的發展要歸功於美國育種者雪莉・華茲・克羅斯（Shelley Watts-Cross）和大衛・圖漢莫（David Turkheimer）。

　　培育國王牧羊犬的目的是為了作為能善用智慧和勇氣的牧羊犬和護衛犬使用，同時也為了避免一些美國血統德國牧羊犬可能有的健康問題。國王牧羊犬最明確的特徵是牠寬大的頭部，非常容易辨認。美國國王牧羊犬協會於 1995 年成立，而美國稀有犬種協會（ARBA）也承認該品種。

個性

　　國王牧羊犬個性勇敢、警惕、聰明而穩定，為了作為家庭伴侶犬、護衛犬和工

作犬而培育。牠非常有自信、鎮定而有警戒心。牠通常能和孩童及其他動物相處融洽，不會過於亢奮、害怕或激進。牠對陌生人的謹慎源自於保護家人的欲望。

速查表

適合小孩程度	梳理（粗）	訓練難易度
適合其他寵物程度	梳理（細）	
活力指數	忠誠度	
運動需求	護主性	

照護需求

運動

大型的國王牧羊犬需要進行大量運動，但不一定要進行劇烈運動。每天進行幾次長距離散步就能讓牠滿足。牠有工作做會很開心，也願意參與畜牧訓練、順從訓練、靈敏度訓練、追蹤訓練，以及其他有趣而有挑戰性的狗類運動，讓牠能發揮潛力。若運動不足，可能會對這個犬種有害。

飲食

國王牧羊犬食量很大，應該給予高品質的食物。這種大型犬不該被過度餵食，否則會導致體重增加甚至過胖。

梳理

雖然粗毛型國王牧羊犬清潔所需時間看似比長毛型少，但牠的底毛仍需要整理，也很會掉毛。必須一週梳理粗毛型國王犬數次，以去除死毛並保持被毛和皮膚的健康。長毛型國王犬稍厚的被毛需要稍微耗費更多時間照顧，因為毛量更多，也比較會打結和積塵。兩種類型的被毛皆能抵禦嚴峻氣候。

健康

國王牧羊犬的平均壽命為十一至十四年，品種的健康問題可能包含髖關節發育不良症。

訓練

聰明而順從的國王牧羊犬訓練起來很輕鬆。只要給予適量訓練就能造就出有禮的國王牧羊犬，也能建立起飼主和犬隻之間的緊密聯繫。對這種威風的大型犬而言，有必要自幼犬時期就開始社會化訓練。

紀州犬 Kishu Ken

速查表

適合小孩程度

適合其他寵物程度

活力指數

運動需求

梳理

忠誠度

護主性

訓練難易度

品種資訊

原產地
日本

身高
公 20.5 英寸（52 公分）／
母 18 英寸（46 公分）

體重
30-60 磅（13.5-27 公斤）

被毛
雙層毛，外層毛粗糙、直，底毛柔軟、濃密

毛色
白色｜亦有紅色、芝麻色（紅淺黃褐色毛帶黑色末端）[ARBA] [FCI] [UKC]

其他名稱
Kishu；Kishu Inu

註冊機構（分類）
AKC（FSS：工作犬）；ARBA（狐狸犬及原始犬）；FCI（狐狸犬及原始犬）；UKC（北方犬）

起源與歷史

　　日本培育狐狸犬的時間超過一個世紀。1930 年代期間，日本學者磯貝晴雄將日本原生犬種分成三類：大型、中型及小型。紀州犬是鹿型犬或中型犬之一（其他包括甲斐犬和四國犬）。人們在各種狩獵競賽中使用此品種，日本「又鬼」（職業獵人）也利用牠們協助打獵。紀州犬是又鬼獵人在和歌山和三重縣山區用來狩獵的品種。有時候被用來獵鹿，但牠最常被用來獵捕野豬，會勇敢地站在獵人與受傷的野豬之間保護獵人。

　　獵人為了狩獵的效率和效用而培育出紀州犬，他們早期不太在乎犬隻的毛色。但之後，他們認為白色紀州犬的資質更為優越，在打獵時也更顯眼。到了 1945 年，斑點色紀州犬已經全數消失，而直到現在，眾人仍更偏愛白色紀州犬，牠們也較為常見。1934 年，紀州犬在日本被指定為「天然紀念物」。如今，牠在原產地日本仍是一隻獵犬，但主要被當成伴侶犬或護衛犬。在日本以外的地區數量很少。

個性

如同其他日本狐狸犬種（如秋田犬或柴犬）一樣，紀州犬很有自信又富有好奇心。培育目的為狩獵和參與大型競賽，牠的個性勇敢又活潑。在原產地日本受到重視，也被當作家庭守護犬而受到尊重。紀州犬應該自幼就進行社會化訓練，以習慣適應不同人群、場所或其他寵物，尤其是其他犬類。

照護需求

運動

好動的紀州犬喜歡也需要大量運動。牠能習慣各種氣候，特別喜歡寒冷氣候。沒有目標或運動量不足的紀州犬很快就會感到無聊，甚至對牠的健康有害。

飲食

紀州犬需要高品質、適齡的飲來維持最佳狀態。

梳理

紀州犬的雙層毛會季節性掉毛。除此之外，牠需要一週梳理數次才能保持整齊外表。牠的白色被毛自然能維持乾淨。

健康

紀州犬的平均壽命為十二至十四年，根據資料並沒有品種特有的健康問題。

訓練

意志力堅強的紀州犬需要了解牠天性、堅定而公平的訓練者以達到訓練最佳效果。牠可能看似固執又對訓練沒有興趣，為了訓練成功，需要讓牠有動力的短時間訓練。重複練習和毅力最終會有成果。最好不斷進行社會化訓練。

可蒙犬 Komondor

速查表

適合小孩程度

適合其他寵物程度

活力指數

運動需求

梳理

忠誠度

護主性

訓練難易度

品種資訊

原產地
匈牙利

身高
公至少 27.5 英寸（70 公分）／母至少 25.5 英寸（65 公分）｜ 23.5-31.5 英寸（59.5-80 公分），公至少 25 英寸（63.5 公分）／母至少 23.5 英寸（59.5 公分）[CKC] [KC]

體重
公 100-134.5 磅（45.5-61 公斤）／母 80-110 磅（36.5-50 公斤）

被毛
雙層毛，外層毛長、呈波浪狀或捲曲、粗，底毛濃密、柔軟、如羊毛；外層毛的粗毛捆住底毛，形成堅實的繩狀毛

毛色
白色 [AKC] [CKC] [KC]｜象牙色 [ANKC] [FCI] [UKC]

其他名稱
Hungarian Komondor；匈牙利牧羊犬（Hungarian Sheepdog）

註冊機構（分類）
AKC（工作犬）；ANKC（工作犬）；CKC（工作犬）；FCI（牧羊犬）；KC（畜牧犬）；UKC（護衛犬）

起源與歷史

在匈牙利作為畜牧護衛犬、在美國和英國成為獨特展示犬的可蒙犬是過去和現在的一道邊線。匈牙利傳說敘述了十世紀的牧羊人發現了一窩幼狼，並選擇其中幾隻行為較像犬隻的來飼養。牠們受訓與綿羊一起工作，接著和當地犬種雜交，產下的後代據說就是我們所知的可蒙犬。

撇開這段神奇的傳說不談，可蒙犬實際上是高加索犬（古老的牲畜護衛犬）的直系後代，牠由遊牧民族瑪札爾人在一千多年前帶往匈牙利。這些勇敢無畏的狗被用來保護牲畜，抵禦如郊狼和野狼等掠食者。無法得知其命名來源，但可能是來自「komondor kedvu」這個詞（意即「憂鬱的」、「乖戾的」或「憤怒的」），適合用來形容這隻古代牲畜護衛犬的性格。

可蒙犬久居匈牙利長達幾個世紀，直到 1930 年代才來到北美洲。除了參加牲畜守衛表演，在展示秀中也十分常見。這種如繩索般的被毛只出現在少數幾個犬種身上。這種被毛的目的是讓牠能混入羊群中，保護牠們的安全。全身上下打滿繩索的可蒙犬能抵抗各種氣候（潮濕、寒冷和炎熱），也能抵抗掠食者的尖牙利爪。在原產地中，工作中的可蒙犬的被毛雜亂而骯髒；而在美國的可蒙犬多為展示犬，牠們的被毛經過細緻照護，展示出最好的一面。

個性

可蒙犬仍保有牠強烈守衛天性，是不可輕視的兇悍品種。牠既嚴肅又威風凜凜，準備好面對任何挑戰。牠在原產地中保護羊群免於野狼和野熊的襲擊，而這樣的保護天性代表如果牠受到威脅，會做出反應。牠能獨立思考，固執而具領地意識。牠需要有經驗的飼主，了解牠的行事風格並願意負責帶領牠與他人互動並訓練牠。

照護需求

運動

可蒙犬若運動不足會感到無聊，最喜歡有個大型庭院或封閉牧地讓牠可以巡邏。若可蒙犬不能作為農場工作犬，需要進行長途散步或參與畜牧守衛活動。

飲食

雖然可蒙犬是大型犬，食量卻不大。牠需要高品質、適齡的飲食。

梳理

可蒙犬特殊的繩索被毛在牠長大時就自然形成，這不代表牠的被毛不用花心力照護。事實上，如繩索般的被毛需要特殊照護，必須在幼犬時期細心訓練，並在沐浴後花數小時吹梳。此外，飼主每週還必須花兩小時以手梳開繩結，而維持純白色被毛的乾淨讓照護工作更複雜。不應該用梳子梳理或刷理被毛。

健康

牠的平均壽命為十至十二年，品種的健康問題可能包含胃擴張及扭轉、白內障、眼瞼內翻，以及髖關節發育不良症。

訓練

認真、聰明又堅強的可蒙犬需要了解牠、能和牠一起訓練的訓練者。牠很獨立，也會自己做主，可能會認為一旦完成一項任務後就不必再複習；這可能會讓訓練有困難。每天進行以獎勵為基礎、讓牠有動力的短時間規矩訓練最為適合。有必要自幼犬時期就開始進行社會化訓練。

科克爾犬 Kooikerhondje

品種資訊

原產地
荷蘭

身高
14-16 英寸（35-40.5 公分）

體重
20-24 磅（9-11 公斤）[估計]

被毛
雙層毛，外層毛長度中等、直或呈波浪狀，底毛發達

毛色
白底帶橙紅色斑塊

其他名稱
Dutch Decoy Dog；Kooiker Hound；小型荷蘭水禽獵犬（Small Dutch Waterfowl Dog）

註冊機構（分類）
AKC（FSS：獵鳥犬）；ARBA（獵鳥犬）；FCI（驅鳥犬）；KC（槍獵犬）；UKC（槍獵犬）

起源與歷史

科克爾犬在荷蘭被當作引誘犬有數個世紀之久，很可能源自於某種古老小獵犬。這些狗幫助獵人引誘野鴨進到陷阱（kooi），牠們也因此得名。獵人使用從水中引出彎曲溝渠，並在溝渠上方用網子罩住，形成一個類似水管的陷阱。牠們被訓練後，會在湖邊、池塘邊和運河邊奔跑、交織和跳躍，透過擺動牠濃密的白尾來吸引野鴨。野鴨就會跟著科克爾犬並落入陷阱中，讓獵人能一次捉住一群野鴨。

此品種在十六和十七世紀變得非常受歡迎，由荷蘭藝術家揚‧斯特恩（Jan Steen）和揚‧維梅爾（Jan Vermeer）畫入畫中。十六世紀時拯救威廉一世的也是科克爾犬，牠向入侵者吠叫，警示威廉一世逃跑。

隨著其他狩獵方式出現，科克爾犬發現自己失業了，其數量驟降到幾近滅絕的地步。1940 年早期，范‧艾默斯托男爵夫人（Baroness v. Hardenbroek van Ammerstol）開始對復育該品種產生興趣，並開始尋找個體。經當地居民協助，她尋獲了三隻狗——湯米（Tommie）、鮑比（Bobbie）和班尼（Bennie），並開始育種計畫，最終復育了這個荷蘭品種。現今，科克爾犬被用於環境保育行動，牠負責狩獵、困住、包圍和釋放野鴨。荷蘭的自然保留區使用了大約一百隻科克爾犬。

個性

荷蘭人認為科克爾犬是理想的家庭伴侶犬，對認識的人既忠心又熱情，卻又對陌生人抱有疑心。有人描述牠既不具侵略性，也不討厭社交互動；牠在室內能保持安靜，在室外卻擁有無窮精力。牠最大的興趣就是整天打獵，晚上和家人一起睡覺。牠是大小孩童值得信任的伴侶犬，有訪客時會通知主人，但不會過於頻繁吠叫。

照護需求

運動

滿足科克爾犬的生理運動需求十分重要。若是牠的運動量和心理刺激不足，牠很可能會感到無聊，無聊就會導致之後難以改正的壞習慣。無論天氣如何，科克爾犬都會很開心飼主能帶牠出門。此犬種的精力和對運動的喜愛可以轉化成活躍於各項運動中。牠喜歡引誘訓練、尋回訓練、追蹤訓練、靈敏度訓練、游泳、飛球和自由舞蹈。

飲食

活潑的科克爾犬食量很大，需要注意牠的體重。牠需要來自食物的能量，但也必須保持體形苗條。最好給予高品質、適齡的飲食。

梳理

科克爾犬的被毛防水，也容易預防髒污。每週梳理一次就能維持被毛外觀，但在掉毛期間需要更頻繁地梳毛。

健康

科克爾犬的平均壽命為十二至十四年，品種的健康問題可能包含白內障、癲癇、遺傳性骨髓壞死、膝蓋骨脫臼，以及類血友病。

訓練

必須以正向方法訓練科克爾犬，以零食獎勵牠正確的行為。使用過於嚴厲的方法會有反效果。牠既敏感，反應又迅速，當牠把精力集中於感興趣的事物上時，學習速度會很快，也會因這種共同活動而開心。

速查表

適合小孩程度	梳理
🐾🐾🐾🐾🐾	🐾🐾🐾🐾🐾
適合其他寵物程度	忠誠度
🐾🐾🐾🐾🐾	🐾🐾🐾🐾🐾
活力指數	護主性
🐾🐾🐾🐾🐾	🐾🐾🐾🐾🐾
運動需求	訓練難易度
🐾🐾🐾🐾🐾	🐾🐾🐾🐾🐾

卡斯特牧羊犬 Krasky Ovcar

速查表

適合小孩程度
🐾🐾🐾🐾🐾

適合其他寵物程度
🐾🐾🐾🐾🐾

活力指數
🐾🐾🐾🐾🐾

運動需求
🐾🐾🐾🐾🐾

梳理
🐾🐾🐾

忠誠度
🐾🐾🐾🐾🐾

護主性
🐾🐾🐾🐾🐾

訓練難易度
🐾🐾🐾🐾🐾

品種資訊

原產地
斯洛維尼亞

身高
公 22.5-25 英寸（57-63 公分）／
母 21.5-23.5 英寸（54-60 公分）

體重
公 66-92.5 磅（30-42 公斤）／
母 55-81.5 磅（25-37 公斤）

被毛
雙層毛，外層毛長、扁平、防護佳，底毛量
多；有頸部環狀毛

毛色
鐵灰色；深色面罩

其他名稱
伊斯特拉牧羊犬（Istrian Sheepdog）；Karst
Shepherd；Karst Shepherd Dog；Kraševec；
Kraski Ovcar；Kraški Ovčar

註冊機構（分類）
FCI（獒犬）；UKC（護衛犬）

起源與歷史

　　卡斯特牧羊犬是來自中歐斯洛維尼亞的原生犬種，相傳是由遊牧於達爾馬提亞島嶼和伊斯特拉之間的伊利里亞人帶到斯洛維尼亞沿海卡斯特地區。幾個世紀以來，牠一直被當成牲畜護衛犬，保護羊群免於掠食者的侵襲。牠的最早紀錄可追溯至1689 年，札內茲・窩瓦索男爵（Baron Janez Vajkard Valvasor）在描述斯洛維尼亞人文風情時，提到了卡斯特地區的牧羊犬。世界畜犬聯盟（FCI）於 1939 年以「伊利里亞牧羊犬」（Illyrian Shepherd）之名認可此品種。1968 年，牠被分化成兩個品種，來自卡斯特的牧羊犬被重新命名為卡斯特牧羊犬，而薩爾山脈地區牧羊犬則被稱為薩普蘭尼那克犬。約在此時，國際評審提歐多・覺寧（Teodor T. Drenig）、札內茲・霍加（Janez Hojan）、米羅斯拉夫・齊達（Miroslav Zidar）、艾凡・波齊克（Ivan Božič）以及育種者艾凡・卡普齊克（Ivan Kupčič）合力發展並增加該品種數量。他們一開始擁有一百頭犬隻，到了 1980 年代，增加到超過四百隻。如今，牠被視為「斯

洛維尼亞天然國寶」，也是斯洛維尼亞最古老的犬種。牠仍被當作畜牧護衛犬，也因牠認真盡責而受到重視。現在犬隻數量已超過千隻，還在斯洛維尼亞繼續繁殖，也以可靠護衛犬和傑出伴侶犬的名聲聞名全世界。

個性

無論當做工作犬或家庭犬，卡斯特牧羊犬一直被認為有著「可靠」的特質。牠個性穩定又值得依賴，是誠實的工作犬，也是家庭所有成員能信賴的夥伴。牠獨立有主見，不能強迫牠做不適合的事。只要給予牠尊重和適當對待，就會是飼主溫和而可敬的朋友。

照護需求

運動

卡斯特牧羊犬每天應該出門長距離散步數次以獲得所需的運動量。理想情況下，應該帶牠到安全封閉的寬闊空間，讓牠能盡情奔跑和巡邏。

飲食

卡斯特牧羊犬食量很大，需要注意牠的體重。牠需要食物給予的能量，但當然也要維持體型苗條。最好給予高品質、適齡的飲食。

梳理

卡斯特牧羊犬每年會進行兩次大量掉毛，在這段期間，牠需要每日進行梳理以刷除死毛。除此之外，偶爾幫牠梳理即可。

健康

卡斯特牧羊犬的平均壽命為十一至十二年，品種的健康問題可能包含髖關節發育不良症。

訓練

健壯的大型卡斯特牧羊犬需要堅定而有耐心的訓練者，能夠自幼犬時期和牠進行短時間訓練課程。嚴厲訓練方式或不適當的期望會對此犬種造成反效果。若牠的飼主尊重牠的守衛天性，自小到人時常讓牠進行社會化訓練，並以正向、獎勵為基礎的方式訓練，卡斯特牧羊犬會是飼主最溫順的好朋友。

品種資訊

原產地
德國

身高
15-18 英寸（38-46 公分）

體重
公 24-35.5 磅（11-16 公斤）／
母 20-31 磅（9-14 公斤）｜
20-35 磅（9-16 公斤）[UKC]

被毛
兩種類型：粗毛型的外層毛厚、
粗，底毛短、柔軟；有鬍鬚／平
毛型的外層毛厚、平滑，底毛短、
柔軟；無鬍鬚

毛色
白色帶淺棕色，斑塊中有棕褐色
到深棕色斑紋

註冊機構（分類）
FCI（伴侶犬及玩賞犬）；
UKC（㹴犬）

克羅姆費蘭德犬 Kromfohrländer

起源與歷史

　　克羅姆費蘭德犬是二十世紀才創造出的品種。1945 年，美國士兵抵達德國西發利亞的小鎮席根。他們從法國行軍進入德國，由一隻毛髮蓬亂的淺黃褐色小狗彼得（Peter）引領進入。雖然牠的譜系不清，但其外觀和法國血統指出牠可能是法福布列塔尼格里芬獵犬。小鎮上一位叫做伊莎·史萊芬鮑（Ilse Schleifenbaum）的女性接收了這隻活潑的小狗，成了她心愛的寵物。彼得之後和一隻可能是獵狐㹴、名叫菲菲（Fifi）的母犬交配，牠們產下的小狗深受史萊芬鮑的喜愛，讓她決定將牠們培育成一個新品種。十年後，1955 年她成功讓德國育犬協會認可此品種，而世界畜犬聯盟（FCI）隨後也蓋上認可的印記。

個性

　　活潑、忠心而順從，克羅姆費蘭德犬的育種目的是作為伴侶犬，牠沒有像其㹴犬祖先一樣的狩獵直覺。牠很警覺也注意四周，可以作為良好的看門犬。這隻熱情

的狗願意為家庭奉獻，不會四處漫遊。有趣、可愛，適應力又強，克羅姆費蘭德犬和孩子及其他寵物相處融洽，對陌生人會稍有保留。

照護需求

運動

克羅姆費蘭德犬是好動又聰明的狗，牠喜歡到戶外散步、玩耍或參與家庭活動。在室內的話，牠喜歡跟在家人身後小跑步地忙進忙出，隨時準備好和家人玩耍或接受撫摸。

飲食

體型小的克羅姆費蘭德犬食量大，應該給予高品質的食物。飼主應該注意，不要過量餵食，或在非餵食時間屈服於牠哀求食物的眼神。克羅姆費蘭德犬非常固執，而乞食的習慣會很難戒除。不該餵食牠不健康的食物，也不能過重。

梳理

兩種被毛類型只要定期梳理，都很容易保持整潔。克羅姆費蘭德犬能自然保持整潔。

健康

克羅姆費蘭德犬的平均壽命為十五至十八年，品種的健康問題可能包含白內障以及癲癇。

訓練

克羅姆費蘭德犬極欲討好飼主，也非常容易訓練。牠會喜歡參與競爭的活動，像是敏捷測試和飛球。適應力強且隨和，牠愈常與人互動，就會愈討人喜愛。

速查表

適合小孩程度	梳理
🐾🐾🐾🐾🐾	🐾🐾🐾🐾🐾
適合其他寵物程度	忠誠度
🐾🐾🐾🐾🐾	🐾🐾🐾🐾🐾
活力指數	護主性
🐾🐾🐾🐾🐾	🐾🐾🐾🐾🐾
運動需求	訓練難易度
🐾🐾🐾🐾🐾	🐾🐾🐾🐾🐾

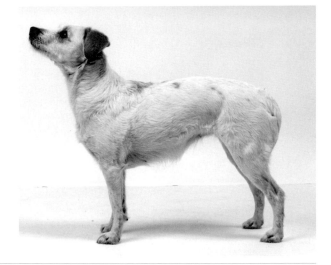

庫瓦茲犬 Kuvasz

品種資訊

原產地
匈牙利

身高
公 28-30 英寸（71-76 公分）／
母 26-28 英寸（66-71 公分）

體重
公 88-136.5 磅（40-62 公斤）／
母 66-110 磅（30-50 公斤）

被毛
雙層毛，外層毛從完全波浪狀到平直、中等
粗糙，底毛細緻、如羊毛；有頸部環狀毛

毛色
白色｜白色，但可接受象牙色[ANKC] [CKC]
[FCI] [UKC]

其他名稱
匈牙利庫瓦茲犬（Hungarian Kuvasz）

註冊機構（分類）
AKC（工作犬）；ANKC（工作犬）；CKC
（工作犬）；FCI（牧羊犬）；KC（畜牧犬）；
UKC（護衛犬）

起源與歷史

　　庫瓦茲犬在匈牙利數千年以來一直被當作牲畜護衛犬使用。雖然牠的切確來源還有待爭議，但許多犬類專家相信庫瓦茲犬種是由遊牧於歐亞兩洲之間的馬札爾族帶到匈牙利。他們有些人在西元 896 年落腳於匈牙利的喀爾巴阡盆地，並轉型為農耕部落，而牲畜護衛犬對他們而言非常寶貴。庫瓦茲犬被用在較為潮濕崎嶇的地區，而可蒙犬（另外一種匈牙利的原生牲畜護衛犬）則用於較乾燥平坦的區域。此品種在十五世紀時馬加什一世王朝顯赫一時，馬加什一世宣稱他信任庫瓦茲犬更勝於他諂媚的朝臣。這位國王利用庫瓦茲犬狩獵野豬，也當作私人護衛犬。不僅限於服侍皇室，庫瓦茲犬也幫助牧羊人或農民守衛牲畜或看守農場。

　　第二次世界大戰對庫瓦茲犬犬隻數量打擊很大，據說在戰後只剩下不到三十隻存活。在 1956 年的匈牙利革命後，民眾對這個國產品種重新燃起興趣，專職育種者從庫瓦茲犬幾近滅絕的困境中拯救了牠。現在牠仍是匈牙利常見的品種。庫瓦茲犬在 1920

年代進入美國，在西部農場特別受歡迎，牠在那擔任傑出的玄羅犬或牲畜護衛犬。

個性

庫瓦茲犬是典型的牲畜護衛犬，個性方面卻不尋常地謹慎而多疑。這是該品種的天性，而飼主必須負責，用足夠的經驗和知識來控制牠保護欲強的個性。庫瓦茲犬心志獨立，會測試飼主的統治地位。然而，一旦牠獻出了自己的忠心，就只會專注在一個家庭上，保護該家庭成員不受所有外來者侵犯。庫瓦茲犬對心愛的人有強烈的忠誠，需要適當社會化互動和訓練才能成為可靠的伴侶犬。

照護需求

運動

理想情況下，庫瓦茲犬需要有個工作做，讓牠身心有專注的重心。若是沒有工作，牠會需要大量運動。在社區附近散步幾次並不能讓不辭辛勞的牠滿足。

飲食

庫瓦茲犬愛吃，通常不太挑剔。在生命前幾年，牠能將許多精力耗費在工作上，而成長不同階段需要高品質的飲食以確保獲得需要的營養。牠能有效地消化食物，不建議高熱量飲食，可能會導致成長過快。

梳理

對被毛厚實的庫瓦茲犬來說，有必要每週進行一次梳理。牠的被毛天生就能抵禦髒污，應該盡量避免沐浴，因為會將牠毛髮和皮膚上的天然油質洗去。牠耳朵後的部位特別容易打結。在溫暖氣候區域，庫瓦茲犬幾乎一整年都在掉毛。

健康

庫瓦茲犬的平均壽命為十至十二年，品種的健康問題可能包含前十字韌帶損傷、髖關節發育不良症、肥大性骨質萎縮（HOD）、甲狀腺功能低下症、分離性骨軟骨炎（OCD），以及犬漸進性視網膜萎縮症（PRA）。

訓練

據說庫瓦茲犬必須受到確實教導，而非飼主一般所想的那種訓練方式。換句話說，庫瓦茲犬是透過實例學習，需要基於牠接收到的要求以及牠對某個情況的直覺反應。牠不會接受牠不想做或認為不合理的要求。強迫牠是錯誤的做法。守護羊群方面，最好讓庫瓦茲幼犬跟著有經驗的成犬學習，牠能兇猛地保衛牲畜，也能溫柔地幫助新生羊羔找到母親。

基里奧犬 Kyi-Leo

速查表

適合小孩程度
🐾🐾🐾🐾🐾

適合其他寵物程度
🐾🐾🐾🐾🐾

活力指數
🐾🐾🐾🐾🐾

運動需求
🐾🐾🐾🐾🐾

梳理
🐾🐾🐾🐾🐾

忠誠度
🐾🐾🐾🐾🐾

護主性
🐾🐾🐾🐾🐾

訓練難易度
🐾🐾🐾🐾🐾

品種資訊

原產地
美國

身高
8-12 英寸（20-30.5 公分）

體重
9-14 磅（4-6.5 公斤）[估計]

被毛
長、直或略呈波浪狀、厚、絲滑

毛色
黑白雜色為佳

註冊機構（分類）
ARBA（伴侶犬）

起源與歷史

　　基里奧犬在 1950 年代起源於加州的舊金山灣，由瑪爾濟斯和拉薩犬雜交而成。這種可愛的小型犬有著美好的性格，在 1960 年代繼續培育發展。1965 年，一名叫做哈莉葉·琳恩（Harriet Linn）的女士獲得了一隻「瑪爾濟斯／拉薩犬」混種犬，在培育了第一窩幼犬後，便將一生奉獻於基里奧犬。在接下來幾年，她為了這項育種計劃購買其他個體，有一些是來自牠們第一次雜交的聖荷西犬舍（San Jose kennel）。1970 年代早期，這些玩賞犬的飼主準備好要正式為此品種訂定標準。

　　牠們被稱為基里奧犬（Kyi-Leo）是因為「Kyi」是西藏語的「狗」，為了紀念牠有拉薩犬的血統，而「Leo」是拉丁語的「獅子」，代表瑪爾濟斯的貢獻。愛好者成立了育犬協會，並訂定暫時標準。該品種也被美國稀有犬種協會（ARBA）認可。

個性

基里奧犬集結了兩種祖先的許多優點，包括牠的陪伴合適性及警戒的天性。除此之外，雖然牠體型小，卻不像瑪爾濟斯那麼脆弱，牠的鼻口也較長，沒有大多數拉薩犬的咬合問題。以敏捷度以及像貓一樣快速聞名，基里奧犬非常愛玩也喜歡人群。牠們外向、快樂又聰明，也十分願意取悅飼主，但對陌生人會保持謹慎，是理想的小型警戒犬。

照護需求

運動

基里奧犬喜歡和家人一起做日常雜事，無論是在社區散步、野餐或在城市中冒險，牠很喜歡出外運動。

飲食

基里奧犬十分愛吃，需要高品質、適齡的飲食。如同其他玩賞犬，牠也會因為體型小而十分容易肥胖。

梳理

基里奧犬細緻絲滑的被毛若不定期梳理就會糾纏打結。牠的掉毛量適中。應該要特別照護眼臉部分，防止食物殘骸或其他髒污附著。

健康

基里奧犬的平均壽命為十一至十三年，品種的健康問題可能包含膝蓋骨脫臼。

訓練

基里奧犬願意取悅飼主又渴望關注，牠很容易接受訓練。牠有時候會很固執，如廁訓練也可能需要耗費更多時間（如同典型的玩賞犬）。社會化訓練十分容易，因為當牠外出時，人們都會一擁而上來撫摸牠。這項訓練很重要，因為能建立牠的自信。

拉布拉多犬 Labrador Retriever

品種資訊

原產地
英國

身高
公 22-24.5 英寸（56-62 公分）
／母 21.5-23.5 英寸（54.5-59.5
公分）

體重
公 60-80 磅（27-36.5 公斤）／
母 55-70 磅（25-31.5 公斤）

被毛
雙層毛，外層毛短、直、濃密，
底毛柔軟、耐候

毛色
黑色、黃色、巧克力色

註冊機構（分類）
AKC（獵鳥犬）；ANKC（槍
獵犬）；CKC（獵鳥犬）；FCI
（尋回犬）；KC（槍獵犬）；
UKC（槍獵犬）

起源與歷史

　　沒有多少犬種會比十七世紀時在加拿大與漁夫和獵人一起工作的犬隻更為強壯。拉布拉多被要求在最冰冷的水中尋回漁網、鳥禽以及任何人類所需，這些工作犬皮膚要厚，能抵禦嚴峻氣候，且反應快速。牠們也必須聰明又強壯。最初沒有正式育種的想法，加上對於這些狗更重視其表現，牠們在不同地區有不同名稱，包括紐芬蘭犬、拉布拉多和聖約翰犬。牠們體型中等、有捲毛，且多具有高聳的尾巴。隨時間經過，牠們有更明顯的區別，分出紐芬蘭犬和蘭西爾犬、拉布拉多犬、平毛尋回犬以及乞沙比克獵犬。

　　十九世紀，從紐芬蘭出發的船隻載著數隻此犬種開往英國。英國人因牠的尋回能力驚嘆，第二任馬勒斯男爵（Earl of Marlesbury）成立第一間拉布拉多犬舍。到了十九世紀末期，加拿大對犬隻課徵重稅導致當時已被稱為拉布拉多的狗數量減少，而在英國，隔離法的建立有效減少進口數量。缺少來自加拿大的進口犬隻，英國用現有犬隻發展扁毛尋回犬（在十九世紀很受歡迎）和現在統一名稱的拉布拉多。雖然牠受歡迎的程度比扁毛犬晚，卻一直持續到現在。

　　在英國和美國，拉布拉多普遍受到歡迎。以傑出尋回技巧和狩獵能力聞名，牠也適合作為家庭犬。拉布拉多犬目前有兩種類型：狩獵型和展示型。普遍認為狩獵型比起展

示型有活力且精瘦，而展示型的體型較短且粗壯。

適合小孩程度	梳理
🐾🐾🐾🐾🐾	🐾🐾🐾🐾🐾
適合其他寵物程度	忠誠度
🐾🐾🐾🐾🐾	🐾🐾🐾🐾🐾
活力指數	護主性
🐾🐾🐾🐾🐾	🐾🐾🐾🐾🐾
運動需求	訓練難易度
🐾🐾🐾🐾🐾	🐾🐾🐾🐾🐾

個性

　　拉布拉多理智、脾性溫和、深情而聰明，也願意取悅飼主，怪不得十分受歡迎。拉布拉多喜愛和所有年齡層的人群玩耍，也能了解必須小心對待孩童。牠是活力十足的尋回犬和泳手，有個網球或丟來丟去的飛盤就能快樂玩上好幾個小時。拉布拉多也同時喜歡與家人一起放鬆，隨著家庭固定作息行動。牠是大型而健壯的犬種，以嘴巴為重，很喜歡咀嚼。無論拉布拉多此犬種有多受歡迎，最好仔細研究幼犬或犬隻的健康和性格背景，以確保牠們品質良好。

照護需求

運動

　　拉布拉多的身心皆需大量運動。牠愛游泳，帶牠到水邊玩尋回遊戲或在水中玩耍是讓牠絲毫不厭倦的理想活動。牠喜愛社交又友善，願意停下腳步和任何人打招呼；牠熱愛受到注目，若是缺乏社交機會，會讓牠不快樂。

飲食

　　牠喜歡吃飯，會高興吞下任何餵給牠的食物。要注意牠吃下的東西，避免過胖。在早期階段能藉由家庭活動消耗精力，包括玩遊戲和狩獵，也需高品質的飲食確保獲得所需營養。

梳理

　　拉布拉多的掉毛量適中到多量，應該經常梳理，用梳子將毛髮刷除而不要等到毛髮掉落到家具或衣服上。由於牠熱愛游泳，最好保持牠的雙耳乾燥且乾淨，以避免感染。應將趾甲修短，因為雙腳需要承受沉重的身體重量，長趾甲可能會讓牠腳部呈八字形。

健康

　　拉布拉多犬的平均壽命為十至十四年，品種的健康問題可能包含肘關節發育不良、遺傳性肌病變、髖關節發育不良症、犬漸進性視網膜萎縮症（PRA），以及視網膜發育不良。

訓練

　　拉布拉多是最適合受訓練的品種之一。牠為了取悅人群而生，在訓練中也非常專注而給予良好反應。牠的可訓練性高，加上傑出的性格，讓牠成為熱門的身障人士服務犬，也是警察與藥物偵查隊的忠實夥伴。除了作為傑出的獵犬之外，拉布拉多也在競爭性服從、敏捷、飛球、飛盤和追蹤的比賽中表現優秀。無論飼主想做什麼，牠都能全力以赴。

速查表

適合小孩程度
🐾🐾🐾🐾🐾

適合其他寵物程度
🐾🐾🐾🐾🐾

活力指數
🐾🐾🐾🐾🐾

運動需求
🐾🐾🐾🐾🐾

梳理
🐾🐾🐾🐾🐾

忠誠度
🐾🐾🐾🐾🐾

護主性
🐾🐾🐾🐾🐾

訓練難易度
🐾🐾🐾🐾🐾

品種資訊

原產地
義大利

身高
公 17-19 英寸（43-48 公分）／
母 16-18 英寸（41-46 公分）

體重
公 28.5-35.5 磅（13-16 公斤）／
母 24-31 磅（11-14 公斤）

被毛
雙層毛，外層毛緊密捲曲、如羊毛、
稍粗、防水，底毛亦防水

毛色
棕色、棕雜色、米白色、橙色、白
色帶棕色斑塊、白色帶橙色斑塊；
可接受棕色面罩

其他名稱
羅馬涅水犬（Romagna Water Dog）

註冊機構（分類）
AKC（FSS：獵鳥犬）；ANKC（槍
獵犬）；FCI（水犬）；KC（槍獵犬）；
UKC（槍獵犬）

起源與歷史

　　卷毛水犬自伊特拉斯坎文明時期就存在於義大利。幾個世紀以來，牠的身影被記載在壁畫及繪畫上的狩獵與漁獵場景中，1591 年伊拉斯姆斯（Erasmus）和 1630 年尤金尼歐·拉依蒙帝（Eugenio Raimondi）的著作中皆提及可能是拉戈托羅馬閣挪露犬的犬類。祖先來自在羅馬涅地區沼澤地狩獵及工作的水犬，拉戈托羅馬閣挪露犬的名稱取自羅馬涅方言，其中「lagotto」一字意思為「鴨犬」。隨著十九世紀中葉到晚期之間沼澤地被抽乾作為可耕地使用，水禽開始消失，拉戈托犬的任務也開始改變。松露獵人開始使用牠傑出的嗅覺來尋找地面上珍貴的松露。

　　二十世紀期間，一直沒有人固定品種類型，直到一群義大利的育種者和愛好者在1970 年代決定要讓拉戈托羅馬閣挪露犬受到認可。他們成立了全國育犬協會，而該品種也在 1980 年代受到世界畜犬聯盟（FCI）的認可。如今，拉戈托犬在原產地義大利

仍被用來搜尋松露，但全世界也知道牠是傑出的全能伴侶犬。

個性

　　拉戈托羅馬閣挪露犬是個活潑而熱情的品種，理智、健壯而忠誠，牠深受各年齡層喜愛，而牠的聰明與隨和天性也讓訓練及社會化訓練變得簡單。這隻急切而熱情的狗十分願意取悅飼主，也能夠傾聽他人並好好學習，是個傑出的家庭伴侶犬。拉戈托犬也和其他狗及寵物相處融洽，因為牠們在義大利經常一起打獵。

照護需求

運動

　　拉戈托羅馬閣挪露犬需要大量運動以保持身心健康。牠生性好奇又聰明，喜歡以各種方式探索：長距離散步、遊戲、游泳、競爭運動或與其他犬隻在狗公園中互動。拉戈托犬也喜歡挖掘，讓牠到能挖掘地面的場所會皆大歡喜。

飲食

　　好動的拉戈托犬食量很大，需要注意牠的體重。牠需要食物給予的能量，卻也必須維持體型。最好給予高品質、適齡的飲食。

梳理

　　拉戈托羅馬閣挪露犬是個幾乎不掉毛的品種，但這並非代表牠不需要細心梳理照護。相反地，牠濃密如羊毛的被毛若不定期梳理，可能會打結，且毛髮會變長，因此需要偶爾修剪。

健康

　　拉戈托羅馬閣挪露犬的平均壽命為十四至十六年，品種的健康問題可能包含髖關節發育不良症。

訓練

　　非常渴望取悅人的拉戈托犬學習速度快又有能力學習。牠的尋回直覺非常強烈，可以用來獎勵或加強行為上的要求。正面、以獎勵為主的訓練方式能夠得到良好的結果，也能從早期就開始進行社會化訓練。

湖畔㹴
Lakeland Terrier

品種資訊

原產地
英格蘭

身高
公 14.5 英寸（37 公分）／母
13.5 英寸（34.5 公分）｜ 14.5
英寸（37 公分）[ANKC] [FCI]
[UKC]｜不超過 14.5 英寸（37
公分）[KC]

體重
公 17-17.5 磅（7.5-8 公斤）／
母 15-15.5 磅（7 公斤）

被毛
雙層毛，外層毛剛硬、耐候，
底毛柔軟、緊密

毛色
藍、黑、肝紅、紅、小麥、黑
棕褐、藍棕褐、紅斑白｜亦有
棕褐斑白 [CKC]

註冊機構（分類）
AKC（㹴犬）；ANKC（㹴犬）；
CKC（㹴犬）；FCI（㹴犬）；
KC（㹴犬）；UKC（㹴犬）

起源與歷史

　　勤奮的湖畔㹴從北英格蘭湖區的眾多㹴犬中脫穎
而出，這些地區包括了坎伯蘭、諾森伯蘭和威斯特摩
蘭。十九世紀時，有許多不同的勤奮、純色和碎毛的
㹴犬在農場和田野中工作，牠們的任務是協助獵狐，
在獵犬將狐狸趕入巢穴時，進到地下捕捉狐狸。不像
英格蘭南方人民使用獵狐㹴犬將狐狸從巢穴中趕出，
湖畔㹴和牠的同類會在地下面對狐狸並將之殺死。

　　隨著㹴犬品種開始有所區別，湖畔㹴一開始被放
在「有色工作㹴犬」的分類下，最初也被稱為佩特戴
爾㹴（又名費爾㹴犬）。此品種亦有純白類型，而首
次在十九世紀公開展示時，被分為白色和有色犬。白
色㹴犬較常用來獵捕水獺，因為深色㹴犬可能會被興
奮的獵犬錯認為水獺而造成傷害。深色㹴犬則被用來
獵捕狐狸。

　　民間流傳著許多湖畔㹴英勇而強韌的故事。1871
年，隆斯戴爾勳爵（Lord Lonsdale，豢養湖畔㹴超過
五十年的貴族成員）的一隻湖畔㹴為了接近一隻水獺
爬到岩石底下深達七公尺處。而為了把他的狗叫回
來，隆斯戴爾只得將石頭打碎。三天後，這隻湖畔㹴
被發現時毫髮無傷。

　　湖畔㹴在 1928 年獲得現在的名稱，一群擁護者
以湖畔區域替牠命名。至今，湖畔㹴仍會在狩獵中追逐獵物，但少了飼主曾經要求牠
保持的殺手直覺。牠是家庭農場傑出的害獸獵捕犬，也是熟練而堅定忠心的伴侶犬。

個性

　　腳踏實地且頭腦冷靜的湖畔犬很有自信，一直保持警戒。牠是很好的護衛犬，但吠叫聲可能有點吵。聰明又愛打探，牠對生活周遭的熱情讓牠成為家人的開心果。在食物和玩具上可能會有保護領土的意識，應該自幼犬時期就開始訓練，以避免牠太過緊繃或對物品太過有保護欲。牠既勇敢又快樂，非常熱情，對孩童更是如此。

照護需求

運動

　　因為湖畔㹴十分享受和家人在一起的時光，牠通常透過陪伴家人做事情獲得運動量，像是散步、在公園中玩耍、在後院活蹦亂跳，或在穀倉及其他畜舍中獵捕害獸。牠不需要過度運動，但需要幾乎每天外出以消除多餘的能量。

飲食

　　精力十足的湖畔㹴很久以前就放棄以野地捕獲獵物為食。牠通常食量很大，需要注意牠的體重。最好給予高品質、適齡的飲食。

梳理

　　如同其他㹴犬，湖畔㹴幾乎不掉毛或僅少量掉毛，但被毛仍需梳理以維持整潔。牠的被毛需要定期手梳，包括手動拔除舊毛或死毛，以削減毛量或修剪外型。也要保持耳朵和腳部的整潔，請專業人士梳理最簡單。

健康

　　湖畔㹴的平均壽命為十二至十五年，品種的健康問題可能包含眼部問題以及股骨頭缺血性壞死。

訓練

　　訓練湖畔㹴可能會有點困難，因為牠很容易感到無聊，需要感覺到訓練有足夠的挑戰性。牠的訓練內容應該包括各種多變訓練方式和驚喜，當然也需要正面和獎勵為基礎的方式。如廁訓練可能會有難度，飼主必須有所預防，且要有耐心持續訓練。湖畔㹴應該自幼犬時期就接受與人及其他寵物的社會化訓練，牠通常能和其他犬隻相處融洽，但貓類和小型寵物在牠附近不一定安全，除非牠已經和牠們相處過。

適合小孩程度	梳理
🐾🐾🐾🐾🐾	🐾🐾🐾🐾🐾
適合其他寵物程度	忠誠度
🐾🐾🐾🐾🐾	🐾🐾🐾🐾🐾
活力指數	護主性
🐾🐾🐾🐾🐾	🐾🐾🐾🐾🐾
運動需求	訓練難易度
🐾🐾🐾🐾🐾	🐾🐾🐾🐾🐾

蘭開夏赫勒犬 Lancashire Heeler

速查表

適合小孩程度
🐾🐾🐾🐾

適合其他寵物程度
🐾🐾🐾🐾

活力指數
🐾🐾🐾🐾

運動需求
🐾🐾🐾🐾

梳理
🐾🐾🐾🐾

忠誠度
🐾🐾🐾🐾

護主性
🐾🐾🐾🐾

訓練難易度
🐾🐾🐾🐾

品種資訊

原產地
英格蘭

身高
公 12 英寸（30 公分）／
母 10 英寸（25 公分）

體重
6-13 磅（2.5-6 公斤）[估計]

被毛
雙層毛，外層短、扁平、硬、厚、

耐候，底毛細緻

毛色
黑棕褐色、肝紅棕褐色

其他名稱
沃姆斯科克赫勒犬（Ormskirk
Heeler；Ormskirk Terrier）

註冊機構（分類）
AKC（FSS：畜牧犬）；KC（畜牧犬）

起源與歷史

　　蘭開夏赫勒犬的切確來源已經不可考，但這些黑白色的柯基型犬隻自十七世紀以來在英格蘭西北部就被用來驅趕牲口（雖然有些人認為蘭開夏犬比柯基犬早出現）。這些赫勒犬成了熱門的農場犬，尤其蘭開夏地區附近更是如此。牠能熟練地以輕咬牛隻腳跟來驅趕牲畜，且體型矮小可避免被牲口踢到。除此之外，牠的㹴犬血統讓牠對獵兔、滅鼠以及警戒入侵者有極大的熱情，而這些特質都讓牠能夠成為一隻傑出的家庭農場犬。

　　一直到 1960 年代，才有人努力為該品種建立標準。牠也被當地人稱為沃姆斯科克赫勒犬。關·麥金塔（Gwen Mackintosh）開始了育種計畫，在建立現代蘭開夏赫勒犬的基礎上功不可沒，而該品種於 1981 年受到英國育犬協會（KC）的認可。

　　現今，蘭開夏赫勒犬主要作為伴侶犬，雖然在北英格蘭的同名區域仍被用於畜牧牛群、馬群及羊群。儘管在該處牠能畜牧的牲口愈來愈少，但蘭開夏赫勒犬的數量仍穩定成長。

個性

蘭開夏赫勒犬是隻樂觀、活躍而聰明的狗。牠的身形與牠精力程度及活躍程度不符，在牠小型犬的身軀中住著大型狗的靈魂。牠也喜歡保持忙碌，在家人身邊看著他們最為開心。牠健壯而長壽，是好動家族最棒的伴侶犬。牠喜歡和年紀稍長的孩童玩在一起，但只要經過適當社會化訓練，能和所有人都融洽相處。

照護需求

運動

蘭開夏赫勒犬需要運動，最好所做的活動要有所目的。除了一天出去幾次大量散步外，牠也應該進行不同指導活動以保持警戒。參與完善設計的畜牧比賽、服從活動、靈敏度訓練、飛球活動及其他運動都能有效地幫助牠消耗體力。

飲食

蘭開夏赫勒犬喜愛吃東西，通常無論給牠什麼食物都會大口吞下。正因如此，飼主要密切注意牠吃的東西，以避免過胖。在幼年時期，牠們能夠透過不同活動如玩耍或畜牧等來消耗大量體力，需要高品質的飲食以確保獲得所需的營養。

梳理

雖然蘭開夏赫勒犬的被毛很厚，維持整潔卻很簡單。牠應該一週接受數次梳理，才能看起來容光煥發。

健康

蘭開夏赫勒犬的平均壽命為十一至十四年，品種的健康問題可能包含牧羊犬眼異常（CEA）、永存性瞳孔膜（PPM），以及原發性水晶體脫位。

訓練

蘭開夏赫勒犬被用來應對並控制比牠體型更大的動物，因此不會被體型差異所震懾。牠的訓練方式需要專注且正向，以抓住牠的注意力。在參與訓練時，赫勒犬學習速度很快。服從課程、參與運動和有規劃性的活動能夠幫助牠在有趣而有益的環境下受訓，也能幫助牠進行社會化，這對此品種而言非常重要。

蘭西爾犬 Landseer

品種資訊

原產地
瑞士／德國

身高
公 28.5-31.5 英寸（72-80 公分）
／母 26.5-28.5 英寸（67-72 公分）

體重
110-150 磅（50-68 公斤）[估計]

被毛
雙層毛，外層毛長、直、濃密、柔軟，底毛良好

毛色
乾淨白色帶明顯黑色斑塊

其他名稱
蘭西爾犬 - 歐亞大陸種
（Landseer, Continental-European Type；Landseer, European-Continental Type；Landseer, Europäisch-Kontinentaler type）

註冊機構（分類）
FCI（獒犬）

起源與歷史

　　加拿大紐芬蘭島上的大型犬幾世紀來一直協助漁夫捕魚。牠會拖曳漁網並拯救溺水的人。英國漁夫對這些紐芬蘭犬隻印象深刻，十八世紀晚期開始將牠們進口至英國，牠們也在當地受到歡迎。維多利亞時期的知名畫家艾德溫・蘭西爾爵士（Edwin Landseer）以研究動物聞名，其數幅畫作讓黑白色蘭西爾犬名留千古，包括《前往救援》（Off to the Rescue, 1827），描繪達德利伯爵閣下（Earl of Dudley）的黑白色犬「巴蕭」（Bashaw），以及《人類社會的著名成員》（A Distinguished Member of the Humane Society, 1838），描繪紐曼・史密斯太太（Newman Smith）的愛犬「保羅派」（Paul Pry）。

　　十九世紀晚期，蘭西爾犬在歐洲發展出兩種類型：一種是波浪毛型，為純黑色（白色不理想）、短鼻、突唇和較大的體型。另一種是捲毛型，有黑白相間色、更細長的頭部，及較高大苗條的體型。前者成為紐芬蘭犬，後者以前述畫家命名為蘭西爾犬。

　　雖然世界第一次大戰導致牠數量銳減，但德國兄弟奧圖和阿弗列德・瓦特史畢爾（Otto and Alfred Walterspiel）於 1933 年率先投入復甦此品種。1976 年，德國蘭西爾犬協會是第一個除了紐芬蘭協會以外獨立培育該品種的協會。蘭西爾犬至今在數個歐洲國家被認證為獨立品種，但在英美，牠仍被視為紐芬蘭犬的其中一種，僅毛色不同。

個性

蘭西爾犬是隻溫和巨犬，牠有耐心、冷靜、溫和又值得信任，被形容是天生保姆；但牠不會被輕易打敗。身為一隻聰明又憑直覺反應的狗，牠擁有不尋常的能力來察覺危險，若牠判定有危險情況，會立刻擋在受牠照顧的人和危險中間。牠是非常忠心奉獻的狗，能和家庭建立緊密連結。這樣的連結和保護天性有時會讓牠變得有領域性行為，但通常都能接受其他動物及牠認定為安全的人靠近。對這些人和動物來說，蘭西爾犬給了他們溫暖而大方的歡迎，讓牠贏得甜美而有尊嚴的名聲。

照護需求

運動

蘭西爾犬喜歡戶外運動，尤其是游泳。一開始培育目的是為了在加拿大東部的冰冷岸邊巡視，因此牠天生就喜愛水。牠不怕寒冷，厚重的被毛能幫助牠抵禦極端氣候。除了享受任何能夠游泳的機會以外，蘭西爾犬也喜歡健行、在社區漫步，或在庭院中玩耍。牠在室內時能安靜待著，但絕對需要運動來保持身心健康。

飲食

對於蘭西爾犬這樣的巨型品種，確保飲食份量正確和食材品質非常重要。每個成長階段的目標是達到並維持適當體重，同時也持續提供足夠營養所需。蘭西爾犬不該過肥，將會容易有心臟問題。蘭西爾犬的上唇很大，導致牠容易流口水，尤其是在喝水後更明顯。

梳理

該品種濃密厚實的被毛需要定期梳理，牠每年大量掉毛兩次，此時需要特殊照護，但牠平時也會持續掉毛。最好以適當營養和定期梳理來控制掉毛量。洗澡可能會洗去被毛的天然保護油脂，需儘量避免。也必須注意保持耳朵乾淨且乾燥。

健康

蘭西爾犬的平均壽命為八至十年，品種的健康問題可能包含髖關節發育不良症以及主動脈下狹窄（SAS）。

訓練

牠溫和又討人喜歡，對正面且以獎賞為基礎的訓練適應良好。牠體型龐大，移動速度慢，在要求牠進行指令時得將這點納入考量。牠樂意參與水上活動，也能被用來作為拖曳犬。

拉普蘭畜牧犬 Lapinporokoïra

品種資訊

原產地
芬蘭

身高
公 20 英寸（51 公分）／
母 18 英寸（46 公分）

體重
66 磅（30 公斤）或較輕 [估計]

被毛
雙層毛，外層毛長度中等或長、
直、豎立、粗糙，底毛細緻、
濃密

毛色
黑色、灰色、深棕色；可接受
灰色、棕色、白色斑紋

其他名稱
芬蘭馴鹿畜牧犬（Finnish
Reindeer Herder）；拉普蘭馴鹿
犬（Lapland Reindeer Dog）；
Lapponian Herder

註冊機構（分類）
FCI（狐狸犬及原始犬）；
UKC（畜牧犬）

起源與歷史

數個世紀以來，芬蘭北部拉普蘭島上的薩米人
（又稱拉普人）獵捕馴鹿，並在過程中使用北方狐狸
犬協助狩獵。隨著野外獸群消失，薩米人也變成畜牧
家養馴鹿。也因為此一生活變化，他們需要另一種狗
來幫忙畜牧，因此將原生犬種和歐洲引進的畜牧犬交
配，而後誕生了強壯而天性和善的天生畜牧犬——拉
普蘭畜牧犬。

一開始，這種狗整年在戶外和嚴寒氣候對抗，維
持鹿群完整並帶回走失的馴鹿。這些「Poro-koira」
（芬蘭語的馴鹿畜牧犬）有時候一整天可以跑上超過
96.5 公里，地面通常積雪深厚。數年後，1960 年代
牧鹿人普遍開始使用電動雪車，幾乎讓拉普蘭畜牧犬
瀕臨絕種。但不久後他們因為車輛及燃油的高價，又
開始考慮使用這種古老的畜牧犬。拉普蘭畜牧犬天生
的精力和牠較為低廉的「燃油」代價，讓牠再次受到
歡迎。

芬蘭育犬協會 1960 年代的主席奧利・柯侯能
（Olli Korhonen）率先於 1966 年建立了標準，而該
協會也開始培育拉普蘭畜牧犬。經過種種努力，發展
出健全的繁殖系統。當時，畜牧業者想要能力傑出的
工作犬（通常為公犬），卻對繁衍幼犬沒什麼太大的
興趣。芬蘭南部許多喜愛拉普蘭畜牧犬的人被牠吸引
是因為其和善天性、易於照顧和服從度高。他們與北

方的畜牧業者合作，將能力傑出的工作公犬運到南方，與當地的母犬交配，再將生下的公幼犬送回北方工作。這樣的系統能確保該品種天生的工作特質被保留下來。

個性

拉普蘭畜牧犬工作認真但適應力也強，對被交付的工作會全力以赴，一天工作結束後也能開心地蜷曲在主人腳下休息。牠很有精神，脾性卻很平和，通常比其他畜牧犬更不易感到壓力。牠十分友善、聰明而獨立，若不作為工作犬使用，牠會需要其他方式來刺激身心，像是犬類運動。

照護需求

運動

拉普蘭畜牧犬在嚴寒氣候環境中被用來長時間工作，因此牠喜歡也需要進行戶外運動。天氣狀況對牠沒有影響，牠隨時隨地準備好出門，喜歡長距離散步、慢跑，或在安全的地方嬉戲。

飲食

健壯的拉普蘭畜牧犬食量很大，需要食物給予的能量，但同時也必須維持體型。最好給予高品質、適齡的飲食，讓牠保持適當體型。

梳理

拉普蘭畜牧犬耐用的中長毛只需要最低程度的照護。牠濃密的底毛會掉毛，但定期梳理應該就能控制掉毛量。

健康

拉普蘭畜牧犬的平均壽命為十二至十四年，根據資料並沒有品種特有的健康問題。

訓練

拉普蘭畜牧犬很聰明，學習速度也很快。牠的北方血統讓牠擁有獨立意志，若不鼓勵牠遵守飼主要求，可能會自己做主。堅持不懈的正向訓練是和牠合作的最好方式。

大木斯德蘭犬 Large Münsterländer

速查表

適合小孩程度
🐾🐾🐾🐾🐾

適合其他寵物程度
🐾🐾🐾🐾🐾

活力指數
🐾🐾🐾🐾

運動需求
🐾🐾🐾🐾🐾

梳理
🐾🐾🐾🐾🐾

忠誠度
🐾🐾🐾🐾🐾

護主性
🐾🐾🐾🐾🐾

訓練難易度
🐾🐾🐾🐾🐾

品種資訊

原產地
德國

身高
公 23.5-25.5 英寸（60-65 公分）／
母 23-25 英寸（58-63 公分）

體重
大約 66 磅（30 公斤）

被毛
長、濃密、有光澤；有羽狀飾毛

毛色
頭部為黑色，身體為白色帶黑色斑
塊和斑點或藍雜色

其他名稱
Grosser Münsterländer；Grosser
Münsterländer Vorstehhund

註冊機構（分類）
ANKC（槍獵犬）ARBA（獵鳥犬）；
FCI（指示犬）；KC（槍獵犬）；
UKC（槍獵犬）

起源與歷史

　　木斯德蘭是德國西北部明斯特地區的首都，被認為是西發利亞的文化中心。獵鳥犬自古以來在該地區一直受到歡迎，獵人也非常有興趣培育擁有傑出嗅覺及追蹤能力的各種長毛獵犬。當時有許多「huenerhunden」（鳥犬）都符合這些條件，並僅以牠們的能力作為依據來雜交繁殖。因為牠們的體型、顏色和被毛各不相同，最後被分成數個品種。當德國長毛指示犬育犬協會於 1879 年設立品種標準時，他們將幼犬當中不時會出現的黑白色犬隻排除在外。對某些人而言，這不是理想的毛色，但許多獵人並不在乎；事實上，他們反而很欣賞這些狗的特質，因此繼續繁衍牠們。

　　這些黑白色鳥犬（或大木斯德蘭犬）的協會成立於 1919 年。育種目的是為了適應各種地形，包括平原、森林和邊疆地區，且能在各種氣候條件下狩獵，而大木斯德蘭犬的確能在各種形式、不同氣候情況下進行狩獵。在德國，該品種是德國育犬協會以及槍獵工作犬聯盟（Federation of Working Gundogs）的成員，因為牠的能力和溫和脾

氣受到獵人及家庭的歡迎。

個性

　　大木斯德蘭犬是性情愉快、外向而順從的犬種，能和人類緊密合作的傑出獵犬，也十分親近人群。在野外工作一天後，牠最喜歡蜷曲在家人腳邊休息。牠有著強烈的欲望想取悅飼主，也能和孩子及其他寵物相處愉快。牠十分依賴人類，即使飼主只是短暫離開一陣子，牠也會開心地以低吠聲「說話」或帶給飼主牠最愛的玩具以示歡迎。除了狩獵以外，大木斯德蘭犬也擅長服從及靈敏度競賽。

照護需求

運動

　　大木斯德蘭犬需要大量運動，也十分沉溺於戶外活動。牠需要不受牽繩拘束地自在奔跑，而這需要在大型安全封閉空間進行。牠也十分喜愛游泳，身為能力傑出的運動員，只要不過度操勞，牠很適合作為慢跑或自行車運動的好夥伴。

飲食

　　大木斯德蘭犬食量很大，需要高品質的飲食。牠可能會不斷要求零食，因此必須注意維持適當體重。

梳理

　　大木斯德蘭犬絲滑的被毛應該定期梳理，以去除在戶外沾染的塵土和碎屑。要特別注意羽狀飾毛部位，下垂的雙耳也要保持乾淨和乾燥，以避免感染。

健康

　　大木斯德蘭犬的平均壽命為十至十二年，品種的健康問題可能包含白內障以及髖關節發育不良症。

訓練

　　大木斯德蘭犬天生就喜歡取悅別人，非常容易訓練。只要每天進行數次幾分鐘的正向訓練並給予獎勵，大木斯德蘭犬很快就能完成學習，並記住所受訓練。在狩獵試驗、服從、敏捷、飛球和其他活動中，牠通常表現傑出。牠也很喜愛人類，十分容易與人互動。

蘭伯格犬 Leonberger

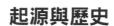

品種資訊

原產地
德國

身高
公 28-31.5 英寸（71-80 公分）
／母 25.5-29.5 英寸（65-75 公分）

體重
80-150 磅（36.5-68 公斤）
［估計］

被毛
雙層毛，外層毛長、中度柔軟
到粗糙、緊貼、防水、底毛厚、
柔軟；有羽狀飾毛；有鬃毛

毛色
獅黃色、金黃色至紅棕色、沙
色和其之間的各種組合；黑色
面罩

註冊機構（分類）
AKC（其他）；ANKC（萬
用犬）；ARBA（工作犬）；
CKC（工作犬）；FCI（獒犬）；
KC（工作犬）；UKC（護衛犬）

起源與歷史

　　蘭伯格犬在十九世紀的發展可歸功於一名男士：亨里希·伊西格（Heinrich Essig）。身為德國小鎮蘭伯格的最高長官，他同時也是動物貿易商兼育種者，希望創造大型又尊貴的犬種在家鄉宣傳他的生意。他宣稱將紐芬蘭蘭西爾犬與聖伯納犬雜交，產下的後代再與大白熊犬回交，因此創造了蘭伯格犬。然而，應該還參雜了其他品種，因為這三個基底品種的基因都無法解釋蘭伯格犬身上的黃色。有人推測其中可能混入當地犬種，如德國或奧地利的嗅覺型獵犬、大瑞士山地犬或庫瓦茲犬，才產生現今的蘭伯格犬。

　　這隻健壯的大型犬很快便以工作犬的身份和威風凜凜的特質，在蘭伯格鎮及周遭受到歡迎。牠呈現祖先流傳的特質：對人熱情、體型高大、工作天賦、雄壯外表，及來自紐芬蘭犬的愛水天性。加上伊西格的宣傳技巧，吸引德國育種者和奧地利伊莉莎白皇后的注意，她很快也飼養了一隻。隨之又多了一群著名的飼主，包括威爾斯親王、比利時國王、俄國沙皇、德國首相俾斯麥、拿破崙三世、德國作曲家理查·華格納（Richard Wagner）以及義大利愛國者朱塞佩·加里波底（Giuseppe Garibaldi）。

　　世界大戰對蘭伯格犬造成重大傷害，飼主無法餵飽這種巨型犬。育種者不是逃亡就是被殺害，留下犬隻自生自滅。專職育種者以小型的基因庫，花費超過二十五年才重新建立起該品種。如今牠愈來愈受歡迎，通常被稱為「溫和的獅子」或「里奧」（Leo）。

個性

　　牠雄壯且威風凜凜，卻又熱情、聰明而尊貴。牠溫和、有耐心而忠誠，也是以家庭為重的狗，代表牠需要參與到家庭「群」中，會因被排除在外感到不開心。牠尤其喜愛孩童，只要適當社會化訓練，能和其他犬隻或動物相處融洽。因為體型巨大，常受到人們注目。

照護需求

運動

　　蘭伯格犬自幼犬時期開始就很愛玩耍，需要很多玩具和大量與家人互動的時間。在成長期間不該讓牠過度運動，因為可能會為正在發展中的骨頭和肌肉帶來壓力。蘭伯格犬成犬喜歡長距離散步、遊戲時間和任何游泳的機會。牠也樂意和家人一同進行各種戶外活動。

飲食

　　大型的蘭伯格犬在吃的上面可能較為挑剔，食量在天氣變暖後也可能變小。最好給予品質良好的飲食，也需營養均衡，特別在牠體型成長期間。因為體型高大，牠很容易能碰觸到廚房流理台或桌上殘留的食物，必須要注意，別讓牠把不健康的東西吃下肚。

梳理

　　蘭伯格犬的厚毛會掉毛，且每年有兩次季節性「換毛」，會大量掉毛。除了掉毛外，牠也有必要保持長毛不打結、不卡碎屑，必須一週梳理牠的被毛數次。梳毛也能讓牠能抵禦嚴寒氣候的毛髮呈現光澤。儘量降低洗澡頻率，以維持被毛上的天然油脂。

健康

　　蘭伯格犬的平均壽命為八至十年，品種的健康問題可能包含愛迪生氏症、胃擴張及扭轉、眼瞼外翻、內生骨疣、眼瞼內翻、髖關節發育不良症、分離性骨軟骨炎（OCD），以及骨肉瘤。

訓練

　　雖然蘭伯格犬可能無法成為理想的服從競賽犬，但其忠誠天性讓牠致力於取悅飼主。加上牠的聰慧，讓教導牠基本家庭訓練的任務成了小事一樁。由於牠完全長成後體型龐大，有必要在幼犬時期就帶著牠散步，讓牠能將飼主當作領袖般尊敬。牠對嚴厲的訓練方式反應不佳，但以獎勵為基礎的訓練能獲得良好效果。蘭伯格犬需要自幼犬時期起就進行大量社會化訓練。成犬的牠喜歡敏捷、拖曳車輛、水中工作和其他運動。牠也是天生的治療犬。

拉薩犬 Lhasa Apso

品種資訊

原產地
西藏（中國）

身高
公 10-11.5 英寸（25.5-29 公分）
／母犬較小

體重
13-18 磅（6-8 公斤）[估計]

被毛
雙層毛，外層毛特長、直、硬、厚重、濃密，底毛濃密；有鬍鬚

毛色
金黃色、沙色、蜜色、深斑白色、暗藍灰色、煙色、雜色、黑色、白色、棕色 | 可接受所有顏色和組合 [AKC] [CKC] [UKC]

其他名稱
Abso Seng Kye；西藏拉薩犬（Tibetan Apso）

註冊機構（分類）
AKC（家庭犬）；ANKC（家庭犬）；CKC（家庭犬）；FCI（伴侶犬及玩賞犬）；KC（萬用犬）；UKC（伴侶犬）

起源與歷史

　　遠東犬種都有著古老的歷史，而拉薩犬也不例外。這種毛茸茸的小型犬在西元前 8000 年就已出現在西藏。牠們通常被當作禮物送給達官顯貴，作為好運的象徵並為家中帶來和平與繁榮。這些小狗隨著時間逐漸散布到全世界，牠們也漸漸受到歡迎。

　　當西藏於西元七世紀轉變成佛教國家時，小型犬育種者希望能定下一個象徵獅子的犬種。獅子遠在佛教進入前就是西藏皇室的象徵，在佛教中更代表釋迦摩尼佛的力量，因此這些人自然希望有獅子顏色和外表相似的犬種出現。拉薩犬，又稱獅子犬，成了西藏貴族家中的固定成員，也受修道院中喇嘛的歡迎。雖然這些狗的育種目的是「護衛」，但這份職責卻留給了大型西藏獒犬，獒犬通常被綁在房屋外面以擔任警衛犬。大部分拉薩犬則憑著尖銳叫聲與絕佳聽力，成為向飼主警示陌生人蹤跡的哨兵。牠們同時也是人們摯愛的同伴及朋友。據說涅槃失敗的喇嘛會輪迴轉世為拉薩犬，顯然這就是西藏人對牠們這麼好的原因。

　　據記載，數個世紀以來，西藏的精神領袖達賴喇嘛將這些小型獅子犬作為供品送給中國朝廷以示尊重及祝福，這些狗和中國犬種血脈混合，促成西施犬及北京犬等品種形成。拉薩犬在世紀交替之際於西方世界現蹤，一開始大家對這種有各種體型大小、來自東方的毛茸茸「拉薩㹴犬」十分困惑，直到後來官方才將頭部和腿部較長的西藏㹴犬與較小的拉薩犬區分開來。拉薩犬

在 1930 年代於美國奠定基礎，自此持續受歡迎至今。

適合小孩程度	梳理
🐾🐾🐾🐾	🐾🐾🐾🐾🐾
適合其他寵物程度	忠誠度
🐾🐾🐾🐾	🐾🐾🐾🐾🐾
活力指數	護主性
🐾🐾🐾🐾	🐾🐾🐾🐾🐾
運動需求	訓練難易度
🐾🐾🐾🐾	🐾🐾🐾🐾

個性

　　現在的拉薩犬和牠在歷史中出名的祖先一樣，擔任人們極重視、精神上的伴侶犬。牠心中相信自己是家中特別的那一個，其他人應該尊重牠，甚至服從牠。牠很友善又堅定，有獨特能力能分辨敵友，受騷擾時會讓牠喜愛的人知道。拉薩犬有時可能對其他犬隻或寵物有領域意識，不一定能忍受太粗魯的孩童。自幼犬時期社會化訓練十分重要，可幫助拉薩犬學習和其他人相處。當牠學會這點後，會是家庭熱情又鎮定的小小統治者。

照護需求

運動

　　雖然牠體型小，但不脆弱也不像玩賞犬，這隻健壯的伴侶犬喜歡陪家人定期外出，甚至長距離散步。牠在室內愛玩耍又威風凜凜，會跟著家人團團轉獲得運動並參與屋內一切事情。

飲食

　　餵食拉薩犬時要記得牠曾是被嬌養的寵物，這習性可能會帶到飼料前，有時適合牠的食物很難滿足牠的挑剔。飼主不能輕易妥協，用不健康的食物或零食餵食牠。應該給予少量高品質且適齡的飲食，也可輔以少量對牠有益的食物，像蒸過的糙米或瘦肉。

梳理

　　在展場上競賽的拉薩犬被毛需要每天清潔，以保持沒有髒污。不展示拉薩犬的飼主通常會將牠的被毛修短以便梳理。所有拉薩犬都需要定期梳理，避免毛髮打結。因為拉薩犬經常流淚，需要特別照護眼部四周以維持乾淨。

健康

　　拉薩犬的平均壽命高達十八年，品種的健康問題可能包含犬漸進性視網膜萎縮症（PRA）以及腎發育不良。

訓練

　　拉薩犬幾個世紀以來慣於被嬌寵，但不代表牠不會聽從飼主要求，雖然有時牠只會在自己準備好後才進行指令，而非在飼主要求當下就開始。幸好牠是忠誠的伴侶犬，只要訓練時能給予獎賞鼓勵，牠會是學習速度快且聰明的學習者。牠必須進行社會化訓練。

羅秦犬 Löwchen

品種資訊

原產地
法國

身高
8-14 英寸（20-35.5 公分）

體重
4.5-13 磅（2-6 公斤）

被毛
單層毛，長、柔軟度適中、呈波浪狀、濃密

毛色
可接受所有顏色和組合

其他名稱
小獅子犬（Little Lion Dog）；Petit Chien Lion

註冊機構（分類）
AKC（家庭犬）；ANKC（玩賞犬）；ARBA（伴侶犬）；CKC（家庭犬）；FCI（伴侶犬及玩賞犬）；KC（玩賞犬）；UKC（伴侶犬）

起源與歷史

羅秦犬的切確來源已不可考，但這個小型品種自十六世紀起即確立於西班牙、法國和德國。毫無疑問地，該品種是由從地中海進入歐洲的比熊犬家族演化而來。牠因為修剪後的被毛外型備受喜愛而被稱為「小獅子犬」，和葡萄牙水犬的「獅子」造型相似。事實上，因為牠的造型、波浪狀毛、高高翹起的尾巴和不同毛色，幾乎可以將牠看成是該品種的迷你版。

羅秦犬在歐洲各宮廷都深受歡迎，被女士用來當作「熱水瓶」，在寒冷夜晚溫暖她們。哥雅（Goya）於十八世紀晚期繪製的阿爾巴公爵夫人（Duchess of Alba）像中就有羅秦犬。在舊教堂的墳墓上，牠通常被繪於武裝騎士的腳邊，故事情節是若騎士在戰爭中被殺害，他腳邊就會有個獅子的形象以彰顯他的勇氣；若非如此，腳邊就會有「小獅子犬」羅秦犬，或許來世能帶給他安慰。

在現代，羅秦犬不再受到喜愛，甚至近乎消失。幸好有布魯塞爾‧班內特夫人（Madame M. Bennert of Brussels）在二次世界大戰後的努力，讓小獅子犬逐漸增加數量。她於 1945 年開始尋找並搜集該品種的典型個體，其育種計畫也讓羅秦犬免於滅絕。在她死後，她的工作由德國人理查特博士接手（Dr. Richert），但花了段時間才復育該品種。1960 年，羅秦犬被《金氏世界紀錄》列為「世界最稀有犬種」。

幸好,在那之後此品種順利地延續下來。雖然牠們至今數量仍然稀少,但卻足夠,同時也受到世界各大育犬協會的認可。

個性

　　飼主不該被羅泰犬的小體型所迷惑,牠的犬性十足。羅泰犬充滿意志力,會用不容忽視的存在感而非黏人的行為來尋求注意。牠也很敏感、反應迅速、愛玩又聰明,且樂意完成飼主希望牠完成的事。牠和小孩及其他寵物相處融洽,若幼犬時期即進行社會化就做得更好。

照護需求

運動

　　羅泰犬朝氣和精力十足,喜歡出外定期散步和進行輕量運動。牠十分喜愛和人類及其他(溫馴)狗兒玩耍,或跟在家人身後小跑。牠也喜歡進行敏捷等犬類運動。

飲食

　　羅泰犬可能會很挑食,需要高品質、適合體型的飲食。不該過度餵食零食點心,稍微超重可能對這種小型品種不健康。

梳理

　　羅泰犬幾乎不掉毛,因此很適合過敏患者飼養。可以透過定期梳毛移除死毛,尤其是胸口、身體前半部分、四肢和尾巴。牠後腿周邊的毛應該要剪短,如同傳統的獅子造型,但有些人為了方便整理,會剪成幼犬造型。

健康

　　羅泰犬的平均壽命為十二至十四年,品種的健康問題可能包含膝蓋骨脫臼。

訓練

　　雖然羅泰犬不會輕易聽從對方,但牠基本上十分隨和,也願意取悅飼主。牠對以獎勵為基礎的訓練反應良好,學習速度也快。最好自幼犬時期就讓羅泰犬接觸各種人、場所、事物和其他動物。

速查表

適合小孩程度	梳理
🐾🐾🐾🐾🐾	🐾🐾🐾🐾🐾
適合其他寵物程度	忠誠度
🐾🐾🐾🐾🐾	🐾🐾🐾🐾🐾
活力指數	護主性
🐾🐾🐾🐾🐾	🐾🐾🐾🐾🐾
運動需求	訓練難易度
🐾🐾🐾🐾🐾	🐾🐾🐾🐾🐾

馬略卡獒 Majorca Mastiff

速查表

適合小孩程度
🐾🐾🐾🐾🐾

適合其他寵物程度
🐾🐾🐾🐾🐾

活力指數
🐾🐾🐾🐾🐾

運動需求
🐾🐾🐾🐾🐾

梳理
🐾🐾🐾🐾🐾

忠誠度
🐾🐾🐾🐾🐾

護主性
🐾🐾🐾🐾🐾

訓練難易度
🐾🐾🐾🐾🐾

品種資訊

原產地
西班牙

身高
公 21.5-23 英寸（55-58 公分）／母 20.5-21.5 英寸（52-55 公分）│ 22 英寸（56 公分）[ARBA]

體重
公 77-84 磅（35-38 公斤）／母 66-75 磅（30-34 公斤）│ 79.5 磅（36 公斤）[ARBA]

被毛
短、粗

毛色
虎斑、淺黃褐色、黑色；可接受白色斑紋 [FCI] [UKC] │虎斑、淺黃褐色、紅色 [ARBA]

其他名稱
Ca de Bou；馬略卡鬥牛犬（Mallorquin Bulldog）；Perro de Presa Mallorquin；Perro Dogo Mallorquín；Presa Mallorquin

註冊機構（分類）
ARBA（工作犬）；FCI（獒犬）；UKC（護衛犬）

起源與歷史

　　馬略卡是西班牙東面海上巴利亞利群島的其中一個島，位於地中海。在十三世紀時，西班牙詹姆斯一世國王入侵此島，而他的軍隊也帶著大型兇悍的西班牙鬥牛犬一起登島。這些狗和當地犬隻交配，當地犬隻可能是數世紀前羅馬佔領時期所留下的。隨著與他國貿易日漸頻繁，此血統也混入了大型獒犬，造就了傑出的護衛犬、獵犬兼戰鬥犬。當英國於 1713 年接手巴利亞利群島，也將鬥牛這項運動介紹給加泰隆尼亞人，並帶著他們自己的鬥牛犬前來應戰。這些鬥牛犬也混入了當地犬種的血脈。一世紀之後，英國人離開，但血腥的鬥牛運動繼續傳承下來（後來演變成鬥狗），而留下的這些鬥牛犬便是馬略卡獒（加泰隆尼亞語為 Ca de Bou，意即「鬥牛犬」）。

　　馬略卡獒的品種標準於十九世紀時固定下來。該品種在 1920 年代晚期首次於巴塞

隆納賽場展出。兩次世界大戰重創該品種的數量，當牠於 1964 年被世界畜犬聯盟（FCI）認可時，只剩下少數犬隻個體。當該品種被復育時，不確定是使用碩果僅存的馬略卡獒還是另一個當地犬種（卡德卑斯太爾犬）來協助恢復。無論如何，牠免於滅絕。1990 年代時，國外對該品種的興趣也逐漸升高。現在牠聞名於數個國家，包括美國、波多黎各、法國、英國和德國。

個性

馬略卡獒天生具備力量和耐力，是牠個性優勢的一部分。若受到挑戰，牠不會退縮。雖然牠會尊重給予牠適當訓練的飼主，但不該放任牠和幼童或其他動物相處，自幼年時期到成年都需要接受適當社會化訓練。

照護需求

運動

體型龐大的馬略卡獒每天需要進行幾次長距離散步以保持身心健康。需要自幼年時期起，於外出散步時開始進行適當社會化訓練，讓牠即使在成年後外出運動也不會驚嚇到其他人。參與服從課程和競賽不但能讓飼主和馬略卡獒好好合作，也能讓牠充分運動。

飲食

馬略卡獒食量很大，需要高品質飲食。因為牠的體型龐大，不該過度餵食；體重過重尤其會為其關節帶來負擔。最好將飲食分成少量多餐。

梳理

馬略卡獒的細緻短毛只要經過定期梳理就能輕鬆保持乾淨。臉上的皺紋應該保持乾淨，以避免感染。此外，牠也會流口水。

健康

馬略卡獒的平均壽命為十至十二年，品種的健康問題可能包含髖關節發育不良症。

訓練

馬略卡獒是非常聰明的狗，需要能夠理解並掌控牠的飼主。牠天生願意面對任何挑戰，但使用嚴厲方式只會激怒馬略卡獒，增加危險。飼主應該自幼犬時期就和馬略卡獒合作，以正面方式教導牠服從及規矩。和有經驗的訓練者一起工作更好。

瑪爾濟斯犬 Maltese

品種資訊

原產地
義大利

身高
公 8.5-10 英寸（21-25 公分）
／母 7.5-9 英寸（19-23 公分）｜
不超過 10 英寸（25 公分）
[ANKC] [KC]

體重
6-9 磅（2.5-4 公斤）

被毛
單層毛，扁平、絲滑、濃密

毛色
純白；可接受淺棕褐色或檬色
斑紋

其他名稱
比熊瑪爾濟斯犬（Bichon
Maltiase）

註冊機構（分類）
AKC（玩賞犬）；ANKC（玩
賞犬）；CKC（玩賞犬）；FCI
（伴侶犬及玩賞犬）；KC（玩
賞犬）；UKC（伴侶犬）

起源與歷史

　　瑪爾濟斯為古老的品種，是數千年前在地中海周邊發現的幾隻小型「比熊」犬之一。其切確產地已不可考，推測可能為西西里、埃及或南歐，但許多歷史學家指出馬爾他是該品種的起源地。馬爾他島位於義大利南部沿海，西元前 1000 年由腓尼基人殖民。這群小白狗可能是由腓尼基人帶到此地，並／或經由航行與貿易散布到全世界。牠們可能被用來交換食物，並在船上保護食物免受鼠類侵擾。在馬爾他，這些狗被當作伴侶犬和「撫慰犬」，尤其受女性喜愛，她們常將瑪爾濟斯藏在袖中，或在搭乘馬車時將其放在腿上「放風」。牠們之後贏得更多女性的心；西元一世紀，馬爾他的羅馬執政者普布利烏斯（Publius）非常喜愛他的瑪爾濟斯「伊莎」（Issa），甚至要求為牠繪製肖像和寫詩。

　　瑪爾濟斯數個世紀以來作為伴侶犬都十分受歡迎。牠在希臘和羅馬帝國時期是有錢人的忠實朋友，在大英帝國掌權時期也是有錢和權威階級最愛的玩賞犬。伊莉莎白一世女王和蘇格蘭女王瑪麗皆飼養瑪爾濟斯，而英國畫家約書亞・雷諾茲（Joshua Reynolds）也在情婦妮莉歐・布萊恩（Nellie O'Brien）的肖像畫中畫上了瑪爾濟斯。

　　十九世紀中葉，瑪爾濟斯在英國已經坐穩寵物犬的地位，也成為首批在英國犬展展示的品種之一。同時牠也在美國站穩了腳步，至今都是非常受歡迎的展犬和伴侶犬。

個性

　　瑪爾濟斯小小的身軀中裝著十足的個性。充滿朝氣、熱情、

忠誠、淘氣又可愛，擁有瑪爾濟斯的家庭永遠不會覺得無聊或孤單。瑪爾濟斯很愛玩，喜歡正向的互動，牠喜歡和各種年齡及體型的人玩耍，只要小孩動作不粗魯，也會是適合孩童的玩伴。瑪爾濟斯是天生的護衛犬，對任何事都十分警戒。牠有如人類毛髮的被毛幾乎不掉毛，對過敏患者而言是一大福利。瑪爾濟斯長壽，也享受生命，牠們應該接受訓練，不能被寵壞。

速查表

適合小孩程度	梳理
🐾🐾🐾🐾🐾	🐾🐾🐾🐾🐾
適合其他寵物程度	忠誠度
🐾🐾🐾🐾🐾	🐾🐾🐾🐾🐾
活力指數	護主性
🐾🐾🐾🐾🐾	🐾🐾🐾🐾🐾
運動需求	訓練難易度
🐾🐾🐾🐾🐾	🐾🐾🐾🐾🐾

照護需求

運動

瑪爾濟斯是隻強壯的小狗，有能力也願意和飼主每天出門散步，若常常被抱，運動量可能會不足。牠十分享受每天的散步行程，牠能到處探索、嗅聞、與人見面打招呼，又能運動。牠很樂意在室內或室外用小玩具玩你丟我撿的遊戲。

飲食

餵食瑪爾濟斯時要記得牠曾是被嬌養的寵物，這習性可能會帶到飼料前，有時適合牠的食物很難滿足牠的挑剔。應該給予少量高品質且適齡的飲食。應避免不健康的零食。

梳理

展場上的瑪爾濟斯必須呈現全長飄逸、潔白乾淨的被毛。牠的長毛需要大量心力維護，絲滑的毛髮若不經常梳理則容易打結，如同人類的頭髮，牠的毛髮也可能斷裂或分岔。多數僅將瑪爾濟斯當作寵物的飼主為了方便，會將牠們修剪成「幼犬造型」，把毛髮剪短。這樣的造型仍需要梳理，但不用那麼頻繁，並且較不容易藏污納垢。應該特別注意瑪爾濟斯的臉部，尤其是眼部周遭可能產生的淚溝和髒污。

健康

瑪爾濟斯犬的平均壽命為十五年以上，品種的健康問題可能包含低血糖症、膝蓋骨脫臼、開放性動脈導管（PDA）、肝門脈系統分流，以及白狗搖擺症候群。

訓練

瑪爾濟斯喜歡與人互動，訓練牠做基本動作並不難，尤其當飼主採取正向且以獎勵為基礎的訓練方式。牠能學會各種把戲，並享受表演時受到的讚賞。身為活躍的小狗，牠也樂意參與敏捷賽。如廁訓練稍微有點困難，需要耐心和毅力才能成功。牠很容易與人互動，但要小心別寵壞或嬌慣牠，這會讓牠較難接受陌生人，尤其是孩童。

標準曼徹斯特㹴 Manchester Terrier, Standard

品種資訊

原產地
英格蘭

身高
公 15.5-16 英寸（40-41 公分）
／母 15 英寸（38 公分）

體重
12-22 磅（5.5-10 公斤）

被毛
短、平滑、有光澤、
濃密、緊密

毛色
墨黑色和濃赤褐棕色

其他名稱
黑棕褐㹴（Black and Tan
Terrier）

註冊機構（分類）
AKC（㹴犬）；ANKC（㹴犬）；
CKC（㹴犬）；FCI（㹴犬）；
KC（㹴犬）；UKC（㹴犬）

起源與歷史

曼徹斯特㹴幾乎可確定是英國原生捕鼠㹴黑棕褐㹴的後代。身為已知最古老的㹴犬之一，曾出現於約翰‧凱斯博士（Johannes Caius）1570 年代的著作《英國犬種發展史》（Chronicle of English Dogs）。黑棕褐㹴是許多㹴犬品種的來源，雖然比起現今的㹴犬，其頭部和身軀較為粗壯，腿也較短。牠也是一隻強悍的狗，造就了某些鬥犬品種的形成。

黑棕褐㹴起初被用來撲滅害獸，但在十九世紀時，捕鼠在下層社會變成一項運動，犬隻被放在賽場中，人們下注看牠能殺死多少老鼠。這種殺鼠「運動」於十九世紀中葉在英國的曼徹斯特區達到巔峰。當地的育種者約翰‧赫姆（John Hulme）想要培育一種敏捷超群、有「真勇氣」的捕鼠犬，因此將黑棕褐㹴和惠比特犬雜交，這樣的結合創造了現今所熟知的曼徹斯特㹴。隨後又與更多不同㹴犬品種回交，最終達到赫姆夢寐以求的「真勇氣」。知名的曼徹斯特㹴比利（Billy）和一百隻老鼠被放進同一圍欄中，限制時間 8 分半，而比利在 6 分 35 秒內就將牠們全部殺光。

雖然曼徹斯特㹴的能力備受稱讚，但卻沒出名，許多人認為要讓牠的大名響徹不列顛群島太困難。牠在維多利亞時期達到巔峰，那時通常被稱「紳士㹴犬」。大約在進入二十世紀時，其原名再次被提及（黑棕褐㹴），直到 1923 年美國和英國愛好者才決定繼續使用「曼徹斯特㹴」作為品種名稱。

二十世紀時，曼徹斯特㹴失寵且變得稀有，大多是因捕鼠競賽和剪耳的禁止（此品種基本上會被剪耳）。由於少數愛好者的堅持，曼徹斯特㹴才得以維持，現今分為兩種體型：標準型和玩具型。牠們有同樣的起源，並以相同的標準判斷，但玩具型在犬展上於不同賽場展示。

個性

曼徹斯特㹴為名符其實的㹴犬：活潑、聰明、獨立又忠誠並願意奉獻。雖然心智獨立，但要有家人陪伴才能滿足。若孤單太久會養成壞習慣，如頻繁吼叫。但一般而言，牠們是傑出的伴侶犬。在室內端莊整齊，在戶外則好動而醒目。牠們在追逐和玩耍欲望中展現捕鼠天性，享受各種活動和撲咬小型玩具。自小進行社會化對牠有益，尤其與各年齡的孩童相處更有幫助。

照護需求

運動

能力傑出又健壯的曼徹斯特㹴很樂意陪同家人外出。冬天時應該幫牠穿上外套禦寒，但基本上牠是一隻強壯並享受戶外活動的狗。牠喜愛在庭院中玩丟撿遊戲，或在附近進行長距離散步。牠可以跑得很快，也會喜歡在大型封閉區域不綁牽繩的自由玩樂。

飲食

曼徹斯特㹴通常食量很大，需要高品質、適齡的飲食。牠容易增重，需要注意食物攝取量。

梳理

曼徹斯特㹴的短毛很容易整理，只需要偶爾梳理即可。牠的耳道需要保持乾淨，也要特別照顧牠的牙齒。

健康

曼徹斯特㹴的平均壽命為十五年以上，品種的健康問題可能包含股骨頭缺血性壞死以及類血友病。

訓練

曼徹斯特㹴個性固執，需要公平而堅定的訓練。給予動機的訓練方式能夠獲得最佳結果，若是早點開始並定期訓練，效果會更好。只要使用正向的訓練方法，飼主能夠成功訓練曼徹斯特㹴到一定程度。牠應該自幼犬時期就接受社會化以增強適應力。

玩具曼徹斯特㹴 Manchester Terrier, Toy

品種資訊

原產地
英格蘭

身高
10-12 英寸（25.5-
30.5 公分）[估計]

體重
不超過 12 磅（5.5
公斤）

被毛
短、平滑、有光
澤、濃密、緊密

毛色
墨黑色和濃赤褐棕
色

其他名稱
黑棕褐㹴（Black
and Tan Terrier）

**註冊機構（分
類）**
AKC（玩賞犬）；
CKC（玩賞犬）；
UKC（㹴犬）

起源與歷史

　　曼徹斯特㹴幾乎可確定是英國原生捕鼠㹴黑棕褐㹴的後代。身為已知最古老的㹴犬之一，曾出現於約翰‧凱斯博士（Johannes Caius）1570 年代的著作《英國犬種發展史》（Chronicle of English Dogs）。黑棕褐㹴是許多㹴犬品種的來源，雖然比起現今的㹴犬，其頭部和身軀較為粗壯，腿也較短。牠也是一隻強悍的狗，造就了某些鬥犬品種的形成。

　　黑棕褐㹴起初被用來撲滅害獸，但在十九世紀時，捕鼠在下層社會變成一項運動，犬隻被放在賽場中，人們下注看牠能殺死多少老鼠。這種殺鼠「運動」於十九世紀中葉在英國的曼徹斯特區達到巔峰。當地的育種者約翰‧赫姆（John Hulme）想要培育一種敏捷超群、有「真勇氣」的捕鼠犬，因此將黑棕褐㹴和惠比特犬雜交，這樣的結合創造了現今所熟知的曼徹斯特㹴。隨後又與更多不同㹴犬品種回交，最終達到赫姆夢寐以求的「真勇氣」。知名的曼徹斯特㹴比利（Billy）和一百隻老鼠被放進同一圍欄中，限制時間 8 分半，而比利在 6 分 35 秒內就將牠們全部殺光。

　　曼徹斯特㹴分為兩種體型：標準型和玩具型。牠們有相同的歷史和品種標準。早期曼徹斯特㹴有多種不同的體型，而玩具型是透過選擇和育種最小型的曼徹斯特㹴而來。玩具曼徹斯特㹴的人氣在維多利亞女王統治時期達到巔峰，育種者不斷製造更為瘦小的個體，直到牠們的健康與常態出了問題。這讓喜愛牠們的風潮漸退，而兩種體型的數量也在二十世紀時變得稀少，由於少數愛好者的堅持，玩具曼徹斯特㹴才得以維持，且

早期追求體型極致的風潮也不再。

玩具曼徹斯特㹴經常被與英國玩具㹴犬混淆。牠們源自同一品種，但在二十世紀中葉開始分別發展。兩種曼徹斯特㹴在美國被允許相互雜交，但在英國則否。因此玩具曼徹斯特㹴發展成比英國玩具㹴犬更大型的狗，且被視為獨立品種。

個性

玩具曼徹斯特㹴亦為名符其實的㹴犬：活潑、聰明、獨立又忠誠並願意奉獻。即便不像其他小型犬一樣黏人，牠還是要有家人陪伴才能滿足。若孤單太久牠會養成壞習慣，如頻繁吼叫。但一般而言，牠們是傑出的伴侶犬。在室內端莊整齊，在戶外則好動而醒目。玩具曼徹斯特㹴在追逐和玩耍的欲望中展現捕鼠天性，享受各種活動和撲咬小型玩具。必須自幼犬時期就積極進行社會化，尤其與各年齡的孩童相處更有幫助。

照護需求

運動

能力傑出又健壯的玩具曼徹斯特㹴很樂意陪家人外出。冬天時應該幫牠穿上外套禦寒，但基本上牠是一隻強壯並享受戶外活動的狗。牠喜愛在庭院中玩丟撿遊戲，或在附近進行長距離散步。牠可以跑得很快，也會喜歡在大型封閉區域不綁牽繩的自由玩樂。

飲食

牠可能會比標準曼徹斯特㹴更挑食，使得有些飼主以不健康的零食引誘牠進食，但這會導致肥胖問題，此品種很容易增重。牠需要高品質、適齡的飲食，可偶爾輔以健康零食。

梳理

牠的短毛很容易整理，只需偶爾梳理。牠的耳道需要保持乾淨，也要特別照顧牠的牙齒。

健康

玩具曼徹斯特㹴的平均壽命為十五年以上，品種的健康問題可能包含心肌病、股骨頭缺血性壞死，以及類血友病。

訓練

玩具曼徹斯特㹴個性固執，需要公平而堅定的訓練。給予動機的訓練方式能夠獲得最佳結果，若是早點開始並定期訓練，效果會更好。只要使用正向的訓練方法，飼主能夠成功訓練玩具曼徹斯特㹴到一定程度。牠應該自幼犬時期就接受社會化以增強適應力。

馬瑞馬牧羊犬 Maremma Sheepdog

品種資訊

原產地
義大利

身高
公 25.5-28.5 英寸（65-73 公分）
／母 23.5-27 英寸（60-68 公分）

體重
公 77-100 磅（35-45.5 公斤）
／母 66-88 磅（30-40 公斤）

被毛
雙層毛，外層毛長、相當粗糙、扁平至略呈波浪狀，底毛厚、緊密；有羽狀飾毛；有頸部環狀毛

毛色
純白；可接受象牙色調、淺橙色、檸檬色

其他名稱
馬瑞馬阿布魯佐牧羊犬（Cane de Pastore Maremmano-Abruzzese；Maremma and Abruzzes Sheepdog）；阿布魯佐牧羊犬（Pastore Abruzzese）

註冊機構（分類）
ANKC（工作犬）；ARBA（畜牧犬）；FCI（牧羊犬）；KC（畜牧犬）；UKC（護衛犬）

起源與歷史

馬瑞馬牧羊犬是第一批從中東遷徙過來的牲畜護衛犬的後代，可能經由希臘亞得里亞海而來。一世紀的作家科魯邁拉（Lucius Columella）在書中談論羅馬鄉間軼事時提及馬瑞馬牧羊犬，而西元前 100 年的作家馬庫斯・特倫提烏斯・瓦羅（Marcus Terentius Varro）亦有描述此種狗。

貫穿義大利的亞平寧山脈地區皆有人使用該品種，托斯卡尼的農夫數個世紀以來一直堅持相同的模式：冬季時，沿海乾燥低平地區（例如馬瑞馬）的牧草足夠牲畜使用。而在此保護動物的白狗自然就被稱為馬瑞馬牧羊犬；夏季時，炎熱讓低地的牧草枯竭，因此牧羊人、羊群和大白狗要爬到山上在綠地待上數個月。雖然許多馬瑞馬牧羊犬在阿布魯佐山守護畜群，但牠在亞德里亞海岸更北和更南邊也很有名。

馬瑞馬牧羊犬日夜都和畜群待在一起；當牧羊人於夜幕低垂時回家，牠也從不和主人一起回去，而是留下來和羊群待在一起，保護牠們免於狼群或「雙腳」掠食者的侵擾。牠不僅對牧羊人來說是無價珍寶，也是托斯卡尼一代鄉間豪宅的傳統特點。

由於害怕「進步科技」毀了馬瑞馬牧羊犬，牠們多年來一直躲避大眾視線。在 1950 年代，佛羅倫斯終於召集會議討論品種標準。雖然阿布魯佐的畜牧犬經常被視為獨立品種（更結實，毛量也較多），但會議決定這些僅是因氣候差異而產生的變種。他們訂出單一品種的

標準，允許被毛長度的變化。義大利語的正式品種名稱（Cane da Pastore Maremmano-Abruzzese）包含了兩地名稱，皆大歡喜。

牠在英國活躍了超過七十年，無論是在賽場或是用來守衛家產。牠於 1970 年代被引進美國，在當地作為守護羊、山羊、羊駝和駱馬的工作犬，偶爾也出現在稀有品種展場；牠很少被當作寵物飼養。畜牧飼主都熱情稱讚，非常欣賞這種牲畜護衛犬的個性和工作倫理。

個性

熱情卻獨立的馬瑞馬牧羊犬必須以尊重相待。牠強烈守護牲畜群的直覺促使牠去保護牠認定為「自己的」人事物，包括牠的家人和家中房屋及財產。馬瑞馬牧羊犬通常喜歡自己做主，不會讓其他人、甚至是飼主來干擾牠執行守衛義務。牠通常理直氣壯地認為牠最了解一切！此犬種適合有經驗的飼主，能夠進行適當訓練並讓牠有工作可做。牠通常和其他動物及犬隻相處融洽，若是自幼犬時期就開始和牠們進行互動就更為有益。

照護需求

運動

牠定期運動就能保持健康。若有護衛犬工作可做，牠會很開心。如果沒有這種機會，牠需要大量散步和定期在安全封閉場所自由奔跑。牠可以忍受極端氣候，特別喜歡下雪。

飲食

體型驚人的馬瑞馬牧羊犬食量很大，需要注意牠的體重。但在成年後，有些犬隻會比其他同體型的狗吃得還少。最好給予高品質、適齡的飲食。

梳理

馬瑞馬牧羊犬濃密的被毛需要定期梳理，以維持最少量的掉毛。要特別注意牠的耳朵，若是不保持清潔乾燥，可能會引發感染。

健康

馬瑞馬牧羊犬的平均壽命為十一至十四年，品種的健康問題可能包含胃擴張及扭轉。

訓練

牠對飼主很忠誠，也對收到的指令很有興趣，但這些要求必須合乎牠的邏輯。這個獨立思考的品種無法接受沒道理的要求。牠很聰明，只要要求合理且有適當獎勵，會讓牠學習得很快。牠天性保護欲強，最好自幼犬開始持續進行與人類、場所和各式情況的社會化訓練。

英國獒犬 Mastiff

品種資訊

原產地
英格蘭

身高
公 30 英寸（76 公分）／
母 27.5 英寸（70 公分）

體重
175-200 磅（79.5-90.5 公斤）[估計]

被毛
雙層毛，外層毛直、粗、不過短，底毛短、濃密、緊密

毛色
淺黃褐色、杏黃色、虎斑

其他名稱
英國馬士提夫犬（English Mastiff）；Old English Mastiff

註冊機構（分類）
AKC（工作犬）；ANKC（萬用犬）；CKC（工作犬）；FCI（獒犬）；KC（工作犬）；UKC（護衛犬）

起源與歷史

雖然英國獒犬的切確來源已不可考，但普遍認定這是一個古老的品種。大約在西元前 2200 年，巴比倫淺浮雕上出現類似獒犬的犬隻，一般認為牠們是雄偉西藏獒犬的後代。當羅馬人抵達英國，獒犬已經抵達當地，可能是由古老貿易商所帶來。普遍相信獒犬是最古老的英國犬種，其名稱可能來自盎格魯薩克遜語「masty」，意即「有力的」。此品種的勇氣和力量讓羅馬人非常驚艷，他們帶回一些個體回到羅馬，在競技場中與劍鬥士、公牛、熊和其他兇猛對手對打。

然而，羅馬帝國對這隻狗的喜愛未曾消退，牠們持續在歐洲各地及軍隊行進時作為戰犬或護衛犬。在 1415 年的阿金庫爾戰役中，皮爾斯‧雷格爵士（Piers Legh）的獒犬不願離開牠受傷的主人，並保護他數小時。雷格後來過世，但他位於柴郡、養著數百隻狗的萊姆宮犬舍（Lyme Hall Kennels）卻屹立不搖了五個世紀，是建立現代獒犬的一大支柱。從豪華城堡到卑下農民的小屋，獒犬成了私人土地的守衛。獒犬有名到讓英國國王將牠們作為禮物送給其他國家；亨利八世送查理五世一批共四百隻獒犬，作為戰犬使用。

伊莉莎白統治期間，牠在鬥犬場上不停面對大型強悍的對手，隨禁忌比賽落寞，這些犬隻也開始走下坡。1871 年英國犬展上的六十三隻獒犬，短短幾年後即降為零。二十世紀初的戰爭更是重創該品種。

1945 年，全英國僅剩八隻處於繁殖年齡的英國獒犬，但頂尖的加拿大犬舍捐贈了一對優良幼犬，幫助該品種在家鄉復育，至今也備受保護。

個性

雖然體型龐大、外觀生畏，但牠其實是很棒的家庭伴侶犬，同時是傑出的護衛犬和保護者，有自信、耐心、沉穩而甜美。牠很少吼叫，但若受到威脅，會讓對方知道牠並不好惹。和孩童相處融洽也十分保護對方，但可能導致過激的保護行為。若經互動或由飼主帶領認識，牠和其他犬隻及寵物能好好相處。如同許多大型品種，牠並不長壽。

照護需求

運動

在英國獒犬成長期間應注意別讓牠過度運動，可能會給骨頭和關節帶來過大壓力。長距離散步或玩遊戲最為適合，在成年後也可以持續進行。獒犬經過適當訓練後，在重量拔河、搜索救援工作及治療犬工作方面都能表現傑出。

飲食

大型英國獒犬食量大，需餵食高品質、適齡的飲食。牠容易增重，不應過度餵食。

梳理

牠的平滑短毛只需偶爾梳理就能保持亮麗，但臉部要特別照護，臉上皺紋須保持乾淨且乾燥以避免感染。也因下垂的上唇很大，牠很會流口水。

健康

英國獒犬的平均壽命為九至十一年，品種的健康問題可能包含胃擴張及扭轉、胱胺酸尿症、眼瞼外翻、肘關節發育不良、髖關節發育不良症、骨肉瘤、永存性瞳孔膜（PPM）、犬漸進性視網膜萎縮症（PRA），以及癲癇發作。

訓練

英國獒犬通常很隨和，會了解並順從飼主的要求。但牠天生謹慎，且對嚴厲的言語或訓練反應不佳。多疑的天性加上龐大體型，讓牠十分有必要在幼犬時期就進行社會化訓練。

米基犬 Mi-Ki

速查表

適合小孩程度
🐾🐾🐾🐾🐾

適合其他寵物程度
🐾🐾🐾🐾🐾

活力指數
🐾🐾🐾🐾🐾

運動需求
🐾🐾🐾🐾🐾

梳理
🐾🐾🐾🐾🐾

忠誠度
🐾🐾🐾🐾🐾

護主性
🐾🐾🐾🐾🐾

訓練難易度
🐾🐾🐾🐾🐾

品種資訊

原產地
美國

身高
最大 11 英寸（28 公分）

體重
4-8 磅（2-3.5 公斤）

被毛
兩種類型：長毛型直、絲滑、細緻；
有羽狀飾毛；有鬍鬚和髭鬚／平毛
型短、直、不如長毛型細緻和絲滑；
羽狀飾毛較短

毛色
所有顏色

註冊機構（分類）
ARBA（伴侶犬）

起源與歷史

　　米基犬是相對較新的品種，也因為早期紀錄缺乏，該品種的切確來源不明。米基犬極有可能是在 1990 年代早期由育種者威斯康辛（Wisconsin）所培育，他希望能培育出健壯的伴侶犬。很明顯，該品種和瑪爾濟斯、蝴蝶犬及日本狆擁有相同血脈。美國玩具米基犬協會於 1992 年成立以推廣此品種，並且在同一年，犬種裁判兼展示者唐娜・霍爾（Donna Hall）建立了血統證書，以幫助該品種獲得認證。至今，有數間米基犬協會成立，包括美國米基犬協會（Mi-Ki Club of America）、美國米基犬繁殖者協會（Mi-Ki Breeders USA），以及歐洲大陸米基犬協會（Continental Mi-Ki Association）。所有協會都積極測試以記錄幼犬血統，並評估品種的基因健康問題。儘管該品種在歷史上有所缺漏，但現在及未來的育種者可看到自 1990 年代早期以來保留下來的詳細紀錄。

個性

米基犬育種者和愛好者很了解這種小型犬的脾性，牠極為外向、快樂、熱情而友善。牠唯一的用途就是作為伴侶犬及家庭寵物。米基犬聰明而迷人，與孩童及其他寵物都能相處融洽。米基犬通常比其他玩賞犬更加安靜，牠也因為愛乾淨和玩遊戲的方式（撲咬和拍打玩具）而被形容成「像貓一樣」。

照護需求

運動

米基犬活潑程度適中，每天跟著家人進進出出就能獲得足夠運動量。只要和牠最喜歡的人在一起，就很享受外出並探索世界。

飲食

小小的米基犬喜歡吃東西，但可能會挑食。一天少量多餐餵食可能較適合，但必須是高品質且適齡的飲食。不應餵食殘羹剩飯。因為牠愛吃新鮮蔬果，所以要找到牠喜歡的健康零食很容易。

梳理

長毛型和平毛型米基犬的被毛都很絲滑，也都需要定期梳理。長毛型展示犬必須打理成指定的兩種造型之一。

健康

米基犬的平均壽命為十至十四年，品種的健康問題可能包含膝蓋骨脫臼。

訓練

米基犬既熱情又有警戒心，同時對周遭人類的欲望十分敏感，通常會做出相對應的行動。這不僅讓訓練過程變得十分容易，也讓牠能夠成為治療犬。然而，雖然帶著牠行動或照顧牠很容易，牠也需要飼主成為牠的領袖，而非同一窩出生的小狗。米基犬在了解規則並知道飼主極為公平後，牠就能表現得很好。通常如廁訓練十分輕鬆，還能使用如貓砂盆般的如廁盒。社會化訓練最好從幼犬時期開始，能幫助牠建立信心。

迷你澳洲牧羊犬 Miniature Australian Shepherd

速查表

適合小孩程度
🐾🐾🐾🐾🐾

適合其他寵物程度
🐾🐾🐾🐾🐾

活力指數
🐾🐾🐾🐾🐾

運動需求
🐾🐾🐾🐾🐾

梳理
🐾🐾🐾🐾🐾

忠誠度
🐾🐾🐾🐾🐾

護主性
🐾🐾🐾🐾🐾

訓練難易度
🐾🐾🐾🐾🐾

品種資訊

原產地
美國

身高
14-18 英寸（35.5-45.5 公分）

體重
20-40 磅（9-18 公斤）[估計]

被毛
雙層毛，外層毛和底毛皆為中等長度、
直至略呈波浪狀、耐候、質地適中

毛色
藍大理石色、紅（肝紅）大理石色、純黑、
純紅（肝紅），皆有或無白色斑紋／棕
褐色（紅銅色）斑點

其他名稱
北美迷你澳洲牧羊犬（North American
Miniature Australian Shepherd）；北美牧
羊犬（North American Shepherd）

註冊機構（分類）
ARBA（牧羊犬）

起源與歷史

　　澳洲牧羊犬的確切來源已不可考，但可以確定的是，這些天份極高又勤奮的牧羊
犬源自美國西部，而非名稱中提到的澳洲。牠之所以有這樣的名稱，很可能是因為其
照顧的羊群來自澳洲。在培育澳洲牧羊犬的過程中混入了幾種不同畜牧犬種，包括柯
利牧羊犬、邊境牧羊犬和庇里牛斯牧羊犬。二十世紀初期，該品種不僅被用來牧羊和
守護其他牲畜，也幾乎包辦農家要求牠做的任何事。

　　迷你澳洲牧羊犬在 1960 年代培育自澳洲牧羊犬，當時一位名叫朵莉絲・柯多巴
（Doris Cordova）的育種者購買了數隻小型工作澳洲牧羊犬。柯多巴因為喜歡牠們小
巧的體型而開始培育這些小型澳洲牧羊犬，結果產出的幼犬中包含正常體型的犬隻以
及小於 18 英寸（45.5 公分）的犬隻。她和其他幾位育種者決定開始培育該品種，美國
迷你澳洲牧羊犬協會也於 1990 年正式成立。他們將迷你澳洲牧羊犬視為獨立品種，而

非澳洲牧羊犬的變種。迷你型和大型澳洲牧羊犬一樣工作勤奮，至今仍是許多農場主人的首選犬種。

個性

迷你澳洲牧羊犬既聰明又友善，集結了智慧、能力和個性上的優點於一身。無論是照顧牲畜、進行靈敏度競賽、服從競賽，或作為治療犬幫助人們度過美好的一天，牠工作時一直保持著熱情而有原則。

照護需求

運動

萬能的迷你澳洲牧羊犬需要大量的身心運動，牠也需要有意義的工作和努力目標，並將精力指向該目標。牠適合從事許多工作，包括家庭保姆。

飲食

迷你澳洲牧羊犬十分貪吃，通常無論別人給牠什麼都會吞下肚，因此最好控制牠的食物攝取量以避免過胖。牠會在各種家庭活動（如玩遊戲或畜牧）中耗費大量精力，因此需要高品質的食物以確保獲得所需的營養。

梳理

迷你澳洲牧羊犬的雙層毛需要持續照護清潔以控制掉毛量，也能讓牠看起來光鮮亮麗。

健康

迷你澳洲牧羊犬的平均壽命為十二至十五年，品種的健康問題可能包含白內障、牧羊犬眼異常（CEA）、癲癇、髖關節發育不良症、開放性動脈導管（PDA），以及永存性瞳孔膜（PPM）。

訓練

迷你澳洲牧羊犬有著熱忱和天賦，只要給牠正向、有動力且目標明確的指令，幾乎沒有教不會的事。

迷你牛頭㹴 Miniature Bull Terrier

速查表

適合小孩程度
🐾🐾🐾🐾🐾

適合其他寵物程度
🐾🐾🐾🐾🐾

活力指數
🐾🐾🐾🐾🐾

運動需求
🐾🐾🐾🐾🐾

梳理
🐾🐾🐾🐾🐾

忠誠度
🐾🐾🐾🐾🐾

護主性
🐾🐾🐾🐾🐾

訓練難易度
🐾🐾🐾🐾🐾

品種資訊

原產地
英格蘭

身高
不超過 14 英寸（35.5 公分） | 10-14
英寸（25.5-35.5 公分）[AKC]

體重
25-35 磅（11.5-16 公斤）[估計]

被毛
短、扁平、有光澤、粗糙 | 冬天可能

出現柔軟質地的底毛 [ANKC] [FCI]
[KC]

毛色
白色種為純白；或有斑紋／有色種以
任何顏色為主

註冊機構（分類）
AKC（㹴犬）；ANKC（㹴犬）；
CKC（㹴犬）；FCI（㹴犬）；KC（㹴
犬）；UKC（㹴犬）

起源與歷史

　　混合鬥牛犬和已絕種的英國白㹴，再加上一點大麥町的基因，所培育出來的牛頭
㹴至今仍保持著和原始牛頭㹴最緊密的關係。英國人詹姆斯・辛克斯（James Hinks）
首先於 1850 年代早期訂定品種標準，僅挑選白色被毛、堅毅性格及獨特蛋型頭部的犬
隻。待標準固定後，再加入顏色變化。

　　牛頭㹴的體重範圍曾經一度輕至 3 磅（1.5 公斤）、重達 50 磅（22.5 公斤）。最
小的玩具型（10 磅〔4.5 公斤〕以下）有著一般極端迷你品種常見的疾病，最後因而
絕種。然而，迷你型卻存活了下來，因為其愛好者喜歡這種有著與大型牛頭㹴同樣特
色、體型卻較為適中的犬隻。迷你牛頭㹴的育種目的是協助大型牛頭㹴進行捕鼠，但
也適合喜歡更小型、更能應付這種體型的家庭。

　　1938 年，英國格林上校（Colonel Glyn）成立迷你牛頭㹴協會，不久後迷你型即
獲得挑戰認證的資格。雖然牠已在 1900 年代早期於美國展出，但數量卻不足以獲得美
國育犬協會（AKC）的認證，直到 1991 年牠們才被認可為獨立品種，而非牛頭㹴的

變種。

個性

「好動」大概是最適合迷你牛頭㹴的形容詞，牠既愛玩又滑稽，一生中大多保持著如孩子般的好奇心。牠鍾愛自己的家人，也是非常傑出的警戒犬，但飼主必須小心別讓牠的保護天性演變成嫉妒或不恰當的護衛行為。育種者也警告飼主，別將珍貴或危險物品放在迷你牛頭㹴四周，因為牠會認定伸手可及範圍內的物品都是牠的食物。牠能適應不同的生活方式，無論是活潑的家族、單身貴族或年老伴侶，只要讓牠獲得足夠運動量並付出感情即可。迷你牛頭㹴喜歡成為注目焦點，也想參與到周遭發生的每一件事中。

照護需求

運動

迷你牛頭㹴十分愛玩又精力旺盛，需要也熱愛運動。無論是和年長孩子在房屋周遭或庭院裡跳躍，或是一天數次在社區散步，迷你牛頭㹴都想參與行動。牠也是很好的玩伴，享受所有丟撿遊戲和探索遊戲。牠富有好奇心且熱愛散步，喜歡探索新領域。

飲食

迷你牛頭㹴食量很大，應該餵予高品質的飲食。牠不該過度進食，也不能讓牠養成乞食的習慣，否則會很難戒除。

梳理

迷你牛頭㹴很容易保持整潔。牠粗糙的短毛應該用獵犬清潔手套搓揉以鬆動並移除死毛，接著用軟刷梳理以恢復光彩。耳道和眼部周遭皮膚必須保持乾淨。

健康

迷你牛頭㹴的平均壽命為十至十四年，品種的健康問題可能包含過敏、尾巴追逐強迫症、先天性耳聾（白色犬隻）、二尖瓣發育不良、原發性水晶體脫位，以及主動脈下狹窄（SAS）。

訓練

迷你牛頭㹴的訓練步調不一定能和飼主一致，但這並不代表牠不想取悅飼主，而是牠的天性。牠需要堅定而公平的領袖以激發出最好的一面。自幼犬時期開始，以正向且能給予牠動力的訓練方式，並維持短時間的訓練課程，就能幫助迷你牛頭㹴專心在訓練上並取得良好結果。牠滑稽的天性能夠用來教導牠把戲或其他牠覺得有趣的東西。讓迷你牛頭㹴和不同人、場所及其他動物進行互動，能幫助牠成長為穩定、適應力強的成犬。

迷你杜賓犬 Miniature Pinscher

品種資訊

原產地
德國

身高
10-12.5 英寸（25.5-31.5 公分）

體重
9-13 磅（4-6 公斤）

被毛
短、直、濃密、平滑、有光澤、
緊密

毛色
純紅、公牛紅色、黑色帶鐵鏽紅
斑紋、巧克力色帶鐵鏽紅斑紋 |
亦有藍色帶棕褐色斑紋 [ANKC]
[KC] [UKC] | 亦有淺黃褐色帶鐵
鏽紅斑紋 [UKC]

其他名稱
Zwergpinscher

註冊機構（分類）
AKC（玩賞犬）；ANKC（玩賞
犬）；CKC（玩賞犬）；FCI（平
犬及雪納瑞）；KC（玩賞犬）；
UKC（伴侶犬）

起源與歷史

迷你杜賓犬存在了數百年，曾是優秀的捕鼠犬。
牠屬於德國平犬家族的一分子，這個家族包括不同
體型的犬種，例如雪納瑞或猴㹴。「Pinscher」一字
描述的是犬隻的工作方式而非血統，其代表著牠撲
向並啃咬獵物的作風。牠的血統來源無法確認，但
很可能是大型表親德國平犬的直系後代。也可能混
入了㹴犬、臘腸犬和義大利靈緹犬以獲得矮小體型
和狩獵能力。迷你杜賓犬和杜賓犬沒有血統關聯，
儘管牠們相似的毛色和外觀讓人容易錯認。

當德國平犬－雪納瑞協會成立於 1890 年代，他
們認可所有的平犬體型。迷你杜賓犬的育種者曾一
度追求更小的體型，但這些極小個體的健康與身體
架構會受到影響。第二次世界大戰前，該品種重新
穩定下來，而那高高闊躍的步伐不僅是牠的招牌也
吸引了無數愛好者。迷你杜賓犬於 1920 年代首次在
美國犬展出現，此後吸引愈來愈多愛好者，在過去
幾十年來一直在最受歡迎犬種的排名中名列前茅。

當迷你杜賓犬首次被引進美國時，是以㹴犬類
別展示。現在，牠雖然被列在玩賞犬類別中，卻是
名符其實的㹴犬！牠與生俱來的存在感讓牠注定成
為賽場上最醒目的焦點，也讓牠贏得了「玩賞犬之
王」的稱號。迷你杜賓犬是丹麥、荷蘭和義大利最
受歡迎的玩賞犬。

個性

牠很有自信、愛社交、喜歡玩鬧又愛出風頭，可以讓整個房間充滿歡笑。既好奇又無懼，迷你杜賓犬通常不會錯過太多；牠也不允許自己錯過。牠和家人的聯繫十分緊密，會想一直跟著他們四處走動。牠的守衛直覺與健壯又自信的天性非常明顯，和人溝通時也完全不害羞，自在地用聲音表達自己的意思。身為一隻快樂又愛與人互動的狗，牠能和孩童及其他寵物相處融洽，但若沒經過適當社會化訓練則會把牠寵壞，可能變得佔有欲強烈。

照護需求

運動

牠樂於參與一切，每天藉由陪伴家人來回走動而獲得運動量是牠主要活動。牠願意陪著所愛的人到任何地方做任何事。若將精力導向牠喜歡的運動，如敏捷或競爭性服從，能夠留下有益的經驗。

飲食

在餵食迷你杜賓犬時，要記得牠習慣自己做主，而這種態度通常也展現在進食上，讓牠吃下適合的食物成了一道難題。牠需要進食少量、高品質且適齡的食物。過胖可能會造成犬隻健康問題，因此應該注意牠的食物攝取量。

梳理

迷你杜賓犬的被毛不需多費心思打理，只需最低限度的梳理並特別注意臉部清潔即可。

健康

迷你杜賓犬的平均壽命為十五年以上，品種的健康問題可能包含頸椎間盤問題、癲癇、眼部問題、心臟問題、甲狀腺功能低下症、股骨頭缺血性壞死，以及膝蓋骨脫臼。

訓練

迷你杜賓犬容易變得過於嬌慣或驕傲，飼主應該要確保牠能乖乖聽話。飼主必須尊重這隻能力傑出而健壯的狗，並自幼犬時期起就讓牠進行頻繁的社會化訓練。開始訓練時若保持簡短且能激發動力的方式，牠就會很開心地遵從飼主要求，因為牠也亟欲想取悅飼主。

速查表

適合小孩程度 🐾🐾🐾🐾🐾	梳理 🐾🐾🐾🐾🐾
適合其他寵物程度 🐾🐾🐾🐾🐾	忠誠度 🐾🐾🐾🐾🐾
活力指數 🐾🐾🐾🐾🐾	護主性 🐾🐾🐾🐾🐾
運動需求 🐾🐾🐾🐾🐾	訓練難易度 🐾🐾🐾🐾🐾

迷你雪納瑞 Miniature Schnauzer

速查表

適合小孩程度

適合其他寵物程度

活力指數

運動需求

梳理

忠誠度

護主性

訓練難易度

品種資訊

原產地
德國

身高
公 14 英寸（36 公分）／母 13 英寸（33 公分）｜ 12-14 英寸（30.5-35.5 公分）[AKC] [CKC] [FCI] [UKC]

體重
大約 9-17.5 磅（4-8 公斤）

被毛
雙層毛，外層毛剛硬，底毛柔軟、緊密、濃密

毛色
椒鹽色、銀黑色、純黑

其他名稱
Zwergschnauzer

註冊機構（分類）
AKC（㹴犬）；ANKC（萬用犬）；CKC（㹴犬）；FCI（平犬及雪納瑞）；KC（萬用犬）；UKC（㹴犬）

起源與歷史

　　雪納瑞數個世紀以來都是德國受歡迎的農場犬。牠是勤奮而強悍的狗，能夠消滅害獸，同時也是家庭的好夥伴。因為沒有固定品種標準，牠們的體型大小不一，大型雪納瑞被用來拉車、守衛牲畜和獵捕害獸，而小型犬被當成一般的害獸獵捕犬。

　　當標準雪納瑞的愛好者開始將牠與猴㹴和小型黑貴賓犬交配繁殖時，發展出了迷你雪納瑞。其中也可能混入了迷你杜賓犬、剛毛獵狐㹴和博美犬的血統。在十九世紀結束之前，迷你雪納瑞已被當成不同於標準雪納瑞的獨立品種展示（巨型雪納瑞也源自於標準型，但與迷你型同樣被視為獨立品種）。

　　如今，全世界都知道牠是富有魅力的伴侶犬和家庭犬。許多協會將牠分類為「㹴犬」，即使牠並不像傳統英國㹴犬一樣會去追逐獵物。雖然已不再為農場所用，但牠仍是傑出又有朝氣的寵物犬。

個性

迷你雪納瑞深受歡迎，牠活潑、有個性又富有魅力，能讓每一個人著迷。健壯又警戒心強的迷你雪納瑞是傑出的護衛犬，不但聰明又忠誠，也認真對待家族，亟欲參與所有周遭的活動。牠勇敢無畏，又不會過於侵略，和孩童及其他犬隻都能融洽相處。此品種很友善，也容易和他人互動。身為聰明又引人注目的伴侶犬，無論走到哪裡都能吸引眾人目光，而牠對此也適應良好。

照護需求

運動

迷你雪納瑞需要每天運動，否則牠過剩的精力會轉向破壞性行為。牠既強壯又健康，喜歡也有能力跟著家人四處遊走。

飲食

雖然看起來體型很小，迷你雪納瑞很愛吃，無論別人給什麼都會吃下去。因此需要注意牠的食物攝取量，避免過胖。

梳理

迷你雪納瑞的粗硬外層毛和柔軟底毛（被稱為「碎毛」）需要修剪或剃光，以免太過茂密或雜亂。需要專業人士幫忙剃除被毛才能讓牠站上展場；否則適當修剪就已足夠。牠與眾不同的外觀包括雙腿的羽狀飾毛、茂密的鬍鬚，以及深邃的眉毛。

健康

迷你雪納瑞的平均壽命為十五年以上，品種的健康問題可能包含過敏、犬類神經性蠟樣脂褐質沉著症（NCL）、庫欣氏症、糖尿病、癲癇、巨食道症、先天性肌強直症、胰臟炎、肝門脈系統分流、犬漸進性視網膜萎縮症（PRA）、腎發育不良、視網膜發育不良，以及尿路結石。

訓練

迷你雪納瑞很聰明，學習速度很快。只要不斷鼓勵並給予獎勵，幾乎什麼都難不倒牠。牠在服從競賽裡表現傑出，在敏捷賽中表現好勝卻也優秀。必須讓迷你雪納瑞進行社會化訓練，可以讓牠發展自信並善於與人互動。

迷你沙皮犬 Mini-Pei

速查表

適合小孩程度
🐾🐾🐾🐾🐾

適合其他寵物程度
🐾🐾🐾🐾🐾

活力指數
🐾🐾🐾🐾🐾

運動需求
🐾🐾🐾🐾🐾

梳理
🐾🐾🐾🐾🐾

忠誠度
🐾🐾🐾🐾🐾

護主性
🐾🐾🐾🐾🐾

訓練難易度
🐾🐾🐾🐾🐾

品種資訊

原產地
中國

身高
兩種體型——不超過 17 英寸（43 公分）／不超過 15 英寸（38 公分）[估計]

體重
25-40 磅（11.5-18 公斤）[估計]

被毛
短粗毛、稍粗到柔軟 [估計]

毛色
可接受多種顏色 [估計]

其他名稱
Miniature Shar-Pei；Mini Pei；Toy Shar-Pei

註冊機構（分類）
ARBA（伴侶犬）

起源與歷史

　　來自中國南方的獨特沙皮犬，其切確來源已不可考，但一般相信牠的血脈中混雜了獒犬及鬆獅犬的基因（如同鬆獅犬，牠有著獨特的藍色舌頭）。數個世紀以來，這自動自發的又能幹的工作犬曾被用來狩獵、放牧及守衛。牠也在曾被認為是「娛樂」的鬥犬競賽中被用來與其他犬隻打鬥。牠那特徵鮮明的皺紋就是為了在戰爭中保護牠，要是被攻擊或被咬，也只是表面受傷。當第一批沙皮犬於 1970 年代引進美國時，牠在中國和香港還沒沒無聞。而中國沙皮犬的稀有程度和不尋常的特徵很快就吸引許多人注意，也逐漸受到歡迎。

　　在中國，該品種的不同體型已絕種數個世紀，只有較大型的犬隻被用來當做護衛犬或畜牧犬，較小型的犬隻則作為伴侶犬。兩者皆被引進美國，但當美國育犬協會（AKC）認證中國沙皮犬後，品種標準更偏愛大型犬隻。喜歡小型犬隻的育種者則繼續繁殖這些伴侶犬，將之稱為迷你沙皮犬，並透過美國國際迷你沙皮犬協會（International Mini Pei Club of America）和美國迷你沙皮犬協會持續推廣。

個性

迷你沙皮犬那像河馬的臉型、小小的耳朵及好幾層皺紋都是讓人不自禁愛上牠的原因。想飼養牠的人要記得，雖然牠繼承了護衛犬的基因，卻還是需要進行適當社會化訓練。牠冷靜、穩重、高貴但保持警戒心，面對外來事物的第一反應就是懷疑，因此對陌生人有所保留。雖然牠天性獨立又冷淡，一旦學會信任並尊重家人後，會真心對待家人並對他們保持忠心。

照護需求

運動

迷你沙皮犬一天需要散步數次，以維持體態並消耗牠的好奇心。牠天生就引人注目，也善於與人互動，人們會情不自禁地想要觸碰牠；這也是另一個帶牠出門的好理由。

飲食

迷你沙皮食量很大，需要高品質的飲食。不該過度餵食牠或讓牠養成乞食的習慣，否則會導致過胖。

梳理

迷你沙皮粗糙的被毛需要以獵犬清潔手套來鬆動髒污並刺激皮膚。身上的皺紋（尤其臉部皺紋）必須保持乾淨、乾燥，以避免感染。

健康

迷你沙皮犬的平均壽命為九至十年，品種的健康問題可能包含類澱粉沉著症、櫻桃眼、耳部感染、眼瞼內翻、甲狀腺功能低下症、膝蓋骨脫臼、沙皮犬熱症候群，以及皮膚問題。

訓練

飼主需要用堅定而溫和的手法來訓練迷你沙皮犬，因為牠通常脾氣倔強。無論時間長短，必須讓訓練過程有趣，才能讓牠感到有興趣。牠既聰明又獨立，必須一開始就學會尊重牠的訓練者，否則牠會輕易地佔到上風。有必要及早開始社會化及一般訓練。牠通常也很容易學會上廁所。

山地雜種犬 Mountain Cur

品種資訊

原產地
美國

身高
公 18-26 英寸（45.5-66 公分）
／母 16-24 英寸（40.5-61 公分）

體重
30-60 磅（13.5-27 公斤）[估計]

被毛
雙層毛，外層毛短、平滑或粗
糙，底毛短、柔軟、濃密

毛色
黑色或帶棕褐色或虎斑斑點、
藍色、虎斑、棕色、紅色、黃
色、金色或奶油金黃色；可接
受白色斑紋

註冊機構（分類）
ARBA（狩獵犬）；UKC（嗅
覺型獵犬）

起源與歷史

　　山地雜種犬起源自數百年前由西班牙探險隊帶
到美國的短尾虎斑獵犬。牠們在美國立國後開始繁
衍，常見於俄亥俄河谷。隨著開荒者向西部移動，
他們的山地獵犬也跟著一起移動，被用來守護家園
及捕捉野生動物作為食物（牠靠追逐獵物「上樹」
的方式狩獵）。雖然拓荒者是因為牠在樹林裡的特
殊優勢而在名稱中使用「山地」一詞，但牠在沼澤、
乾地或其他生存條件困難的地區也同樣受到歡迎。

　　《老黃狗》（Old Yeller）一書敘述德州拓荒時
期一名男孩和與書同名的狗兒之間的故事，而這隻狗
就是一隻山地雜種犬──短毛、黃色、短尾，能夠打
獵和爬樹，面對瘋牛時能正面對決，和成年大熊打鬥
也毫不退縮。此書作者連品種名稱都沒有提到，就精
準地描述了典型山地獵犬和其對拓荒者的用途。在當
時，此品種沒有固定名稱也沒有明確身份。

　　這個品種比起其他雜種犬（Cur）較不像獵犬。
牠的身材結實、寬闊而強壯，頭部寬而強健，耳朵短
且位置較高。雖然也能接受長尾，但牠們的尾巴通常
天生就是短尾，也是比較受到歡迎的特徵。

　　在世界第二次大戰結束前，只剩下幾隻這種老
式山地雜種犬。而少數死忠飼主仍然在美國東南方
孤立沼澤和偏遠山區中保有一些犬隻。靠著肯塔基
州的休・史蒂芬斯（Hugh Stephens）和伍迪・杭茲

曼（Woody Huntsman）、維吉尼亞州的卡爾・麥康尼爾（Carl McConnell）和田納西州的杜威・勒貝特（Dewey Ledbetter）共同的努力，才復育了該品種。原生山地雜種犬繁殖者協會（Original Mountain Cur Breeders Association）於 1957 年成立，持續繁衍及推廣此品種至今。

速查表

適合小孩程度	梳理
🐾🐾🐾	🐾🐾🐾
適合其他寵物程度	忠誠度
🐾🐾🐾	🐾🐾🐾🐾
活力指數	護主性
🐾🐾🐾🐾	🐾🐾🐾🐾
運動需求	訓練難易度
🐾🐾🐾🐾🐾	🐾🐾🐾

個性

　　牠是每個拓荒者夢寐以求的犬隻：無懼、有力、機敏、適應力強，還有過人耐力。即使面對大熊或山獅也毫不退縮，保護農場不受害獸侵擾，也會狩獵晚餐食物。牠是強悍的工作犬，若是能讓牠發揮出所有潛力，牠會非常開心而順從，也能和孩童及其他無威脅性的寵物和平相處。但若是沒有機會盡情狩獵、守衛或參與「農場經營」，牠會逐漸變得焦躁而感到無聊。只要讓牠在合適環境成長也賦予牠工作，山地雜種犬就會願意付出並對飼主忠誠。

照護需求

運動

　　山地雜種犬有著驚人耐力，可以持續狩獵數小時直到拿下獵物為止。這種狗無法被限制在封閉區域，也不是每天去散步數次就足夠。牠需要與周遭大自然融為一體，在自己家中工作並保護其他人。

飲食

　　勤奮工作的山地雜種犬食量很大，需要食物提供牠所需能量，但也要保持體型適中。最好給予需要高品質、適齡的飲食。

梳理

　　山地雜種犬的短毛僅需梳理就很容易保持整潔。

健康

　　山地雜種犬的平均壽命為十四至十六年，根據資料並沒有品種特有的健康問題。

訓練

　　有工作的山地雜種犬很樂意順從飼主，也會輕易接受合理命令，在自己工作領域內，牠十分清楚自己該做什麼事。牠面對工作的認真態度，有可能會變成對家族或牠認為是自己所屬物品的過度保護，需要堅定而公平的領導者來適時抑制牠這種天性。

馬地犬 Mudi

品種資訊

原產地
匈牙利

身高
公 16-18.5 英寸（41-47 公分）／
母 15-17.5 英寸（38-44 公分）

體重
公 24-33 磅（11-15 公斤）／
母 17.5-26 磅（8-12 公斤）

被毛
頭部和前肢毛短、直、平滑，身體其他部位呈波浪狀或微捲、濃密、有光澤

毛色
淺黃褐色、黑色、藍大理石色、淡灰色、棕色 [CKC] [FCI]｜黑色、棕色、灰色、灰棕色、白色、黃色；大理石色斑紋 [AKC]｜黑色、白色、淺黃褐色調、棕色、灰色、灰棕色、藍大理石色、紅大理石色 [UKC]

其他名稱
匈牙利馬地犬（Hungarian Mudi）

註冊機構（分類）
AKC（FSS：畜牧犬）；ARBA（畜牧犬）；CKC（畜牧犬）；FCI（牧羊犬）；UKC（畜牧犬）

起源與歷史

　　當馬地犬於十九世紀在匈牙利「被發現」從事牧羊的工作時，牠應該已進行此項工作有數個世紀之久，儘管紙本紀錄並未記載。我們只知道牠是為了需要才出現的品種，而非為了創新。牠一路演化成一流的「驅使犬」，幫助牧羊人和農夫處理農場上的事務。

　　馬地犬的拉丁語名稱為「Canis ovilis Fényesi」，源自於幫助此犬種和其他匈牙利畜牧犬（波利犬與波密犬）區分開來的人，而這個人即是戴佐・費耶斯博士（Dr. Dezsö Fényes）。他研究了馬地犬的背景，發現提及馬地犬的紀錄可追溯到十七世紀，但牠卻被誤認為波利犬。現今這兩個品種的外表並不相似，這樣的誤植應該是因為普遍相信波利犬是匈牙利最古老的牧羊犬種，而波密犬及馬地犬則是牠的後裔。然而馬地犬直豎的雙耳、似狼的臉型和波浪狀長毛並不像波利犬，雖然有人猜測是由於基因庫中混入了狐狸犬品種，但無法確定。

　　透過戴費耶斯博士和沙巴・安希博士（Dr. Csaba Anghi）的努力，馬地犬於 1936 年通過匈牙利育犬協會的認證。如同許多其他品種，牠的數量在兩次世界大戰期間急遽下降，而 1950 及 1960 年代的努力維持了牠們的生存。現今的品種標準於 1966 年和 2000 年皆重新修改過，以接納不同的毛色變化。無論這些如何變動，馬地犬仍舊於家鄉匈牙利進行著牧羊犬的工

作，在世界各地的數量也逐漸增加。

| 適合小孩程度 | 梳理 |
| 忠誠度 |
適合其他寵物程度	忠誠度
活力指數	護主性
運動需求	訓練難易度

個性

即使品種數量稀少，馬地犬仍一直存活至今，因為牠的工作能力受到與牠一起工作的人們賞識。牠在農場相關事務上富有天賦，包括有責任感、可訓練和有特色。牠非常聰明，學習速度也快；眾人常把牠這些特質拿來和邊境牧羊犬相提並論。馬地犬對家人忠誠而真摯，也非常勇敢，會毫不猶豫地挺身保護家人並抵抗任何威脅。在陌生人面前保持小心，對於可能影響到家人或農場的事情十分警戒。若是自幼犬時期與不同人群、其他寵物互動或到不同場所，牠就不會那麼保守。牠也有頑皮、愛玩的一面，喜歡吠叫。

照護需求

運動

馬地犬精力旺盛，若有份全職工作會最為開心。聰明而動力十足的牠必須活動身心才能保持愉快。牠在各種活動與運動中表現傑出，因為能夠讓牠炫耀自己的天份。

飲食

馬地犬很喜歡吃東西，在牠的一生之中會耗費大量精力投入各種家庭活動，從玩遊戲到狩獵都有，因此需要最高品質的飲食以確保獲得所需的營養。

梳理

馬地犬的中長卷毛十分容易照護，只需要梳理來清除被毛上的髒污碎屑即可。掉毛程度適中。

健康

馬地犬的平均壽命為十一至十四年，根據資料並沒有品種特有的健康問題。

訓練

聰明的馬地犬反應迅速，隨時準備開始工作，因此訓練牠反而是種樂趣。牠的飼主必須永遠比牠往前一步，否則反而會變成是馬地犬在訓練飼主。若採用嚴厲訓練方法，會讓這隻脾氣溫和的狗毫無動力。若採用正向、以獎勵為基礎的方法訓練，幾乎沒有什麼是馬地犬辦不到的。

拿破崙獒犬 Neapolitan Mastiff

品種資訊

原產地
義大利

身高
公 25-31 英寸（63.5-78.5 公分）
／母 23.5-29 英寸（59.5-73.5
公分）｜母犬較小 [KC]

體重
公 132-154 磅（60-70 公斤）／
母 110-132 磅（50-60 公斤）

被毛
短、硬、堅挺、有光澤、濃密

毛色
灰色、鉛色、黑色、棕色、淺
黃褐色、深黃褐色；或有白色
斑紋

其他名稱
義大利獒犬（Italian Mastiff）；
Mastino Napoletano

註冊機構（分類）
AKC（工作犬）；ANKC（萬
用犬）；CKC（工作犬）；
FCI（獒犬）；KC（工作犬）；
UKC（護衛犬）

起源與歷史

　　拿破崙獒犬極有可能源自於羅馬馬魯索斯犬，
這是一種由希臘人介紹給羅馬人的古老獒犬。馬魯
索斯犬是有名的鬥犬，伴隨著許多軍隊在歐洲打過
許多戰役，也被羅馬人用於競技場中戰鬥。牠們通
常也被用來當作城堡及莊園的護衛犬，尤其是在義
大利南部的坎帕尼亞，拿破崙獒犬在此已有超過兩
千年的歷史。

　　今日我們所熟知的拿破崙獒犬首次於 1946 年受
到認證，當年也是牠第一次在犬展亮相。在看過這
個雄壯的犬種後，義大利畫家皮耶羅・史坎吉亞尼
（Piero Scanziani）開始收集這些個體並成立犬舍；
他被視為開創現代拿破崙獒犬之父的其中一人。也感
謝史坎吉亞尼的貢獻，其品種標準於 1949 年重新修
改並確定。拿破崙獒犬在義大利警察部隊以及其他需
要雄壯犬隻的組織及公司中作為護衛犬，同時也是傑
出的伴侶犬。

個性

　　伴隨著龐大頭部和雄壯的身體，拿破崙獒犬就
像隻可怕的狗。但外表會迷惑人心，雖然拿破崙獒
犬能無畏地守護他人，卻也能貢獻無盡的熱情和關
心。在牠嚇人的外表下，牠其實是隻聰明而善感的

狗，能夠輕易發現威脅，卻在需要保護自己或需要照顧的對象時，也能保持冷靜、穩重。無論牠有多溫和，應該讓牠從幼犬時期就開始與人互動，讓牠習慣不同人群，也避免牠過於保護所有物。雖然牠不太常吠叫，卻會流口水和打呼。

照護需求

運動

　　飼主須注意別讓幼犬於成長時期運動過度，好讓骨骼及肌肉順利發育。一般正常日常活動對成長中的拿破崙獒犬來說沒有問題，而成犬則需要一天進行數次散步以保持體型適中、性格穩定。牠在室內相對安靜，需要多催促牠才能帶牠出門散步。

飲食

　　巨型的拿破崙獒犬食量很大，需要注意牠的體重。牠需要食物所給予的能量，但當然也要保持體型適中。最好給予高品質、適齡的飲食。

梳理

　　拿破崙獒犬的短毛容易照顧，但是牠臉上、脖子上和耳朵上的皺摺需要定期清潔並保持乾燥，若忽略照護則容易感染。

健康

　　拿破崙獒犬的平均壽命最長為十年，品種的健康問題可能包含胃擴張及扭轉、櫻桃眼、內生骨疣、髖關節發育不良症，以及甲狀腺功能低下症。

訓練

　　此品種極為聰明、反應迅速，必須及早訓練且一生持續工作。訓練能確保拿破崙獒犬服從指令，而不會以自己的體型或意志壓迫周遭的人。帶牠參加服從課程對牠也是很好的社會化訓練。

速查表

適合小孩程度	梳理
🐾🐾🐾🐾🐾	🐾🐾🐾🐾🐾
適合其他寵物程度	忠誠度
🐾🐾🐾🐾🐾	🐾🐾🐾🐾🐾
活力指數	護主性
🐾🐾🐾🐾🐾	🐾🐾🐾🐾🐾
運動需求	訓練難易度
🐾🐾🐾🐾🐾	🐾🐾🐾🐾🐾

紐芬蘭犬 Newfoundland

速查表

適合小孩程度
🐾🐾🐾🐾🐾

適合其他寵物程度
🐾🐾🐾🐾🐾

活力指數
🐾🐾🐾🐾🐾

運動需求
🐾🐾🐾🐾🐾

梳理
🐾🐾🐾🐾🐾

忠誠度
🐾🐾🐾🐾🐾

護主性
🐾🐾🐾🐾🐾

訓練難易度
🐾🐾🐾🐾🐾

品種資訊

原產地
加拿大

身高
公平均 28 英寸（71 公分）／
母平均 26 英寸（66 公分）

體重
公 130-152 磅（59-69 公斤）／
母 100-120 磅（45.5-54.5 公斤）

被毛
雙層毛，外層毛長度適中、挺度適中、
粗、油性、防水，底毛柔軟、濃密

毛色
黑色、棕色、白色帶黑色斑紋（詳見蘭
西爾犬）｜亦有灰色 [AKC] [UKC]｜
僅黑色；可有白色斑紋 [CKC]

註冊機構（分類）
AKC（工作犬）；ANKC（萬用犬）；
CKC（工作犬）；FCI（獒犬）；KC（工
作犬）；UKC（護衛犬）

起源與歷史

　　紐芬蘭犬的起源故事豐富，且和許多海上傳說一樣充滿了鹹味。有些人說牠的後代是遊牧的印第安犬；有人說是維京人的「鬍鬚犬」；也有人說拉布拉多是牠的近親；還有人說古老的西藏獒犬血統猶流於紐芬蘭犬的體內。十七世紀的紀錄顯示歐洲漁船經常造訪加拿大海洋省份，而因為這些旅人時常帶著犬隻一起抵達，他們的歐洲犬種很有可能與當地犬種交配，進而促成現代紐芬蘭犬的產生。這些歐洲犬種可能包含葡萄牙水犬和大白熊犬。最後產生了這兩個獨特的類型：小聖約翰犬（後來發展成拉布拉多犬）以及大聖約翰犬（後來成為紐芬蘭犬），兩者都對漁夫們助益良多。紐芬蘭犬的職責包括拖拉魚網、拉著船繩將船拖至岸邊、拯救落水的人們及其他要求等。牠的蹼狀腳掌和防水被毛讓牠能在任何氣候下工作。

　　紐芬蘭犬逐步證明自己的工作能力。1804 年，一隻名為希曼（Seaman）的紐芬蘭

犬陪著馬利維德·路易斯（Meriwether Lewis）一路沿著密蘇里河而上。1919 年，一隻紐芬蘭犬拉著沉船上二十人上岸而被授以黃金獎章。紐芬蘭犬也在二次世界大戰時在阿拉斯加及阿留申群島幫忙運送物資。

紐芬蘭犬現在的工作沒有過去那麼沉重，但牠的能力仍與過往無異，也仍活躍於水中試驗、服從競賽、拉重物、拖車和負重競賽中，也仍被用做看守犬和護衛犬。

個性

紐芬蘭犬一直以來被認為是最溫和的巨人；一個大枕頭，讓中青老少都能枕著牠們休息。不僅如此，也是高貴、誠實而認真的狗兒，生存目的就是為了服務。牠對家庭能犧牲奉獻，也能和孩童及其他寵物和平相處。即使脾性溫和穩重，牠也是活潑而愛玩的狗。

照護需求

運動

成長中的紐芬蘭犬不該過度運動，否則牠的骨骼和肌肉可能會受傷。但成年後就能正常運動。紐芬蘭犬特別喜愛水，游泳也對牠有益。牠也喜歡和人類一起玩遊戲。

飲食

紐芬蘭犬很會吃，需要高品質的飲食。當牠成年後，不需要某些人認為的那麼多食物，其食量與尋回犬差不多。牠在喝水時非常邋遢，導致牠時常流口水。

梳理

紐芬蘭犬厚實防水的被毛需要經常梳理以保持整潔。牠下垂的雙耳可能會顯得潮濕而藏有髒污，需要時常檢查以避免感染。

健康

紐芬蘭犬的平均壽命約為十年，品種的健康問題可能包含胃擴張及扭轉、胱胺酸尿症、肘關節發育不良、髖關節發育不良症，以及主動脈下狹窄（SAS）。

訓練

紐芬蘭犬反應迅速而可靠。以獎勵為基礎的訓練課程會帶來驚人的結果，但牠無法忍受嚴厲的訓練方式。雖然牠與家人關係緊密，最好自幼犬時期就開始進行社會化訓練，以免過度依賴一個人或整個家庭。牠出門時十分喜歡成為眾人注目的焦點。

新幾內亞唱犬 New Guinea Singing Dog

速查表

適合小孩程度
🐾🐾🐾

適合其他寵物程度
🐾🐾🐾🐾

活力指數
🐾🐾🐾🐾

運動需求
🐾🐾🐾🐾🐾

梳理
🐾🐾🐾

忠誠度
🐾🐾🐾

護主性
🐾🐾🐾

訓練難易度
🐾🐾🐾🐾

品種資訊

原產地
新幾內亞

身高
公 14-18 英寸（35.5-45.5 公分）／母
13-17 英寸（33-43 公分）

體重
17-30 磅（7.5-13.5 公斤）

被毛
雙層毛，外層毛短、濃密、絲絨，底
毛通常顯而易見

毛色
紅色、深褐色、黑棕褐色；或有白色
斑紋，但絕不會在背部或側邊；紅色
和深褐色犬隻或有面罩

其他名稱
Dingo；Hallstrom's Dog

註冊機構（分類）
ARBA（狐狸犬及原始犬）；
UKC（視覺型獵犬及野犬）

起源與歷史

　　世界第二大島新幾內亞島上有著不同的氣候，從低地的熱帶氣候到高海拔的山地氣候皆有。六千多年前，一種神似澳洲野犬的犬隻出現在這個氣候多變的島上，並發展成今日我們所知的新幾內亞唱犬，但有些科學家則認為事實相反，其實新幾內亞唱犬才是澳洲野犬的祖先。此品種的名稱來自牠奇異的吠叫聲，由幾種不同音調混合成有如歌唱的嗓音。

　　1956 年時一對新幾內亞唱犬被帶到雪梨的塔龍加動物園，在那裡立刻引起熱烈風潮。很快地，美國、歐洲和俄國的動物園也亟欲展示這種特殊的似狐犬隻，牠在 1950 到 1970 年代之間都是各地的熱門展示品。北美洲大部分的新幾內亞唱犬都是塔龍加那一對犬隻和一隻德國進口母犬的後代。

個性

　　新幾內亞唱犬仍然保留著強烈的野生直覺。雖然經過適當社會化訓練的新幾內亞唱犬十分熱情，也和人類家族關係緊密，牠也是優異的掠食者，不斷尋找機會狩獵。牠的動作極端靈敏，也是傑出的逃脫專家；因此，必須套上牽繩或養在安全的封閉區域。新幾內亞唱犬也是攀爬和挖掘的專家，因此即使是適合養其他犬種的地方，也要考慮那裡是否適合牠。

　　新幾內亞唱犬可能會對和人類互動保有疑慮，也可能對此表現得非常自在，而這都得根據牠社會化訓練進行的程度和效果而定。新幾內亞唱犬若自幼與人類一起生長，會對人類較容易接近、也較為熱情；反之則較為冷淡。牠需要特別的家庭將牠當成伴侶犬飼養。新幾內亞唱犬成犬可能對陌生犬隻會有侵略性。

照護需求

運動

　　足夠的運動和與人類互動對新幾內亞唱犬的身心健康至關重要。牠對探索並搜查周遭環境有著強烈的欲望，因此散步或健行（牠可以在這期間檢查樹叢、樹木、岩石堆和地洞以尋找獵物）是能夠讓牠進行良好身心運動的方式。牠喜歡可互動的玩具以及有聲音的玩具讓牠「殺死」。

飲食

　　新幾內亞唱犬需要品質良好、高蛋白且均衡的飲食。牠能吃市售的肉罐頭，也能吃手作食物，輔以煮熟肉類或生肉。但太多純肉類也是錯誤的餵食方式，最好給予更全面、多種蛋白質來源的飲食。許多新幾內亞唱犬都喜歡起司，也喜歡雞肉勝過其他肉類。

梳理

　　新幾內亞唱犬易洗快乾的被毛僅需偶爾照護。就算從不洗澡，牠身上狗味也不會過重。只需要偶爾梳理全身以幫助鬆動死毛，但在春季牠的底毛會脫落。

健康

　　新幾內亞唱犬的平均壽命可達十五年以上，根據資料並沒有品種特有的健康問題。

訓練

　　訓練者在訓練新幾內亞唱犬可能會面臨挑戰，但不是牠智力和接收能力的關係，反而是飼主的因素。因為新幾內亞唱犬不像其他犬種一樣能馴養在家，因此也沒學過服從。一直到最近，新幾內亞唱犬都以獨立思考作為生存武器。訓練者要面臨的最大挑戰（也是終極獎賞）就是採取正向且以獎勵為基礎的訓練方式馴服新幾內亞唱犬，如同以響片馴服野生動物一樣。

諾波丹狐狸犬 Norrbottenspets

速查表

適合小孩程度
🐾🐾🐾🐾

適合其他寵物程度
🐾🐾🐾🐾🐾

活力指數
🐾🐾🐾🐾

運動需求
🐾🐾🐾🐾

梳理
🐾🐾🐾🐾

忠誠度
🐾🐾🐾🐾

護主性
🐾🐾🐾🐾

訓練難易度
🐾🐾🐾

品種資訊

原產地
瑞典

身高
公 17.5-18 英寸（44.5-45.5 公分）／
母 16.5-17 英寸（42-43 公分）

體重
26-33 磅（12-15 公斤）[估計]

被毛
雙層毛，外層毛短、直、硬、緊貼，
底毛濃密

毛色
所有顏色皆可，但理想為白色帶黃色或紅色
／棕色斑紋｜白色帶淺黃褐色斑紋、橙色斑
紋、紅色斑塊、深褐色、棕褐色斑塊 [AKC]

其他名稱
Nordic Spitz, Norrbottenspitz；Norbottenspetz

註冊機構（分類）
AKC（FSS：狩獵犬）；ARBA（狐狸犬及原
始犬）；CKC（狩獵犬）；FCI（狐狸犬及
原始犬）；UKC（北方犬）

起源與歷史

　　數百年以來，斯堪地那維亞國家瑞典、芬蘭和拉普蘭皆以此狐狸犬作為小型獵物的狩獵者。在芬蘭被稱為「Pohjanpystykorva」，牠被遷徙的農夫帶往瑞典北方，並有了更長的名稱「Norrbottensskollandehund」。雖然幾百年來被用於打獵和農場，卻一直沒有發展正規的培育計畫。最後，將牠作為獵犬使用的需求逐漸下降，加上外國犬種數量上升，導致其數量下降。

　　1948 年，諾波丹狐狸犬被認定滅絕，也從瑞典育犬協會紀錄中消失。此品種在瑞典和芬蘭的愛好者開始尋找良好的個體，甚至遠到偏遠鄉區尋找。慢慢地，其育種計畫被建立，而諾波丹狐狸犬也重現於育犬協會的紀錄上（瑞典於 1967 年登記，芬蘭於 1970 年代登記）。現今，牠逐漸在這兩個國家中受到歡迎，被視為傑出的伴侶犬和機智的獵鳥犬，用來獵捕松雞和花尾榛雞。牠似乎已在歷史上和人們心中佔有一席之地。

個性

諾波丹狐狸犬個性警戒、活潑而聰明，牠從不會害羞、緊張或太過激進。牠尤其喜愛孩童，友善而愛玩。諾波丹狐狸犬在家庭中還有個優點，就是牠不太會吠叫，不像其他北方獵犬。

照護需求

運動

若按照諾波丹狐狸犬喜好，牠會每天都去打獵。在灌木叢中搜尋獵物、在田野奔跑並探索周遭環境時最為快樂。若沒有這樣的活動，牠需要合適的替代活動，至少一天幾次長距離散步，最好有機會在安全區域中自由奔跑和追逐。靈敏度訓練或拉力訓練能幫忙消耗這隻聰明犬的精力。

飲食

諾波丹狐狸犬很愛吃，通常無論給牠什麼都能吃下肚。因此，必須提供牠高品質的飲食，並注意牠的食物攝取量以避免肥胖。

梳理

此品種天生就能保持整潔、乾淨，只需要簡單梳理就能維持外觀良好，被毛天生就有光澤，只需甩一甩就能保持乾淨。

健康

諾波丹狐狸犬的平均壽命為十二至十四年，根據資料並沒有品種特有的健康問題。

訓練

諾波丹狐狸犬能獨立思考，但也亟欲討好飼主，牠對誘導式訓練反應良好，當訓練內容包括狩獵行程時更佳。有必要自幼犬時期進行社會化訓練，以培養牠的自信和適應力。

諾福克㹴 Norfolk Terrier

品種資訊

原產地
英格蘭

身高
公 9-10 英寸（23-25.5 公分）
／母犬較小｜10 英寸（25.5 公分）[ANKC] [CKC] [FCI] [KC]
[UKC]

體重
公 11-12 磅（5-5.5 公斤）／母犬較輕｜11-12 磅（5-5.5 公斤）

被毛
雙層毛，外層毛直、剛硬、緊密，底毛明確；有鬃毛；稍有鬍鬚

毛色
各種深淺的紅色、小麥色、黑棕褐色、斑白色

註冊機構（分類）
AKC（㹴犬）；ANKC（㹴犬）；
CKC（㹴犬）；FCI（㹴犬）；
KC（㹴犬）；UKC（㹴犬）

起源與歷史

　　諾福克㹴和諾威奇㹴血緣關係相近，牠們曾有一度非常相似，都被認為是典型的農場犬和狩獵㹴犬，也來自英國中部東區的東盎格利亞，就在倫敦北方（諾威奇鎮位於諾福克郡內）。邊境㹴可能對此犬種的形成有所貢獻，或許也有混入凱恩㹴和其他來自愛爾蘭的不知名紅色㹴犬。

　　1900 年代早期，一位知名育種者法蘭克・「馴馬師」・瓊斯（Frank "Roughrider" Jones），他養了一隻愛爾蘭峽谷㹴和深紅色虎斑的凱恩㹴母犬，並將其育種成來自諾威奇的工作㹴犬，取名為瑞格（Rags），成為該品種的基石。這隻粗毛的紅色犬隻更為諾威奇㹴和諾福克㹴奠定了基礎。諾威奇㹴於 1930 年代獲得英國及美國育犬協會的正式認可。一開始，「諾威奇㹴」這個名稱涵蓋了該品種豎耳和垂耳的犬隻。1964 年，英國育犬協會（KC）根據耳型將牠們分成兩個品種，豎耳型持續被稱為「諾威奇㹴」，而摺耳型則被稱為「諾福克㹴」。美國育犬協會（AKC）也於 1979 年跟進。

個性

　　此品種被育種成群體狩獵，通常比其他㹴犬更為社會化而友善。但牠仍非常活躍且以自我為中心，就和一般㹴犬一樣。身為體型最小的㹴犬之一，諾

福克㹴是合適的旅伴,便於運輸,也更健壯能忍受各種路程。諾福克㹴希望和家人一起消耗大量時間,牠不喜歡獨處,十分黏飼主,佔有欲也很強。雖然飼主可能會覺得受到恭維,但這樣的行為可能會演變成嫉妒和侵略性,尤其是在面對其他寵物時。自幼犬時期開始社會化訓練也不過度寵壞這隻外向的狗,能幫助牠和所有人相處融洽。牠非常樂於和其他人互動,因而社會化訓練應該相對簡單而有趣。諾福克㹴喜歡吠叫和挖掘,這是牠的天性。

速查表

適合小孩程度	梳理
適合其他寵物程度	忠誠度
活力指數	護主性
運動需求	訓練難易度

照護需求

運動

好動而愛玩的諾福克㹴最好一天外出數次,讓牠能充分運動並與人互動。牠雖矮小卻很健壯,可以跑上好幾個小時才感到疲累。牠也喜愛玩耍,丟撿遊戲是牠的最愛。

飲食

諾福克㹴食慾良好,需要高品質的飲食。牠可能會不停地要求零食,因此要注意不該餵食過多食物,以免造成過胖。

梳理

諾福克㹴擁有厚實且耐候的被毛,幾乎需要每天梳理以維持最佳的外觀。可以諮詢專業梳理師是否需要修剪,以及修剪的時間和頻率。

健康

諾福克㹴的平均壽命為十二至十五年,品種的健康問題可能包含二尖瓣疾病(MVD)。

訓練

諾福克㹴可能會有些固執又會分心,但牠亟欲取悅飼主。以能激發動力的簡短課程進行訓練,才不會讓牠感到無聊並獲得良好的訓練效果。牠既聰明又健壯,只要牠認為訓練過程好玩,完成訓練後又會獎勵,牠會願意替主人爭光。完成如廁訓練可能會有難度。

品種資訊

原產地
挪威

身高
公 17-18.5 英寸（43-47 公分）／
母 16-17.5 英寸（40.5-44.5 公分）|
母犬較小 [ANKC] [KC]

體重
公 31-40 磅（14-18 公斤）／
母 26-35 磅（12-16 公斤）

被毛
雙層毛，外層毛硬、厚、緊密，
底毛柔軟、濃密

毛色
小麥色、黑色；小麥色可接受面
罩 | 亦有紅色、狼深褐色
[ANKC] [KC]

其他名稱
Norsk Buhund

註冊機構（分類）
AKC（畜牧犬）；ANKC（工作
犬）；ARBA（狐狸犬及原始犬）；
CKC（畜牧犬）；FCI（狐狸犬及
原始犬）；KC（畜牧犬）；UKC（北
方犬）

挪威布哈德犬 Norwegian Buhund

起源與歷史

　　挪威語「Bu」的意思為「家園」或「山中小屋」，而布哈德（Buhund）這個名稱則是賦予那些幫助牧羊人照顧羊群及守衛家園的狐狸犬種。這個古老的品種隨著北方人一起遷徙到斯堪地那維亞國家，挪威一座可追溯到西元 900 年的維京墳墓裝有六頭犬隻的遺骨，與今日的布哈德犬十分相似。由於維京人會將他們最寶貴的財產一起放入墳墓中以便來世也能使用，因此這些犬隻一定十分珍貴。

　　挪威布哈德犬確定已存在超過千年；然而，牠們一直未受到正式認可，一直要到二十世紀，透過以挪威官員約翰・謝蘭（John Saeland）為首的努力，才得以受到認證。挪威布哈德犬協會於 1939 年成立。除了放牧羊群外，布哈德犬從以前到現在也會被用來狩獵如火雞、雉雞和鴨子等家禽。牠在世界各地也愈來愈受歡迎。

個性

　　挪威布哈德犬天生就渴望取悅飼主，比許多其他狐狸犬種更為強烈。牠的適應

力強、聰明、學習速度快，且對家庭忠誠。除了擁有傑出畜牧直覺外，也是大膽的護衛犬，謹慎又不過於吵鬧，在服從競賽、敏捷賽，甚至作為服務犬表現都十分成功。牠和孩童相處融洽，也不介意有其他犬類和寵物存在。牠獨立的天性讓牠偶爾會需要獨處的時間。

速查表

適合小孩程度	梳理
適合其他寵物程度	忠誠度
活力指數	護主性
運動需求	訓練難易度

照護需求

運動

挪威布哈德犬活潑且以家庭為重，喜歡參與所有活動。牠的被毛能抵禦嚴寒氣候，讓牠在任何氣候下都能盡情玩樂。牠喜歡和家人一起參與所有活動，愈多愈好。牠也需要身心的刺激來保持最佳狀態。

飲食

健壯的布哈德犬食量很大，需要食物帶來的能量，但也需要維持體型。最好給予高品質、適齡的飲食。

梳理

挪威布哈德犬會季節性大量掉毛，需要定期梳理。除此之外，牠的被毛能自然維持整潔。

健康

挪威布哈德犬的平均壽命為十三至十五年，品種的健康問題可能包含髖關節發育不良症。

訓練

愛與人互動又動作敏捷的挪威布哈德犬相對較為容易訓練。牠有著獨立的個性，但亟欲取悅飼主的欲望，和聽從命令以和飼主相處的認知讓牠十分聽話，也能快速回應要求。牠十分享受訓練及工作過程所賦予的心靈鼓勵。

挪威獵麋犬 Norwegian Elkhound

品種資訊

原產地
挪威

身高
公 20.5 英寸（52 公分）／母 19.5 英寸（49 公分）

體重
公 50.5-55 磅（23-25 公斤）／母 44-48 磅（20-22 公斤）

被毛
雙層毛，外層毛中等長度、直、粗厚、平滑服貼，底毛柔軟、濃密、如羊毛

毛色
各種色調的灰色

其他名稱
灰色挪威獵麋犬（Gray Norwegian Elkhound）；Norsk Elghund Grå

註冊機構（分類）
AKC（狩獵犬）；ANKC（狩獵犬）；CKC（狩獵犬）；FCI（狐狸犬及原始犬）；KC（狩獵犬）；UKC（北方犬）

起源與歷史

挪威語「Elg」的意思為「駝鹿」（moose），而挪威獵麋犬（在挪威被稱為 Norsk Elghund）的命名由來即是因為牠會幫忙獵捕麋鹿這種大型獵物，此外也會獵捕山獅、熊、狼、野兔和麋鹿（elk）。牠的狩獵風格是追蹤並追逐獵物，將獵物困住後等待獵人到來再結束牠的職責。忠心而勇敢的獵麋犬陪伴獵人狩獵的歷史已有數千年——西元前 5000 到 4000 年所留下的骨骸近似於今日的獵麋犬。牠的機智也讓牠維持人氣不墜。其價值不僅體現於狩獵上，同時也是傑出的護衛犬、牧羊犬、畜牧犬、能幫忙拖拉貨物的雪橇犬，也能作為良好的家庭伴侶犬。

挪威狩獵協會於 1877 年開始展示該品種，而英國也在 1923 年成立相關協會，並於同年受到英國育犬協會（KC）的認證，隨後在 1930 年受到美國育犬協會（AKC）的認可。牠是挪威的國犬，也因為牠的溫和個性及工作能力逐漸在世界各地受到歡迎。

個性

　　挪威獵麋犬個性平穩、聰明而有警戒心，牠是全方位的伴侶犬。牠也十分強壯又無懼，能認真對待護衛犬職責，頭腦冷靜而理智，不會反應過度，在稍加辨認後就能分辨敵友。牠在陌生人身邊會持保留態度，但在熟人身邊則十分熱情而有活力。但在牠強壯的外表下有著纖細的內心，嚴厲的語調或要求會讓牠瑟縮。牠心志獨立，若情況允許，牠會獨自採取行動。也因為牠的狩獵風格是以吠叫聲警示獵人，平常並不吝惜使用叫聲。牠與孩童相處情況良好，但需要先與其他寵物互動熟悉後，才能相處融洽。

照護需求

運動

　　挪威獵麋犬活潑好動，有運動就會精神十足。牠不僅喜歡與家人進行長距離散步，也需要將身心專注於工作和運動之上。當牠能夠參與拉雪橇、追蹤、放牧、敏捷等運動時，最為開心。

飲食

　　精力旺盛而活躍的挪威獵麋犬食量很大，需要注意牠的體重，因為牠容易吃太多。牠需要食物帶給牠足夠能量，但也需要維持體型適中。最好給予高品質、適齡的飲食。

梳理

　　挪威獵麋犬厚實的雙層毛需要定期梳理以鬆動並移除死毛。牠會季節性大量掉毛，定期梳理能讓牠起來更為整齊。牠的被毛能自然保持乾淨。

健康

　　挪威獵麋犬的平均壽命為十三至十五年，品種的健康問題可能包含范可尼氏症候群、甲狀腺功能低下症、漏斗狀角化棘皮瘤，以及犬漸進性視網膜萎縮症（PRA）。

訓練

　　訓練敏感而獨立的挪威獵麋犬時，使用能激發動力且以獎勵為基礎的方式最為有效。最好一天進行幾次簡短的訓練。牠在有動力時最為專注，讓牠參與運動或家庭活動也是讓牠專注的好方法。

品種資訊

原產地
挪威

身高
公 18-19.5 英寸（46-49 公分）／
母 17-18 英寸（43-46 公分）

體重
44-50 磅（20-22.5 公斤）[估計]

被毛
雙層毛，外層毛稍長、粗、濃密、
緊密

毛色
亮黑色

其他名稱
Norsk Elghund Sort

註冊機構（分類）
FCI（狐狸犬及原始犬）

黑色挪威獵麋犬 Norwegian Elkhound (Black)

起源與歷史

挪威語「Elg」的意思為「駝鹿」（moose），而挪威獵麋犬（在挪威被稱為 Norsk Elghund）的命名由來即是因為牠會幫忙獵捕麋鹿這種大型獵物，此外也會獵捕山獅、熊、狼、野兔和麋鹿（elk）。牠的狩獵風格是追蹤並追逐獵物，將獵物困住後等待獵人到來再結束牠的職責。忠心而勇敢的獵麋犬陪伴獵人狩獵的歷史已有數千年——西元前 5000 到 4000 年所留下的骨骸近似於今日的獵麋犬。牠的機智也讓牠維持人氣不墜。其價值不僅體現於狩獵上，同時也是傑出的護衛犬、牧羊犬、畜牧犬、能幫忙拖拉貨物的雪橇犬，也能作為良好的家庭伴侶犬。

大約在十九世紀的某個時期，挪威育種者開始發展與典型挪威獵麋犬稍有不同的品種，典型品種的被毛通常為灰色，而他們培育出黑色被毛、體型稍小的犬隻，也因為其顏色讓牠在雪地上十分容易辨別。黑色挪威獵麋犬在挪威以外的國家非常少見。

個性

黑色挪威獵麋犬和牠的近親灰色挪威獵麋犬一樣，個性平穩、聰明而有警戒心，是全方位的伴侶犬。牠也勇敢、大膽而精力旺盛，是傑出的護衛犬。牠在陌生人身邊會持保留態度，但在熟人身邊則十分熱情而有活力。在牠強壯的外表下有著纖細的內心，嚴厲的語調或要求會讓牠瑟縮。眾所皆知，牠的心志比灰色挪威獵麋犬更為獨立，若情況允許，牠會獨自採取行動。也因為牠的狩獵風格是以吠叫聲警示獵人，平常並不吝惜使用叫聲。牠與孩童相處情況良好，但需要先與其他寵物互動熟悉後，才能相處融洽。

速查表

適合小孩程度 🐾🐾🐾🐾🐾	梳理 🐾🐾🐾🐾🐾
適合其他寵物程度 🐾🐾🐾🐾🐾	忠誠度 🐾🐾🐾🐾🐾
活力指數 🐾🐾🐾🐾🐾	護主性 🐾🐾🐾🐾🐾
運動需求 🐾🐾🐾🐾🐾	訓練難易度 🐾🐾🐾🐾🐾

照護需求

運動

挪威獵麋犬活潑好動，有運動就會精神十足。牠不僅喜歡和家人進行長距離散步，也需要將身心專注於工作和運動之上。當牠能夠參與拉雪橇、追蹤、放牧、敏捷等運動時，最為開心。

飲食

精力旺盛而活躍的挪威獵麋犬食量很大，需要注意牠的體重，因為牠容易吃太多。牠需要食物帶給牠足夠能量，但也需要維持體型適中。最好給予高品質、適齡的飲食。

梳理

黑色挪威獵麋犬厚實的雙層毛需要定期梳理以鬆動並移除死毛。牠會季節性大量掉毛，定期梳理能讓牠起來更為整齊。牠的被毛能自然保持乾淨。

健康

黑色挪威獵麋犬的平均壽命為十三至十五年，品種的健康問題可能包含范可尼氏症候群、髖關節發育不良症，以及甲狀腺功能低下症。

訓練

訓練敏感而獨立的黑色挪威獵麋犬時，使用能激發動力且以獎勵為基礎的方式最為有效。最好一天進行幾次簡短的訓練。牠有動力時最為專注，讓牠參與運動或家庭活動也是維持注意力的好方法。

挪威盧德杭犬 Norwegian Lundehund

速查表

適合小孩程度
🐾🐾🐾

適合其他寵物程度
🐾🐾🐾🐾

活力指數
🐾🐾🐾🐾

運動需求
🐾🐾🐾🐾

梳理
🐾🐾🐾🐾

忠誠度
🐾🐾🐾🐾

護主性
🐾🐾🐾🐾

訓練難易度
🐾🐾🐾

品種資訊

原產地
挪威

身高
公 13-15 英寸（33-38 公分）／母 12-14 英寸（30.5-35.5 公分）

體重
公 15.5 磅（7 公斤）／母 13 磅（6 公斤）

被毛
雙層毛，外層毛粗糙、濃密，底毛柔軟、濃密

毛色
淡棕色至紅棕色至棕褐色帶白色斑紋、白色帶紅色或暗色斑紋｜亦有黑色、灰色
[ARBA] [CKC] [FCI] [UKC]

其他名稱
盧德杭犬（Lundehund）；Norsk Lundehund；挪威海鸚犬（Norwegian Puffin Dog）

註冊機構（分類）
AKC（其他）；ARBA（狐狸犬及原始犬）；CKC（狩獵犬）；FCI（狐狸犬及原始犬）；UKC（北方犬）

起源與歷史

挪威語「Lunde」的意思為「海鸚」（Puffin），而該品種的名稱正是源於其獵捕這種獨特海鳥的天賦。雖然海鸚聽起來很容易捕捉，事實上卻會強悍地保護自己的雛鳥，也有著尖銳而強力的鳥喙和雙腳。而盧德杭犬是老練的海鸚獵犬，不僅因為牠的驅動力和韌性，也因為牠的獨特的生理機能。牠的體型偏小，每隻腳掌上至少有六根腳趾。這樣的多趾特徵經由基因遺傳演化而成，能夠增加牠的靈敏度和腳掌於懸崖上的抓地力，因為海鸚通常會在懸崖上築巢。牠的前腳腳掌上有五根腳趾有三個關節，而剩下一根則有雙關節。後腳腳掌上則有四根腳趾有三個關節，還有一根分岔的兩腳趾是雙關節。除了牠嬌小身軀和特殊腳掌外，盧德杭犬的頭部也能向後仰至幾乎碰觸到背部，而牠的前腳也能側轉 90 度。這些特徵讓牠能夠將身體擠進狹窄的岩縫中幫牠追捕到垂涎已久的海鸚。

大約在十九世紀中葉，捕鳥網取代了「海鸚獵犬」，而最後海鸚成了保育動物，造成盧德杭犬的數量下降。透過西格‧斯伉（Sigurd Skaun）、伊蓮諾‧克莉絲（Eleanor Christie）和蒙拉‧莫斯達（Monrad Mostad）這些愛犬人士的努力，才讓牠免於滅絕；他們努力抵抗犬瘟並度過第二次世界大戰的艱辛時期，以維持該品種的續存。如今，牠們作為風趣且容易相處的伴侶犬而受到珍視，也逐漸在世界各地受到歡迎。

個性

挪威盧德杭犬的育種及發展目的是為了從事繁重工作，雖然不再需要做這份狩獵工作，牠的血液中仍留著這份工作所需要的天賦，包括韌性、耐力、勇氣、攀爬能力、追蹤直覺和偶爾的專注力。牠需要一片安全的封閉區域來奔跑嬉戲，但不能放開束繩。牠很難完成如廁訓練，也可能會很固執，會在有人接近家中時快速警示家人。牠同時也非常體貼，尤其是面對家人的時候。牠完全不會有侵略性，也和孩童及其他犬類相處愉快，在進行社會化訓練後表現更好。

照護需求

運動

盧德杭犬是外向的犬種，十分享受和所有家人一起旅行或散步。需要飼養於安全的封閉區域，否則牠會想盡辦法擴張領地。牠動作敏捷而有活力，可以適應任何地形，是很棒的健行夥伴。應該一天外出散步數次，才能讓牠滿意。

飲食

盧德杭犬食慾良好，需要高品質的飲食。

梳理

最好使用剛毛刷定期梳理盧德杭犬的被毛，這樣能移除底層死毛並維持外層毛的光亮。牠掉毛嚴重，梳理有助於控制掉毛量。

健康

挪威盧德杭犬的平均壽命為十二年，品種的健康問題可能包含盧德杭症候群。

訓練

挪威盧德杭犬對嚴厲要求或不切實際的期望不會有所回應，可能也很難完成如廁訓練。牠有著巢穴本能，也最重視牠的狗窩，因此需要進行籠內訓練以順利完成如廁訓練。除此之外，只要下達合理指令並輔以獎勵，盧德杭犬就能快速跟上進度（但牠通常自有主張，因此需要耐心）。牠在和速度及精準度有關的運動中皆表現良好，如敏捷運動。

諾威奇㹴 Norwich Terrier

速查表

適合小孩程度
🐾🐾🐾🐾🐾

適合其他寵物程度
🐾🐾🐾🐾🐾

活力指數
🐾🐾🐾🐾🐾

運動需求
🐾🐾🐾🐾🐾

梳理
🐾🐾🐾🐾🐾

忠誠度
🐾🐾🐾🐾🐾

護主性
🐾🐾🐾🐾🐾

訓練難易度
🐾🐾🐾🐾🐾

品種資訊

原產地
英格蘭

身高
10 英寸（25.5 公分）

體重
12 磅（5.5 公斤）

被毛
雙層毛，外層毛直、剛硬、緊密，
底毛厚；有面部環狀毛；稍有鬍鬚

毛色
所有紅色調、小麥色、黑棕褐色、
灰斑色

註冊機構（分類）
AKC（㹴犬）；ANKC（㹴犬）；
CKC（㹴犬）；FCI（㹴犬）；
KC（㹴犬）；UKC（㹴犬）

起源與歷史

　　諾威奇㹴和諾福克㹴血緣關係相近，牠們曾有一度非常相似，都被認為是典型的農場犬和狩獵㹴犬，也皆來自英國中部東區的東盎格利亞，就在倫敦北方（諾威奇鎮位於諾福克郡內）。邊境㹴可能對此犬種的形成有所貢獻，或許也有混入凱恩㹴和其他來自愛爾蘭的不知名紅色㹴犬。

　　1900 年代早期，一位知名育種者法蘭克·「馴馬師」·瓊斯（Frank "Roughrider" Jones），他養了一隻愛爾蘭峽谷㹴和深紅色虎斑的凱恩㹴母犬，並將其育種成來自諾威奇的工作㹴犬，取名為瑞格（Rags），成為該品種的基石。這隻粗毛的紅色犬隻更為諾威奇㹴和諾福克㹴奠定了基礎。諾威奇㹴於 1930 年代獲得英國及美國育犬協會的正式認可。一開始，「諾威奇㹴」這個名稱涵蓋了該品種豎耳和垂耳的犬隻。1964 年，英國育犬協會（KC）根據耳型將牠們分成兩個品種，豎耳型持續被稱為「諾威奇㹴」，而摺耳型則被稱為「諾福克㹴」。美國育犬協會（AKC）也於 1979 年跟進。

個性

此品種被育種成群體狩獵，通常比其他㹴犬更為社會化而友善。但牠仍非常活躍且以自我為中心，就和一般㹴犬一樣。身為體型最小的㹴犬之一，諾威奇㹴是合適的旅伴，便於運輸，也更健壯能忍受各種路程。諾威奇㹴希望和家人一起消耗大量時間，牠不喜歡獨處，十分黏飼主，佔有欲也很強。這點可能會讓飼主感到滿足，但這樣的行為可能會演變成嫉妒心和侵略性，尤其是在面對其他寵物時。自幼犬時期開始社會化訓練也不過度寵壞這隻外向的狗，能幫助牠和所有人相處融洽。牠非常樂於和其他人互動，因而社會化訓練應該相對簡單而有趣。諾威奇㹴喜歡吠叫和挖掘，這是牠的天性。

照護需求

運動

好動而愛玩的諾威奇㹴最好一天外出數次，讓牠能充分運動並與人互動。牠雖矮小卻很健壯，可以跑上好幾個小時才感到疲累。牠也喜愛玩耍，丟撿遊戲是牠的最愛。

飲食

諾威奇㹴食慾良好，需要高品質的飲食。牠可能會不停地要求零食，因此要注意不該餵食過多食物，以免造成過胖。

梳理

諾威奇㹴擁有厚實且耐候的被毛，幾乎需要每天梳理以維持最佳的外觀。可以諮詢專業梳理師是否需要修剪，以及修剪的時間和頻率。

健康

諾威奇㹴的平均壽命為十二至十五年，品種的健康問題可能包含氣管塌陷、軟顎延長，以及癲癇。

訓練

諾威奇㹴可能會有些固執又會分心，但牠亟欲取悅飼主。以能激發動力的簡短課程進行訓練，才不會讓牠感到無聊並獲得良好的訓練效果。牠既聰明又健壯，只要牠認為訓練過程好玩，完成訓練後又會獎勵，牠會願意替主人爭光。完成如廁訓練可能會有難度。

新斯科細亞誘鴨尋回犬 Nova Scotia Duck Tolling Retriever

品種資訊

原產地
加拿大

身高
公 18-21 英寸（45.5-53.5 公分）
／母 17-20 英寸（43-51 公分）

體重
公 44-51 磅（20-23 公斤）／
母 37-44 磅（17-20 公斤）

被毛
雙層毛，外層毛防水、中等長度、
柔軟度適中，底毛柔軟、濃密；
有鬍鬚；有羽狀飾毛

毛色
各種紅色調、橙色；
或有白色斑紋

其他名稱
Little River Duck Dog；
Yarmouth Toller

註冊機構（分類）
AKC（獵鳥犬）；ANKC（槍獵
犬）；ARBA（獵鳥犬）；CKC（獵
鳥犬）；FCI（尋回犬）；KC（槍
獵犬）；UKC（槍獵犬）

起源與歷史

　　加拿大獵人培養了這種誘鴨尋回犬，以他們觀察到狐狸獵捕鴨子的方式來狩獵鴨子。狐狸的狩獵方式是群體合作，一隻狐狸在水邊搖動尾巴以吸引鴨子的注意力並引誘牠們游向岸邊，其餘狐狸則耐心等待，等到鴨子游近可及範圍後再撲向牠們。這種引誘獵物游向岸邊的狩獵方式稱為誘鴨。

　　一百多年以來，新斯科細亞西南方雅茅斯郡的小河區獵人一直使用這種誘鴨犬。此犬種由許多尋回犬雜交而成，預計有黃金獵犬、乞沙比克獵犬、拉布拉多、平毛尋回犬，推測還有可卡獵犬、愛爾蘭蹲獵犬，以及各種小型農場牧羊犬與／或狐狸犬。現今，誘鴨過程改由獵人躲在岸邊，再將可尋回物品丟進水中，犬隻會大動作跑進水中，在取回物品過程旋轉或大步踩踏，一再重複這過程，直到鴨鵝感到好奇並靠近。而牠們在靠近岸邊時也會發出嘶嘶聲並用翅膀拍打水面，誘鴨尋回犬必須繼續牠的行動，直到吸引鳥禽靠近。誘鴨尋回犬在觀察鴨群靠近時也不會分心；牠會持續玩著遊戲。當鴨群游進可及範圍內後，獵人會將尋回犬叫回藏身處，站起身來讓鴨群受到驚嚇飛起，他再開槍射擊。一旦鴨子被擊落，尋回犬會將獵物帶回。

　　牠維持這種工作模式數百年，直到 1945 年才在加拿大育犬協會（CKC）中登記，也是一直到那時，其名稱才從小河誘鴨犬或雅茅斯誘鴨犬改成新斯科細亞誘鴨尋回犬。

牠於 2001 年受到美國育犬協會（AKC）認可，而為了保存此犬種的狩獵天性，新斯科細亞誘鴨尋回犬協會鼓勵所有飼主讓犬隻接受野外測試。這項測試對牠而言並不困難，因為牠一向以忠實可靠的狩獵夥伴形象而聞名。

個性

雖然以體型而言，牠是所有尋回犬中最小的，卻絕對不缺乏天賦。牠十分渴望和飼主一同工作，甚至在加入尋回遊戲或真正狩獵前，都會擺出可憐兮兮的表情。而在遊戲或狩獵中則非常活躍，在自己的任務上表現傑出。誘鴨是牠的天賦，雖然需要經過訓練才能掌握狩獵方式的某些要訣，卻無法僅僅透過學習就學會此項技能，這完全是誘鴨犬的天性，牠們也因此被稱為「尋回傻瓜」。只要運動量足夠，牠會是優良的家庭犬，也十分喜愛牠的家人，願意為他們犧牲奉獻。

照護需求

運動

牠要每天獲得足夠運動量。牠有傑出運動神經又精力旺盛，可一口氣在水中岸上來回尋找好幾個小時。除了真槍實彈的誘鴨狩獵外，牠最愛在池塘邊、湖邊甚至海邊玩丟撿遊戲。

飲食

新斯科細亞誘鴨尋回犬很喜歡吃東西，通常無論別人給牠什麼都會吃下肚。因此，必須注意牠的食物攝取量以避免過胖。在幼年時期，牠會在各種家庭活動中消耗大量精力，像是玩耍或狩獵，因此需要最高品質的飲食以確保獲得需要的營養。

梳理

掉毛量一般，但須定期梳理以免毛髮打結或沾有髒污。牠的被毛防水，不應太常洗澡，沐浴會洗掉牠身上的天然油脂。由於牠喜歡玩水，耳朵又垂下來，須注意雙耳清潔保持乾燥。

健康

新斯科細亞誘鴨尋回犬的平均壽命為十三至十六年，品種的健康問題可能包含愛迪生氏症、自體免疫性甲狀腺炎、牧羊犬眼異常（CEA），以及犬漸進性視網膜萎縮症（PRA）。

訓練

牠十分盡責，也最喜歡參與尋回狩獵。只要用正面而激發動力的訓練方式，牠很快能學會不同事物，從基本的禮儀訓練到服從、敏捷、狩獵及其他競賽運動皆可。

品種資訊

原產地
丹麥

身高
公 21.5-23.5 英寸（54-60 公分）
／母 19.5-22 英寸（50-56 公分）

體重
公 66-77 磅（30-35 公斤）／
母 57.5-68.5 磅（26-31 公斤）

被毛
短、稍硬、濃密

毛色
白色帶棕色斑紋

其他名稱
Gammel Dansk Hønsehund；Old
Danish Chicken Dog；Old Danish
Pointer；Old Danish Pointing Dog

註冊機構（分類）
ARBA（獵鳥犬）；FCI（指示犬）；
UKC（槍獵犬）

起源與歷史

　　發展於十八世紀早期，由不同的農場尋血獵犬（blodhundes，聖休伯特獵犬的一種）加上西班牙指示犬培育而成，丹麥老式指示犬是僅存的兩種丹麥本土獵犬之一。摩頓・巴克（Morten Bak）對此品種的發展居功厥偉，甚至有時候會稱此品種為「巴克獵犬」（Bakhund）以紀念他。

　　丹麥老式指示犬一開始作為尋回犬培育，卻被發現也能成為緊密配合的槍獵犬，牠也因此變得受歡迎。在戰爭時期牠們的數量有所下滑，但熱心的培育者將此犬種保存了下來，至今在牠的家鄉仍受到歡迎。丹麥飼主表示該品種的能力到世界各地皆十分有用，幾乎所有犬隻都被用來狩獵或從事其他工作，包括偵查炸彈。

個性

　　丹麥老式指示犬是安靜、多用途又友善的家庭犬。喜愛和人類互動，也能和其他寵物和平相處。牠是人類個性平穩又忠誠的摯友。雖然牠很活潑，但在室內卻很

丹麥老式指示犬 Old Danish Bird Dog

沉穩。個性溫和，和孩童相處融洽。

照護需求

運動

丹麥老式指示犬在荷蘭野外測試中通常能展現過人精力。若牠沒有工作，則需要每天運動，卻也不能運動過量。牠十分享受所有戶外運動，卻也願意回到家中的暖爐前休息。

飲食

丹麥老式指示犬需要高品質、適齡的飲食。

梳理

丹麥老式指示犬濃密的短毛只要定期梳理，很容易保持整潔。牠的掉毛量適中。

健康

丹麥老式指示犬的平均壽命為十二至十四年，根據資料並沒有品種特有的健康問題。

訓練

丹麥老式指示犬天性願意取悅飼主，因此只要使用正向且以獎勵為基礎的訓練方式，就能輕鬆訓練牠們。牠的學習速度很快，若能獲得獎勵或飼主關心，牠會更有動力。身為隨和的犬種，牠很容易與他人互動，也十分享受探索世界的過程。

速查表

適合小孩程度	梳理
適合其他寵物程度	忠誠度
活力指數	護主性
運動需求	訓練難易度

速查表

適合小孩程度
🐾🐾🐾🐾🐾

適合其他寵物程度
🐾🐾🐾🐾🐾

活力指數
🐾🐾🐾🐾🐾

運動需求
🐾🐾🐾🐾🐾

梳理
🐾🐾🐾🐾🐾

忠誠度
🐾🐾🐾🐾🐾

護主性
🐾🐾🐾🐾🐾

訓練難易度
🐾🐾🐾🐾🐾

品種資訊

原產地
美國

被毛
短、細緻度中等、緊密

身高
公 17-20 英寸（43-51 公分）／
母 15-19 英寸（38-48.5 公分）

毛色
純白；紅色、灰色或黑色虎斑；白
底上有虎斑花色；淺黃褐色、純黑
或帶白色

體重
公 55-85 磅（25-38.5 公斤）／
母 45-75 磅（20.5-34 公斤）

註冊機構（分類）
ARBA（工作犬）

起源與歷史

　　鬥犬是英國十八和十九世紀十分受歡迎的活動，而被用來從事這項殘酷運動的「鬥牛犬」必須強壯、兇暴而健壯以存活下來。隨著這項血腥運動於 1835 年成為違法行為，這些狗也失去了用武之地。而當犬展逐漸受到歡迎，愛好者也將這些鬥牛犬轉變成現今所稱的鬥牛犬（或稱英國鬥牛犬）。

　　1970 年代期間，美國人大衛·浪維（David Leavitt）因現代鬥牛犬的呼吸及育種問題而感到失望，他開始尋找方法重新培育，企圖結合十八世紀原始鬥牛犬的穩重體型以及現代鬥牛犬的脾性。結果培育出復刻版英國鬥牛犬，一半為鬥牛犬血統，一半為美國鬥牛犬、美國比特鬥牛㹴與鬥牛獒的混合血統。支持者聲稱浪維已經在此品種身上達到他當初的育種目的，並繼續維持牠們的血脈。以外型來說，此犬種的身形比鬥牛犬更高，「鬥牛」狠性也沒有鬥牛犬那麼極端。

而復刻版英國鬥牛犬最明顯的優勢是牠比鬥牛犬更加健康，這也是愛好者在乎的特質。

個性

　　個性友善、平靜、敏感、忠誠且樂於與人互動，復刻版英國鬥牛犬同時也十分聰明，擁有獨立意志。牠以能和孩童及其他寵物融洽相處而聞名，一旦經過早期社會化訓練，這項優點就更加明顯。復刻版英國鬥牛犬的領域意識強烈到，牠認為自己會需要挺身而出來捍衛自己的所有物，這通常發生於有其他犬隻存在的環境中，尤其是同性別的情況下。只要適當培養並注意，就能把握這項習性的限度。

照護需求

運動

　　復刻版英國鬥牛犬喜歡和家人一同玩耍，也能適應各種氣候（但與大部分的人類和動物一樣，無法適應極端氣候）。無論距離長短，牠都樂意陪伴飼主散步，也喜歡巡視自己的地盤。但整體而言，牠並不需要大量運動。

飲食

　　復刻版英國鬥牛犬喜歡食物，也不挑食。牠需要高品質、適齡的飲食。

梳理

　　復刻版英國鬥牛犬的短毛十分容易照顧。牠的掉毛量較少，也喜歡被梳理。牠臉部周遭的鬆垮肌膚必須保持整潔，以免髒污卡在皺褶中而導致感染。在喝水後會流口水，但不會太多。

健康

　　復刻版英國鬥牛犬的平均壽命為十一至十四年，品種的健康問題可能包含胃擴張及扭轉、髖關節發育不良症。

訓練

　　復刻版英國鬥牛犬十分渴望取悅飼主，對公平而正向的飼主所發出的命令反應良好。嚴厲訓練方式會消磨牠的信任，進而產生問題。能夠激發動力的方式會讓牠主動要求更多訓練。牠能獨立思考，也會自行作出對事物的判斷和決定，這也是另一個必須以能激發動力的方式訓練牠的原因。

英國古代牧羊犬 Old English Sheepdog

品種資訊

原產地
英格蘭
公 22-24 英寸（56-61 公分）
以上／母 21-22 英寸（53.5-
56 公分）以上｜母犬較公犬小
[ANKC] [CKC]

體重
60-100 磅（27-45.5 公斤）
[估計]

被毛
雙層毛，外層毛不直（但蓬鬆
且不捲曲）、粗糙、量多，底
毛防水

毛色
任何灰色調、灰斑色、藍色、
藍大理石色或帶白色斑紋，或
者相反

其他名稱
短尾犬（Bobtail）

註冊機構（分類）
AKC（畜牧犬）；ANKC（工
作犬）；CKC（畜牧犬）；FCI
（牧羊犬）；KC（畜牧犬）；
UKC（畜牧犬）

起源與歷史

　　發源於英國西南部地區，古代牧羊犬的起源已不可考，但推測伯瑞犬、蘇格蘭獵鹿犬、高加索犬、貝加馬斯卡犬和長鬚牧羊犬皆有可能促成該品種的形成。古代長鬚牧羊犬以及其他由俄國或法國商人帶來的犬種可能也曾經與此犬種雜交。牠的原名為短尾犬（Bobtail），現在也仍經常使用，此名稱源自於十八世紀時飼主幫牠斷尾的行為。據傳是因為牲畜驅趕犬（幫忙驅趕牲畜到市集上的犬隻）可免於繳稅，而斷尾能夠將牠們標記為驅趕犬。也因為英國古代牧羊犬不需要快速轉向來控制牲畜群，剪尾對牠的能力並沒有影響。牠大量的被毛能在潮濕陰冷的氣候下保護牠，並在夏天和羊群一起由牧羊人剪毛。

　　英國古代牧羊犬於 1873 年首次在英國展出，馬上贏得了觀眾及其他展者的喜愛。這個大型蓬鬆的開心犬種持續吸引著大眾的注意力，並和眾多家族一起創造歷史。

個性

　　英國古代牧羊犬在保護牲畜時從不出差錯，但當牠不工作時，脾性溫和而老成。現今的英國古代牧羊犬非常認真保護牠負責的牲畜群，保持隊形，

也會放牧「小孩」，碰撞他們以讓他們聚在一起。但牠脾性平穩又有智慧，喜歡孩童，尤其是對牠和善的小孩。牠愛玩耍，但在室內也能安靜下來，是忠誠的家庭夥伴，有著絕佳幽默感，但牠有時候也需要獨處時間。牠那如「裂鐘」般的嗓音和龐大身軀使牠能成為傑出護衛犬。

照護需求

運動

即使英國古代牧羊犬不需要大量運動，這種大型而健壯的犬種仍需要在戶外探索。牠很喜歡長距離散步，或是在安全的封閉區域中嬉戲奔跑。防水被毛讓牠成了雪地中的好玩伴，無論是牠或孩子都很喜歡這項活動。

飲食

英國古代牧羊犬不挑食，無論碗中放入什麼食物牠都會開心地大口吞下。因此有必要只餵食最高品質、均衡的飲食，且不要過度餵食，以保持適當體重。

梳理

在梳理部分，英國古代牧羊犬需要飼主耗費大量心力照顧。牠會季節性大量掉毛（尤其是春季），但一整年中牠厚重的底毛需要定期梳理，以免打結。打結的毛髮可能會遮蓋住皮膚並造成感染。若非展示犬，可以每隔幾個月就修剪一次，以維持短毛而好處理，但即使剪短，被毛也需要定期梳理。眼部、腳部和肛門周遭的被毛需要用鈍剪修剪，以防遮擋雙眼或卡住碎屑。只要保持乾淨，英國古代牧羊犬是值得好好擁抱的大狗。

健康

英國古代牧羊犬的平均壽命為十至十二年，品種的健康問題可能包含胃擴張及扭轉、白內障、小腦營養性衰竭（CA）、先天性耳聾、癲癇，以及髖關節發育不良症。

訓練

被育種為獨立思考的犬種，英國古代牧羊犬通常意志堅強，卻也希望能取悅家人。若以尊重和耐心訓練，牠的反應將會出奇地良好。社會化訓練能幫忙帶出牠外向的一面；牠與愈多人及寵物互動、到過愈多地方，就愈能適應陌生人和環境變化。

獵獺犬 Otterhound

速查表

適合小孩程度
🐾🐾🐾🐾🐾

適合其他寵物程度
🐾🐾🐾🐾🐾

活力指數
🐾🐾🐾🐾🐾

運動需求
🐾🐾🐾🐾🐾

梳理
🐾🐾🐾🐾🐾

忠誠度
🐾🐾🐾🐾🐾

護主性
🐾🐾🐾🐾🐾

訓練難易度
🐾🐾🐾🐾🐾

品種資訊

原產地
英格蘭

身高
公 24-27 英寸（61-68.5 公分）／
母 23-26 英寸（58.5-66 公分）

體重
公 75-115 磅（34-52 公斤）／
母 65-100 磅（29.5-45.5 公斤）

被毛
雙層毛，外層毛長，粗糙、濃密、防水，底毛明顯；外層毛和底毛可能略呈油性質地

毛色
所有認可的獵犬顏色：純色、灰斑色、沙色、紅色、小麥色、藍色；或有白色斑紋｜可接受任何顏色或顏色組合 [AKC] [UKC]

註冊機構（分類）
AKC（狩獵犬）；ANKC（狩獵犬）；CKC（狩獵犬）；FCI（嗅覺型獵犬）；KC（狩獵犬）；UKC（嗅覺型獵犬）

起源與歷史

　　獵獺犬發展於英格蘭，被用來獵捕曾一度繁榮於英國水域、捕捉魚類的水獺。歐洲水獺可重達20磅（9公斤），可在水中行走大段距離。牠們偶爾會浮上水面換氣，但大部分時間都待在水下。牠們在水下留下的痕跡稱為水痕（wash）；而留下的氣味痕跡則稱為氣痕（drag）。獵獺犬要能夠追蹤其一，這也代表著牠們必須在狩獵時游上好幾個小時，嗅覺也要十分敏感，才能追逐十多個小時前留下的氣味痕跡。

　　有數位英國帝王擁有獵獺犬大師的頭銜：約翰王、理查三世、查理二世、愛德華二世和四世、亨利二世、六世和八世；甚至還有伊莉莎白一世女王。在十九世紀後半葉的水獺狩獵風潮中，全英國每個季節使用了十八到二十群獵獺犬。獵獺犬在工作上表現非常傑出，導致水獺數量幾乎瀕臨絕種，而此項運動隨後也被禁止。現在水獺在英國是保育動物。而獵獺運動從未在美國興盛過，因此在當地也只有喜愛獵獺犬的愛

好者，而沒有將牠當作獵犬使用的獵人，使得牠的數量一直不多。

個性

獵獺犬雖然外表看起來澎鬆而悠哉，事實上卻精力旺盛。牠喜歡玩耍（尤其是在水中），也和其他愛好玩水的孩童相處融洽。牠既熱情又聰明，有著自己的主意。若獵獺犬受到氣味吸引，連牠摯愛的家人都會排在第二位。牠有著漂亮的嗓音，會用來追逐獵物，但不會持續不斷地吠叫。

照護需求

運動

獵獺犬需要適量運動，包括慢跑或長距離運動（需要束繩）。雖然狩獵水獺已不再是牠的日常運動或育種目的，但牠最喜愛的活動之一仍是游泳。牠的蹼腳能在水中幫助牠前進，因此牠十分喜愛在水中待上很長一段時間。獵獺犬十分強健，牠的被毛能在各種水質下保護牠，因此無論在雨中、陽光下、雨雪中或雪中都能玩得開心。在室內也能立刻安靜下來。

飲食

獵獺犬食量很大，需要高品質、適齡的飲食。

梳理

若未經適當照顧，獵獺犬的雙層毛可能會打結，而照護方式為一週梳毛數次。牠會掉毛，但量不大，定期梳理能控制住掉毛情況。因為牠的雙耳很長，又愛泡在水中，很容易引發耳部感染，必須保持雙耳乾淨且乾燥。

健康

獵獺犬的平均壽命為十至十二年，品種的健康問題可能包含胃擴張及扭轉、肘關節發育不良、血小板無力症，以及髖關節發育不良症。

訓練

獵獺犬注意力集中時間很短（除了嗅覺以外），因此訓練課程必須頻繁而集中，並採用正面方法。不該信任牠而放開束繩，因為牠一聞到有趣的氣味就會跑得不知所蹤。但牠和善的天性讓牠渴望取悅飼主，只要訓練方式公平而堅定，牠會樂於回應要求。

塔特拉山牧羊犬 Owczarek Podhalanski

適合小孩程度
🐾🐾🐾🐾🐾

適合其他寵物程度
🐾🐾🐾🐾🐾

活力指數
🐾🐾🐾🐾🐾

運動需求
🐾🐾🐾🐾🐾

梳理
🐾🐾🐾🐾🐾

忠誠度
🐾🐾🐾🐾🐾

護主性
🐾🐾🐾🐾🐾

訓練難易度
🐾🐾🐾🐾🐾

品種資訊

原產地
波蘭

身高
公 25.5-27.5 英寸 65-70 公分）／
母 23.5-25.5 英寸（59.5-65 公分）

體重
100-150 磅（45.5-68 公斤）[估計]

被毛
雙層毛，頭部、前肢前方和後肢毛短、
濃密，頸部和身體毛直或略呈波浪狀、
厚，底毛量多；有頸部環狀毛

毛色
均為白色

其他名稱
Polish Mountain Sheepdog；Polish
Tatra Sheepdog；Polski Owczarek
Podhalanski；Tatra Sheepdog；Tatra
Shepherd Dog

註冊機構（分類）
ARBA（畜牧犬）；CKC（畜牧犬）；
FCI（牧羊犬）；UKC（護衛犬）

起源與歷史

　　塔特拉山牧羊犬源自於波多賀，是波蘭南方靠近塔特拉山脈的一個小鎮，這個地區內擁有喀爾巴阡山脈的最高峰。這隻牲畜護衛犬的歷史與來自捷克斯洛伐克、匈牙利及羅馬尼亞的類似犬種相似，皆可追溯至東方世界的古老白色護衛犬。波蘭語「owca」的意思為「綿羊」，而「owczarek」則用來通稱「牧羊犬」（與俄語「otcharka」或南斯拉夫語「ovcar」的意思相同）。這種原生的波蘭品種是傑出的山地工作犬，在放牧季節於高緯度使用，冬季時則被帶回城鎮中，幫忙拖拉車輛或保護家園。如同許多其他犬種，世界第二次世界大戰也減少了塔特拉山牧羊犬的數量，但感謝波蘭育犬協會的努力，該品種於 1960 年代期間重新建立。現今，除了傳統作為牲畜護衛犬外，波蘭人也常將塔特拉山牧羊犬用來保護個人或工廠。牠也常被用於警隊或軍隊工作，或是用作導盲犬。牠們在北美地區十分少見。

個性

　　塔特拉山牧羊犬十分獨立，能自立自強又勇氣十足。牠因為工作上的貢獻而受到歡迎，優點包括結實、勇敢與適應力強。個性比其他牲畜護衛犬更為隨和，但易怒和膽小也可能是此犬種的缺點。雖然牠個性平穩又令人愉快，但此種大型聰明、認真負責的犬種可能會有控制欲問題。必須及早開始進行社會化訓練以鼓勵牠適應與各種人、寵物相處，並習慣各種場所和事物。

照護需求

運動

　　體型龐大而擁有獨立意志的塔特拉山牧羊犬的犬種培育目的為守衛，喜歡有塊地盤可以讓牠統治。在理想情況下，牠能透過巡視土地而獲得充足的運動量。若飼主不住在郊區，作為伴侶犬的牠只要能進行長距離散步並探索沿途一切事物就能滿足。

飲食

　　塔特拉山牧羊犬需要高品質飲食以滿足牠龐大而充滿肌肉的身軀。

梳理

　　該品種美麗的被毛會被作為裝飾甚至用來織成細緻布料。牠的被毛既長又絲滑，且具有龐大身軀。為了防止被毛打結，必須一週梳理數次。雙耳也必須維持乾淨和乾燥，以避免感染。

健康

　　塔特拉山牧羊犬的平均壽命為十二至十四年，品種的健康問題可能包含髖關節發育不良症。

訓練

　　訓練意志堅強的塔特拉山牧羊犬可能會有困難，但只要選對指導者，牠能保持忠心，並能勝任警犬、軍隊犬、護衛犬甚至於導盲犬的工作。因為此犬種常被用於從事這些工具，牠有著無限潛力能做好這些工作，但需要持續、公平且能激發動力的訓練方式。必須自幼犬時期即進行社會化訓練。

蝴蝶犬 Papillon

品種資訊

原產地
法國

身高
8-11 英寸（20-28 公分）

體重
兩種體型：公母皆小於 5.5 磅（2.5 公斤）／公 5.5-10 磅（2.5-4.5 公斤）、母 5.5-11 磅（2.5-5 公斤）

被毛
單層毛，長、直、細緻、絲滑、飄逸、量多；有胸前飾毛；有羽狀飾毛

毛色
雜色（白色帶任何顏色的斑塊）｜雜色帶和任何顏色的斑塊，除了肝紅色 [ANKC] [KC]｜亦有三色（黑白色帶棕褐色斑點）[ANKC] [CKC]

其他名稱
歐洲大陸玩具獵犬（Continental Toy Spaniel）；Epagneul Nain Continental；Phalene

註冊機構（分類）
AKC（玩賞犬）；ANKC（玩賞犬）；CKC（玩賞犬）；FCI（伴侶犬及玩賞犬）；KC（玩賞犬）；UKC（伴侶犬）

起源與歷史

蝴蝶犬源自於被稱為歐洲大陸玩具獵犬的玩賞型獵犬，在上個千禧年初受到歐洲皇室的歡迎。牠們的切確來源是個謎團；有些人認為牠們的祖先是來自於亞洲的玩賞犬種，如日本狆；其他人則相信這個歐洲迷你獵犬品種只是與小型寵物犬雜交的後代，沒有使用任何遠東地區的品種。無論祖先是誰，在 1200 年代，歐洲大陸玩具獵犬出現在歐洲各國的皇室之中。包括提香（Titian）、魯本斯（Rubens）、華鐸（Watteau）、范戴克（Van Dyke）、維拉奎茲（Velasquez）和土魯斯—羅特列克（Toulouse-Lautrec）等偉大畫家都將蝴蝶犬畫入筆下的肖像畫中。法國亨利三世國王、龐巴度夫人（Madame Pompadour）和瑪麗·安東妮（Marie Antoinette）皆為此犬種的忠實擁護者。

直到十九世紀晚期，垂耳一直是此品種的特徵，而當時豎耳卻變得流行。事實上，正是牠們獨特、直立的雙耳使牠們被命名為「Papillon」（法語的「蝴蝶」）。同一窩幼犬可能會有垂耳或豎耳，而垂耳型被稱為蛾犬（命名自一種雙翅垂落的蛾類）。世界畜犬聯盟（FCI）認定蝴蝶犬和蛾犬是歐洲大陸玩具獵犬的變種，但在北美只有蝴蝶犬，並有兩種耳型。

蝴蝶犬今日依然如歷史中一樣受到尊崇。牠的體型小至足以被抱著走，卻也能參與各項運動，包含追

蹤。牠在服從及敏捷賽中是受過表揚的傑出犬種，在賽場上十分突出，也容易訓練作為導聾犬或治療犬。

個性

蝴蝶犬是內心開心的狗，需要自幼犬時期進行大量的社會化，以幫助牠建立自信面對許多狀況。此犬種喜歡外出，所到之處都會引起注目，因此讓牠和他人互動不會是問題。蝴蝶犬充滿活力和玩趣，一般而言也不會太過吵鬧。牠們喜愛學習新把戲來取悅飼主。百變的蝴蝶犬極為聰明，也比外表看起來結實，可以訓練牠做許多不同事情。

照護需求

運動

雖然牠不介意偶爾被嬌養，但結實的蝴蝶犬需要四腳腳踏實地獲得足夠運動量。好奇心重又健壯，牠十分享受在戶外遊玩並參與家庭活動。在冬季可能需要加上外套。

飲食

蝴蝶犬食慾良好，一天需進食兩次，飼主必須提供高品質的食物。要注意不應過度餵食，不可屈服於牠哀求的眼光；蝴蝶犬會努力不懈地乞食，一旦養成乞食習慣就很難戒除。

梳理

蝴蝶犬沒有底毛，因此很少或不掉毛。牠絲滑的被毛很容易照顧，不需修剪或特別梳整。偶爾洗澡對牠來說是種享受，輕輕梳理就能去除在戶外可能沾染上的髒污和碎屑。必須定期梳理以避免毛髮打結。

健康

蝴蝶犬的平均壽命為十三至十六年，品種的健康問題可能包含膝蓋骨脫臼。

訓練

蝴蝶犬容易訓練，也證明了牠的多才多藝。牠渴望取悅飼主，只要採正向、有獎勵且能激發動力的訓練方式，就能讓牠服從絕大部分的指令。牠的學習速度快，也能記得上過的課程。最好自幼犬時期就開始大量與他人進行互動，以幫助牠克服與生俱來的害羞。

速查表

適合小孩程度 🐾🐾🐾🐾🐾	梳理 🐾🐾🐾🐾🐾
適合其他寵物程度 🐾🐾🐾🐾🐾	忠誠度 🐾🐾🐾🐾🐾
活力指數 🐾🐾🐾🐾🐾	護主性 🐾🐾🐾🐾🐾
運動需求 🐾🐾🐾🐾🐾	訓練難易度 🐾🐾🐾🐾🐾

帕森羅素㹴 Parson Russell Terrier

速查表

適合小孩程度
🐾🐾🐾🐾🐾

適合其他寵物程度
🐾🐾🐾🐾🐾

活力指數
🐾🐾🐾🐾🐾

運動需求
🐾🐾🐾🐾🐾

梳理
🐾🐾🐾🐾🐾

忠誠度
🐾🐾🐾🐾🐾

護主性
🐾🐾🐾🐾🐾

訓練難易度
🐾🐾🐾🐾🐾

品種資訊

原產地
英格蘭

身高
公 14 英寸（35.5 公分）／
母 13 英寸（33 公分）|
10-15 英寸（25.5-38 公分）[UKC]

體重
13-17 磅（6-7.5 公斤）

被毛
兩種類型：平毛型和碎毛型，兩者
皆為雙層毛，外層毛粗糙、緊密、
濃密 | 亦有粗毛型，外層毛剛硬、
濃密，底毛短、濃密 [UKC]

毛色
白色、白色帶黑色或棕褐色斑紋、
三者結合（三色）| 亦有以白色為
主帶檸檬色斑紋 [ANKC] [ARBA]
[CKC] [FCI] [KC]

其他名稱
帕森傑克羅素㹴（Parson Jack
Russell Terrier）

註冊機構（分類）
AKC（㹴犬）；ANKC（㹴犬）；
ARBA（㹴犬）；CKC（㹴犬）；
FCI（㹴犬）；KC（㹴犬）；
UKC（㹴犬）

起源與歷史

　　帕森羅素㹴在十九世紀期間發展於南英格蘭，主要用來協助狩獵狐狸。牠
的名稱源自於致力培育專屬品種的牧師約翰・傑克・羅素（Parson John "Jack"
Russell），羅素本身是狐狸狩獵愛好者，使用㹴犬幫忙追逐狐狸，或從洞穴中將狐
狸驅逐出來以繼續狩獵。

　　帕森羅素㹴極有可能是英國老式白㹴（現已絕種）以及與曼徹斯特㹴相似的黑棕
褐㹴犬兩者的混種。帕森傑克理想的㹴犬要能跟上獵狐犬的速度（牠的腳要夠長）、
胸型小巧能夠鑽進狐狸巢穴中、也足夠強壯困住狐狸，個性更要激烈而聰明。當他的
㹴犬逐漸展現能力，也逐漸受到歡迎。牠們也逐漸被用於獵狐競賽中，使用這些㹴犬
的人不是富有的地主就是參賽者。很快地，帕森羅素㹴不但能站在郊區飼主的馬匹腳

邊準備競賽，也能陪伴喜愛牠好動個性的城市居民。

隨著時間過去，變種的發展讓該品種依高度和體型大小分成不同類別。現今，長腿、身形較方的被稱為帕森羅素㹴（Parson Russell Terrier），而短腿、身形較長的則被稱為傑克羅素㹴。帕森羅素㹴至今仍維持著對狩獵的熱愛，但無論在鄉間或城市，牠都待在家中。

個性

大膽而健壯的帕森羅素㹴勇於面對任何挑戰或比賽。若牠參與狩獵行動，會表現得無懼而專注；在家則是熱情的伴侶犬，準備好探索環境並參與家庭活動。牠也會大方尋求關注，也會堅持成為眾人注目焦點，但牠不該在面對他人或其他動物時顯得吵鬧或脾氣暴躁。帕森羅素㹴聰明、愛玩又活躍，是同樣喜歡戶外運動及探險飼主的好夥伴。

照護需求

運動

帕森羅素㹴在森林中長距離散步最為快樂，能夠活躍牠的狩獵直覺。牠會聞遍每一個洞穴並檢查每一根掉落的樹枝。牠十分活躍又警戒，偶爾散步將無法滿足牠身心所需的刺激。

飲食

精力旺盛的帕森羅素㹴喜歡吃東西，因此應該注意牠的體重，以免過胖。牠需要食物所賦予的能量，但也必須保持體形。最好給予高品質、適齡的飲食。

梳理

平毛型帕森羅素㹴有著濃密的被毛，觸感粗硬且掉毛量偏多。只要使用針梳定期梳理就能維持被毛乾淨而光亮。碎毛或粗毛型則需以手拔毛（若要展示）或剪毛，但剪毛會軟化牠的被毛。

健康

帕森羅素㹴的平均壽命為十三至十六年，品種的健康問題可能包含小腦共濟失調、先天性耳聾，以及股骨頭缺血性壞死。

訓練

此品種既聰慧，心智又獨立。為了讓訓練過程成功，訓練過程需要高度專注且有趣，以激發牠的動力。簡短而頻繁的訓練時間搭配即時的獎勵最為適合。自幼犬時期開始進行社會化訓練對其社交技巧和禮節十分有益。

速查表

適合小孩程度
🐾🐾🐾🐾🐾

適合其他寵物程度
🐾🐾🐾🐾🐾

活力指數
🐾🐾🐾🐾🐾

運動需求
🐾🐾🐾🐾🐾

梳理
🐾🐾🐾🐾🐾

忠誠度
🐾🐾🐾🐾🐾

護主性
🐾🐾🐾🐾🐾

訓練難易度
🐾🐾🐾🐾🐾

佩特戴爾㹴 Patterdale Terrier

品種資訊

原產地
英格蘭

身高
10-15 英寸（25.5-38 公分）

體重
10-17 磅（4.5-7.5 公斤）

被毛
兩種類型：平毛型粗、濃密、堅挺、
不呈波浪狀／碎毛型具有適中被
毛，衛毛較平毛型長，且粗、剛硬、
或呈波浪狀；或有鬍鬚和髭鬚

毛色
黑色、紅色、肝紅色、灰斑色、黑
棕褐色、古銅色；或有白色斑紋

其他名稱
黑色費爾㹴犬（Black Fell Terrier）

註冊機構（分類）
ARBA（㹴犬）；UKC（㹴犬）

起源與歷史

　　佩特戴爾㹴的名稱源自於英國北方湖區坎布里亞郡中的一個小村落，一直以來都是因為其工作能力傑出而被繁殖。對使用牠工作的人而言，最重要的是牠能盡責做好自己的工作，主要獵捕狐狸及其他地表害獸。由於該國此區的地形多山多岩石，讓狐狸有許多地方可躲藏，讓人難以掌控。佩特戴爾㹴（也被稱為黑色費爾㹴犬，由於英語「fell」（費爾）亦有丘陵之意）因此被育種出來面對這種地形和當地時常出現的惡劣氣候。身為貧瘠土地上的㹴犬，十分強韌而強悍。也因為佩特戴爾㹴的育種者更重視牠們的功能勝過外形，因此可能會有非常不同的外觀。

　　牠們在英國以外的地區非常少見，少數幾隻佩特戴爾㹴在 1970 年代晚期被帶到美國，並且很快地將注意力放到狩獵上，除了狐狸外還有土撥鼠、浣熊和獾（是場硬戰）。健壯而結實的佩特戴爾㹴白天是無懼的害獸獵犬，夜晚則是家中的一員。

個性

頑強、勇敢、獨立、強壯且堅定的佩特戴爾㹴是勤奮的獵犬，牠的意志力是體型的十倍。身形短小而方，可以敏捷地穿梭於各種地形上，並鑽進不同大小的洞穴內。只要尊重、信任且重視牠，牠會既沉穩又可靠。佩特戴爾㹴多作為工作犬使用，牠的狩獵天性過於強烈，可能不適合城市生活。

照護需求

運動

佩特戴爾㹴需要到戶外狩獵。牠可以維持一整座大農場不受害獸侵擾，也會不停想要巡邏更寬闊的範圍以尋找獵物。牠會陪伴家人在農莊內作雜事，也會開心地和任何人一起在周遭環境探險。牠需要定期運動。

飲食

佩特戴爾㹴十分喜歡吃東西，因此應該注意牠的飲食以免過胖。牠們會在遊戲和狩獵等各種活動中耗費大量精力，因此需要最高品質的飲食以確保獲得所需的營養。

梳理

平毛型和碎毛型的被毛皆十分容易清理，只需偶爾以獵犬清潔手套擦拭、梳理即可。通常會讓被毛自然生長，但有時候獵人也會依據需求而修剪碎毛型佩特戴爾㹴。

健康

佩特戴爾㹴的平均壽命為十三至十五年，根據資料並沒有品種特有的健康問題。

訓練

聰明的佩特戴爾㹴知道狩獵時要做什麼，並且會聽從指示，專注將工作完成。牠的訓練時間必須簡短而專注，也要讓牠受到獎勵和鼓勵。自幼犬時期即讓佩特戴爾㹴和不同人類和動物互動，幫助牠成長為有自信的成犬，並培養出潛藏的沉穩脾性。

北京犬 Pekingese

品種資訊

原產地
中國

身高
6-9 英寸（15-23 公分）[估計]

體重
公不超過 11 磅（5 公斤）／母不超過 12 磅（5.5 公斤）｜最重 14 磅（6.5 公斤）[AKC] [CKC] [UKC]

被毛
雙層毛，外層毛長、直、粗、蓬鬆，底毛厚、柔軟；有鬃毛；些許羽狀飾毛

毛色
所有顏色和斑紋；或有黑色面罩｜但不可為白化種或肝紅色 [ANKC] [FCI] [KC]

註冊機構（分類）
AKC（玩賞犬）；ANKC（玩賞犬）；CKC（玩賞犬）；FCI（伴侶犬及玩賞犬）；KC（玩賞犬）；UKC（伴侶犬）

起源與歷史

　　這種迷你犬在中國自八世紀的唐朝開始就富有聲名。在古老迷信時期，這種外表有如獅子的「嚇人」犬種同時有「福犬」象徵意涵，據傳能把鬼怪嚇跑。北京犬有多種別稱：獅子犬（就像近親拉薩犬和西施犬）、太陽犬（因其珍貴的金黃色）以及袖犬（因體型小至足以放進中式寬袖中移動）。牠的人氣在 1821 到 1851 年的道光年間達到頂峰，當時最受珍視的犬種皆被繪入皇家犬類全書以彰顯牠們的優點。在皇宮及別宮內有數千隻北京犬，北京有四千名宦官專門負責培育及照顧牠們。除了皇室貴族外，其他人禁止擁有北京犬，偷竊北京犬則會處以死刑，而這些北京犬一概不知，只知被嬌寵和照顧。

　　北京於 1860 年被英國人入侵、佔領，皇族害怕他們的犬隻落入敵人手中，下令將這些北京犬全部消滅。英國人發現四隻保護皇帝姑姑自殺遺體的北京犬，並將牠們帶回英國，作為禮物獻給維多利亞女王。隨著其他在中國找到的北京犬也被送往英國，牠們的血脈在當地延續下去，也逐漸受到歡迎。

　　北京犬有一些明顯的生理特徵。極短的口鼻，鼻子直接位於雙眼之間，形成寬闊的「微笑」嘴型和扁平的臉部。但此特徵也讓牠們在炎熱潮濕的日子裡備受折磨。北京犬的眼睛突出，容易受傷。頭部寬扁、頸部短，肩膀和胸部相對之下較寬，前腳短而彎曲。結合長型身軀、矮小身材和較狹窄的髖部，牠移動時有點像在滾動，很有特色。

個性

　　展現自信、迷人而有點固執的獨立性格，北京犬毫無畏懼但也不具侵略性。牠生命唯一的目的就是為飼主提供安慰及陪伴，通常會和一人有著緊密聯繫。北京犬十分迷人，但需要自幼犬時期就進行社會化訓練，以獲得與牠相稱的自信。牠有時候會嫉妒其他寵物和孩童，不應過度玩弄或使牠焦躁。

照護需求

運動

　　北京犬的短口鼻會讓牠打呼或喘息，因此可能不適合進行激烈運動。但這不該成為不帶牠外出散步的藉口，牠還是需要每天散步。但散步時間可以維持簡短，不必過於激烈。牠喜歡在街上探索環境並和認識其他人，可以藉由這種方式、玩耍或跟著主人在家中走來走去運動。

飲食

　　餵食北京犬時要記得牠曾是被嬌養的寵物，這習性可能會帶到飼料前，有時適合牠的食物很難滿足牠的挑剔。應該給予少量高品質且適齡的飲食，並輔以極少量蒸過的糙米飯或徹底煮熟的瘦肉。

梳理

　　北京犬長長的雙層毛需要每天照護，需要仔細梳理，並特別保持臀部清潔。那邊的毛髮厚重，很容易打結或殘留碎屑。腿部也需要梳理。定期用乾洗髮清洗北京犬能讓牠外表整潔，保持好聞氣味。可以在臉部周遭圍上軟布以避免卡上碎屑。

健康

　　北京犬的平均壽命為十至十二年，品種的健康問題可能包含呼吸系統問題、退化性心臟瓣膜疾病、膝蓋骨脫臼、睫毛倒插，以及潰瘍性角膜炎。

訓練

　　身為貴族腳上的嬌客，北京犬最想成為人類忠誠的夥伴。然而，這並非代表應該忽略基本訓練。牠仍需要學習基本禮儀和家中規則。在自己的所作所為上牠可能會很固執己見，但只要抱持耐心並給予獎勵，對雙方都有益。應該自幼犬時期就進行社會化訓練。

適合小孩程度 🐾🐾🐾🐾🐾	梳理 🐾🐾🐾🐾🐾
適合其他寵物程度 🐾🐾🐾🐾🐾	忠誠度 🐾🐾🐾🐾🐾
活力指數 🐾🐾🐾🐾🐾	護主性 🐾🐾🐾🐾🐾
運動需求 🐾🐾🐾🐾🐾	訓練難易度 🐾🐾🐾🐾🐾

潘布魯克威爾斯柯基犬 Pembroke Welsh Corgi

速查表

適合小孩程度
🐾🐾🐾🐾🐾

適合其他寵物程度
🐾🐾🐾🐾🐾

活力指數
🐾🐾🐾🐾🐾

運動需求
🐾🐾🐾🐾🐾

梳理
🐾🐾🐾🐾🐾

忠誠度
🐾🐾🐾🐾🐾

護主性
🐾🐾🐾🐾🐾

訓練難易度
🐾🐾🐾🐾🐾

品種資訊

原產地
威爾斯

身高
10-12 英寸（25.5-30.5 公分）

體重
公 22-30 磅（10-13.5 公斤）／
母 20-28 磅（9-12.5 公斤）

被毛
雙層毛，底毛短、厚、耐候，外層
毛較長、較粗

毛色
紅色、深褐色、淺黃褐色、黑棕褐
色；或有白色斑紋

註冊機構（分類）
AKC（畜牧犬）；ANKC（工作犬）；
CKC（畜牧犬）；FCI（牧羊犬）；
KC（畜牧犬）；UKC（畜牧犬）

起源與歷史

　　潘布魯克威爾斯柯基犬（無尾）和卡提根威爾斯柯基犬（長尾）有著相同血緣；事實上，牠們一直到 1934 年都還被認為是同一個品種。牠們的共同祖先十分古老，據說這種與卡提根外表相似的犬隻，是在西元前 1000 年隨著凱爾特人移居到威爾斯的卡提根郡地區。潘布魯克則晚一點，大約在十世紀時來到威爾斯，並以潘布魯克郡地區命名。其名稱「柯基」（Corgi）可能源自於凱爾特語的「犬」（corgi）。其他流傳已久的故事則說這種小狗是以「cor」（矮人）和「gi」（犬）命名，在威爾斯語中為「看守」之意。

　　這些狗被用來看守家畜，也因為牠們的體型矮小，能夠在啃咬牲畜腳跟的同時避免被踢到。在英國統治者當初頒佈法令，宣布威爾斯農民只能擁有並耕種農場附近的幾畝地時，柯基犬的這項特質對農民而言格外珍貴。這片土地被圈起，而農民也被視為是佃農，而其他土地則被視為公用土地，讓牛群能自由吃草。柯基犬的放牧風格是

讓牛群散布在草地上，而非將牲畜聚集在一起，這樣一來牠們的放牧範圍就很廣。農夫之間對土地的競爭日益激烈，而柯基犬則能幫忙界定範圍。最後，統治者頒布的這項法令廢止，農民也能夠擁有並耕種自己的土地。這讓他們選擇使用較傳統的畜牧犬，柯基犬則更常待在家中，而非田野上。

自 1930 年代起，愛好者開始強調兩個品種的特徵，潘布魯克的外觀更像狐狸、四肢更直，並且缺少尾巴。潘布魯克是英國女王伊莉莎白二世最愛的犬種，身邊共養了五隻。

個性

牠聰明又忠誠，作為傑出的護衛犬，牠十分認真照顧家人。這個愛玩又可愛的犬種最喜歡陪伴家人並一同參與活動。柯基犬擅長和孩子相處，尤其是一起長大或互動過的孩童。潘布魯克喜歡吠叫，比近親卡提根稍微更容易興奮一點。牠對陌生人一開始會有點警戒，也可能會有領地意識。自幼犬時期開始社會化訓練能幫助牠培養能應付各種情況的自信。

照護需求

運動

身體結實又好動的潘布魯克威爾斯柯基犬十分享受戶外活動，並經常參加犬類運動競賽如敏捷、服從和畜牧。潘布魯克有目標時最為開心，這樣的運動和心靈刺激讓牠十分滿足。牠也能滿足於長距離散步，愈多次愈好，玩遊戲也是愈頻繁愈好。

飲食

潘布魯克威爾斯柯基犬食慾良好，應該餵予高品質的食物。牠們容易有過胖問題，可能會加劇原本因低長體型而引發的背部問題。需要注意攝取的食物以維持此品種的健康。

梳理

定期梳理潘布魯克威爾斯柯基犬蓬鬆的雙層毛即可維持整潔外表。

健康

潘布魯克威爾斯柯基犬的平均壽命為十二至十五年，品種的健康問題可能包含退化性脊髓神經病變、青光眼、髖關節發育不良症、椎間盤疾病，以及犬漸進性視網膜萎縮症（PRA）。

訓練

訓練潘布魯克威爾斯柯基犬的過程十分有趣，牠反應良好又聰明，學習速度快、能記得訓練內容，也一直抱持著熱情。牠十分敏感，因此不該使用嚴厲訓練方式，正向且以獎勵為基礎的訓練方式能激發牠最大潛能。牠應該自幼犬時期就開始社會化訓練，以期在不熟悉的情況下也能表現出自信。

佩爾狄克羅德布爾戈斯犬 Perdiguero de Burgos

品種資訊

原產地
西班牙

身高
公 24.5-26.5 英寸（62-67 公分）／
母 23-25 英寸（59-64 公分）

體重
55-65 磅（25-29.5 公斤）[估計]

被毛
短、平滑、濃密、中等厚度

毛色
白色、肝紅色，兩者皆隨機混合產生肝紅大理石色、灰肝紅色或肝紅色斑點的毛色，亦有其他組合；或有白色斑紋

其他名稱
布爾戈斯指示犬（Burgos Pointing Dog）；西班牙指示犬（Spanish Pointer）

註冊機構（分類）
FCI（指示犬）；UKC（槍獵犬）

起源與歷史

　　佩爾狄克羅德布爾戈斯犬自十七世紀以來在西班牙北部的萊昂、維多利亞和布爾戈斯地區就十分有名。牠的起源已不可考，但保有近似西班牙獵犬和佩迪克羅納瓦羅犬的特徵，一般也相信牠們對布爾戈斯犬的誕生有所貢獻。十八世紀時，作家唐·阿隆索·馬汀尼茲（Don Alonso Martinez）於書中敘述了佩爾狄克羅德布爾戈斯犬的特徵，而維拉斯奎茲（Velásquez）所繪的一幅巴爾塔沙·卡洛斯王子（Baltasar Carlos）畫像中，王子身著狩獵服，身邊有隻布爾戈斯犬。

　　西班牙內戰和第二次世界大戰讓此品種的數量大幅下降，幾乎滅絕。多虧某些專職育種者的努力不懈，牠才得以生存，並在西班牙北部及世界各地活躍至今。過去牠曾被用於狩獵大型獵物，例如鹿，但現在則是追逐較小型的獵物如兔子、鴨子、鵪鶉，以及有名的西班牙紅腳山鷓鴣（perdiz）。牠可作為指示犬、嗅覺型獵犬和尋回犬，用處良多。

個性

佩爾狄克羅德布爾戈斯犬是強壯而勇敢的獵犬，在野地專注而敏捷，在家中則是甜美沉穩的伴侶犬。牠在室內能保持安靜，也喜歡在家人身邊打盹。布爾戈斯犬聰慧而順從，有著十分和藹的天性，和孩童及其他犬隻也能相處融洽。

照護需求

運動

佩爾狄克羅德布爾戈斯犬十分活潑，需要固定運動，愈頻繁愈好。牠能適應各種地形，因此很少有地方能讓牠慢下來。身為獵鳥犬和尋回犬，牠熱愛游泳、玩耍和奔跑。只要有適當運動，牠在家能保持沉穩，若運動不足，則會感到無聊且會開始破壞四周。

飲食

佩爾狄克羅德布爾戈斯犬很喜歡吃東西，通常無論別人給牠什麼都會吃下肚。因此要注意牠的食物攝取量，以避免過胖。牠們年輕時期會在各種家庭活動（從遊戲到狩獵）中耗費大量精力，需要最高品質的飲食以確保獲取需要的營養。

梳理

布爾戈斯犬的短毛只需偶爾梳理就能保持整潔。應該注意耳部清潔，因為在戶外的運動習慣可能會讓雙耳內部沾上髒污和濕氣，進而可能造成感染。

健康

佩爾狄克羅德布爾戈斯犬的平均壽命為十二至十四年，根據資料並沒有品種特有的健康問題。

訓練

布爾戈斯犬反應迅速，也願意取悅飼主，讓訓練牠的過程充滿樂趣。只要給予正面回應和合理指示，牠學習指令的速度很快，也會樂於聽從要求。牠和任何人都能相處融洽，因此極為容易進行社會化訓練。

速查表

適合小孩程度	梳理
🐾🐾🐾🐾🐾	🐾🐾🐾🐾🐾
適合其他寵物程度	忠誠度
🐾🐾🐾🐾🐾	🐾🐾🐾🐾🐾
活力指數	護主性
🐾🐾🐾🐾🐾	🐾🐾🐾🐾🐾
運動需求	訓練難易度
🐾🐾🐾🐾🐾	🐾🐾🐾🐾🐾

普雷薩加納利犬 Perro de Presa Canario

適合小孩程度

適合其他寵物程度

活力指數

運動需求

梳理

忠誠度

護主性

訓練難易度

品種資訊

原產地
西班牙

身高
公 23-26 英寸（58.5-66 公分）／
母 21.5-25 英寸（55-63.5 公分）

體重
公至少 92.5-110 磅（42-50 公斤）／母
84-99 磅（38-45 公斤）

被毛
單層毛，短、扁平、粗

毛色
所有淺黃褐色調、黑色、虎斑；黑色
面罩；或有白色斑紋｜黑色、棕色、
淺黃褐色、金黃色、灰色、橙色、銀色、
虎斑；虎斑斑紋、白色斑紋 [AKC]

其他名稱
加納利犬（Canary Dog）；Canary
Islands Mastiff；Dogo Canario

註冊機構（分類）
AKC（FSS：工作犬）；ARBA（工作
犬）；FCI（暫時認可：獒犬）；UKC
（護衛犬）

起源與歷史

　　普雷薩加納利犬又名「加納利獵物犬」（Canary Dog of Prey），其名稱來自於
牠的發源地：西班牙近海的加納利群島。一般認為牠是由西班牙征服者帶到島上的
大型犬所培育出的後代。牠龐大的身軀讓牠能夠守護農場及農場上的家畜。當英國
於十八世紀開始殖民此島，他們帶來類似鬥牛犬和獒犬的犬種，並與當地的加納利
犬互相交配，進一步確立了現在的加納利犬。歷史學家宣稱加納利犬血統中也有福
特彎圖拉島的班迪諾馬傑羅犬（Bardino Majorero）的貢獻，賦予牠智慧、勇氣、更
優秀的守衛直覺和大型牙齒。

　　在當時，鬥犬活動在歐洲十分流行，加納利群島上的居民很快地也將他們的犬隻
投入鬥犬中。加納利犬很快就主宰了鬥狗場，而讓牠如此成功的特質也成了牠興盛的
原因。加納利群島 1940 年代期間上禁止了鬥犬行為；隨著禁令的實行，牠們的數量也

大量下降，幾乎絕種。1980 年代早期，來自幾個地方的育種者成立了西班牙普雷薩加納利犬協會。該協會受到西班牙登記處承認，且隨著數量及能見度逐漸提高，加納利犬也傳承了下來。該品種也在 1980 年代晚期引進美國。

個性

普雷薩加納利犬是大型、強壯且威猛的犬種，但牠同時也可以變得溫和、忠誠而甜美。為了養成適當的性格，飼主需要謹慎培育，並自幼犬時期仔細進行社會化訓練和一般訓練。這些行動十分重要，因為牠懾人的體型通常會嚇到第一次見到牠的人，而飼主有責任確保這種伴侶犬會以不具侵略性的行為和人與動物相處。牠十分保護自己的家人和領域，自然對陌生人十分警戒。自信而聰穎的牠需要有經驗的飼主帶出牠最大的潛力。

照護需求

運動

普雷薩加納利犬需要每天進行數次長距離散步以維持身心健康。自幼犬時期開始，牠必須於戶外進行適當社會化訓練，讓牠在長大後繼續出門也不會讓周遭的人感到威脅。參與服從課程及競賽是訓練加納利犬的好方式，同時也能讓牠運動。

飲食

普雷薩加納利犬食慾良好，需要高品質的食物。雖然牠的體型龐大，但不應該過度餵食，因為體重過重會對關節造成負擔。

梳理

普雷薩加納利犬的細緻短毛只要定期梳理就能保持乾淨。臉上的皺褶需要保持整潔乾燥以預防感染。牠通常在吃完飼料或喝完水後會流口水。

健康

普雷薩加納利犬的平均壽命為九至十二年，品種的健康問題可能包含胃擴張及扭轉、頸椎不穩定、肘關節發育不良、癲癇、髖關節發育不良症，以及甲狀腺功能低下症。

訓練

這個聰明的犬種需要了解且能應付牠的飼主。育種目的是為了面對任何挑戰，因此使用嚴厲訓練方式只會激怒加納利犬，可能會導致危險。因此飼主應和加納利犬自幼犬時期就一起合作，由飼主盡可能以正向方式教導牠服從和規矩。最好和有經驗的訓練者合作。

秘魯印加蘭花犬 Peruvian Inca Orchid

品種資訊

原產地
秘魯

身高
三種體型：小型 9.75-15.75 英寸（25-40 公分）
／中型 15.5-19.75 英寸（39.5-50 公分）／大型
19.5-25.75 英寸（49.5-65.5 公分）

體重
三種體型：小型 9-17.5 磅（4-8 公斤）／中
型 17.5-26.5 磅（8-12 公斤）／大型 26.5-55 磅
（12-25 公斤）

被毛
無被毛，皮膚平滑且有彈性；接受頭部、四肢
和尾巴末端留有毛髮｜亦有被毛類型，單層
毛，短至中等長度、粗度適中 [AKC] [UKC]

毛色
黑色、石黑色、象黑色、藍黑色，從灰色、深
棕色到淺金黃色｜黑色、棕色、灰色、粉色、
褐色、白色；黑色，藍色、巧克力色、金黃色、
灰色、赤褐色、玫瑰色、棕褐色、白色斑紋
[AKC]

其他名稱
印加無毛犬（Inca Hairless Dog）；Perro sin
Pelo del Perú；秘魯無毛犬（Peruvian Hairless
Dog）

註冊機構（分類）
AKC（FSS：狩獵犬）；ANKC（家庭犬）；
ARBA（狐狸犬及原始犬）；FCI（狐狸犬及原
始犬）；UKC（視覺型獵犬及野犬）

起源與歷史

印加文明是人類已知最古老歷史文明之一，而秘魯印加蘭花犬似乎自文明一開
始就存在。具有兩千年歷史的秘魯莫切陶器上繪有身穿儀式服裝的小型犬隻，暗示
了牠們的崇高地位。牠們多被當成伴侶犬以及實用的暖床犬。

兩種被毛類型（無毛型和有毛型）一開始即並存，且會出現於同一窩幼犬中。印
加貴族允許有毛型於白天出外活動，而無毛型因容易曬傷，會在夜晚帶出門。該品種
由征服秘魯人並發現這些狗的西班牙人所命名。據說他們發現這種小型無毛伴侶犬睡

於蘭花旁，並稱牠們為「花犬」（Perros Floras）；之後則被稱為「月光花犬」（Moonflower Dogs），因為牠們天生會避開日照強烈的時刻（月光花於夜間盛開）；最後被稱為秘魯印加蘭花犬。現今，該品種在南美洲、歐洲氣候較暖的國家及世界其他地區依舊受歡迎。無毛秘魯印加蘭花犬的耳朵為豎耳，有毛型的雙耳則向前彎曲，如同喜樂蒂牧羊犬。

個性

秘魯印加蘭花犬外表整齊高雅，對家人十分熱情。牠對喜愛的人體貼而溫柔，對陌生人通常疏遠。需要及早開始社會化，以確保牠適應任何情況。牠極為敏感，在任何暴行下會顯得沮喪。秘魯印加蘭花犬好奇心重而友善，也樂於參與家中的日常活動。其育種目的是在家中陪伴家人，牠令人安心的存在和溫熱的身軀為家人帶來溫暖，也衷心敬愛家人。

照護需求

運動

秘魯印加蘭花犬不需太多運動，但就像其他犬隻一樣，最好有固定運動能讓牠保持身心健康。牠喜歡散步，但在戶外須做好防曬及預防惡劣氣候的措施。此犬種也喜歡短距離衝刺賽跑，但只能在安全封閉區域進行。

飲食

牠可能會挑食，可能喜歡一天少量多餐進食，需要高品質且適齡的飲食。

梳理

雖然無毛型沒有被毛不需要梳理，卻仍需要照護。事實上，該品種對周遭環境十分敏感，需要特殊護理。在沒有擦上防曬霜前，不該讓牠出去戶外。為了防止皮膚乾燥，也需要定期擦拭乳液或保濕油。秘魯印加蘭花犬也需要定期洗澡，但必須使用非常溫和的洗毛精。

有毛型的絲滑被毛幾乎不掉毛，但需要每天梳理以防打結。牠的被毛很少產生皮屑，是過敏患者的理想伴侶犬。

健康

秘魯印加蘭花犬的平均壽命為十一至十三年，品種的健康問題可能包含牙齒問題以及皮膚問題。

訓練

秘魯印加蘭花犬對家人反應敏感，很快就能學會家中規矩。牠十分聰明又個性溫和，不常吠叫。但蘭花犬很容易因大聲噪音而受到干擾，例如提高音量的說話聲。牠會吸引他人的注意，通常在認識之後也會喜歡其他人和動物，因此自幼犬時期開始就進行社會化訓練十分重要。

迷你貝吉格里芬凡丁犬 Petit Basset Griffon Vendéen

速查表

適合小孩程度
🐾🐾🐾🐾🐾

適合其他寵物程度
🐾🐾🐾🐾🐾

活力指數
🐾🐾🐾🐾🐾

運動需求
🐾🐾🐾🐾🐾

梳理
🐾🐾🐾🐾🐾

忠誠度
🐾🐾🐾🐾🐾

護主性
🐾🐾🐾🐾🐾

訓練難易度
🐾🐾🐾🐾🐾

品種資訊

原產地
法國

身高
13-15 英寸（33-38 公分）

體重
大約不超過 45 磅（20.5 公斤）

被毛
雙層毛，外層毛長、粗，底毛厚；有鬍鬚
和髭鬚

毛色
白色帶檸檬色、橙色、三色、灰斑色斑
紋的任何組合｜亦有黑色，深褐色斑紋
[AKC] [FCI]

其他名稱
Petit Basset Griffon Vendeen

註冊機構（分類）
AKC（狩獵犬）；ANKC（狩獵犬）；
CKC（狩獵犬）；FCI（嗅覺型獵犬）；
KC（狩獵犬）；UKC（嗅覺型獵犬）

起源與歷史

　　法國人對於狩獵的熱情可追溯至幾個世紀前。在西元前一世紀的羅馬統治下，粗毛獵犬被引入了當時的高盧。牠們與白色的南方獵犬一起繁殖，法國西海岸旺代地區產生的獵犬是最古老的品種之一。

　　法國獵犬是由身高作區別，總共有四種凡丁犬：大格里芬凡丁犬（最大）、布林克特格里芬凡丁犬（中型）、大格里芬凡丁短腿犬（矮身）以及迷你貝吉格里芬凡丁犬（矮小）。「格里芬」這個名稱來自十五世紀的早期育種者，也就是國王的書記官（greffier）。「格里芬」最初被用來描述這些品種，但後來人們將此名稱與許多法國剛毛獵犬聯想在一起。有數隻格里芬犬被送給國王路易十二，因此該品種曾經被稱為「Chiens Blancs du Roi」，或是國王的白色獵犬。

　　如同其他小型法國獵犬，貝吉格里芬凡丁犬被培育來獵捕野兔、灰兔，偶爾也會獵捕狐狸。最初能在同一窩幼犬中同時存在大貝吉犬和迷你貝吉犬，也被允許混種交

配。但在 1950 年時，迷你品種被區別為不同品種，也在二十五年後禁止混種交配。大型和迷你貝吉格里芬凡丁犬在法國和其他地區主要被用來群體狩獵。

迷你貝吉格里芬凡丁犬外向活潑的個性讓牠受到許多人的注意，作為伴侶犬也因此愈來愈受歡迎。1970 年代早期開始引進美國，在北美甚至全世界都已經擁有一定數量。

個性

迷你種是格里芬凡丁犬中最知名的一種，牠既活潑、有警戒心又朝氣十足，在犬展上取悅了廣大觀眾。但牠內心其實是個獵人，狩獵是牠的熱情所在。如同其他格里芬凡丁犬種，迷你貝吉格里芬凡丁犬十分享受和家人在戶外活動，牠十分活潑、熱情但不會過度興奮。此犬種的培育目的是為了參與群體狩獵，因此和其他犬隻能夠相處融洽，佔有欲也不會太過強烈。適合作為任何年齡層孩童的伴侶犬。

照護需求

運動

迷你貝吉格里芬凡丁犬每天能夠發揮嗅覺就會開心，需要大型的安全場地來盡情嗅聞和探索。必須讓牠擁有到戶外的時間，若不工作，則須每天進行長距離散步。

飲食

迷你貝吉格里芬凡丁犬很少有不喜歡的食物。只要維持適當體重並提供高品質的飲食，就能讓牠保持健康。

梳理

迷你貝吉格里芬凡丁犬凌亂的外表與生俱來，不鼓勵修剪。牠有著需要梳理的雙層毛，需要經由梳理移除腿部及腹部於外出時沾染上的種子和泥土。牠的長耳朵容易感染，需要定期清理。

健康

迷你貝吉格里芬凡丁犬的平均壽命為十二至十五年，品種的健康問題可能包含無菌性腦膜炎、耳部感染、青光眼、髖關節發育不良症，以及膝蓋骨脫臼。

訓練

迷你貝吉格里芬凡丁犬十分聰明，學習能力良好，但不一定會聽從指示。需要以獎勵為基礎的訓練來提起牠的興趣和參與。牠可能會覺得其他景色和氣味比學習新命令更為有趣，但只要有耐心就會有所收穫。迷你貝吉格里芬凡丁犬友善而擁有強烈好奇心，十分容易與他人互動。

小藍色加斯科尼獵犬 Petit Bleu de Gascogne

品種資訊

原產地
法國

身高
公 20.5-24 英寸（52-61 公分）／母
19.5-22 英寸（50-56 公分）

體重
40-48 磅（18-22 公斤）[估計]

被毛
不過短、平滑、堅韌、量多、耐候

毛色
完全雜色（黑白色），呈現暗藍灰
色的效果；黑色斑塊、棕褐色斑紋

其他名稱
Small Blue Gascony Hound

註冊機構（分類）
ARBA（狩獵犬）；FCI（嗅覺型獵
犬）；UKC（嗅覺型獵犬）

起源與歷史

　　小藍色加斯科尼獵犬是五種藍色加斯科尼犬的其中一種，其餘四種包括藍色加斯科尼短腿獵犬、大藍色加斯科尼獵犬、小藍色加斯科尼格里芬獵犬、藍色加斯科尼格里芬獵犬。牠們是位於法國西南部、鄰近庇里牛斯山及西班牙邊境的加斯科尼省所培育出的犬種。這些獵犬是古典法國犬種，源自於高盧人和腓尼基人獵犬貿易中的原始嗅覺型獵犬。加斯科尼犬和格里芬犬是法國兩個古老的犬種，也是大部分現代犬種的祖先。

　　小藍色加斯科尼獵犬的近親大藍色加斯科尼獵犬，是世界上最大型也最傑出的嗅覺型獵犬之一，以嗅聞能力、野外耐力和遠處也能聽到的洪亮嗓音受到讚賞。小藍色加斯科尼獵犬是由大型種培育出的小型品種，以追逐小型獵物，尤其是野兔。牠受到這樣的稱讚：「和小藍色獵犬一同打獵絕不會空手而回」。除了體型外，牠和大藍色加斯科尼獵犬使用相同犬種標準。

個性

　　小藍色加斯科尼獵犬天性溫和、工作勤奮。牠在戶外耐力十足，在家中卻能開心地安靜陪伴家人。牠很有自信、個性溫和，喜歡大聲吠叫。以群體或單獨狩獵性質培育的牠能和其他人相處融洽。

照護需求

運動

　　成群狩獵的藍色獵犬需要固定在野外運動。若是作為伴侶犬飼養，則可以從模擬打獵的途中獲益良多，但固定在公園或住家附近散步也足夠維持牠的體態。

飲食

　　小藍色加斯科尼獵犬是勤奮的獵犬，需要高品質的飲食以維持牠在野外所需要的精力。

梳理

　　小藍色加斯科尼獵犬容易維持整潔，但牠的大耳朵容易受到感染，需要保持乾淨、乾燥。

健康

　　小藍色加斯科尼獵犬的平均壽命為十至十五年，根據資料並沒有品種特有的健康問題。

訓練

　　成群狩獵是牠們的天性，若要學習家庭犬的禮儀、服從的細節或其他特殊訓練，則可能需要許多堅持和耐心。

速查表

適合小孩程度	梳理
🐾🐾🐾🐾🐾	🐾🐾🐾🐾🐾
適合其他寵物程度	忠誠度
🐾🐾🐾🐾🐾	🐾🐾🐾🐾🐾
活力指數	護主性
🐾🐾🐾🐾🐾	🐾🐾🐾🐾🐾
運動需求	訓練難易度
🐾🐾🐾🐾🐾	🐾🐾🐾🐾🐾

小布拉邦松犬 Petit Brabançon

速查表

適合小孩程度
適合其他寵物程度
活力指數
運動需求
梳理
忠誠度
護主性
訓練難易度

品種資訊

原產地
比利時

身高
大約 7-8 英寸（18-20.5 公分）
[估計]

體重
7.5-13 磅（3.5-6 公斤）

被毛
短、粗糙、扁平、有光澤

毛色
黑色、黑棕褐色、紅色、淡紅色；
深色面罩

其他名稱
布魯塞爾格里芬犬 - 平毛型
（Brussels Griffon-Smooth Coat）；
Small Brabant Griffon

註冊機構（分類）
FCI（伴侶犬及玩賞犬）

起源與歷史

　　小布拉邦松犬是來自比利時的三種小型㹴犬之一。牠的粗毛型近親為布魯塞爾格里芬犬和比利時格里芬犬。這三個犬種在歐洲因被毛類型的差異而被視為不同品種：平毛型（小布拉邦松犬）、紅色粗毛型（布魯塞爾格里芬犬），以及其他顏色的粗毛型（比利時格里芬犬）。美國育犬協會（AKC）不認可小布拉邦松犬為獨立品種，而是布魯塞爾格里芬犬的平毛型變種。聯合育犬協會（UKC）也認定牠是布魯塞爾格里芬犬的一種。

　　這三個犬種的歷史難以分辨，皆由猴㹴演變而來，自十三世紀起就已存活至今。牠在當時為農作犬種，體型也比現代品種稍大（近似獵狐㹴體型），早期甚至因為能捕殺馬廄裡的老鼠而被稱為馬廄㹴（Griffon D'Ecurie）。牠的性格讓牠贏得馬車前座的位置，也受到更多注目，喜愛牠的名人包括法國國王亨利二世以及比利時的瑪麗·亨麗埃塔女王（Henrietta Maria）和愛史翠女王（Astrid）。之後牠被培育成更小型的犬種，可能藉由與英國玩具小獵犬、巴哥犬或其他玩賞犬種雜交，才演變成我們現今較為熟

知的三個犬種。

個性

小布拉邦松犬是迷人而活潑的伴侶犬，有著似人的表情也十分聰明。保有典型㹴犬的精神，同時卻也敏感，有時候會喜怒無常。警戒心強又好奇心重的布魯塞爾格里芬犬希望成為全家人注目的焦點，通常和年紀較大的孩童及其他寵物都能融洽相處。

照護需求

運動

因為牠的玩具體型，小布拉邦松犬不用大量運動，但也需要出門伸展一下四肢。牠喜歡和家人一起出門散步。好奇心強烈，常會在屋裡四處走動，這也替牠帶來額外運動量。

飲食

小布拉邦松犬可能會很挑食，飼主通常會因此餵食牠愛吃的食物，而非對牠有益的食物。應該給予高品質、適齡的飲食；零食要挑選健康的種類並儘量少量餵食。

梳理

平毛的小布拉邦松犬因為被毛短而濃密，清理起來十分容易，只需定期梳理全身。由於扁鼻和稍微凸出的雙眼，需要特別注意臉部清潔。

健康

小布拉邦松犬的平均壽命為十二至十五年，品種的健康問題可能包含眼部問題、髖關節發育不良症、膝蓋骨脫臼、淚溝，以及呼吸系統問題。

訓練

即使小布拉邦松犬體型小巧又便於攜帶，但不代表飼主就能忽略牠的訓練。牠需要了解家中規矩，也需要學習基本禮節。牠喜歡正向訓練方式所帶來的心靈刺激。如廁訓練所需的時間可能比其他犬種久。

迷你加斯科 - 聖通日犬 Petit Gascon-Saintongeois

品種資訊

原產地
法國

身高
公 20-24.5 英寸（51-62 公分）／
母 18-23 英寸（45.5-59 公分）

體重
50-62 磅（22.5-28 公斤）[估計]

被毛
短、平滑、緊密、量多、耐候

毛色
白色帶黑色斑塊；棕褐色斑紋

其他名稱
Small Gascon Saintongeois；
Virelade

註冊機構（分類）
ARBA（狩獵犬）；FCI（嗅覺型
獵犬）；UKC（嗅覺型獵犬）

起源與歷史

　　法國的聖通日地區位於西部沿海，位於加斯科尼的北方、普瓦圖南方。在法國
大革命之前，有名的聖通日獵犬因獵狼而備受讚揚。但隨著法國貴族的沒落，該品
種被棄置不用，僅剩零星個體以及牠的昔日傳說。1840 年代期間，維雷拉德男爵
（Baron de Virelade）將他所能找到的少數留存個體與大藍色加斯科尼獵犬雜交，培
育出現在的加斯科 - 聖通日犬。

　　加斯科 - 聖通日犬有兩個品種：大型和迷你型，牠們除了體型外，其餘特徵皆極
為相似。世界畜犬聯盟（FCI）將牠們視為變種，但聯合育犬協會（UKC）將牠們註
冊為獨立品種。迷你種是縮小般的大型犬，專為獵捕兔子和野兔而培育。

個性

　　迷你加斯科 - 聖通日犬天性溫和而友善，和所有人都能融洽相處，包括孩童及其
他犬隻。牠可以是表現優異的群獵犬，也能適應居家環境。

照護需求

運動

　　迷你加斯科 - 聖通日犬若是能固定運動，並且能到能夠四處嗅聞的場所最為開心。身為體型中等的犬隻，牠需要外出伸展四肢並活用五感才會滿足。

飲食

　　迷你加斯科 - 聖通日犬食慾良好，通常無論別人給什麼都會吃下肚，因此需要注意牠的食物攝取量以避免過胖。牠需要最高品質的飲食以確保獲得所需的營養。

梳理

　　迷你加斯科 - 聖通日犬的掉毛量適中，只需定期梳理就能保持整潔。牠長長的雙耳需要頻繁清理以避免感染。

健康

　　迷你加斯科 - 聖通日犬的平均壽命為十二至十四年，根據資料並沒有品種特有的健康問題。

訓練

　　迷你加斯科 - 聖通日犬既聰明又反應迅速，相對容易訓練。牠能輕鬆學會狩獵，且能力優秀，但可能無法完美達成服從的指令。正向的訓練方式最適合教導牠基本禮儀。

速查表

適合小孩程度	梳理
適合其他寵物程度	忠誠度
活力指數	護主性
運動需求	訓練難易度

品種資訊

原產地
法國

身高
公 18-20 英寸（45.5-51 公分）／
母 17-19 英寸（43-48.5 公分）

體重
25-33 磅（11.5-15 公斤）[估計]

被毛
粗糙、緊密

毛色
白色帶不規則黑色斑塊，呈現出
藍色反射；火紅色斑紋

其他名稱
Small Blue Gascony Griffon

註冊機構（分類）
ARBA（狩獵犬）；
UKC（嗅覺型獵犬）

小藍色加斯科尼格里芬獵犬 Petit Griffon Bleu de Gascogne

起源與歷史

　　小藍色加斯科尼格里芬獵犬是五種藍色加斯科尼犬的其中一種，其餘四種包括藍色加斯科尼短腿獵犬、大藍色加斯科尼獵犬、小藍色加斯科尼獵犬、藍色加斯科尼格里芬獵犬。牠們是位於法國西南部、鄰近庇里牛斯山及西班牙邊境的加斯科尼省所培育出的犬種。這些獵犬是古典法國犬種，源自於高盧人和腓尼基人獵犬貿易中的原始嗅覺型獵犬。加斯科尼犬和格里芬犬是法國兩個古老的犬種，也是大部分現代犬種的祖先。

　　牠的近親大藍色加斯科尼獵犬是世界上最大型也最傑出的嗅覺型獵犬之一，以嗅聞能力、野外耐力和遠處也能聽到的洪亮嗓音受到讚賞。小藍色加斯科尼獵犬是由大型種培育出的小型品種，以追逐小型獵物，尤其是野兔。小藍色加斯科尼格里芬獵犬與小藍色加斯科尼獵犬的體型及毛色極為相似；差異在於牠的剛毛，這是與剛毛獵犬雜交的結果。牠的體型也比小藍色加斯科尼獵犬稍小。

個性

小藍色加斯科尼格里芬獵犬是藍色加斯科尼犬種中最為稀有的一種。牠是純樸的犬種，是極有條理且孜孜不倦的工作狗，有著靈敏的嗅覺。天性和善的牠是以群獵或單獨狩獵為目的而培育出，因此能與他人相處融洽。

照護需求

運動

成群狩獵的藍色獵犬需要固定在野外運動。若是作為伴侶犬飼養，則可以從模擬打獵的途中獲益良多，但固定在公園或住家附近散步也足夠維持牠的體態。

飲食

小藍色加斯科尼格里芬獵犬是勤奮的獵犬，需要高品質的飲食以維持牠在野外所需要的精力。

梳理

小藍色加斯科尼格里芬獵犬的剛毛容易維持整潔，凌亂的被毛在簡單梳理後很快就會恢復自然狀態和光澤。牠垂落的雙耳若不保持乾淨且乾燥，則容易受到感染。

健康

小藍色加斯科尼格里芬獵犬的平均壽命為十至十五年，根據資料並沒有品種特有的健康問題。

訓練

成群狩獵是牠們的天性，若要學習家庭犬的禮儀、服從的細節或其他特殊訓練，則可能需要許多堅持和耐心。

速查表

適合小孩程度	梳理
🐾🐾🐾🐾	🐾🐾🐾
適合其他寵物程度	忠誠度
🐾🐾🐾	🐾🐾🐾🐾
活力指數	護主性
🐾🐾🐾	🐾🐾
運動需求	訓練難易度
🐾🐾🐾🐾	🐾🐾🐾

法老王獵犬 Pharaoh Hound

速查表

適合小孩程度

適合其他寵物程度

活力指數

運動需求

梳理

忠誠度

護主性

訓練難易度

品種資訊

原產地
馬爾他

身高
公 22-25 英寸（56-63.5 公分）／
母 21-24 英寸（53.5-61 公分）

體重
45-55 磅（20.5-25 公斤）[估計]

被毛
短、有光澤、從細緻到稍微粗糙

毛色
棕褐色、濃棕褐色；可接受白色斑紋

其他名稱
Kelb tal-Fenek

註冊機構（分類）
AKC（狩獵犬）；ANKC（狩獵犬）；
CKC（狩獵犬）；FCI（狐狸犬及原
始犬）；KC（狩獵犬）；UKC（視
覺型獵犬及野犬）

起源與歷史

　　法老王獵犬的歷史可追溯至古埃及時代；紀錄顯示，約西元前 3000 年即有與法老王獵犬外型相似的犬種存在於古埃及文明中。繪畫和象形文字都記錄著牠身為獵犬及伴侶犬的獨特地位。據說是腓尼基人將牠帶到馬爾他島，在這片貧瘠而多岩的土地上，當地人學會以該品種來獵兔。因此牠們獲得了「獵兔犬」（Kelb tal-Fenek）的稱號。兩千多年以來，該犬種在島上繁衍純種後代，不受其他品種干擾。

　　法老王獵犬於 1930 年代進入英國，卻一直沒有相關記載，直到作家波琳‧布洛克（Pauline Block）於 1963 年從埃及帶回一隻名為「Bahri of Twinley」的法老王獵犬。四年之後，茹絲‧塔夫特‧哈波（Ruth Taft Harper）則將第一隻法老王獵犬帶進美國。

　　身為外型優雅且有著傑出速度和能力的視覺型獵犬，法老王獵犬現在受到眾多來自世界各地忠實愛好者的喜愛，在展場上獲得許多注目，也在誘導狩獵競賽中獲得許多表彰緞帶。

個性

雖然法老王獵犬看起來有點冷漠，但實際上十分友善而熱情，對家庭十分忠誠。體型龐大卻有如貓一般，牠的警戒心高，是個隱密的獵人，十分享受追逐過程。不狩獵時，牠也能成為冷靜而平和的伴侶犬，具有幽默感又喜歡玩耍，尤其是和孩童玩耍。自幼犬時期開始進行社會化訓練能幫助牠克服害羞性格，也能和所有人相處融洽。

照護需求

運動

法老王獵犬速度非常快，雖然牠不用每日奔馳，但牠需要每天運動，若能在安全的封閉區域跑跳，牠會感到開心。只要足夠散步和許多機會玩耍，再加上偶爾能有機會追逐奔馳，法老王獵犬就能獲得足夠身心所需的刺激。

飲食

健壯的法老王獵犬需要食物所提供的能量，但也需要維持體型。最好給予高品質、適齡的飲食。

梳理

該品種濃密的短毛只需偶爾梳理即可保持光亮和乾淨。

健康

法老王獵犬的平均壽命為十一至十三年，根據資料並沒有品種特有的健康問題。

訓練

法老王獵犬亟欲取悅飼主且十分聰明，相對容易訓練，正向且能激發動力的方式更為有效。牠喜歡有個目標（例如狩獵），參加誘導狩獵、敏捷、服從甚至追蹤競賽都能表現優秀。

普羅特獵犬 Plott

品種資訊

原產地
美國

身高
公 20-27 英寸（51-68.5 公分）／
母 20-25 英寸（51-63.5 公分）

體重
公 50-75 磅（22.5-34 公斤）／
母 40-65 磅（18-29.5 公斤）

被毛
單層毛，平滑、細緻、有光澤；鮮少個
體為雙層毛，底毛短、柔軟、厚，外層
毛較長、較平滑、較堅挺

毛色
任何色調的虎斑，包含黃色、金黃色、
棕褐色、棕色、巧克力色、肝紅色、橙色、
紅色、淺或深灰色、藍色或馬爾他藍（暗
藍灰色）、淡黑色、黑色；或有白色斑紋

其他名稱
Plott Hound

註冊機構（分類）
AKC（狩獵犬）；ARBA（狩獵犬）；
UKC（嗅覺型獵犬）

起源與歷史

　　若是沒有普羅特獵犬，就不會有普羅特家族
（Plott）。他們的故事始於十八世紀，十六歲的約翰
尼斯‧普羅特（Johannes Plott）以及他的哥哥伊諾克
（Enoch）從德國移民到美國，隨身帶著漢諾威品種的
追蹤犬。不幸的是，伊諾格在旅程中去世，但該獵犬
存活了下來，為今日的普羅特獵犬奠定基礎。事實上，
普羅特家族一直以來在北卡羅萊納州和田納西州交界
處的大煙山脈繁衍普羅特獵犬長達七個世代。

　　因為普羅特家族結婚並搬遷到山脈其他地區，普
羅特獵犬隨之四散，在整座山脈奔跑超過兩百年。雖然
被用於不同規模的狩獵中，但牠們最擅長對付熊類。牠
早期沒有特別名稱；屬於普羅特家族的獵犬被稱普羅
特獵犬，而斯溫郡的凱博家族（Cables）所培育的獵犬
則稱為凱博獵犬，但基本上皆為相同品種。多年來，
這些氏族各個都維持了獵犬最初強悍、堅韌且能追蹤
先前氣味的特質。克洛凱（H. T. Crockett）、漢納家族
（Hannahs）、克魯斯家族（Cruse）、瑞斯（Reece）
兄弟、威爾歐爾家族（Will Orr）和布蘭‧布列文斯
（Blain Blevins）皆擁有著名的品系。

　　1920 年代，這些虎斑山地獵熊犬的古老血脈需加
入新刺激。布列文斯獵犬（Blevins Hound）是大煙山脈
有名的灰黑褐色獵犬，而繁殖普羅特獵犬多年的戈拉‧
佛格森（Gola Ferguson）將這兩個犬種雜交，產下兩種

聞名於整座山脈的獵犬，再將這些犬種與普羅特獵犬回交，提供復甦這個老式品種所需的刺激。幾乎現在所有登錄在案的普羅特獵犬都和這些基石血脈相連。牠們也成為有名的浣熊獵犬，但這是由於獵浣熊的人多過獵熊或大型獵物。該品種維持原始的傑出能力，能追蹤先前的氣味、困住獵物，並驅趕熊及其他大型獵物上樹。牠至今仍參與各種狩獵行動。

個性

雖普羅特獵犬是強悍敏捷的獵犬，牠同樣是傑出的伴侶犬，對所有人溫和友善，能成為飼主真摯的朋友。牠既聰明又好奇心重，非常頑強而勇氣十足；這樣的特質讓牠在野外能保持專注，甚至能將體型比牠龐大的獵物困住，直到獵人到來。牠也具幽默感、喜歡追逐獵物，並在戶外或家中玩耍。身為大型犬的牠容易流口水，但對需要優秀獵犬兼家庭伴侶犬的人來說，這點小事不算什麼。

照護需求

運動

牠大型而健壯，需要大量運動；否則會感到無聊且無法安靜。若一天帶牠健行數次，能滿足牠身心所需的刺激。

飲食

牠很愛吃，通常無論別人給什麼都會吃。因此必須注意牠食物攝取量以避免過胖。牠年輕時期會在玩耍和狩獵上耗費大量精力，需要最高品質的飲食以確保獲得足夠營養。

梳理

普羅特獵犬的短毛十分容易保持潔淨，只需要偶爾梳理並用獵犬清潔手套擦拭。應該注意雙耳清潔，必須保持乾淨和乾燥以避免感染。

健康

普羅特獵犬的平均壽命為十二至十四年，品種的健康問題可能包含胃擴張及扭轉。

訓練

普羅特獵犬急切且反應佳，尤其在試探索野外小徑時，因此相對容易訓練。牠可能只會一心一意想著狩獵，但若以正向且有獎勵的方式訓練，很快就能輕鬆學會訓練內容。

加納利獵犬 Podenco Canario

品種資訊

原產地
加納利群島

身高
公 21.5-25 英寸（54.5-63.5 公分）
／母 21-23.5 英寸（53.5-59.5 公分）

體重
大約 55 磅（25 公斤）[估計]

被毛
短、平滑、濃密

毛色
任何白色和紅色調的組合

其他名稱
Canarian Warren Hound；Podengo
Canario

註冊機構（分類）
ARBA（狩獵犬）；FCI（狐狸犬
及原始犬）；UKC（槍獵犬）

起源與歷史

　　如同近親伊比莎獵犬和法老王獵犬，加納利獵犬據說也是源自於埃及的古老犬種，很有可能被腓尼基人、希臘人、迦太基人甚至埃及人自己帶到加納利群島上，他們在進行海上貿易之旅時都會帶著這種視覺型獵犬。

　　在兔子遍布的加納利群島上，牠擁有傑出的獵兔能力，而這些獵犬也會成群狩獵。牠們會使用過人的聽覺和嗅覺來發現並追蹤獵物，接著將獵物包圍並指向獵物方向，直到獵人下指示讓牠們將獵物撿回。健壯的加納利獵犬至今仍被用來進行小型打獵活動，但牠也是合適的家庭伴侶犬。

個性

　　加納利獵犬是血統純正的品種，步伐輕盈優美。牠既忠誠、聰穎又好奇，行動快速又大膽，會毫不猶豫地追逐並撲捉小型獵物，因此養有這些小動物的家庭不太適合飼養此犬種。除此之外，牠會是溫和而高貴的家庭伴侶犬，只要經過適當社會

化訓練就能成為孩童及其他犬隻的好夥伴。

照護需求

運動

　　活潑的加納利獵犬需要定期且較為激烈的運動。牠會是飼主慢跑或騎自行車的好夥伴，但必須事先訓練牠不能於此時追逐其他獵物。因為有著強烈的狩獵天性，在遠行時必須繫上牽繩，但在安全（又寬闊）的封閉區域讓牠不牽繩奔跑能使牠十分滿足。

飲食

　　好動的加納利獵犬食量很大，需要控制牠的體重。牠需要食物帶來的能量，但也必須保持體型。最好給予高品質、適齡的飲食。

梳理

　　加納利獵犬光滑的短毛只需要偶爾梳理並以軟布擦拭就能保持整潔。

健康

　　加納利獵犬的平均壽命為十一至十四年，根據資料並沒有品種特有的健康問題。

訓練

　　加納利獵犬在室內表現良好，參與狩獵訓練時十分積極而專注。但牠很容易分心，因此應該使用正向且賦予獎勵的方式，進行簡短但前後一貫的訓練課程。飼主必須堅定而公平，以激發出牠最好的一面。

速查表

適合小孩程度	梳理
🐾🐾🐾🐾🐾	🐾🐾🐾🐾🐾
適合其他寵物程度	忠誠度
🐾🐾🐾🐾🐾	🐾🐾🐾🐾🐾
活力指數	護主性
🐾🐾🐾🐾🐾	🐾🐾🐾🐾🐾
運動需求	訓練難易度
🐾🐾🐾🐾🐾	🐾🐾🐾🐾🐾

英國指示犬 Pointer

速查表

適合小孩程度
🐾🐾🐾🐾

適合其他寵物程度
🐾🐾🐾🐾🐾

活力指數
🐾🐾🐾🐾🐾

運動需求
🐾🐾🐾🐾🐾

梳理
🐾🐾🐾🐾🐾

忠誠度
🐾🐾🐾🐾🐾

護主性
🐾🐾🐾🐾🐾

訓練難易度
🐾🐾🐾🐾🐾

品種資訊

原產地
英格蘭

身高
公 25-28 英寸（63.5-71 公分）／
母 23-26 英寸（58.5-66 公分）

體重
公 55-75 磅（25-34 公斤）／
母 44-65 磅（20-29.5 公斤）

被毛
短、平滑、濃密、有光澤

毛色
肝紅色、檸檬色、黑色、橙色，
單色、三色或帶白色

其他名稱
English Pointer

註冊機構（分類）
AKC（獵鳥犬）；ANKC（槍獵犬）；
CKC（獵鳥犬）；FCI（指示犬）；
KC（槍獵犬）；UKC（槍獵犬）

起源與歷史

　　英國指示犬源自於英格蘭，被用來在狩獵中搜尋獵物，並站在定點向獵人示意獵物所在位置。一般相信歐洲南方或東方的工作犬種也具備這種特質，但牠僅於英國發展成熟。雖然無法確定血統來源，但牠的祖先可能包括獵狐犬、靈緹犬、尋血犬和一些西班牙指示犬血統，也確定擁有些許蹲獵犬血統。

　　英國指示犬曾經一度被用來定位野兔位置，讓靈緹犬能夠鑽進巢穴並捕捉獵物。隨著牠作為獵鳥犬愈來愈受到歡迎，育種者也將牠改良成現在所熟悉的高大輕盈外表。牠的外型非常獨特而高貴，也被用來當作紳士選擇獵犬時的理想標準。現今著名的西敏寺育犬協會，其首批成員將名為「Sensation」的指示犬從英國帶往美國，登記、展示並培育該品種以在美國奠定基礎。「Sensation」的刻像是西敏寺育犬協會會徽的一部分。顯眼而充滿活力的英國指示犬至今仍在展場上持續吸引眾人注意，也在狩獵項目中贏得不少獎項。

個性

英國指示犬是願意犧牲奉獻且忠心的犬種，牠有大把精力可耗費在和年輕人玩耍及活動上，也能和較為嚴肅的週末獵人一同進行狩獵。牠是勤奮工作的獵犬，在野外有著無窮勇氣和耐力。而牠這樣強烈的企圖心可能會讓牠變得不好控制，需要自幼犬時期開始進行服從及社會化訓練。

照護需求

運動

活潑又精力旺盛的英國指示犬需要大量運動。牠是良好的慢跑或自行車夥伴，但牠最愛的活動還是到能夠進行長距離散步和些微狩獵活動的地方，或是盡量頻繁參與打獵活動。若獲得足夠的運動量，在家就會乖乖安靜下來；若運動量不足，可能會讓牠感到無聊且破壞四周環境。

飲食

急切而熱情的英國指示犬食量很大，需要注意控制體重。牠需要食物所賦予的能量，卻也需要維持體型。最好給予高品質、適齡的飲食。

梳理

英國指示犬細緻的短毛很容易照護，只需要偶爾梳理並以軟布擦拭全身。需要頻繁檢查雙耳是否有感染徵兆，因為牠們的長耳很容易藏有髒污或濕氣。

健康

英國指示犬的平均壽命為十二至十四年，品種的健康問題可能包含髖關節發育不良症、皮膚問題，以及甲狀腺問題。

訓練

在狩獵場上訓練英國指示犬饒富樂趣，但在進行其他訓練時牠卻很容易分心。飼主需要保持耐心和毅力，並頻繁進行短時間的訓練課程並給予獎勵，就能獲得良好結果。英國指示犬渴望取悅，一旦了解飼主的指令，就會樂於服從。有些英國指示犬可能會過於害羞，因此社會化訓練對牠們格外重要。

品種資訊

原產地
法國

身高
公 24.5-28.5 英寸（62-72 公分）
／母 23.5-27.5 英寸（60-70 公分）

體重
大約 77 磅（35 公斤）[估計]

被毛
短、有光澤

毛色
三色帶黑色鞍型斑、三色帶大型
黑色斑塊、橙白色、狼色

其他名稱
Chien du Haut-Poitou；Poitevin
Hound；Poitou Hound；Poitvin

註冊機構（分類）
ARBA（狩獵犬）；FCI（嗅覺型
獵犬）；UKC（嗅覺型獵犬）

普瓦圖犬 Poitevin

起源與歷史

　　普瓦圖犬來自法國西岸沿海的普瓦圖省，位於聖通日以北、凡丁和布列塔尼以南。普瓦圖地區以野狼數量多而聞名。在 1690 年代，普瓦圖的馮索瓦·得·拉維侯爵（Marquis Francois de Larrye）培育出大型而勇猛的獵犬，專門用來獵殺野狼。這些獵犬成群狩獵，在崎嶇地勢上表現出傑出嗅覺能力、吠叫和速度。法國獵人宣稱：「牠們是世界上最棒的獵狼犬，可以從日出到日落不斷追逐獵物。」

　　多虧有普瓦圖犬，普瓦圖居民的生活才稍微輕鬆一些。然而在法國大革命及 1842 年爆發狂犬病之後，失去了大部分的犬舍。由於剩餘犬隻不足，二十世紀的愛好者決定使用其他犬種雜交來復育該品種，其中使用了某些獵狐犬。儘管經過此次復育，普瓦圖犬的數量仍不多，或許是因為不再需要牠的專長（狼群數量已受控制），但牠在法國依然擁有支持者，近年來也被引進美國。身為優雅而活潑的嗅覺型獵犬，牠所受到的注目比其他經典法國獵犬要少。

個性

普瓦圖犬在家中低調而溫和,同時卻也是傑出的獵犬。在完成一天工作後,牠會回家享受豐盛的一餐和安穩的一覺,數個世紀以來普瓦圖居民皆十分珍惜牠們的陪伴。牠和孩童及其他犬隻都能相處融洽。

照護需求

運動

結實的普瓦圖犬需要運動以保持身心健康。若無法讓牠定期狩獵,會需要進行長距離散步,並讓牠能自由嗅聞。

飲食

普瓦圖犬乞食時十分固執,且很難戒除乞食習慣。不該餵食垃圾食物,也不能讓牠過重。

梳理

普瓦圖犬的短毛只需要偶爾梳理,應該定期檢查牠的雙耳以避免感染。

健康

普瓦圖犬的平均壽命為十一至十四年,根據資料並沒有品種特有的健康問題。

訓練

普瓦圖犬在室內十分守禮,進行狩獵訓練時也十分容易。有必要自幼進行社會化訓練,讓牠能順利培養自信。

速查表

適合小孩程度	梳理
🐾🐾🐾🐾	🐾🐾
適合其他寵物程度	忠誠度
🐾🐾🐾	🐾🐾🐾
活力指數	護主性
🐾🐾🐾	🐾🐾🐾
運動需求	訓練難易度
🐾🐾🐾	🐾🐾🐾

波蘭獵犬 Polish Hound

品種資訊

原產地
波蘭

身高
公 22-25.5 英寸（56-65 公分）／
母 21.5-23.5 英寸（55-60 公分）

體重
公 55-70.5 磅（25-32 公斤）／
母 44-57.5 磅（20-26 公斤）

被毛
雙層毛，外層毛中等長度、厚，底
毛濃密

毛色
黑色或深灰色體色，頭部和耳部為
棕褐色

其他名稱
Ogar Polski

註冊機構（分類）
ARBA（狩獵犬）；FCI（嗅覺型
獵犬）；UKC（嗅覺型獵犬）

起源與歷史

　　波蘭的原生獵犬如同其他歐洲獵犬，在除了家鄉以外的地區都不太有名。牠體
型大、動作緩慢而笨重，但卻沒有像聖休伯特犬那般的龐大頭顱、長耳和過多的表
皮。牠可能和德國及奧地利特別培育的追蹤犬有血緣關係，因為牠有著德國獵犬僵
硬、扁平、稍微飄逸的大耳朵。

　　在過去幾個世紀以來，波蘭獵犬因牠無以倫比的追蹤技巧受到推崇。戰爭折損
了犬種數量，但透過鮑爾齊維茲（Pawlusiewicz）和卡塔維克（Kartawik）上校的努
力，牠設法在世界第二次大戰後存活了下來。世界畜犬聯盟（FCI）於 1966 年認可
該品種。即使在家鄉，牠的數量也依舊稀少。

個性

　　波蘭獵犬在狩獵活動以外期間是溫柔而隨和犬種，牠和家人感情要好，不狩獵
時喜歡在房屋中四處走動或在飼主腳邊蜷曲休息。一旦進入野外，會一直堅持到撲

倒獵物為止。在狩獵時會使用低沉而動人的噪音。
牠和任何人都能相處融洽，包括孩童及其他寵物。

照護需求

運動

　　波蘭獵犬不需要大量運動，卻需要定期運動。
一天進行幾次散步，尤其是到牠能夠嗅聞的場所，
能讓牠維持體型且探索環境。如果飼主想要，牠也
會是良好的慢跑或自行車夥伴。

飲食

　　波蘭獵犬食慾良好，應該餵食牠高品質的食物。牠可能會習慣乞食（獵犬在食物上一向
不屈不撓），因此有必要掌控食物攝取量，以讓牠維持正常體重。

梳理

　　波蘭獵犬的短毛十分容易保持整潔。需要注意雙耳清潔以避免感染。

健康

　　波蘭獵犬的平均壽命為十一至十四年，根據資料並沒有品種特有的健康問題。

訓練

　　在替波蘭獵犬進行狩獵訓練時很輕鬆，但需要花費更多心力才能讓牠在屋內遵守飼主的
要求。但牠善良而溫和，對正面且能啟發動力的訓練方式反應良好。牠的飼主應該進行短時
間的訓練並給予獎勵。

速查表

適合小孩程度	梳理
🐾🐾🐾🐾	🐾🐾🐾
適合其他寵物程度	忠誠度
🐾🐾🐾🐾	🐾🐾🐾🐾
活力指數	護主性
🐾🐾🐾	🐾🐾🐾
運動需求	訓練難易度
🐾🐾🐾	🐾🐾🐾

波蘭低地牧羊犬 Polish Lowland Sheepdog

速查表

適合小孩程度
🐾🐾🐾🐾🐾

適合其他寵物程度
🐾🐾🐾🐾🐾

活力指數
🐾🐾🐾🐾🐾

運動需求
🐾🐾🐾🐾🐾

梳理
🐾🐾🐾🐾🐾

忠誠度
🐾🐾🐾🐾🐾

護主性
🐾🐾🐾🐾🐾

訓練難易度
🐾🐾🐾🐾🐾

品種資訊

原產地
波蘭

身高
公 17-20 英寸（43-51 公分）／
母 16-19 英寸（40.5-48.5 公分）

體重
35-50 磅（16-22.5 公斤）[估計]

被毛
雙層毛，外層長毛、直或略呈波浪狀、
蓬亂、厚，底毛柔軟、濃密；長毛遮
蓋雙眼

毛色
可接受所有顏色和斑塊

其他名稱
Polish Owczarek Nizinny；
Polski Owczarek Nizinny

註冊機構（分類）
AKC（畜牧犬）；ANKC（工作犬）；
ARBA（畜牧犬）；CKC（畜牧犬）；
FCI（牧羊犬）；KC（畜牧犬）；
UKC（畜牧犬）

起源與歷史

　　波蘭低地牧羊犬於原生地存在的證明至少可追溯至十六世紀。牠的部分血統源自於匈牙利的波利犬，也被視為東歐絨毛型和長毛型畜牧犬之間有所關聯的證據。根據美國波蘭低地牧羊犬協會的紀錄，一艘於 1514 年從荷蘭格但斯克前往蘇格蘭的船隻上載了六隻波蘭低地牧羊犬。其中三隻（一公二母）被用來交換蘇格蘭公羊和母羊。這三隻狗很有可能就是蘇格蘭長鬚牧羊犬的祖先，因為牠們的外表與性格和波蘭低地牧羊犬十分相像。

　　除了身為傑出的牧羊犬，波蘭低地牧羊犬也是優秀的護衛犬和看守犬，因諸多優點而受到重視。雖然牠外表嬌小可愛，但在保護牠所認定的「群體」（無論是牲畜或牠的人類家人）時，面對認定的威脅會無所畏懼且毫不妥協。該品種數量在世界第二次大戰期間和之後直線掉落，幸好在專職育種者的努力之下，牠受到拯救，現今也頗為興盛。許多波蘭城市居民都在公寓裡飼養波蘭低地牧羊犬，因為體型較為適合。

個性

愛玩、精力旺盛、聰明而忠心，這些只是飼主讚賞波蘭低地牧羊犬的各種優點中的幾項，但他們也承認這種狗需要公平的飼主讓牠融入家庭，否則牠會開始自作主張。波蘭低地牧羊犬既聰慧又有毅力，牠強烈的畜牧天性加上守衛精神，代表牠不會佔人便宜。與陌生人相處時可能會有些謹慎，不過一旦熟悉後，會變得非常親近而熱情。波蘭低地牧羊犬對家庭忠誠而願意奉獻，也十分擅長和孩童相處。

照護需求

運動

波蘭低地牧羊犬需要大量運動。因為最初培育是為了能整日走動，牠十分健壯且能夠參與任何戶外活動，在放牧、敏捷、追蹤、服從、拉力和飛球競賽中也是好勝的參賽者。牠也能滿足於一天進行幾次長距離散步，幼犬特別喜歡玩遊戲，將之當成一種運動方式。

飲食

波蘭低地牧羊犬喜歡吃東西，但可能會挑食。牠偏好少量多餐，但需要餵食高品質、適齡的食物。

梳理

波蘭低地牧羊犬的長毛需要每週梳理，以避免打結或糾纏。牠會季節性換毛，必須在此時花費更多心力照護以帶出底毛。腳部和臉上的長毛也需要格外細心照護以維持乾淨，但牠的被毛不需過度護理。

健康

波蘭低地牧羊犬的平均壽命為十二至十五年，根據資料並沒有品種特有的健康問題。

訓練

反應迅速且忠實的波蘭低地牧羊犬對正向且給予獎勵的訓練反應良好，牠能參與所有犬類運動和活動，學習速度也很快。因為牠天生是獨立思考的犬類，也會保護視為所有物的人事物，必須自幼犬時期進行訓練和社會化，以成為理想中自信又冷靜的牧羊犬。

博美犬 Pomeranian

適合小孩程度
🐾🐾🐾🐾🐾

適合其他寵物程度
🐾🐾🐾🐾🐾

活力指數
🐾🐾🐾🐾🐾

運動需求
🐾🐾🐾🐾🐾

梳理
🐾🐾🐾

忠誠度
🐾🐾🐾🐾🐾

護主性
🐾🐾🐾🐾🐾

訓練難易度
🐾🐾🐾🐾

品種資訊

原產地
德國

身高
7-12 英寸（18-30.5 公分）[估計]

體重
公 4-4.5 磅（2 公斤）／母 4.5-5.5 磅（2-2.5 公斤）｜ 3-7 磅（1.5-3 公斤）[AKC] [CKC] [UKC]

被毛
雙層毛，外層毛長、直、粗糙、光亮，底毛柔軟、蓬鬆、厚；有頸部環狀毛

毛色
所有顏色、花紋、變化 [AKC] [UKC] ｜所有顏色，但無黑色或白色陰影色 [ANKC] [KC] ｜黑色、棕色、巧克力色、棕灰色、紅色、橙色、奶油色、橙褐色、狼褐色、藍色、白色、雜色、黑棕褐色，以及前述顏色的所有組合 [CKC]

其他名稱
Dwarf Spitz；Toy German Spitz；Zwergspitz

註冊機構（分類）
AKC（玩賞犬）；ANKC（玩賞犬）；CKC（玩賞犬）；KC（玩賞犬）；UKC（伴侶犬）

起源與歷史

　　此品種命名自其德國原生地：波美拉尼亞（Pomerania）。身為歐洲畜牧狐狸犬的後代，早期的博美犬重達 30 磅（13.5 公斤），被毛也比現今的博美犬稀少。維多利亞女王對該品種的熱愛，使牠朝玩賞犬的方向發展。她在十九世紀晚期飼養了一隻，很快地便在其私人犬舍進行繁殖。她所展示的犬隻通常介於 12-18 磅（5.5-8 公斤）之間，而較小型和被毛較為蓬鬆的犬隻逐漸受到歡迎。博美犬也受到瑪麗·安東妮（Marie Antoinette）、莫札特（Amadeus Mozart）和埃米爾·左拉（Emile Zola）的喜愛。

　　在博美犬進入北美之際，嬌小體型和澎鬆被毛已成牠的招牌特徵。現今博美犬的平均體重約為 5 磅（2.5 公斤）。毛絨絨的渾圓外表讓牠成為深受喜愛的伴侶犬和引人

注目的展示犬，牠在表演把戲上也很有天賦，在敏捷和服從表現也十分傑出。

博美犬在許多國家被稱為「Zwergspitz」（玩具狐狸犬），是德國狐狸犬中最為矮小的一種，其他還包括凱斯犬、荷蘭毛獅犬、德國絨毛犬和小型狐狸犬。牠們有著相同的歷史，而世界畜犬聯盟（FCI）將牠們皆視為德國狐狸犬的變種（詳見德國狐狸犬）。然而在其他多數協會中，牠是被稱為博美犬的獨立品種。

個性

朝氣勃勃的博美犬雖然嬌小，卻是典型的狐狸犬種。牠有警覺、活潑、聰明、謹慎，也自信滿滿。牠不僅想成為家中一員，更想參與所有家庭活動。雖然牠不像某些玩賞犬一樣黏人，但包容其需求會發展成蠻橫或被寵壞的性格，這透過服從訓練便能輕鬆改正。牠是傑出的護衛犬，一旦懷疑就會吠叫。雖然年幼孩童的奇怪舉動會激怒某些博美犬，但和年齡稍長的孩童能相處融洽。牠們喜歡玩耍和學習把戲。

照護需求

運動

活潑的博美犬定期運動就能健康成長。牠熱愛外出觀察世界，最好一天散步數次。牠喜歡成為注目焦點，也樂意陪伴家人外出辦事等。玩耍是博美犬最愛的另一種運動方式。

飲食

博美犬可能會挑食，可能偏好少量多餐。應該給予高品質、適齡的食物。需要控制牠的體重，餵食剩飯或過多的點心會迅速使牠變胖。

梳理

博美犬濃密的被毛需要定期整理以保持外貌整潔。牠會持續地掉毛，有著如棉花般的底毛，最好一週梳理數次。眼部周遭必須保持乾淨，也要定期檢查牙齒。

健康

博美犬的平均壽命為十三至十五年，品種的健康問題可能包含氣管塌陷、甲狀腺功能低下症、膝蓋骨脫臼，以及開放性動脈導管（PDA）。

訓練

訓練博美犬很有趣，牠渴望學習，以正向且能激發動力的訓練方式，牠便能快速學會基本服從指令，並願意進行如敏捷的進階訓練。服從訓練很重要，必須讓博美犬了解誰是領導者。自幼犬時期進行社會化能幫助牠建立自信。

中型貴賓犬 Poodle, Medium

品種資訊

原產地
法國

身高
超過 14 英寸（35 公分），最大 17.5 英寸（45 公分）

體重
31-38.5 磅（14-17.5 公斤）
[估計]

被毛
兩種類型：捲毛質地自然粗糙、密布全身／繩狀毛緊密，甚至有多種長度的繩狀毛

毛色
黑色、白色、棕色、灰色、杏黃色、紅淺黃褐色

其他名稱
Caniche

註冊機構（分類）
FCI（伴侶犬及玩賞犬）

起源與歷史

貴賓犬被認為起源於德國，而「pudel」意即「在水中嬉戲」。此品種的發展足跡遍布西歐，四百多年前牠在該地區開始受到歡迎，但牠在法國才真正獲得讚頌，且據說現今貴賓犬的外型是在法國才發展成熟。該品種在法國被稱為「Caniche」，字源是「chien」（犬）和「canard」（鴨）。無論是法語和德語名稱，皆與牠狩獵水禽的能力有關。據說其祖先包括巴貝犬（一種法國水犬）和匈牙利水獵犬。

法國人欣賞貴賓犬的多才多藝，白天是可靠的尋回犬，夜晚則是時髦而尊貴的伴侶犬。牠曾被用來搜尋松露，但不久後即成了法國貴族的最愛，在十五世紀後的許多繪畫中皆可找到貴賓犬的身影。其機智和魅力也為牠在表演時帶來優勢，自從歐洲馬戲團興起，貴賓犬也成了表演把戲的犬種。

雖然現今貴賓犬的造型可能對某些人而言過於誇張，但這個造型曾一度有實際功用。獵人希望能讓此犬種游得更輕鬆、更快，卻不想讓牠著涼。因此剃光頸部、四肢和尾巴的毛，並在他們認為需保暖的部位留下蓬鬆軟毛：胸口、臀部和四肢關節。貴賓犬在犬展上有幾種標準的競賽造型，但在修剪梳理競賽中，通常會做出特殊造型，包括展現景觀或時尚造型等。這要追溯到歐洲歷史的某段時間，當時貴賓犬造型曾出現過家族紋章、飼主姓名縮寫、法國百合花飾，或

是別緻的鬍鬚造型。

大部分協會都認可貴賓犬的三種體型：迷你型、玩具型和標準型。但世界畜犬聯盟（FCI）認可第四種，也就是中型貴賓犬，牠的體型介於玩具型和標準型之間。

個性

牠個性活潑、聰明，外型高雅。沉穩、熱情又敏感，和家人十分合拍。牠多才多藝，有著隨和的天性，也有幽默感。牠喜愛和人互動，反應迅速，需要家人多注意牠。和孩童及其他犬隻相處融洽。

照護需求

運動

所有貴賓犬都很喜歡散步，能維持身體健康且促進與他人互動。中型貴賓犬每天至少要進行四十分鐘的強烈運動。所有體型的貴賓犬在各項犬類運動及活動中都表現傑出，包括服從、拉力、敏捷、飛球運動，也喜歡表演小把戲。

飲食

中型貴賓犬食慾良好，通常不太挑食。需要給予最高品質、適齡的食物，並限制肥胖或不健康的零食。

梳理

貴賓犬的梳理需要耗費許多心力。牠濃密的自然捲毛幾乎不掉毛，但生長速度很快，通常需要每六到八週修剪一次。大部分飼主會請熟悉各種造型的專業人員來修剪。定期修剪之外，也需要定期梳理。白毛犬隻通常在雙眼附近會有淚溝，需要時常清理。牠的雙耳應保持整潔乾燥以避免感染。

健康

中型貴賓犬的平均壽命為十至十五年，品種的健康問題可能包含癲癇、髖關節發育不良症、膝蓋骨脫臼、犬漸進性視網膜萎縮症（PRA），以及皮脂腺炎（SA）。

訓練

牠極易訓練，聰明又敏感，願意取悅飼主並服從要求。用正向且以獎勵為基礎的訓練方式能教會牠任何指令、遊戲和運動。為了增進牠的自信，須自幼犬時期進行社會化訓練。

速查表

適合小孩程度	梳理
適合其他寵物程度	忠誠度
活力指數	護主性
運動需求	訓練難易度

迷你貴賓犬 Poodle, Miniature

品種資訊

原產地
法國

身高
超過 10-15 英寸（25.5-38 公分）｜
11-15 英寸（28-38 公分）[ANKC] ｜
11 英寸（28 公分），最大 14 英寸（35
公分）[FCI]

體重
15-20 磅（7-9 公斤）[估計]

被毛
兩種類型：捲毛質地自然粗糙、密布
全身／繩狀毛緊密，甚至有多種長度
的繩狀毛

毛色
白色、奶油色、棕色、杏黃色、黑色｜
亦有紅色、銀米黃色、多色 [UKC] ｜
亦有藍色、銀色 [AKC] [ANKC] [KC]
[UKC] ｜亦有咖啡牛奶色 [AKC]
[UKC] ｜亦有灰色 [AKC] [FCI]
[UKC] ｜亦有紅淺黃褐色 [FCI]

其他名稱
Caniche

註冊機構（分類）
AKC（家庭犬）；ANKC（家庭犬）；
CKC（家庭犬）；FCI（伴侶犬及玩賞
犬）；KC（萬用犬）；UKC（伴侶犬）

起源與歷史

貴賓犬被認為起源於德國，而「pudel」意
即「在水中嬉戲」。此品種的發展足跡遍布西
歐，四百多年前牠在該地區開始受到歡迎，但
牠在法國才真正獲得讚頌，且據說現今貴賓犬
的外型是在法國才發展成熟。該品種在法國被
稱為「Caniche」，字源是「chien」（犬）和
「canard」（鴨）。無論是法語和德語名稱，
皆與牠狩獵水禽的能力有關。據說其祖先包括
巴貝犬（一種法國水犬）和匈牙利水獵犬。

法國人欣賞貴賓犬的多才多藝，白天是可
靠的尋回犬，夜晚則是時髦而尊貴的伴侶犬。
牠曾被用來搜尋松露，但不久後即成了法國貴
族的最愛，在十五世紀後的許多繪畫中皆可找
到貴賓犬的身影。其機智和魅力也為牠在表演
時帶來優勢，自從歐洲馬戲團興起，貴賓犬也
成了表演把戲的犬種。

雖然現今貴賓犬的造型可能對某些人而言
過於誇張，但這個造型曾一度有實際功用。獵
人希望能讓此犬種游得更輕鬆、更快，卻不想
讓牠著涼。因此剃光頸部、四肢和尾巴的毛，
並在他們認為需保暖的部位留下蓬鬆軟毛：胸
口、臀部和四肢關節。貴賓犬在犬展上有幾種
標準的競賽造型，但在修剪梳理競賽中，通常會做出特殊造型，包括展現景觀或時尚

造型等。這要追溯到歐洲歷史的某段時間；當時貴賓犬造型曾出現過家族紋章、飼主姓名縮寫、法國百合花飾，或別緻的鬍鬚造型。

迷你貴賓犬是利用標準貴賓犬育種成現今的高度，牠們被視為相同品種，並以相同標準評斷。在1950年代及1960年代，迷你貴賓犬是美國最為受歡迎的貴賓犬。

速查表

適合小孩程度	梳理
🐾🐾🐾🐾🐾	🐾🐾🐾🐾🐾
適合其他寵物程度	忠誠度
🐾🐾🐾🐾🐾	🐾🐾🐾🐾🐾
活力指數	護主性
🐾🐾🐾🐾🐾	🐾🐾🐾🐾🐾
運動需求	訓練難易度
🐾🐾🐾🐾🐾	🐾🐾

個性

牠個性活潑而機智，和家人十分合拍。牠多才多藝，有著隨和天性，也有幽默感。牠好動又聰明，天性溫和，但和陌生人相處可能有點害羞或謹慎。社會化訓練能激發牠的自信和快樂。牠時常吠叫。

照護需求

運動

迷你貴賓犬十分喜歡散步，能維持身體健康並促進與他人的互動。牠在各項犬類運動及活動中都表現傑出，包括服從、拉力、敏捷、飛球運動，也喜歡表演小把戲。

飲食

迷你貴賓犬食慾良好，通常不太挑食。需要給予最高品質、適齡的食物，並限制肥胖或不健康的零食。

梳理

貴賓犬的梳理需要耗費許多心力。牠濃密的自然捲毛幾乎不掉毛，但生長速度很快，通常需要每六到八週修剪一次。大部分飼主會請熟悉各種造型的專業人員來修剪。定期修剪之外，也需要定期梳理。白毛犬隻通常在雙眼附近會有淚溝，需要時常清理。牠的雙耳應保持整潔乾燥以避免感染。

健康

迷你貴賓犬的平均壽命為十至十五年，品種的健康問題可能包含癲癇、髖關節發育不良症、股骨頭缺血性壞死、膝蓋骨脫臼、犬漸進性視網膜萎縮症（PRA）、皮脂腺炎（SA）、皮膚問題，以及類血友病。

訓練

牠極易訓練，聰明又敏感，願意取悅飼主並服從要求。用正向且以獎勵為基礎的訓練方式能教會牠任何指令、遊戲和運動。為了增進牠的自信，須自幼犬時期進行社會化訓練。

標準貴賓犬 Poodle, Standard

品種資訊

原產地
法國

身高
超過 15 英寸（38 公分）｜ 15 英寸（38 公分）以上 [ANKC] ｜超過 17.5-23.5 英寸（45-60 公分）[FCI]

體重
45-70 磅（20.5-31.5 公斤）[估計]

被毛
兩種類型：捲毛質地自然粗糙、密布全身／繩狀毛緊密，甚至有多種長度的繩狀毛

毛色
白色、奶油色、棕色、杏黃色、黑色｜亦有紅色、銀米黃色、多色 [UKC] ｜亦有藍色、銀色 [AKC] [ANKC] [KC] [UKC] ｜也有咖啡牛奶色 [AKC] [UKC] ｜亦有灰色 [AKC] [FCI] [UKC] ｜亦有紅淺黃褐色 [FCI]

其他名稱
Caniche

註冊機構（分類）
AKC（家庭犬）；ANKC（家庭犬）；CKC（家庭犬）；FCI（伴侶犬及玩賞犬）；KC（萬用犬）；UKC（伴侶犬）

起源與歷史

貴賓犬被認為起源於德國，而「pudel」意即「在水中嬉戲」。此品種的發展足跡遍布西歐，四百多年前牠在該地區開始受到歡迎，但牠在法國才真正獲得讚頌，且據說現今貴賓犬的外型是在法國才發展成熟。該品種在法國被稱為「Caniche」，字源是「chien」（犬）和「canard」（鴨）。無論是法語和德語名稱，皆與牠狩獵水禽的能力有關。據說其祖先包括巴貝犬（一種法國水犬）和匈牙利水獵犬。

法國人欣賞貴賓犬的多才多藝，白天是可靠的尋回犬，夜晚則是時髦而尊貴的伴侶犬。牠曾被用來搜尋松露，但不久後即成了法國貴族的最愛，在十五世紀後的許多繪畫中皆可找到貴賓犬的身影。其機智和魅力也為牠在表演時帶來優勢，自從歐洲馬戲團興起，貴賓犬也成了表演把戲的犬種。

雖然現今貴賓犬的造型可能對某些人而言過於誇張，但這個造型曾一度有實際功用。獵人希望能讓此犬種游得更輕鬆、更快，卻不想讓牠著涼。因此剃光頸部、四肢和尾巴的毛，並在他們認為需保暖的部位留下蓬鬆軟毛：胸口、臀部和四肢關節。貴賓犬在犬展上有幾種標準的競賽造型，但在修剪梳理競賽中，通常會做出特殊造型，包括展現景觀或時尚

造型等。這要追溯到歐洲歷史的某段時間；當時貴賓犬造型曾出現過家族紋章、飼主姓名縮寫、法國百合花飾，或別緻的鬍鬚造型。

　　中型、迷你和玩具貴賓犬都是利用標準貴賓犬育種成現今的高度，牠們被視為相同品種，並以相同標準評斷。

個性

　　有人描述牠為驕傲、聰明而優雅的伴侶犬。沉穩、熱情又敏感，和家人合拍。能和孩童及其他犬隻相處融洽，通常在此體型犬種之中個性最沉穩。

照護需求

運動

　　標準貴賓犬是絕佳的戶外犬種，十分享受散步活動，能保持身體健康並促進與他人互動。牠至今仍被用作尋回犬，也參加愈來愈多的狩獵比賽及測試。牠在各項犬類運動及活動中都表現傑出，包括服從、拉力、敏捷、飛球運動，也喜歡表演小把戲。

飲食

　　中型貴賓犬食慾良好，通常不太挑食。需要給予最高品質、適齡的食物，並限制肥胖或不健康的零食。

梳理

　　貴賓犬的梳理需要耗費許多心力。牠濃密的自然捲毛幾乎不掉毛，但生長速度很快，通常需要每六到八週修剪一次。大部分飼主會請熟悉各種造型的專業人員來修剪。定期修剪之外，也需要定期梳理。白毛犬隻通常在雙眼附近會有淚溝，需要時常清理。牠的雙耳應保持整潔乾燥以避免感染。

健康

　　標準貴賓犬的平均壽命為十至十五年，品種的健康問題可能包含胃擴張及扭轉、癲癇、髖關節發育不良症、膝蓋骨脫臼、犬漸進性視網膜萎縮症（PRA）、皮脂腺炎（SA）、皮膚問題、腳趾癌，以及類血友病。

訓練

　　牠極易訓練，聰明又敏感，願意取悅飼主並服從要求。用正向且以獎勵為基礎的訓練方式能教會牠任何指令、遊戲和運動。為了增進牠的自信，須自幼犬時期進行社會化訓練。

玩具貴賓犬 Poodle, Toy

品種資訊

原產地
法國

身高
10 英寸（25.5 公分）以下｜11 英寸（28 公分）以下 [ANKC] [KC]｜超過 9.5-11 英寸（24-28 公分）[FCI]

體重
4-8 磅（2-3.5 公斤）[估計]

被毛
兩種類型：捲毛質地自然粗糙、密布全身／繩狀毛緊密，甚至有多種長度的繩狀毛

毛色
白色、奶油色、棕色、杏黃色、黑色｜亦有紅色、銀米黃色、多色 [UKC]｜亦有藍色、銀色 [AKC] [ANKC] [KC] [UKC]｜亦有咖啡牛奶色 [AKC] [UKC]｜亦有灰色 [AKC] [FCI] [UKC]｜亦有紅淺黃褐色 [FCI]

其他名稱
Caniche

註冊機構（分類）
AKC（家庭犬）；ANKC（家庭犬）；CKC（家庭犬）；FCI（伴侶犬及玩賞犬）；KC（萬用犬）；UKC（伴侶犬）

起源與歷史

貴賓犬被認為起源於德國，而「pudel」意即「在水中嬉戲」。此品種的發展足跡遍布西歐，四百多年前牠在該地區開始受到歡迎，但牠在法國才真正獲得讚頌，且據說現今貴賓犬的外型是在法國才發展成熟。該品種在法國被稱為「Caniche」，字源是「chien」（犬）和「canard」（鴨）。無論是法語和德語名稱，皆與牠狩獵水禽的能力有關。據說其祖先包括巴貝犬（一種法國水犬）和匈牙利水獵犬。

法國人欣賞貴賓犬的多才多藝，白天是可靠的尋回犬，夜晚則是時髦而尊貴的伴侶犬。牠曾被用來搜尋松露，但不久後即成了法國貴族的最愛，在十五世紀後的許多繪畫中皆可找到貴賓犬的身影。其機智和魅力也為牠在表演時帶來優勢，自從歐洲馬戲團興起，貴賓犬也成了表演把戲的犬種。

雖然現今貴賓犬的造型可能對某些人而言過於誇張，但這個造型曾一度有實際功用。獵人希望能讓此犬種游得更輕鬆、更快，卻不想讓牠著涼。因此剃光頸部、四肢和尾巴的毛，並在他們認為需保暖的部位留下蓬鬆軟毛：胸口、臀部和四肢關節。貴賓犬在犬展上有幾種標準的競賽造型，但在修剪梳理競賽中，通常會做出特殊造型，

包括展現景觀或時尚造型等。這要追溯到歐洲歷史的某段時間；當時貴賓犬造型曾出現過家族紋章、飼主姓名縮寫、法國百合花飾，或別緻的鬍鬚造型。

玩具貴賓犬是利用標準貴賓犬育種成現今的高度，牠們被視為相同品種，並以相同標準評斷。玩具貴賓犬是美國最受歡迎的貴賓犬，在世界各地也廣受喜愛。

速查表

適合小孩程度	梳理
🐾🐾🐾🐾🐾	🐾🐾🐾🐾🐾
適合其他寵物程度	忠誠度
🐾🐾🐾🐾🐾	🐾🐾🐾🐾🐾
活力指數	護主性
🐾🐾🐾🐾🐾	🐾🐾🐾🐾🐾
運動需求	訓練難易度
🐾🐾🐾🐾🐾	🐾🐾🐾🐾🐾

個性

玩具貴賓犬比其他類型更害羞，且更容易敏感。牠反應迅速又聰明，和人類在一起時最為開心，在進行訓練和社會化時很有精神。牠有時會吹毛求疵，年齡稍長的孩童最適合待在牠身邊，牠是忠誠的伴侶犬和護衛犬。牠時常吠叫。

照護需求

運動

玩具貴賓犬十分享受散步活動，能保持身體健康並促進與他人互動。牠在各項犬類運動及活動中都表現傑出，包括服從、拉力、敏捷、飛球運動，也喜歡表演小把戲。

飲食

玩具貴賓犬可能會挑食。需要給予最高品質、適齡的食物，並限制肥胖或不健康的零食。

梳理

貴賓犬的梳理需耗費許多心力。牠濃密的自然捲毛幾乎不掉毛，但生長速度很快，通常需要每六到八週修剪一次。大部分飼主會請熟悉各種造型的專業人員來修剪。定期修剪之外，也需要定期梳理。白毛犬隻通常在雙眼附近會有淚溝，需要時常清理。牠的雙耳應保持整潔乾燥以避免感染。

健康

玩具貴賓犬的平均壽命為十至十五年，品種的健康問題可能包含癲癇、髖關節發育不良症、股骨頭缺血性壞死、膝蓋骨脫臼、犬漸進性視網膜萎縮症（PRA）、皮脂腺炎（SA），以及皮膚問題。

訓練

牠極易訓練，聰明又敏感，願意取悅飼主並服從要求。用正向且以獎勵為基礎的訓練方式能教會牠任何指令、遊戲和運動。為了增進牠的自信，須自幼犬時期進行社會化訓練。

瓷器犬 Porcelaine

速查表

適合小孩程度
🐾🐾🐾🐾🐾

適合其他寵物程度
🐾🐾🐾🐾🐾

活力指數
🐾🐾🐾🐾🐾

運動需求
🐾🐾🐾🐾🐾

梳理
🐾🐾🐾🐾🐾

忠誠度
🐾🐾🐾🐾🐾

護主性
🐾🐾🐾🐾🐾

訓練難易度
🐾🐾🐾🐾🐾

品種資訊

原產地
法國

毛色
潔白色帶圓形橙色斑點

身高
公 21.5-23 英寸（55-58 公分）／母 21-22 英寸（53-56 公分）

其他名稱
法蘭琪康堤犬（Chien de Franche-Comté）

體重
55-62 磅（25-28 公斤）[估計]

註冊機構（分類）
ARBA（狩獵犬）；FCI（嗅覺型獵犬）；UKC（嗅覺型獵犬）

被毛
平滑、薄、有光澤、緊密

起源與歷史

　　瓷器犬是古老的法國嗅覺型獵犬，也被稱為法蘭琪康堤犬，是以法國及瑞士之間地區命名。牠之所以得名瓷器犬，是因為牠的薄皮膚和白毛賦予牠有如精緻瓷器的精緻外表。

　　瓷器犬被認為是蒙特貝夫犬（Montaimboeufs）的後代，而蒙特貝夫犬則源自於塔爾博特犬（Talbot）；亦有滲入瑞士獵犬的基因。該品種成群狩獵野兔和小鹿，在法國大革命之後幾乎滅絕。一位流亡的法國貴族來到美國，並帶了幾隻這種獵犬。名為盧梭（Rousseau）的家族在路易斯安那領土上獲得路易十四國王所賦予的大片土地，他們於此培育了許多獵犬。據說在美國內戰之前，南方的盧梭莊園養有兩百五十隻瓷器犬。家族所有的一幅畫在 1906 年曾於巴黎展出，上面繪著三十一隻瓷器犬在路易斯安那甘蔗園中圍獵一隻黑豹。美國內戰後，南部莊園經濟崩壞，盧梭家族的後代也向西遷居到德州。這些獵犬也被當成禮物送給當地牧場。雖然純種瓷器犬在遷徙過程中未能存活下來，但這些法國獵犬的血統一直存在於許多美國當地獵犬品種身上，尤其

是西南部地區。

在法國大革命後，法國的瓷器犬幾乎滅絕，但在法國及瑞士育種者的努力下成功復育。如今，牠在法國、瑞士和義大利皆十分受歡迎，仍持續作為群獵犬使用。

個性

瓷器犬是專注力高又無所畏懼的獵犬，愛好者十分欣賞牠的過人精力和工作能力，在家中則溫暖而隨和。牠身形輕巧、被毛光亮，有著獨特的長耳，外表令人印象深刻，若給予發揮天賦的管道，牠會是忠誠的伴侶犬。

照護需求

運動

瓷器犬喜歡狩獵，喜歡和其他獵犬一起追逐獵物。若缺乏讓牠發揮天生狩獵才能的機會，則至少需要每天進行數次的長程散步，讓牠能自由探索環境。只要有足夠的運動量，在家就能保持安靜而優雅。

飲食

瓷器犬食慾良好，需要高品質的食物以維持牠在野外所需的活力。

梳理

瓷器犬細緻的短毛只需要偶爾以柔軟布料擦拭就能保持乾淨。牠長長的雙耳容易藏污納垢和潮濕，可能會導致感染，必須時常檢查。眼部周遭也應該保持乾淨。

健康

瓷器犬的平均壽命為十一至十四年，根據資料並沒有品種特有的健康問題。

訓練

瓷器犬是典型獵犬，在野外十分樂意遵從指示，但家中禮儀可能需要花費更多心力訓練。若從幼犬時期即開始進行以獎勵為基礎、時間短暫且前後一致的訓練，瓷器犬能夠學到牠所需要的知識。

葡萄牙波登哥犬 Portuguese Podengo

速查表

適合小孩程度
🐾🐾🐾🐾🐾

適合其他寵物程度
🐾🐾🐾🐾🐾

活力指數
🐾🐾🐾🐾🐾

運動需求
🐾🐾🐾🐾🐾

梳理
🐾🐾🐾🐾🐾

忠誠度
🐾🐾🐾🐾🐾

護主性
🐾🐾🐾🐾🐾

訓練難易度
🐾🐾🐾🐾🐾

品種資訊

原產地
葡萄牙

身高
三種體型：大型 22-28 英寸（56-71 公分）
／中型 16-22 英寸（40.5-56 公分）／小
型 8-12 英寸（20-30.5 公分）

體重
三種體型：大型 44-66 磅（20-30 公斤）
／中型 35.5-44 磅（16-20 公斤）／小型
9-13 磅（4-6 公斤）

被毛
兩種類型：短毛型短、非常濃密／剛毛
型中等長度、粗糙；有鬍鬚

毛色
單一黃色、黃褐色（各種深淺）、黑色
（稀釋或漸淡）或帶白色斑紋，或者白
色帶前述顏色的斑紋

其他名稱
Podengo Português；Podengo
Portugueso；Portuguese Warren Hound

註冊機構（分類）
AKC（FSS：狩獵犬）；ARBA（狐狸犬
及原始犬）；FCI（狐狸犬及原始犬）；
KC（狩獵犬）；UKC（視覺型獵犬及野
犬）

起源與歷史

　　葡萄牙波登哥犬於數千年前隨著腓尼基人從小亞細亞來到伊比利半島。波登哥
犬在葡萄牙落腳，但牠們的旅程尚未結束，波登哥犬登上哥倫布和其他葡萄牙探險
家的船，到其他地方控制害獸的數量。

　　波登哥犬發展出三種體型：大型波登哥犬、中型波登哥犬和小型波登哥犬，每種
各有適合牠們狩獵的地形類型。大型波登哥犬擁有較長的腿，用於獵捕野豬。中型波
登哥犬在平地上的速度沒那麼快，但追擊兔子的機動性更強、動作更靈活。小型波登
哥犬（猶如健壯結實的吉娃娃）可能是世界上最小的獵犬，用於進入兔窩，驚趕獵物，
如同其較大型的表親那樣消滅害獸。

　　波登哥犬於 1990 年代來到美國，其魅力和易於訓練使之受到歡迎。牠們可以單獨

或成群帶出去狩獵，也能參與多種運動項目，包括誘餌追獵。

個性

　　波登哥犬是活潑、深情的陪伴者，安靜且守規矩。波登哥犬被培育用於協助消滅有害的小動物，天生警覺性高、戒備心強，使牠們成為絕佳的看門犬。牠們喜愛玩耍、極富魅力，樂於以牠們想要的方式陪伴家人。

照護需求

運動

　　活潑、好奇和愛玩，各種體型的波登哥犬都喜歡待在戶外。無論是狩獵、散步、玩耍或參加運動項目，例如誘餌追獵、敏捷、服從或飛球競賽，牠們自然而然願意投入其中。一回到屋內，便迅速安定下來。

飲食

　　三種體型的波登哥犬都是大食客，應該給予高品質的食物，但不可過度餵食，因為牠們容易發胖。

梳理

　　只要每週刷毛梳理，剛毛型和平毛型皆易於維持清潔。

健康

　　葡萄牙波登哥犬的平均壽命為十二至十四年，根據資料並沒有品種特有的健康問題。

訓練

　　波登哥犬對學習的反應和接受度良好，訓練起來有趣且容易。牠們喜歡參與訓練過程，敏於學習。以獎勵為基礎的訓練能獲致最佳成效，波登哥犬能快速學會從基本規矩、耍把戲到服從規定等一切事情。

品種資訊

原產地
葡萄牙

身高
公 22 英寸（56 公分）／
母 20.5 英寸（52 公分）

體重
公 44-59.5 磅（20-27 公斤）／
母 35-48.5 磅（16-22 公斤）

被毛
單層毛，短、堅韌、緊密

毛色
單一黃色、棕色或帶白色斑紋

其他名稱
Perdigueiro Português；Perdiguero
Português

註冊機構（分類）
AKC（FSS：獵鳥犬）；ARBA（獵
鳥犬）；FCI（指示犬）；UKC（槍
獵犬）

葡萄牙指示犬 Portuguese Pointer

起源與歷史

　　葡萄牙指示犬是一種古老的伊比利獵犬，其歷史可追溯到十二世紀，當時被皇家犬舍培育作為多用途鳥犬。牠最終成為人人可得的犬種，包括十八世紀時定居於葡萄牙波多地區的英國家庭。發現美洲大陸的期間，葡萄牙航海家的船上曾帶著葡萄牙指示犬隨行，且葡萄牙指示犬被用來培育出受歡迎的品種，例如拉布拉多犬和英國指示犬。能力備受青睞的葡萄牙指示犬也被帶往英國，其血統促成英國指示犬的發展。

　　葡萄牙指示犬的數量於十九世紀大幅減少，但在 1920 年代有一群專職育種者在葡萄牙偏遠地區找到純粹的血統，拯救牠們免於滅種。葡萄牙指示犬的標準於 1938年獲得葡萄牙育犬協會承認。

個性

　　葡萄牙指示犬是頑強的獵犬，具備強烈的指示與銜回獵物本能。牠深情忠誠，

深深依戀飼主，有時對於比較習慣獨立獵犬的人會造成不便。然而，葡萄牙指示犬對家人和狩獵的熱愛，使牠成為絕佳的家庭寵物和狩獵夥伴。葡萄牙指示犬對孩童溫和深情，如果得到允許，牠樂於睡在飼主的床腳下。

照護需求

運動

用於狩獵的葡萄牙指示犬最喜歡在野外執行任務。如果缺乏這種活動，必須讓牠每天從事數次激烈運動，以維持健全的身心狀態。

飲食

健壯的葡萄牙指示犬貪吃成性，體重應予以監控。牠需要食物所提供的能量，但當然仍須維持體態。最好給予高品質、適齡的飲食。

梳理

葡萄牙指示犬濃密的短毛不畏惡劣天候，禁得起沖刷和磨損，容易保持整齊清潔，只需偶爾用軟布擦拭或鬃刷清理。

健康

葡萄牙指示犬的平均壽命為十至十四年，根據資料並沒有品種特有的健康問題。

訓練

葡萄牙指示犬喜愛狩獵，容易接受野外工作的訓練，反應性良好且擁有一副好心腸，以誘發積極性的方法教導時學習快速。及早訓練和一貫的社會化可獲致最佳成效。

品種資訊

原產地
葡萄牙

身高
公 17.5-21.5 英寸（44.5-54.5 公分）
／母 16.5-20.5 英寸（42-52 公分）

體重
26.5-39.5 磅（12-18 公斤）

被毛
單層毛，極長、平滑或略呈波浪
狀、如山羊毛質地；有鬍鬚和髭
鬚

毛色
黃色、栗色、灰色、淡黃褐色、
狼灰色、黑色混棕褐色

其他名稱
埃什特雷拉山犬（Cão da Serra de
Aires）；Portuguese Sheepdog

註冊機構（分類）
ARBA（畜牧犬）；FCI（牧羊犬）；
UKC（畜牧犬）

葡萄牙牧羊犬 Portuguese Sheepdog

起源與歷史

葡萄牙牧羊犬為中型畜牧犬，類似西班牙加泰羅尼亞的畜牧犬和法國庇里牛斯牧羊犬，被培育來驅趕綿羊、山羊、牛、馬和豬。牠的葡萄牙語名稱為埃什特雷拉山犬，源自葡萄牙南部埃什特雷拉山的某座畜牧場。據信可能是 1900 年代早期，由卡斯特羅・吉馬良斯伯爵（Castro Guimarães）將畜牧犬與伯瑞犬雜交，而培育出葡萄牙牧羊犬。牠們必須擅於在平坦地形上放牧和驅趕畜群，並且能夠適應嚴苛的氣候條件。

葡萄牙牧羊犬曾於二十世紀下半葉瀕臨滅絕，但身為工作犬和伴侶犬的傑出特質拯救了牠。如今該品種逐漸聞名全歐洲，但在英國、美國和加拿大仍屬罕見。由於活潑的態度和富有特色的臉，在葡萄牙經常被稱作「猴犬」。

個性

葡萄牙牧羊犬敏捷伶俐且聰明，是道地的工作犬。生氣勃勃的性格和作風使牠深受與之生活和共事的人的喜愛和敬重。葡萄牙牧羊犬忠心耿耿，和家人形成牢固的情感連結，對陌生人顯得含蓄，而且可能具有領域性。

照護需求

運動

葡萄牙牧羊犬需要定期且相當密集的運動才能得到滿足，最喜歡放牧畜群或守護家人，寧可讓牠到戶外發揮用途，也不要讓牠待在室內枯坐；儘管牠珍視家中某個舒適的角落。

飲食

葡萄牙牧羊犬需要高品質、適齡的飲食。

梳理

該品種天生蓬亂的外表不應過度刷毛或梳理，只需偶爾修剪和每週一次稍微刷毛。

健康

葡萄牙牧羊犬的平均壽命約為十二年，根據資料並沒有品種特有的健康問題。

訓練

葡萄牙牧羊犬的學習能力異常快速，但需要堅定公正的領導者施予正確的訓練。應該讓牠自幼犬時期開始社會化，接觸各種不同的人和環境。葡萄牙牧羊犬的強烈職業道德和專注於放牧工作的本能，可能彰顯其領域性和疑心。這些作為專職畜牧犬的優點可能在較為居家的情況下會造成緊張。

速查表

適合小孩程度	梳理
🐾🐾🐾🐾🐾	🐾🐾🐾🐾🐾
適合其他寵物程度	忠誠度
🐾🐾🐾🐾🐾	🐾🐾🐾🐾🐾
活力指數	護主性
🐾🐾🐾🐾🐾	🐾🐾🐾🐾🐾
運動需求	訓練難易度
🐾🐾🐾🐾🐾	🐾🐾🐾🐾🐾

葡萄牙水犬 Portuguese Water Dog

品種資訊

原產地
葡萄牙

身高
公 19.5-23 英寸（50-58.5 公分）／母 16.5-21 英寸（42-53.5 公分）

體重
公 42-60 磅（19-27 公斤）／母 35-50 磅（16-22.5 公斤）

被毛
兩種類型，皆為單層毛：捲毛型密實、呈柱狀捲、稍無光澤／波浪型向下垂落、略帶光澤

毛色
黑色、白色、棕色調、黑色或棕色帶白色的組合

其他名稱
水犬（Cão de Agua）；Cão de Agua Portugues

註冊機構（分類）
AKC（工作犬）；ANKC（萬用犬）；CKC（工作犬）；FCI（水犬）；KC（工作犬）；UKC（槍獵犬）

起源與歷史

　　牠的故事述說面對逆境的堅忍不拔。葡萄牙水犬據信可回溯至西元前 700 年在中亞大草原協助漁夫的狗，許多世紀以來以作為葡萄牙沿海漁夫不可或缺的夥伴而聞名。科技與商業進步降低人們對牠工作能力的需求，使牠曾面臨絕種危機。其現代史可追溯到一群美國的專職育種者，他們利用十幾隻狗，不僅讓葡萄牙水犬起死回生，還繁衍興盛。

　　葡萄牙水犬自古以來的工作是將魚群趕進漁網，牠也能拾回水上物品，及在船舶之間和船舶與岸上之間傳遞訊息和裝備。葡萄牙水犬曾是船上人員不可或缺的一分子，伴隨船隻從葡萄牙的溫暖海域一路航行到冰島附的鱈魚漁場。該品種的葡萄牙語名稱為「Cão de Agua」（水犬），牠的體型和被毛類型與其效能息息相關；結實強健的體格讓牠甚至能穿行於洶湧的水域，而濃密不掉毛的防水被毛加上蹼足，使牠得以保持溫暖和平穩。牠實際上有兩種被毛類型：一種較長且呈波浪狀，另一種則是如貴賓犬的捲毛。

　　該品種經由英國來到美國，當時非常稀有。1958 年，一對作為稀有品種交易品的葡萄牙水犬抵達紐約。康乃迪克州的某對夫婦迷上葡萄牙水犬，並直接從葡萄牙進口一隻幼犬。1972 年，美國葡萄牙水犬協會成立並建立了該品種，到了 1980 年代初期，牠在四十多個州份繁衍興盛。如今，葡萄牙水犬十分活躍，一有機會便從事水上任務。

個性

培育用於服勞役的葡萄牙水犬極其聰明強健，能無畏潛入冰水取回漁網，在達成任務前不會停止工作。牠會獨立思考，能夠自行應付艱困的環境，但會根據自己的需要進行調整；其反應可能使漁夫一天的收成大好或大壞。葡萄牙水犬穩健但活潑、聰敏但愛玩，與孩童和其他狗相處融洽。牠也是絕佳的看門犬，因為牠十分關切摯愛家人的安康。

照護需求

運動

牠被育種成能在惡水中全天工作，體格強健、精力充沛。需要定期且高強度運動。飼養者知道牠最喜愛的運動是游泳。帶牠上船，一起玩銜回獵物的遊戲，是讓牠最快樂的事。牠重視工作，應該教導牠固定參與例行家事。牠也喜歡玩耍。

速查表

適合小孩程度	梳理
🐾🐾🐾🐾🐾	🐾🐾🐾🐾🐾
適合其他寵物程度	忠誠度
🐾🐾🐾🐾🐾	🐾🐾🐾🐾🐾
活力指數	護主性
🐾🐾🐾🐾🐾	🐾🐾🐾🐾🐾
運動需求	訓練難易度
🐾🐾🐾🐾🐾	🐾🐾🐾🐾🐾

飲食

強壯的葡萄牙水犬貪吃成性，體重應予以監控。牠需要食物賦予的能量，但仍須維持體態。最好給予高品質、適齡的飲食。

梳理

兩種類型的被毛都需要多加照料，以保持最佳狀態。葡萄牙水犬雖然幾乎不掉毛，但仍需要大量的保養。較長的波浪型被毛必須梳理和修剪以防糾結；捲毛型則需要定期梳理，每六到八週修剪一次。修剪的樣式包含尋回犬造型（全身適度短毛）和獅子造型（腹部、腿、尾巴和臉部毛髮剪短，留下胸部周圍、喉部和尾巴末端較長的毛）。

健康

葡萄牙水犬的平均壽命為十一至十四年，品種的健康問題可能包含愛迪生氏症、毛囊發育不良、髖關節發育不良症、擴張性心肌病（DCM）、犬漸進性視網膜萎縮症（PRA），以及肝醣儲積症（GSD）。

訓練

葡萄牙水犬渴望接受訓練。如果缺乏訓練，牠會靠自己做決定，這對狗本身或飼主家庭而言並非好事。牠需要引導和指揮，訓練應儘早開始，並以強化和正向方式與牠合作，有助於發展狗與飼主之間的美妙關係。牠有能力且願意學習幾乎一切事物。葡萄牙水犬能專心從事水上工作、敏捷、服從、拉力賽、追蹤、狩獵和拉車。工作量愈大，牠們愈快樂。

品種資訊

原產地
克羅埃西亞

身高
18-23 英寸（46-58 公分）

體重
38-44 磅（17-20 公斤）[估計]

被毛
直、濃密、緊密

毛色
各種深淺的紅小麥色；白色斑紋

其他名稱
Posavac Hound；Posavaski Gonici；
Posavski Gonic

註冊機構（分類）
ARBA（狩獵犬）；FCI（嗅覺型
獵犬）；UKC（嗅覺型獵犬）

保沙瓦獵犬 Posavaz Hound

起源與歷史

　　我們對此品種的歷史所知有限，只知道牠是古老品種，以及起源自克羅埃西亞；特別是札格拉布東南林木濃密遼闊的薩夫谷（波薩維納州）。牠們曾以「Boskini」的名稱被販售，被視為高價值的嗅覺型獵犬。保沙瓦獵犬於 1924 年首度參加犬展，並於 1929 年首度登錄到克羅埃西亞的血統簿。該品種於 1955 年得到世界畜犬聯盟（FCI）的承認。牠因為狩獵能力和對狩獵的熱情而存活下來，且繼續因此受重視。

個性

　　保沙瓦獵犬喜歡狩獵，擁有十分靈光的鼻子。在家時牠懶散溫馴、性情穩重，變得相當依戀家人，享受在野外奔馳一天之後與家人相處的時光。

照護需求

運動

定期從事牠所適合的短程狩獵活動，替飼主搜尋、追蹤和摔倒獵物，能讓沙瓦獵犬保持茁壯。若缺乏這種定期的體力和智力刺激（以及目的），保沙瓦無法成為快樂的獵犬。

飲食

保沙瓦獵犬食量大，應給予高品質的食物。如同許多獵犬，懇求的眼神和可愛的本性讓牠容易被餵食過多的點心，但需小心不要讓牠體重超重。

梳理

保沙瓦獵犬的硬短毛易於保持清潔。用梳毛手套徹底加以梳理可保持牠的被毛健康。應檢查耳朵是否有感染。

健康

保沙瓦獵犬的平均壽命為十至十四年，根據資料並沒有品種特有的健康問題。

訓練

保沙瓦獵犬是反應力良好且熱情的犬種，由瞭解牠的人給予訓練，牠幾乎天生就知道該做什麼。溫和的天性也使牠成為極適合居家的狗，易於學會遵守家中規矩。

速查表

適合小孩程度	梳理
適合其他寵物程度	忠誠度
活力指數	護主性
運動需求	訓練難易度

普德爾指示犬 Pudelpointer

速查表

適合小孩程度
🐾🐾🐾🐾🐾

適合其他寵物程度
🐾🐾🐾🐾🐾

活力指數
🐾🐾🐾🐾🐾

運動需求
🐾🐾🐾🐾🐾

梳理
🐾🐾🐾🐾🐾

忠誠度
🐾🐾🐾🐾🐾

護主性
🐾🐾🐾🐾🐾

訓練難易度
🐾🐾🐾🐾🐾

品種資訊

原產地
德國

身高
公 23.5-27 英寸（60-68 公分）／母
21.5-25 英寸（55-63 公分）

體重
45-70 磅（20.5-31.5 公斤）[估計]

被毛
雙層毛，外層毛中等長度、硬、濃
密、緊密，底毛細緻、如羊毛；有
鬍鬚

毛色
深肝紅色至秋葉色；或有白色斑紋
[CKC] ｜純色，棕色、枯葉色、黑
色；或帶白色斑紋 [FCI]

註冊機構（分類）
CKC（獵鳥犬）；FCI（指示犬）；
UKC（槍獵犬）

起源與歷史

　　普德爾指示犬（Pudelpointer）培育於 1800 年代後期的德國，主要育種者為策德
利茨男爵（Baron von Zedlitz），顧名思義，牠結合了指示犬（pointing breed）和貴
賓犬（Poodle）的血統。故事說到策德利茨以九十隻指示犬（短毛和剛毛，最適合要
求）和七隻貴賓犬（可能包括巴貝犬）開始育種。男爵立意尋求指示犬的狩獵熱忱
和敏銳的嗅覺和智能，以及貴賓犬天生對飼主的依戀、銜回獵物的能力以及對水的
喜愛。在設法建立其心智特性和狩獵態度的過程中，普德爾指示犬的體型逐漸固定
下來。如今，帶著偽裝色、短而粗糙的防水被毛，加上一開始冀求的傑出狩獵特質
被固定在牠的品種中。

　　普德爾指示犬是認真且多才多藝的獵犬，用於狩獵和指示出高地上的獵物；銜回
陸上和水中獵物，以及追蹤大、小型獵物。為了讓現今的普德爾指示犬遵照策德利茨

的規劃，特別是在德國、奧地利、捷克共和國、加拿大和美國的熱心之士堅持，普德爾指示犬的繁殖需符合某些表現標準。

個性

大多數普德爾指示犬飼主是認真的獵人，他們大力讚揚該品種的精力和多才多藝。作為出色的指示犬和尋回犬，牠幾乎能在任何地形工作，也渴望取悅與合作。除了勝任大量野外工作，普德爾指示犬也是居家良伴，與孩童和其他動物相處融洽。敏銳和高警覺性也使牠成為絕佳的看門犬。

照護需求

運動

定期的高強度運動為普德爾指示犬所不可或缺，牠最常見的主人是認真的獵人，他們會定期讓牠從事野外工作。若缺乏充足的運動和明確目的，牠的許多才能會讓牠找到某種發洩管道，通常導致破壞的行為。

飲食

普德爾指示犬是大食客，通常什麼都吃，來者不拒。因此，必須監控其食物攝取量以預防肥胖。牠們一向消耗大量能量，需要最高品質的飲食讓牠們獲得所需的營養。

梳理

普德爾指示犬濃密且防水的短毛只需偶爾刷毛，用軟布擦拭乾淨便能維持理想狀態。

健康

普德爾指示犬的平均壽命為十二至十四年，品種的健康問題可能包含髖關節發育不良症。

訓練

普德爾指示犬被育種來聽命於獵人，如果無人引導，牠會利用牠的智能自行訂定規則。牠需要指令，意味著飼主應盡早與這種聰明積極的狗開始合作。如此一來，他們便是極順從的動物和忠實的夥伴。

巴哥犬 Pug

品種資訊

原產地
中國

身高
10-14 英寸（25.5-35.5 公分）
[估計]

體重
14-18 磅（6.5-8 公斤）

被毛
短、平滑、細緻、柔軟、
有光澤

毛色
淺黃褐色、黑色；面罩｜亦有
銀色、杏黃色 [ANKC] [FCI]
[KC] [UKC]

註冊機構（分類）
AKC（玩賞犬）；ANKC（玩
賞犬）；CKC（玩賞犬）；FCI
（陪伴犬及玩賞犬）；KC（玩
賞犬）；UKC（伴侶犬）

起源與歷史

　　巴哥犬擁有可追溯到中國人的古老起源，中國
人向來喜愛這種塌鼻狗。他們培育出西施犬（獅子
犬）和北京犬，兩者與巴哥犬（福犬）可能有共通
的血統。巴哥犬極受中國帝王珍視，除皇族成員外，
任何人若飼養巴哥犬屬違法之事。

　　十六世紀，荷蘭東印度公司商人在周遊世界途中
發現且立即愛上該品種，並將其帶回荷蘭。1572 年，
一隻巴哥犬向奧蘭治親王（Prince of Orange）警告西
班牙人的逼近，拯救了他的性命，因此成為奧蘭治王
室的官方犬種。大約一百年後，奧蘭治親王的孫子威
廉三世接掌英格蘭王位，隨身帶著巴哥犬，牠很快在
英格蘭廣受青睞。維多利亞女王和溫莎公爵與公爵夫
人皆飼養巴哥犬。牠在歐洲各地受到歡迎，連法國皇
帝拿破崙（Napoleon）和皇后約瑟芬（Josephine）也
擁有巴哥犬。據說當約瑟芬遭監禁時，她利用藏在巴
哥犬項圈裡的字條傳訊息給拿破崙。

　　南北戰爭結束不久之後，巴哥犬來到美國，並
於 1880 年代中葉被展出。牠們沒有立即獲得青睞；
事實上，直到 1930 年代巴哥犬才被美國育犬協會
（AKC）認可。然而，在過去的十幾年，巴哥犬已成
為世界上最受歡迎且廣為承認的犬種之一。

個性

巴哥犬的座右銘是「麻雀雖小，五臟俱全」，難怪牠長久以來受到眾多人的喜愛；牠大到足以成為「完全的狗」，卻又小至可以攜往任何地方。巴哥犬是穩重、愉悅、深情且快活的伴侶。聰明淘氣的牠充滿好奇心，長相奇特引人注意，並以熱情回報人。巴哥犬對各類型和年齡的人皆友善，與其他動物也相處融洽；尤其若從小開始社會化。由於面部縮短，巴哥犬有呼吸問題，會打鼾和噴鼻息。

速查表

適合小孩程度	梳理
適合其他寵物程度	忠誠度
活力指數	護主性
運動需求	訓練難易度

照護需求

運動

巴哥犬需要外出健身。一天數次散步能滿足其運動需求和好奇心。如此也可持續讓牠社會化，因為從牠身旁經過的人似乎都忍不住要和牠打招呼，這是牠十分樂意接受的事。

飲食

巴哥犬有容易增加並維持住體重的傾向，由於肥胖是嚴重的健康憂患，應嚴密監控其食物攝取量。巴哥犬的哀求眼神（加上大眼睛）容易令人屈服，因此牠往往接收剩餘的食物。牠難以減重，所以飼主必須對巴哥犬的餵食次數和份量有所警覺。為了讓巴哥犬保持最健康的狀態，應給予最高品質、適齡的食物，並以少量多餐的方式餵食。

梳理

梳理巴哥犬最大的挑戰是維持其面部的清潔。巴哥犬臉上的皺摺和眼睛周圍部位，必須保持乾燥和不沾染污垢。牠的牙齒應該時常檢查和保持清潔，而被毛只需偶爾刷毛，儘管牠會定期掉毛。

健康

巴哥犬的平均壽命為十二至十五年，品種的健康問題可能包含軟顎延長、膝蓋骨脫臼、犬漸進性視網膜萎縮症（PRA）、巴哥犬腦炎（PDE），以及鼻孔狹窄。

訓練

巴哥犬是先天的「紳士」，或許是因為數世紀以來的王室生活。但這並非表示牠可以不必接受訓練。巴哥犬聰明好奇，喜歡接受引導。自幼犬時期開始訓練能確保讓牠知道規矩，並協助牠與家人形成更緊密的連結。

波利犬 Puli

品種資訊

原產地
匈牙利

身高
公 15.5-18 英寸（40-45.5 公分）
／母 14-16.5 英寸（37-41 公分）

體重
公 28-33 磅（12.5-15 公斤）／母
22-28.5 磅（10-13 公斤）

被毛
耐候的雙層毛，外層毛長、呈波浪狀或捲曲、粗，底毛細緻、柔軟、濃密；成犬被毛形成自然繩索狀

毛色
純黑、鐵鏽黑色、所有灰色調、白色｜亦有杏黃色調 [ANKC] [KC]

其他名稱
匈牙利波利犬（Hungarian Puli）

註冊機構（分類）
AKC（畜牧犬）；ANKC（工作犬）；CKC（畜牧犬）；FCI（牧羊犬）；KC（畜牧犬）；UKC（畜牧犬）

起源與歷史

數千年前馬札兒人入侵匈牙利時，他們帶來看守牲群的畜牧犬。由於波利犬和西藏獚有類似的體格和本能，因此據信牠們有共通的血統，可確定的是這種亞洲犬的影響見於波利犬捲曲的尾巴和濃密被毛。牠的名稱源自匈牙利語「Puli Hou」，意指亞洲的「破壞者匈奴」。在匈牙利，牧羊犬發展出三個品種：波利犬、可蒙犬和庫瓦茲犬；波利犬（較小、較靈活）用於放牧和驅趕，而可蒙犬和庫瓦茲犬（體型較大）則作為護衛犬。

最終，西歐的牧羊犬進到匈牙利，開始與當地犬種雜交。數次戰爭進一步蹂躪匈牙利，使波利犬幾乎絕種。1912 年，埃米爾‧勞伊契奇（Emil Raitsits）看出這種本地品種作為畜牧犬的價值，使牠脫離滅絕邊緣的險境。他於 1915 年擬定該品種的標準，不久後即被世界畜犬聯盟（FCI）承認。隨著該品種的重現，其最鮮明的特色被謹慎保存：體型、毛色和被毛。起初有四種體型：用於警察工作的大型波利犬、中型波利工作犬、小型波利犬和侏儒波利犬。中型的用途最多，成為真正的品種類型。至於牠的毛色，淺色的犬隻在夜間工作保護羊群，而較深色的犬隻則負責日班。波利犬的被毛深具特色，可梳成波浪狀，或可形成密實的繩索。被毛保護牠免受牲畜、掠食者和天候因素的傷害。

如今，波利犬在世界上許多地方奠定穩固的基礎，依舊看護著牲畜，也參與放牧、敏捷等運動項目和擔任治療犬。

個性

　　波利犬是專注於完成任務的強韌犬種，天生多疑心且始終保持警戒，使之成為優秀的看門犬，以及居家和家人的保護者。由於看不見牠的眼睛，我們難以看出繩索狀被毛底下那個極深情和忠實的伴侶。牠或許不會搶先在門前迎接飼主，可是一旦獲取牠的信任，牠將是終生的朋友。自幼犬時期讓牠與各種人、狗和動物打交道至關重要，能協助牠得到自信心。

速查表

適合小孩程度	梳理
🐾🐾🐾🐾🐾	🐾🐾🐾🐾🐾
適合其他寵物程度	忠誠度
🐾🐾🐾🐾🐾	🐾🐾🐾🐾🐾
活力指數	護主性
🐾🐾🐾🐾🐾	🐾🐾🐾🐾🐾
運動需求	訓練難易度
🐾🐾🐾🐾🐾	🐾🐾🐾🐾🐾

照護需求

運動

　　勤勉的波利犬樂於整日工作，而且寧可有工作可做。如果任其發揮，牠的無聊可能導致搞破壞的行為。長距離散步以及不時在安全的封閉區域內奔跑，幫助牠維持健康。參與畜牧測驗能讓波利犬證明牠真正的本領。

飲食

　　波利犬食量大，應給予高品質的食物，但不應該過度餵食。食物攝取量必須加以監控，因為可能難以估測隱藏在全身被毛之下的體重。

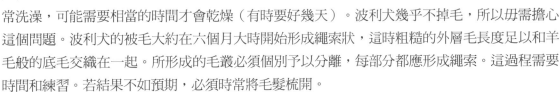

梳理

　　波利犬的被毛一旦形成繩索，比較容易照料，因為只需偶爾加以分離和修剪。被毛為繩索狀的波利犬應時常洗澡，可能需要相當的時間才會乾燥（有時要好幾天）。波利犬幾乎不掉毛，所以毋需擔心這個問題。波利犬的被毛大約在六個月大時開始形成繩索狀，這時粗糙的外層毛長度足以和羊毛般的底毛交織在一起。所形成的毛叢必須個別予以分離，每部分都應形成繩索。這過程需要時間和練習。若結果不如預期，必須時常將毛髮梳開。

健康

　　波利犬的平均壽命為十二至十四年，品種的健康問題可能包含肘關節發育不良、髖關節發育不良症、膝蓋骨脫臼、犬漸進性視網膜萎縮症（PRA），以及類血友病。

訓練

　　波利犬反應力佳且熱衷於取悅飼主。牠們喜愛積極訓練的互動，學習快速。自幼犬時期進行社會化，對波利犬成犬的自信心至關重要。

波密犬 Pumi

品種資訊

原產地
匈牙利

身高
公 16-18.5 英寸（41-47 公分）／
母 15-17.5 英寸（38-44 公分）

體重
公 22-33 磅（10-15 公斤）／
母 17-28.5 磅（7.5-12.5 公斤）

被毛
雙層毛，外層毛形成毛簇、堅韌、
呈波浪狀且捲曲，底毛柔軟

毛色
各種深淺的灰色、黑色、淡黃褐
色帶面罩、白色｜亦有灰斑色、
鐵鏽棕色 [AKC]

其他名稱
匈牙利波密犬（Hungarian Pumi）

註冊機構（分類）
AKC（FSS：畜牧犬）；ANKC（工
作犬）；ARBA（畜牧犬）；FCI（牧
羊犬）；UKC（畜牧犬）

起源與歷史

　　數千年前，馬札兒人將畜牧犬帶到匈牙利。一直到十七和十八世紀西方牧羊犬
品種和㹴犬血統滲入之前，波密犬與波利犬有相同的歷史。這些㹴犬被培育成波利
犬，創造出一種敏捷的小型犬，擁有優越的智能和衝勁。牠保留住適合各種天候的
厚被毛，但少了波利犬的氈狀底毛，因此沒有形成繩索狀被毛的傾向。

　　「波密犬」這個名稱於 1915 年開始使用，此後波密犬迅速變成以高度活力和驅
趕牲畜能力而聞名的獨特犬種。牠能照料豬、綿羊、牛，也能獵捕小型齧齒類動物，
成為對農場主或牧羊人有用的犬種。波密犬的旺盛活力也使牠成為絕佳的看門犬，
總是隨時保持警戒。

個性

　　波密犬確實長得可愛，但牠並非玩賞犬。波密犬好奇心強、警覺性高、敏捷、
聰明伶俐，關注著一切，並充分使用牠的聲音。牠總是忙個不停，監視周遭環境，

一有風吹草動就隨時準備採取行動。牠對陌生人顯得含蓄，必須從小進行社會化訓練，以防變過度害羞或懷有疑心。波密犬是對家人充滿深情的忠實夥伴，喜愛和他們玩耍。

照護需求

運動

小個頭的波密犬精力充沛，需要適量的運動。牠和祖先一樣喜歡當農場的頭頭，但如果當不成，也樂於參與一切家庭活動。在某些國家，波密犬是受歡迎的人狗共舞（canine freestyle）的舞伴，也是若干運動項目的強力競爭者；全都是發洩其精力的良好管道。

飲食

精力充沛的波密犬貪吃成性，體重應予以監控。牠需要食物賦予的能量，但當然也必須注意維持健康。最好給予高品質、適齡的飲食。

梳理

波密犬應具備天生毛茸茸的外表，這正是牠的被毛生長方式，因此維持這種外觀相對容易。牠需要偶爾刷毛和梳理以防毛髮糾結，耳中過多的毛應剪除。

健康

波密犬的平均壽命為十二至十四年，品種的健康問題可能包含髖關節發育不良症以及膝蓋骨脫臼。

訓練

波密犬易於訓練，合作起來樂趣無窮。聰明且熱衷於取悅，接受訓練使牠能保持專注。誘發積極性的訓練成效最佳，應及早展開。社會化過程對波密犬至關重要。

速查表

項目	評分	項目	評分
適合小孩程度	🐾🐾🐾🐾🐾	梳理	🐾🐾🐾🐾🐾
適合其他寵物程度	🐾🐾🐾🐾🐾	忠誠度	🐾🐾🐾🐾🐾
活力指數	🐾🐾🐾🐾🐾	護主性	🐾🐾🐾🐾🐾
運動需求	🐾🐾🐾🐾🐾	訓練難易度	🐾🐾🐾🐾🐾

庇里牛斯獒犬 Pyrenean Mastiff

速查表

適合小孩程度
🐾🐾🐾🐾🐾

適合其他寵物程度
🐾🐾🐾🐾

活力指數
🐾🐾🐾🐾

運動需求
🐾🐾🐾🐾

梳理
🐾🐾🐾🐾

忠誠度
🐾🐾🐾🐾🐾

護主性
🐾🐾🐾🐾🐾

訓練難易度
🐾🐾🐾

品種資訊

原產地
西班牙

身高
公至少 30.5-32 英寸（77-81 公分）
／母至少 28.5-29.5 英寸（72-75 公分）

體重
120-155 磅（54.5-70.5 公斤）[估計]

被毛
長度適中、如鬃毛、濃密、厚

毛色
白色帶明顯的面罩；全身布滿近似面罩顏色的斑紋｜無關緊要 [ARBA]

其他名稱
Mastín del Pirineo

註冊機構（分類）
ANKC（萬用犬）；ARBA（工作犬）；
FCI（獒犬）；KC（工作犬）；
UKC（護衛犬）

起源與歷史

　　隨著文明的傳播和相伴而來的不同動物，伊比利半島成為培育出許多犬種的地方。守衛牲群的大型犬是進入伊比利半島的犬種之一，牠們在西班牙和葡萄牙的不同區域大展才能。牲群按照放牧地遷徙，其中牧羊犬相當具有領域性。這種遷徙活動稱作「季節性遷移放牧」，最終大約在西元 500 年西哥德國王尤里科（Eurico）統治期間成為定則，直到十八世紀保持相對不變。遷徙循南北方向移動，大批羊群和牧羊人可能得越過政治邊界找尋牧草地。每批羊群（大約一千頭綿羊）分配五隻獒犬（牧羊犬／護衛犬）。這些保護羊群的狗變得極受珍視，來自亞拉岡北部的被稱作亞拉岡獒犬，而來自納瓦拉的是納瓦拉獒犬，以此類推，每個地區都擁有略為不同的犬種。只要能發揮用途，就繼續被繁殖。一直到 1900 年代中葉，品種才開始統一，此時來自西班牙北部和東北部、具備較多白色部分的長毛大型犬將被稱作庇里牛斯獒犬。

　　1930 年代，狼和熊開始絕跡於庇里牛斯山，庇里牛斯獒犬便陷滅絕的危險。然而，庇里牛斯獒犬的喜好者確保其存續，甚至讓牠們度過西班牙內戰的艱困時期。該品種目前成為國犬，在西班牙重享榮耀。牠們是絕佳的陪伴者和守衛，成為西班牙歷史活生生的一部分。

個性

　　這種強健質樸的品種沉著自恃，在家時性情穩重溫馴，懂得保護孩童。牠也和其他寵物相處融洽，尤其是當牠將牠們視為自己的「畜群」時。然而，一旦受到挑戰，庇里牛斯獒犬會毫不遲疑地保衛家人或自己，免於牠所察知的威脅。牠的個性溫和親切且忠誠，但認真看待工作，需要一個強大有經驗的領導者。這種大型犬種肯定需要自幼犬期開始社會化以促進其自信，不過對陌生人抱持疑心一直存於天性中。

照護需求

運動

　　庇里牛斯獒犬毋需大量運動，但若無充足的運動，牠會感到無聊和煩躁。每日散步數次能提供牠查看周遭環境和獲得運動所需的機會。外出活動也是讓庇里牛斯獒犬社會化的好辦法，牠會變得更加溫和且信任沿途結交的每個朋友。

飲食

　　庇里牛斯獒犬應餵以高品質、適齡的食物，以便獲取最大的營養。牠的體重必須監控以防變肥胖。

梳理

　　庇里牛斯獒犬的稍長毛髮需要定期刷毛和梳理。牠也會定期掉毛，若更常刷毛會更少掉毛。牠的耳朵和眼睛周圍部位應保持清潔乾爽。

健康

　　庇里牛斯獒犬的平均壽命為十至十二年，品種的健康問題可能包含胃擴張及扭轉、發炎性腸道疾病。

訓練

　　庇里牛斯獒犬應儘早展開以獎勵為基礎的正向訓練課程，以便教導牠對人的關注。牠通常是具有獨立傾向的狗，如果不瞭解飼主是發號施令者，牠可能以為牠才是老大。自幼犬時期開始社會化對於牠成為成犬時的自信至為重要。

粗臉庇里牛斯牧羊犬 Pyrenean Shepherd, Rough Faced

速查表

適合小孩程度
🐾🐾🐾🐾🐾

適合其他寵物程度
🐾🐾🐾🐾🐾

活力指數
🐾🐾🐾🐾🐾

運動需求
🐾🐾🐾🐾🐾

梳理
🐾🐾🐾

忠誠度
🐾🐾🐾🐾🐾

護主性
🐾🐾🐾🐾🐾

訓練難易度
🐾🐾🐾🐾🐾

品種資訊

原產地
法國

身高
公 15.5-19 英寸（39.5-48 公分）／
母 15-18 英寸（38-45.5 公分）

體重
15-32 磅（7-14.5 公斤）[估計]

被毛
雙層毛，外層毛長或半長、近乎扁平或
略呈波浪狀、粗糙，底毛極細微

毛色
淺黃褐色調、灰色、黑色、黑色帶白色
斑紋、各種色調的大理石色、虎斑

其他名稱
庇里牛斯牧羊犬（Berger des
Pyrenees）；長毛庇里牛斯牧羊犬（Berger
des Pyrénées à Poil Long；Long-Haired
Pyrenean Sheepdog）

註冊機構（分類）
AKC（畜牧犬）；CKC（畜牧犬）；FCI（牧
羊犬）；KC（畜牧犬）；UKC（畜牧犬）

起源與歷史

　　法國人無法想像庇里牛斯牧羊犬不在庇里牛斯山（分隔法國和西班牙）生活的
時期。庇里牛斯牧羊犬的切確起源至今無法得知，但有許多與之相關的謎團，其中
包括一種理論說到，這種小型牧羊犬的先祖被畫在拉斯科（Lascaux）洞穴壁畫上。
牠因為工作能力而被培育：追逐羊隻時敏捷靈活，以及完整披覆的被毛可以抵抗天
候因素和掠食者。崎嶇的庇里牛斯山創造出封閉環境，使每座山谷都發展出具有各
自特性的牧羊犬，在被毛長度、質地、顏色等方面顯現些許差異。

　　庇里牛斯牧羊犬伴隨著十九世紀輸出的綿羊來到北美洲，牠們協助形成澳洲牧羊
犬的基礎。到了 1980 年代在美國，庇里牛斯牧羊犬愛好者的數量足以形成美國庇里牛
斯牧羊犬協會。牠們有兩種被毛類型：粗毛和平毛，世界畜犬聯盟（FCI）承認兩者為
不同品種，但許多其他註冊機構認為兩者是相同品種的變種。

該品種仍如同以往地在庇里牛斯高山上被使用，每天放牧羊群，作為牧羊人的忠實夥伴。

個性

巴斯克牧羊人說，「這種小狗總是停不下來。」牠熱衷於工作，勇敢到無畏的程度。牠深愛家人、忠心耿耿，不分大人或小孩，而且警覺性高，是優秀的看門犬，一聽見不熟悉的聲音便吠叫。庇里牛斯牧羊犬天生防備陌生人，需要大量的社會化才能和陌生的寵物、孩童和成人相處融洽。

照護需求

運動

衝勁十足的庇里牛斯牧羊犬為了工作而活，高強度且大量的運動不可或缺。要使牠疲勞幾乎是不可能的事，得有足夠的心理和生理刺激方能滿足其需求。

飲食

庇里牛斯牧羊犬是貪吃的活潑犬種，需要高品質、適齡的飲食。

梳理

庇里牛斯牧羊犬兩種被毛類型的培育，都是為了耐受庇里牛斯山變化莫測的天候條件，因此只需相當低度的保養，偶爾照料即可，不用定期關注。粗臉型比平臉型需要稍多的刷毛，大約每月兩次以防糾結。粗臉型的被毛若不照料會自然形成繩索狀。

健康

庇里牛斯牧羊犬的平均壽命為十至十四年，品種的健康問題可能包含癲癇、髖關節發育不良症，以及膝蓋骨脫臼。

訓練

工作對庇里牛斯牧羊犬而言是很自然的事，所以在訓練方面很少成為問題。庇里牛斯牧羊犬天性敏感、反應力佳、警覺性高，是敏於學習的犬種。牠需從小開始社會化，以便和各種人和狗和睦相處。

平臉庇里牛斯牧羊犬 Pyrenean Shepherd, Smooth Faced

速查表

適合小孩程度
🐾🐾🐾🐾🐾

適合其他寵物程度
🐾🐾🐾🐾🐾

活力指數
🐾🐾🐾🐾🐾

運動需求
🐾🐾🐾🐾🐾

梳理
🐾🐾🐾

忠誠度
🐾🐾🐾🐾🐾

護主性
🐾🐾🐾

訓練難易度
🐾🐾🐾🐾🐾

品種資訊

原產地
法國

身高
公 15.5-21.5 英寸（39.5-54 公分）／
母 15-20.5 英寸（38-52 公分）

體重
15-32 磅（7-14.5 公斤）[估計]

被毛
雙層毛，外層毛半長或不及半長、細
緻、柔軟；口鼻部覆蓋柔軟、細緻的
短毛；適量的環狀毛

毛色
淺黃褐色調、灰色、黑色、黑色帶白
色斑紋、各種色調的大理石色、虎斑

其他名稱
庇里牛斯牧羊犬（Berger des
Pyrenees）；Berger des Pyrénées
à Face Rase；Pyrenean Sheepdog-
Smooth Faced

註冊機構（分類）
AKC（畜牧犬）；ARBA（畜牧犬）；
FCI（牧羊犬）；UKC（畜牧犬）

起源與歷史

　　法國人無法想像庇里牛斯牧羊犬不在庇里牛斯山（分隔法國和西班牙）生活的時期。庇里牛斯牧羊犬的切確起源至今無法得知，但有許多與之相關的謎團，其中包括一種理論說到，這種小型牧羊犬的先祖被畫在拉斯科（Lascaux）洞穴壁畫上。牠因為工作能力而被培育：追逐羊隻時敏捷靈活，以及完整披覆的被毛可以抵抗天候因素和掠食者。崎嶇的庇里牛斯山創造出封閉環境，使每座山谷都發展出具有各自特性的牧羊犬，在被毛長度、質地、顏色等方面顯現些許差異。

　　庇里牛斯牧羊犬伴隨著十九世紀輸出的綿羊來到北美洲，牠們協助形成澳洲牧羊犬的基礎。到了 1980 年代在美國，庇里牛斯牧羊犬愛好者的數量足以形成美國庇里牛斯牧羊犬協會。牠們有兩種被毛類型：粗毛和平毛，世界畜犬聯盟（FCI）承認兩者為不同品種，但許多其他註冊機構認為兩者是相同品種的變種。

該品種仍如同以往地在庇里牛斯高山上被使用，每天放牧羊群，作為牧羊人的忠實夥伴。

個性

巴斯克牧羊人說，「這種小狗總是停不下來。」牠熱衷於工作，勇敢到無畏的程度。牠深愛家人、忠心耿耿，不分大人或小孩，而且警覺性高，是優秀的看門犬，一聽見不熟悉的聲音便吠叫。庇里牛斯牧羊犬天生防備陌生人，需要大量的社會化才能和陌生的寵物、孩童和成人相處融洽。

照護需求

運動

衝勁十足的庇里牛斯牧羊犬為了工作而活，高強度且大量的運動不可或缺。要使牠疲勞幾乎是不可能的事，得有足夠的心理和生理刺激方能滿足其需求。

飲食

庇庇里牛斯牧羊犬是貪吃的活潑犬種，需要高品質、適齡的飲食。

梳理

庇里牛斯牧羊犬兩種被毛類型的培育，都是為了耐受庇里牛斯山變化莫測的天候條件，因此只需相當低度的保養，偶爾照料即可，不用定期關注。粗臉型比平臉型需要稍多的刷毛，大約每月兩次以防糾結。粗臉型的被毛若不照料會自然形成繩索狀。

健康

庇里牛斯牧羊犬的平均壽命為十至十四年，品種的健康問題可能包含癲癇、髖關節發育不良症，以及膝蓋骨脫臼。

訓練

工作對庇里牛斯牧羊犬而言是很自然的事，所以在訓練方面很少成為問題。庇里牛斯牧羊犬天性敏感、反應力佳、警覺性高，是敏於學習的犬種。牠需從小開始社會化，以便和各種人和狗和睦相處。

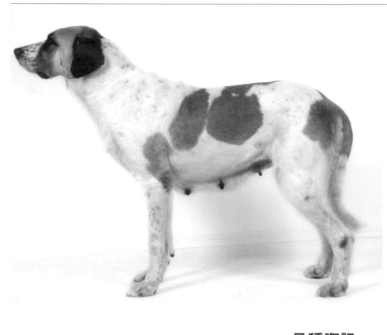

速查表

適合小孩程度
🐾🐾🐾🐾🐾

適合其他寵物程度
🐾🐾🐾🐾🐾

活力指數
🐾🐾🐾🐾🐾

運動需求
🐾🐾🐾🐾🐾

梳理
🐾🐾🐾🐾🐾

忠誠度
🐾🐾🐾🐾🐾

護主性
🐾🐾🐾🐾🐾

訓練難易度
🐾🐾🐾🐾🐾

品種資訊

原產地
葡萄牙

身高
公 26-29 英寸（66-73.5 公分）

體重
公 88-110 磅（40-50 公斤）／
母 77-100 磅（35-45.5 公斤）

被毛
中等長度，直、濃密

毛色
黑色、狼灰色、淡黃褐色、黃色，
皆帶白色斑紋或白色帶前述顏色的
斑紋，或者花斑、條紋或虎斑

其他名稱
Alentejo Mastiff；葡萄牙獒犬
（Portuguese Mastiff）

註冊機構（分類）
AKC（FSS：工作犬）；FCI（獒犬）；
UKC（護衛犬）

起源與歷史

　　阿蘭多是葡萄牙南部的低地區，阿蘭多獒犬即是在此處發展成現今所知的品種。據信阿蘭多獒犬源自數千年前在西藏高原工作的巨型犬。牠們一路穿越歐洲，發展成力量強大的獒犬類型，協助遷徙和保護大批牲群。阿蘭多獒犬擁有結合安納托利亞牧羊犬和西班牙獒犬的外表和體力，而這些品種很可能是其遺傳基因的一部分。隨著牠所服務的人群定居於阿蘭多地區，牠作為驅趕者的工作替換成大莊園的守衛者。將阿蘭多獒犬放進品種譜系者據信是安東尼奧·卡布拉爾（Antonio Cabral）和菲利佩·羅梅拉斯（Filipe Romeiras），他們於 1953 年促使葡萄牙確立該品種的標準。儘管有他們的努力，但阿蘭多獒犬的數量仍在 1970 年代跌落，直逼真正滅絕的危險邊緣。幸好欣賞該品種的人解救了阿蘭多獒犬，如今其數量持續增加。

個性

　　阿蘭多獒犬被培育成高警覺、反應力佳的護衛犬，這些特質使牠對陌生人懷有疑心，自然地保持冷淡。這種健壯且強勢的狗需要從小徹底社會化，以鼓勵牠與其他人和動物和睦相處。牠認真看待工作，如果無法忠於本性，結果可能會找尋比較不妥當的方式來打發時間。高貴的阿蘭多獒犬與孩童相處融洽，並非具有攻擊性的狗。然而，若飼主能瞭解牠，並讓牠發揮牠真正的用途，也就是保護和守衛家人，牠會有最佳的表現。

照護需求

運動

　　阿蘭多獒犬雖然並非高活動力的犬種，但牠需要大量時間待在戶外，以便監看事物。牠喜歡長距離散步，以及任何涉及戶外活動的出遊。應注意別讓幼犬過度勞累，以免對牠們的肌肉和骨骼發展造成不利影響。成犬重視參與看家護院的工作。

飲食

　　阿蘭多獒犬雖然是大型犬，但食量不大。為了確保獲取所需的營養，應提供高品質、適齡的飲食。

梳理

　　濃密的被毛需要不時刷毛和梳理，讓掉毛維持在可控制狀況下，並刺激新毛生長。

健康

　　阿蘭多獒犬的平均壽命為十至十三年，根據資料並沒有品種特有的健康問題。

訓練

　　阿蘭多獒犬對於表現出尊重和誘發積極性的訓練有所回應。快樂地替公平自信的領導者工作時，牠有最佳表現。儘管敏感，但牠可能表現得強勢，彰顯倔強的一面。對這種通常小心翼翼的品種而言，自幼犬時期開始社會化是不可或缺的事。

品種資訊

原產地
巴西

身高
25-27 英寸（63.5-68.5 公分）[估計]

體重
50-60 磅（22.5-27 公斤）[估計]

被毛
雙層毛，短、粗、濃密 [估計]

毛色
白色或棕色，皆帶藍色、栗色或黑色斑紋 [估計]

其他名稱
Brazilian Tracker

註冊機構（分類）
ARBA（狩獵犬）

巴西追蹤犬 Rastreador Brasileiro

起源與歷史

什麼樣的狗能在巴西的偏遠之地狩獵美洲虎和野豬？答案是擁有速度、耐力、勇氣、堅持和膽量的狗。這正是巴西獵人奧斯瓦爾多·菲略（Oswaldo Aranha Filho）於 1950 年代想要創造的犬種。其基礎血統取自美國獵狐犬和數種獵浣熊犬品種（黑褐獵浣熊犬、布魯克浣熊獵犬和趕上樹競走者獵浣熊犬），以及歐洲獵犬例如小藍色加斯科尼獵犬、彭巴草原獵鹿犬（Veadeiro Pampeano）和德國牧羊犬。後來由蜱所傳染的疾病徹底消滅菲略犬舍中的狗，幸好他先前分送給其他獵人和農場主的狗讓該品種存續下來。巴西追蹤犬目前仍是極罕見的品種，僅見於巴西某些地區。

個性

知曉巴西追蹤犬的人描述牠能連續追蹤獵物長達許多小時，並勇敢地撂倒獵物。力量強大但聰明的巴西追蹤犬極為忠誠且深愛狩獵，據說也是優良的家庭犬，只要

牠們信任身邊的人。

照護需求

運動

巴西追蹤犬被培育來為巴西原住民工作，替他們帶回食物。牠是專門的獵犬，需要待在曠野追蹤獵物。

飲食

這種勤奮的狗會從照顧者那裡獲得所需的營養，經常分享其狩獵成果的剩餘戰利品。

梳理

巴西追蹤犬的短毛和厚皮膚只需偶爾刷毛以保持清潔。

健康

巴西追蹤犬的平均壽命為八至十二年，根據資料並沒有品種特有的健康問題。

訓練

巴西追蹤犬反應力良好且機伶，需要一個全心全意協助牠發揮全部潛能的領導者。

速查表

適合小孩程度	梳理
適合其他寵物程度	忠誠度
活力指數	護主性
運動需求	訓練難易度

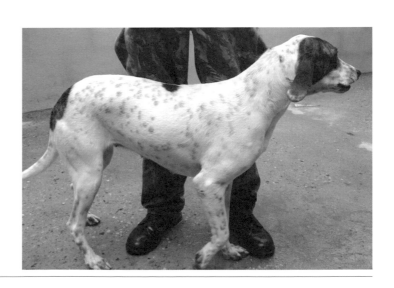

捕鼠㹴 Rat Terrier

品種資訊

原產地
美國

身高
兩種體型：迷你型不超過 13 英寸（33
公分）／標準型大於 13 英寸（33
公分）但不超過 18 英寸（45.5 公分）

體重
兩種體型：迷你型 10-18 磅（4.5-8
公斤）[估計]／標準型 12-35 磅
（5.5-16 公斤）[估計]

被毛
短、平滑、濃密、有光澤

毛色
白色、黑色、棕褐色調、巧克力色、
藍色、藍淺黃褐色、杏黃色、檸檬
色；或為雙色或三色，但皆必須有
部分白色；或有面罩

其他名稱
美國捕鼠㹴（American Rat Terrier）

註冊機構（分類）
AKC（FSS：㹴犬）；UKC（㹴犬）

起源與歷史

基礎血統源自英格蘭的捕鼠㹴之所以有此名稱，是因為
牠最早的先祖在 1800 年代初期擅長從事某件不可或缺的工
作：消滅害蟲。但對於經常光顧以老鼠作餌的比賽的許多人
來說，該品種非凡的捕鼠能力也變成受歡迎的打賭競技和消
遣。在狗身上下注，賭哪隻狗能殺死最多老鼠的鬥狗場中，
有一隻捕鼠㹴曾在七小時內締造獵殺兩千五百零一隻老鼠的
紀錄。

捕鼠㹴大約出現於 1820 年的英格蘭，據信是平毛獵狐㹴
和曼徹斯特㹴雜交的結果。該品種於 1890 年代由英國移民工
人帶往美國，這些強韌的小型工作犬很快便受到青睞，主要
培育用於控制有害生物和狩獵小型獵物。捕鼠㹴是忠心的夥
伴和優秀的獵犬，是美國總統羅斯福特別喜愛的犬種，他曾
帶著他的捕鼠㹴去打獵，並讓牠們入駐白宮，促助使該品種
成為受歡迎的陪伴寵物。

後來，美國育種者將捕鼠㹴與其他品種雜交，例如米格
魯、惠比特犬和義大利靈緹犬，以求取追蹤狩獵能力、精力
和速度，回頭再與平毛獵狐㹴雜交（將白色帶入原本的黑棕
褐色被毛）。捕鼠㹴就體重而言，被視為小至中型的犬種。
美國育犬協會（AKC）和聯合育犬協會（UKC）依據肩高將
其區分為標準型和迷你型，標準型超過 13 英寸（33 公分），
而迷你型不超過 13 英寸（33 公分）。

個性

捕鼠㹴是友善可愛的狗。牠們是害蟲為患的農場裡的絕佳工作犬，但也適合作為伴侶犬。牠們深愛家人，與孩童相處融洽，尤其與孩童一起成長時。活潑、好奇、愛玩耍但不亂吠叫，捕鼠㹴隨時準備參與任何活動。牠們儘管體型小，卻無所畏懼而且可能具有領域性，因此自幼犬期開始社會化，有助於確保其自信朝著友善的方面發展，而非防衛性。

照護需求

運動

如同大多數活潑的品種，捕鼠㹴往往在獲得大量運動和心智刺激時最快樂。牠們喜歡與人類為伍，興致高昂地與飼主共享活動。除了從玩耍中獲得運動量，牠們還需要一天外出數次，以克制牠們的旺盛精力。捕鼠㹴是體格結實和警覺性高的狗，似乎有用不完的能量，牠們樂於參與犬類運動。

飲食

捕鼠㹴食吃成性，體重應予以監控。牠需要食物賦予的能量，但容易快速增重，需注意維持健康。最好給予適齡的飲食。

梳理

捕鼠㹴平滑的短毛易於照料，但相當會掉毛。定期刷毛或用梳毛手套徹底梳理，可使被毛保持最佳外觀。這樣還可去除死毛，刺激新毛生長，同時按摩皮膚。

健康

捕鼠㹴的平均壽命為十二至十五年，品種的健康問題可能包含過敏、肘關節和髖關節發育不良症、咬合不正，以及膝蓋骨脫臼。

訓練

捕鼠㹴比其他某些㹴犬更容易接受訓練，但牠具有獨立自主的傾向，因此必須從小開始訓練並始終如一地調教。儘管有倔強傾向，捕鼠㹴反應力佳，若施予以獎勵為基礎的訓練，學習十分快速。一旦牠明白訓練者對牠的期望，牠會盡全力表現。由於牠喜愛四處走動和找事情做，因此參加狗運動項目，例如敏捷、服從、穿地洞競賽等，都是讓捕鼠㹴保持活躍和滿足的絕佳方式。

瑞德朋獵浣熊犬 Redbone Coonhound

速查表

適合小孩程度
🐾🐾🐾🐾🐾

適合其他寵物程度
🐾🐾🐾🐾🐾

活力指數
🐾🐾🐾🐾🐾

運動需求
🐾🐾🐾🐾🐾

梳理
🐾🐾🐾🐾🐾

忠誠度
🐾🐾🐾🐾🐾

護主性
🐾🐾🐾🐾🐾

訓練難易度
🐾🐾🐾🐾🐾

品種資訊

原產地
美國

身高
公 22-27 英寸（56-68.5 公分）／母
21-26 英寸（53.5-66 公分）

體重
45-70 磅（20.5-31.5 公斤）[估計]

被毛
短、平滑、粗糙至足以提供保護

毛色
純紅為佳

其他名稱
瑞德朋獵犬（Redbone Hound）

註冊機構（分類）
AKC（其他）；ARBA（狩獵犬）；
UKC（嗅覺型獵犬）

起源與歷史

　　1700 年代後期蘇格蘭移民將紅色獵狐犬帶到美洲。紅色獵狐犬連同也是紅色的愛爾蘭獵狐犬，就在南北戰爭發生之前抵達美國，這兩個品種無疑促成了瑞德朋獵浣熊犬的發展。喬治亞州和田納西州的育種者微調了該品種。其基礎血統據說出自喬治亞州的獵狐者者喬治·伯德桑（George L.F. Birdsong），但也有人懷疑該品種是命名自早期田納西州的育種者彼得·瑞德朋（Peter Redbone）。無論如何，當時的育種者有意創造出比其他獵浣熊犬嗅覺更靈敏、動作更迅捷的犬種，但他們尤其愛好艷紅的毛色。到了 1800 年代後期，瑞德朋獵浣熊犬成為被承認和看重的品種，一直流傳至今。身為將獵物趕上樹的靈敏嗅覺型獵犬，瑞德朋獵浣熊犬繼續表現突出的狩獵技能，以其速度和敏捷而聞名。牠也是游泳高手。

個性

瑞德朋獵浣熊犬的優雅外型引人注目，同時也是優秀的獵犬。由於牠喜歡狩獵，最快樂的事莫過於狩獵成為生活中的固定活動，讓牠真正徹底發揮才能。瑞德朋獵浣熊犬本性馴良、隨和且有同情心，與孩童和其他動物相處時極為融洽。

照護需求

運動

瑞德朋獵浣熊犬是專門的獵犬，需要待在曠野追蹤獵物。牠喜愛游泳，因此外出到能讓牠運用鼻子同時享受水的地方是絕佳的選擇。

飲食

瑞德朋獵浣熊犬是大食客，不論餵食什麼，總是快速吞嚥。因此必須監控其食物攝取量以防肥胖。幼年時期的瑞德朋獵浣熊犬可能消耗大量能量參與各種家庭活動，需要提供最高品質的飲食，確保牠們獲得所需營養。

梳理

定期以硬鬃刷拂拭可使牠們閃亮的短毛維持良好狀態。再者，因為牠們花費大量時間待在戶外，必須勤加檢查被毛，杜絕蜱和其他寄生蟲。瑞德朋獵浣熊犬大而厚的耳朵會罩住濕氣和溫度，特別是在熱天游泳或狩獵時，發生耳部感染的風險較高，所以必須定期檢查。有些瑞德朋獵浣熊犬可能有流口水的傾向。

健康

瑞德朋獵浣熊犬的平均壽命為十二至十四年，品種的健康問題可能包含眼部問題、髖關節發育不良症，以及肥胖。

訓練

瑞德朋獵浣熊犬成熟較遲緩，無論生理或心理方面，因此可能比其他某些品種需要更多時間來訓練。若能順應其本能，牠會熱切且迅速學會牠的技藝：追蹤以及趕獵物上樹。其他類型的訓練可能需要更有創意的方法。牠志在取悅，利用重覆和獎賞作為手段，可以得到想要的結果和順從。由於瑞德朋獵浣熊犬性情敏感，應採用正向的訓練方法。如同大多數獵犬，如果牠感到無聊或任其自作主張，牠獨立且好奇的天性可能讓牠惹上麻煩，因此牠需要一個冷靜、自信、有一貫性的群體領導者。

羅德西亞背脊犬 Rhodesian Ridgeback

速查表

適合小孩程度

適合其他寵物程度

活力指數

運動需求

梳理

忠誠度

護主性

訓練難易度

品種資訊

原產地
辛巴威（前羅德西亞）

毛色
淺麥色至紅麥色

身高
公 25-27 英寸（63.5-68.5 公分）／
母 24-26 英寸（61-66 公分）

其他名稱
非洲獅子犬（African Lion Dog）；
非洲獵獅犬（African Lion Hound）

體重
公 75-85 磅（34-38.5 公斤）／
母 65-70.5 磅（29.5-32 公斤）

註冊機構（分類）
AKC（狩獵犬）；ANKC（狩獵犬）；
CKC（狩獵犬）；FCI（嗅覺型獵犬）；
KC（狩獵犬）；UKC（視覺型獵犬
及野犬）

被毛
短、光滑、有光澤、濃密

起源與歷史

　　讓羅德西亞背脊犬獨一無二且因此得名的，是沿著脊椎與其他毛髮反向對稱生長的隆起背毛。數百年前與南非科伊科伊族（Khoikhoi，霍頓督族〔Hottentot〕）共同生活的視覺型獵犬，賦予羅德西亞背脊犬這項獨具特色的特點。而為羅德西亞背脊犬現今外型做出貢獻的其他犬種包括獒犬、尋血犬、指示犬和靈緹犬，牠們全都於十六和十七世紀由歐洲移民帶到非洲。這些移民稱作波爾人（Boers），以農夫為主。他們需要勇敢的大型犬種，以便保護其家人和家畜免於野生動物和掠食者的威脅，而且要擅長狩獵（追蹤與銜回獵物）。不可避免的，該品種還必須能耐受嚴苛的氣候條件和極端氣溫，以及致命的熱帶疾病和非洲草原普遍存在的寄生蟲。

　　1700 年後的百年間，歐洲移民斷絕，因此只得以既有的犬種完成育種工作。最初由第一代移民帶來的狗與本地背脊犬雜交而形成獨特的羅德西亞背脊犬。

　　1870 年代，赫爾姆牧師（Revered Helm）帶了一些羅德西亞背脊犬進到辛巴威（昔

日的羅德西亞），該區的大型獵物獵人相當活躍。他們擅長狩獵獅子，而背脊犬擁有靈敏的嗅覺和追蹤大貓的能力，還具備面對這種大型獵物的身量和勇氣。一位名叫范·魯彥（Van Rooyen）的獵人花費三十五年時間使他的犬群臻於完美，當時該品種往往被稱作范魯彥犬。

1922 年范·魯彥去世後，有一群育種者成立協會將該品種標準化並且加以繁殖。羅德西亞背脊犬於 1928 年首度來到英國，並於 1959 獲得美國育犬協會（AKC）的承認。

個性

羅德西亞背脊犬天性勇敢忠誠，能作為絕佳的同伴。然而牠是強壯且有獨立傾向的狗，需要堅定公正的領導者協助牠發揮最好的表現。羅德西亞背脊犬以兇猛的獵犬而聞名，擁有無窮的精力和力氣，使牠成為誘餌追獵比賽中具有冠軍相的參賽者。若缺乏生理和心理方面的刺激，牠可能變得有破壞性。不過一旦牠社會化，便能與孩童相處融洽，雖然牠不太能忍受煩擾或粗暴的玩弄。忠心耿耿的羅德西亞能保護飼主。

照護需求

運動

強健有力的羅德西亞背脊犬需要大量運動，一日數次的長距離散步是維持其體能和滿足其好奇心所不可或缺。

飲食

吃苦耐勞的羅德西亞背脊犬需要高品質、適齡的飲食。

梳理

其光澤的短毛只需偶爾刷毛或用梳毛手套徹底梳理，以保持最佳狀態。掉毛情況屬一般程度。

健康

羅德西亞背脊犬的平均壽命為十至十二年，品種的健康問題可能包含白內障、先天性耳聾、囊腫、皮樣竇、肘關節和髖關節發育不良症，以及甲狀腺功能低下症。

訓練

羅德西亞背脊犬的訓練應及早展開並終生持續。牠自行其是的傾向顯現於看似倔強的模樣，但其實只是容易感到無聊。牠需要堅定且公正的飼主施予激發積極性和以獎勵為基礎的訓練。自幼犬時期與各種人和動物打交道的社會化過程，對羅德西亞背脊犬而言至關重要。

羅威那犬 Rottweiler

品種資訊

原產地
德國

身高
公 24-27 英寸（61-68.5 公分）
／母 22-25 英寸（56-63.5 公分）

體重
公 110 磅（50 公斤）／
母 92.5 磅（42 公斤）

被毛
雙層毛，外層毛中等長度、直、
粗、濃密、扁平，有一層底毛

毛色
黑色帶鐵鏽色至赤褐色斑紋

其他名稱
羅特威爾屠夫犬（Rottweil
Metzgerhund）

註冊機構（分類）
AKC（工作犬）；ANKC（萬
用犬）；CKC（工作犬）；
FCI（獒犬）；KC（工作犬）；
UKC（護衛犬）

起源與歷史

當羅馬軍隊往來於歐洲各地，身旁跟隨作為食物來源的牛群。這些牛群由獒犬看守和驅趕，牠們本身足夠威猛，可以阻止小偷靠近，以及使想要擅離職守的逃兵留在行伍中。食盡牛群之後，狗被留下來——有時在各個前哨基地擔任護衛犬，有時就自食其力。這些狗含有許多瑞士品種的背景血統。軍隊從事冒險的北界途經德國南部，其中包含羅特威爾（Rottweil），該鎮在接下來的一千八百年間成為歐洲牲畜交易的主要中心。後來定居於羅特威爾的獒犬品種被稱作德國「屠夫」犬或羅威那，負責驅趕牛群和拉車運送貨物到市場。這是危險的行程，因為肉販和商人往往遭遇伏擊和搶劫。為保護自身安全，旅行者經常將裝錢的腰帶綁在羅威那脖子上。

當鐵路和其他交通工具讓羅威那失業時，牠失寵了好一段時間。等到 1900 年代，警方和軍方開始利用羅威那從事護衛和其他工作，羅威那重獲青睞。羅威那於 1930 年獲得美國育犬協會（AKC）和加拿大育犬協會（CKC）的承認，在 1990 年代曾是美國最受歡迎的犬種之一。羅威那的極高人氣導致過度繁殖，穩定的性情因而變質，使牠被當成危險動物。因此，羅威那的受歡迎程度再次下降。現今，只有瞭解其真實本性和重視其高貴特質的人從事少量繁殖。

個性

牠冷靜、自信且勇敢，儘管傾向於對陌生人冷漠，以及

在不熟悉的新環境中含蓄或謹慎。羅威那必須完全信任飼主，才能做好牠身為居家護衛犬的工作。一旦牠瞭解需要保護的對象是誰，受到挑戰便會有激烈的反應，在確認沒有危險之前一直保持警戒。然而一旦確認沒有危險，牠是愉悅和深情的動物，極愛玩耍甚至呆傻。羅威那最快樂的事是陪伴所愛之人，牠需要這種陪伴和大量社會化，以發揮牠最好的特質。羅威那一向是各種部門例如從軍事單位到醫院的服務犬。羅威那是強健有力的看門犬，同時也是真正的朋友，深深敬愛牠所守護的人。

速查表

適合小孩程度	梳理
🐾🐾🐾🐾🐾	🐾🐾🐾🐾🐾
適合其他寵物程度	忠誠度
🐾🐾🐾🐾🐾	🐾🐾🐾🐾🐾
活力指數	護主性
🐾🐾🐾🐾🐾	🐾🐾🐾🐾🐾
運動需求	訓練難易度
🐾🐾🐾🐾🐾	🐾🐾🐾🐾🐾

照護需求

運動

羅威那犬需要大量運動來保持茁壯旺盛，牠體格健壯、精力充沛必須每天長距離散步或跑步，任何戶外活動都能使牠開心。參與例如敏捷、拉車、服從、追蹤等運動項目，對於牠的身心健康有神奇的效果。從事各種比賽也能提供牠非常需要的社會化機會。

飲食

羅威那犬是大食客，不論餵什麼東西，通常會狼吞虎嚥。因此，應監控其食物攝取量以防肥胖。牠需要最高品質的飲食，以確保獲得適當的營養，尤其如果牠們參與任何種類的運動或工作。

梳理

羅威那犬的掉毛程度普通，應定期刷毛和梳理，使牠們的被毛保持健康。臉部周遭的皺摺也必須保持乾淨，不使沾染污垢和碎屑。

健康

羅威那犬的平均壽命為十至十二年，品種的健康問題可能包含過敏、前十字韌帶損傷、胃擴張及扭轉、癌症、肘關節和髖關節發育不良症、癲癇、眼部問題、心臟問題、甲狀腺功能低下症、分離性骨軟骨炎（OCD）、全骨炎，以及類血友病。

訓練

羅威那犬必須自幼犬時期開始接受服從訓練。正向、堅定、細心和具有一貫性的訓練，對於照料這種強大的犬種不可或缺。牠也需要一個可以應付其巨大身材和力氣的飼主。該品種需要大量的領導、陪伴和社會化，方可真正感到快樂。適當的訓練和處置有助於使牠展現馴良、可愛和忠誠的真正本性。

羅素㹴 Russell Terrier

品種資訊

原產地
英格蘭

身高
10-12 英寸（25.5-30.5 公分）

體重
11-13 磅（5-6 公斤）

被毛
三種類型：粗毛型為雙層毛，外層毛剛硬、濃密，底毛短、濃密；有鬍鬚／碎毛型的被毛較粗毛型緊密，且衛毛較平毛型長；或有臉部飾毛／平毛型的被毛短、扁平

毛色
純白，或以白色為主帶黑色、棕褐色或棕色斑紋的任何組合

其他名稱
FCI 傑克羅素㹴（FCI Jack Russell Terrier）

註冊機構（分類）
AKC（FSS：㹴犬）；
ARBA（㹴犬）

起源與歷史

羅素㹴與傑克羅素㹴和帕森羅素㹴有共通的血統。該品種起初培育用來狩獵狐狸，利用了十九世紀英格蘭牧師約翰·羅素（John Russell）最初的獵狐犬。雖然羅素㹴起源自英格蘭，但在那裡卻未曾正式獲得承認。後來澳大利亞被認定為該品種的培育國家，因為身高 10 至 12 英寸（20 至 30 公分），小於傑克和帕森羅素㹴的羅素㹴，首度在該處由育犬協會（KC）加以標準化。正式名稱「傑克羅素㹴」仍適用於該品種，牠獲得世界畜犬聯盟（FCI）國家以及美國和英國的國際承認。由於先前在美國和英國所使用的名稱，故符合澳大利亞／FCI 標準的傑克羅素㹴被簡單稱作羅素㹴（或 FCI 傑克羅素㹴）以免造成衝突。然而，羅素㹴不等同於傑克羅素㹴或帕森羅素㹴，必須視為不同品種。

所以其間有何差別？因為有共同起源，羅素㹴展現類似於傑克和帕森羅素㹴的特性，但體型和腿長截然不同。羅素㹴的標準指定胸膛「深而非寬」，呈現長方形，而傑克和帕森羅素㹴的標準是胸膛「窄且深度適中」，呈現四方形輪廓。羅素㹴還具備一比一的身體與腿長比例，這項特點使牠看起來迥異於傑克或帕森羅素㹴。

美國羅素㹴協會登錄系統自 1995 年維持該品種至今，防止其他所有㹴犬血統滲入種犬中，以保存其純粹血統。

個性

　　羅素㹴首先被描述為優秀的工作㹴。為達成這項目的，牠成為活潑、好奇、熱切且警覺性高的㹴犬，急欲找尋和消滅獵物。聰明大膽、無所畏懼的羅素㹴喜愛玩耍和狩獵，也是較年長孩童的理想玩伴。牠合群友善，堅持要參與發生在身旁的一切活動，而且必須保持忙碌，否則會感到無聊、不受管束，可能成為搞破壞的啃咬者。羅素㹴傾向對其他狗表現支配或侵略的態度，由於牠追逐或捕捉獵物的強烈本能，如果無人監督，放任牠與小型家庭寵物獨處可能有安全疑慮。

照護需求

運動

　　羅素㹴個性活潑積極，在能發洩其高度活力，以及讓有趣的活動佔據心思時比較快樂。他喜歡與家人共同從事一切，包括坐車出遊，當然還有散步。當牠外出走動時，牠想要停下來和每個人打招呼。儘管玩耍是牠渴望的運動方式之一，但舉凡穿地洞、追逐獵物、敏捷、飛球競賽等比賽項目都能滿足牠天生的狩獵和追逐本能，使牠有滿足感。

飲食

　　羅素㹴貪吃成性，體重應予以監控。牠需要食物賦予的能量，但容易快速增加體重，需注意維持健康。最好給予高品質、適齡的飲食。

梳理

　　羅素㹴是相對易於維持清潔的狗。牠有三種被毛類型：平毛型、碎毛型或粗毛型。平毛羅素㹴短而硬的被毛能防水且輕易抖落髒污，但相當會掉毛，定期使用硬鬃刷刷毛便能保持乾淨和閃亮。碎毛或粗毛羅素㹴擁有往往呈波浪狀或捲曲的較長毛髮，定期以針梳刷毛梳理能除去鬆脫的毛髮和污垢，每隔六週修剪一次可軟化碎毛型和粗毛型的被毛，更易於梳理。

健康

　　羅素㹴的平均壽命為十二至十六年，品種的健康問題可能包含過敏、白內障、小腦共濟失調、先天性耳聾、股骨頭缺血性壞死、重症肌無力（MG）、膝蓋骨脫臼、原發性水晶體脫位，以及類血友病。

訓練

　　羅素㹴樂於配合飼主的訓練，不過牠可能相當具有獨立傾向和倔強。為求最大成效，訓練應從小展開。有些羅素㹴在被矯正時比較容易出現咆哮或猛咬的情況，因此需要有堅定且有一貫性的群體領導者。羅素㹴可能容易分心，但牠是獎賞導向，並且熱衷於取悅。飼主應該專注於設立規則且信守規則。參與目標導向的運動是與羅素㹴合作，使之保持良好平衡的另一項有效訓練方法。

俄羅斯玩具犬 Russian Toy

品種資訊

原產地
俄羅斯

身高
8-11 英寸（20-28 公分）

體重
4.5-11 磅（2-5 公斤）

被毛
兩種類型：平毛型為單層毛，短、有光澤、緊密／長毛型的被毛長度適中、直或略呈波浪狀、緊密；有羽狀飾毛

毛色
黑棕褐色、棕褐色、藍棕褐色、任何紅色調並可能覆蓋黑色或棕色

其他名稱
莫斯科迷你㹴（Moscovian Miniature Terrier）；莫斯科長毛玩具㹴（Moscow Longhaired Toy Terrier）；莫斯科玩具㹴（Moscow Toy Terrier）；Russkiy Toy

註冊機構（分類）
AKC（FSS：玩賞犬）；FCI（暫時認可：伴侶犬及玩賞犬）

起源與歷史

　　在 1700 年代至 1900 年代初期沙皇統治下的俄羅斯，純種狗極受歡迎。小型犬尤其受到俄羅斯皇室和貴族的青睞和珍視。到了二十世紀初期，英國玩具㹴在龐大的俄羅斯帝國名列最受歡迎的犬種之一。然而，1917 年開始發生俄國革命時，英國玩具㹴的運送中斷，1920 至 1950 年間俄羅斯的犬隻數量降至低點。

　　1950 年代中葉，育種者開始復育該品種。用於該品種的當地犬種通常血統不純正，等到建立標準後，發現牠幾乎完全不像英國玩具㹴。因此一種獨特的玩具㹴，亦即俄羅斯玩具犬，就這麼被培育出來。不久之後出現短毛和長毛型，該品種在俄羅斯日益受青睞，且現在開始獲得國際上的承認。

個性

俄羅斯玩具犬是深情、聰明的夥伴，飼主宣稱光養一隻是不夠的！牠體型小、優雅、友善、積極有活力，熱衷於陪伴家庭成員，無論他們到哪裡去。牠的規矩無懈可擊，既不害羞也不暴躁。

照護需求

運動

俄羅斯玩具犬儘管體型小而優美，但牠們是活躍的狗，需要每天散步。俄羅斯玩具犬最常獲得的運動是跟隨和陪伴家人到處走動，雖說有益，但對於保持牠的身心健康是不夠的。俄羅斯玩具犬精力充沛且行動敏捷，到處活動不成問題，不過牠也喜歡在有安全圍籬的庭院裡享受室外的嬉鬧活動。

飲食

活躍的俄羅斯玩具犬喜歡吃東西，但可能會挑食。每天少量多餐會比較合牠的意，但應給予高品質且適齡的食物。體重應加以監控，餵食太多點心會使牠迅速變胖。

梳理

短毛型只需用濕布徹底擦拭，就能保持毛髮柔順。長毛型需要定期刷毛和梳理，以防絲綢般的被毛糾纏。每月洗澡一次對兩者都有好處。

健康

俄羅斯玩具犬的平均壽命為十二至十四年，根據資料並沒有品種特有的健康問題。

訓練

俄羅斯玩具犬隨時在關注飼主，因此易於訓練。牠志在取悅，學習快速，很快便明白注意規矩讓牠幾乎哪裡都能去，而這正是牠的最終目的。俄羅斯玩具犬的體格結實到也能參與犬類運動，並且喜愛敏捷競賽。

俄羅斯波隆卡犬 Russian Tsvetnaya Bolonka

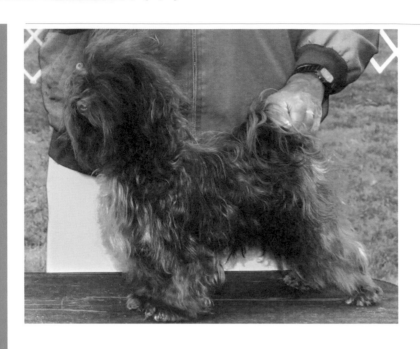

速查表

適合小孩程度

適合其他寵物程度

活力指數

運動需求

梳理

忠誠度

護主性

訓練難易度

品種資訊

原產地
俄羅斯

身高
9.5-10 英寸（24-26 公分）

體重
8-10 磅（3.5-4.5 公斤）[估計]

被毛
雙層毛，外層毛濃密、厚、絲滑、
柔軟、呈波浪狀或大捲，底毛發達；
有鬍鬚和髭鬚

毛色
黑色、黑棕褐色、棕色、棕褐色、
灰色、紅色、淺黃褐色、奶油色、
鞍型斑、虎斑

其他名稱
Russian Bolonka；俄羅斯有色比熊
犬（Russian Colored Bichon）

註冊機構（分類）
ARBA（伴侶犬）

起源與歷史

　　縱觀歷史，俄羅斯勞動階級通常不是以蓄養玩賞犬品種而聞名。多半困苦的生活條件使他們偏愛實用的品種，例如牧羊犬、護衛犬和獵犬。1700 年代期間，類似比熊犬的玩賞品種被獻給俄羅斯貴族作為贈禮，極受貴族青睞。有人認為俄羅斯波隆卡犬培育於緊接著鐵幕（Iron Curtain）瓦解之後的 1980 年代，也有人認為該品種自 1880 年代中葉開始發展。據信比熊犬和西施犬以及長毛約克夏㹴的雜交構成了波隆卡犬的血統，不過其真正先祖至今未明。無論如何，如今波隆卡犬日漸受歡迎。

個性

　　聰明的波隆卡犬性情穩重、活潑且友善。飼主描述牠是無窮樂趣的來源，充滿深情和信任人，與孩童和其他動物相處融洽，但滿足於安靜坐在一旁。

照護需求

運動

性情活潑的波隆卡犬體格結實、喜愛玩耍，總是想著去冒險。愉快地跟著飼主到處走動是牠偏好的運動方式，玩耍也不遑多讓。房屋周圍的活動和大量互動固然是很好，但每日的散步和戶外時間依舊不可少。

飲食

應餵食波隆卡犬含有良好蛋白質來源的優質犬糧。

梳理

波隆卡犬的長毛幾乎每天都需要梳理以防糾結。許多飼主喜歡將他們的波隆卡犬修剪成幼犬造型，減少毛髮打結和糾纏的機會。鬍鬚和髭鬚容易沾染殘餘的食物、過量的水和污垢，因此得保持清潔。波隆卡犬不會嚴重掉毛。

健康

波隆卡犬的平均壽命為十至十七年，品種的健康問題可能包含白內障、角膜失養症，以及膝蓋骨脫臼。

訓練

波隆卡犬雖然樂於到處追隨飼主，但有時會開始以為自己在家中應享有平等地位。宜即早進行堅定但公正的訓練，以便明定規則。該品種需要較長時間的居家訓練，社會化不可或缺。

俄歐雷卡犬 Russo-European Laïka

速查表

適合小孩程度
🐾🐾🐾🐾🐾

適合其他寵物程度
🐾🐾🐾🐾🐾

活力指數
🐾🐾🐾🐾🐾

運動需求
🐾🐾🐾🐾🐾

梳理
🐾🐾🐾🐾🐾

忠誠度
🐾🐾🐾🐾🐾

護主性
🐾🐾🐾🐾🐾

訓練難易度
🐾🐾🐾🐾🐾

品種資訊

原產地
俄羅斯、歐洲北部

身高
公 20.5-23 英寸（52-58.5 公分）／
母 19.5-22 英寸（49.5-56 公分）

體重
45-50 磅（20.5-22.5 公斤）[估計]

被毛
雙層毛，外層毛直、粗糙，底毛發
達；有鬍鬚

毛色
黑色、灰色、椒鹽色，皆帶白色斑
紋；深色帶白色斑塊，或白色帶深
色斑塊

其他名稱
Russian-European Laïka；Russko-
Evropeïskaïa Laïka

註冊機構（分類）
ARBA（狐狸犬及原始犬）；FCI（狐
狸犬及原始犬）；UKC（北方犬）

起源與歷史

　　俄歐雷卡犬最初培育自北歐和俄羅斯森林地區的雷卡獵犬。雷卡犬長久以來是俄羅斯中部最常見的獵犬，最終因十九世紀後期及二十世紀初期時，自西部與南部國家移民所引進的犬種而相形失色。這些進口品種因為培育用來以特化方式狩獵而受青睞，例如嗅覺型獵犬、指示犬品種等。不同犬種的湧入造成原本的雷卡犬品種劣化。

　　大城市莫斯科和列寧格勒附近的獵人和育種者，決心保存其優秀的本地犬種，他們取得鑑定出來品種最純正的個體。雖然在體型上有相當程度的差距，尤其像是鼻吻部、耳朵的長度和毛色，但這些個體構成了現今俄歐雷卡犬的基礎血統。第二次世界大戰期間，該品種近乎大量滅絕，再度需要一群專心奉獻的人加以保存。透過持續的努力和堅持，該品種於 1960 年成為純種。

個性

　　雷卡犬是活潑的品種，喜歡待在空曠的戶外。身為經常將獵物趕上樹的獵犬，牠會出聲讓獵人注意到被趕上樹的獵物（通常是浣熊或松鼠）。雷卡犬在家裡也會自由運用聲音，因為周遭事物容易讓牠激動。雷卡犬深愛家人，一旦與之形成情感連結，便相當具有領域性，可作為絕佳的看門犬。雷卡犬極能忍受家中孩童，但對於陌生人或其他不熟悉的狗則不然。社會化是讓牠產生信任的關鍵。

照護需求

運動

　　雷卡犬精力旺盛且敏捷，需要大量運動，最好能讓牠有自由奔跑和狩獵的機會。倘若沒有足夠的事情可做，牠會因為無聊而可能變得具有破壞性。

飲食

　　健壯的雷卡犬貪吃成性，體重應予以監控。牠需要食物所提供的能量，但必須保持健康。最好給予高品質、適齡的飲食。

梳理

　　雷卡犬厚實的底毛會脫落，應每隔一天徹底刷毛，控制掉毛的情況。除此之外，牠美麗且耐候的外層毛自然會安排妥當。

健康

　　雷卡犬的平均壽命為十二至十四年，根據資料並沒有品種特有的健康問題。

訓練

　　任何形式的訓練對於渴望取悅且精力過剩的雷卡犬皆極為有益。社會化必須自幼犬時期展開，並且終生持續不間斷。服從課程或參與合作任務能給予牠生存意義和所需的運動量。有了這些機會的雷卡犬能快速學習，成為安定的家庭犬。

薩爾路斯獵狼犬 Saarlooswolfhond

速查表

適合小孩程度

適合其他寵物程度

活力指數

運動需求

梳理

忠誠度

護主性

訓練難易度

品種資訊

原產地
荷蘭

身高
公 25.5-29.5 英寸（65-75 公分）／
母 23.5-27.5 英寸（59.5-70 公分）

體重
79-90 磅（36-41 公斤）

被毛
雙層毛，外層毛粗，有一層底毛；
有頸部環狀毛

毛色
淡至深色調的灰色或棕色；淺奶油
白色至純白

其他名稱
Saarloos Wolfdog；Saarloos Wolf
Dog；Saarloos Wolfhound

註冊機構（分類）
FCI（牧羊犬）；UKC（畜牧犬）

起源與歷史

　　1930 年代，荷蘭育種者林德特・薩爾路斯（Leendert Saarloos）認為家犬變得過於遠離自然狀態，於是展開雜交德國牧羊犬與被監禁的狼的計畫。數十年期間，他挑選這些配對者的後代予以雜交，尋求創造出一種在「本能」方面更接近狼的品種。薩爾路斯稱他的新品種為歐洲狼犬，然而他在緩和該品種固有的狼族行為上遭遇困難，例如極度冷淡和逃離不明情勢的天性。初期讓薩爾路斯獵狼犬擔任警犬和導盲犬的嘗試被放棄，因為有較多的狼基因進到血統中，使牠們不適任這些工作。

　　薩爾路斯於 1969 年去世，他所培育的品種最終在 1975 年獲得荷蘭育犬協會的承認，並更名為薩爾路斯獵狼犬以示紀念。薩爾路斯獵狼犬於 1981 年獲得世界畜犬聯盟（FCI）的承認。如今，薩爾路斯獵狼犬協會嚴格規範該品種的繁殖，此為薩爾路斯獵狼犬在荷蘭以外極為罕見的原因。

個性

　　薩爾路斯獵狼犬保有許多原始的犬科行為，例如群居本能、害羞和漫遊的需求。牠必須有強大的領導者，並且在至少有另一隻被謹慎引進的狗的陪伴下，才能有最好的表現。雖然牠服從飼主可能是出於選擇而非屈從，但牠忠心耿耿。薩爾路斯獵狼犬相對安靜且甚少吠叫，該品種在犬舍或狹小的圍欄裡會適應不良。由於本性難測，薩爾路斯獵狼犬不適合陪伴孩童。

照護需求

運動

　　薩爾路斯獵狼犬應每天從事大量的高強度活動，牠需要廣闊的運動空間。

飲食

　　薩爾路斯獵狼犬食量大，應餵食高品質的食物，最適合少量多餐。

梳理

　　該品種濃密的被毛需要定期梳理。為了留住皮膚和毛髮中的天然油脂，只在必要時洗澡。

健康

　　薩爾路斯獵狼犬的平均壽命為十至十二年，根據資料並沒有品種特有的健康問題。

訓練

　　訓練者須謹記薩爾路斯獵狼犬的怯懦和謹慎傾向。牠也可能頑固和獨立，不聽從不被牠視為領導者之人的命令。飼主或訓練者必須具備同樣的堅定意志、耐心和花費大量時間從事訓練的意願。

品種資訊

原產地
西班牙

身高
公 20.5-22.5 英寸（52-57 公分）
／母 19-21 英寸（48-53 公分）

體重
46-58 磅（21-26.5 公斤）[估計]

被毛
短、粗糙、有光澤、濃密 [估計]

毛色
橙白色

其他名稱
Sabueso Español de Monte；
Spanish Hound

註冊機構（分類）
ARBA（狩獵犬）；
FCI（嗅覺型獵犬）；
UKC（嗅覺型獵犬）

西班牙獵犬 Sabueso Español

起源與歷史

　　西班牙獵犬據信是從法國來到西班牙，或者更切確地說來自高盧，其先祖隨著凱爾特人西行，時間可能早至西元 500 年代。伊比利（西班牙和葡萄牙）之為半島，加上陡峭的庇里牛斯山脈隔開西班牙與歐洲其他地區的事實，意味著該品種許多世紀以來維持住相當純粹的血統。西班牙獵犬長期所處的地理孤立也有助於解釋，為何該品種甚少在西班牙以外被發現。

　　縱觀其歷史，西班牙獵犬是技術高超的獵犬，單獨或成群用於獵捕小型獵物，但也不害怕追擊野豬、狼或熊。如今，西班牙獵犬通常與警察部門合作，擔任熟練的追蹤犬。

個性

　　西班牙獵犬本性馴良、深情、忠誠，而且精力旺盛，在狩獵時展現極大的勇氣。牠特別適應高溫下的長時間工作。牠的捉摸不定和獨立有時相當難搞。另一方面，

這些特質使牠成為頂尖的追蹤犬，可以連續許多小時追蹤目標早已遠離的蹤跡而不放棄。西班牙獵犬無法滿足於當家中寵物，但牠是優秀的獵犬。

照護需求

運動

西班牙獵犬是活潑的犬種，每天需要充分的運動，最樂於花費大量時間待在戶外。

飲食

精力旺盛的西班牙獵犬貪吃成性，體重應予以監控。牠需要食物賦予的能量，但應注意維持健康。最好給予高品質、適齡的飲食。

梳理

牠的短毛僅需最少程度的梳理，每週一次用梳毛手套拂拭掉髒污和死毛，能讓被毛保持柔滑和光澤。長而下垂的耳朵可能使牠容易感染耳部問題，因此應該定期檢查。

健康

西班牙獵犬的平均壽命大約為十二年，品種的健康問題可能包含耳部問題以及髖關節發育不良症。

訓練

訓練這個友善但頑固的犬種需要耐心和極度的堅持。訓練者須謹記西班牙獵犬的世界以牠的鼻子為中心，所以倘若無關狩獵，牠未必總是願意默默服從。

速查表

適合小孩程度	梳理

適合其他寵物程度	忠誠度

活力指數	護主性

運動需求	訓練難易度

聖伯納犬 Saint Bernard

品種資訊

原產地
瑞士

身高
公 27.5-35.5 英寸（70-90 公分）／
母 25.5-31.5 英寸（65-80 公分）

體重
120-200 磅（54.5-90.5 公斤）[估計]

被毛
兩種類型：短毛型的外層毛粗、平滑、濃密、
緊密，底毛量多／長毛型的外層毛長度中
等、平至略呈波浪狀，底毛量多；有頸部
環狀毛

毛色
白色帶各種紅色調、各種紅色調帶白色、
虎斑白色；白色斑紋

其他名稱
阿爾卑斯山獒（Alpine Mastiff）；
Bernhardiner；St. Bernard；Saint Bernard
Dog；St. Bernhardshund

註冊機構（分類）
AKC（工作犬）；ANKC（萬用犬）；
CKC（工作犬）；FCI（獒犬）；KC（工
作犬）；UKC（護衛犬）

起源與歷史

聖伯納犬的歷史可追溯至數個世紀以前，但牠的故事遠不止於此。在現今的義大利和瑞士之間，海拔高度 8000 英尺（2,438.5 公尺）處，是穿越阿爾卑斯山脈西部最古老的山口。自古以來，穿越這道山口是危險之旅，除了劫掠者的威脅，還得行經通常深達 5 至 10 英尺（1.5 至 3 公尺）、有時 40 英尺（12 公尺）的永久積雪，困難重重。在十世紀時，奧古斯丁修會僧侶曼頓的伯納（Bernard of Menthon）在山口處創設修道院和收容所以協助旅人。由於他所提供的協助和拯救的性命，伯納被封聖，而該地後來稱作聖伯納山口。

1600 年代後期，僧侶們開始蓄養大型犬作為曳引犬和看門犬。這些狗或許源自起初由羅馬軍隊帶來的獒犬。到了 1700 年，或許因為牠們陪同僧侶在惡劣天氣過後進行巡邏，這些狗逐漸發展出救難用途。一隊救難犬能利用牠們靈敏的嗅覺找到有時被埋在好幾英尺積雪下的迷路旅人。由其中一隻狗跑回修道院求救，其他狗則圍聚在旅人身旁替他保暖。根據紀錄，這些高貴的狗拯救了兩千多人的性命。

起初，收容所的聖伯納犬是體型中等的短毛犬。然而到了 1830 年代，那裡的犬隻數量因為迷路、疾病、近親交配和嚴冬而大量減少。接下來的數十年，僧侶讓牠們與其他品種進行雜交以重拾活力，並建立

了現今所知的聖伯納犬。

修道院外的首次繁殖紀錄始於 1855 年，由海因里希·舒馬赫（Heinrich Schumacher）在瑞士完成。為了保存原始品種型態，愛好者於 1883 年設立瑞士育犬協會，並於 1884 年首度採用瑞士聖伯納犬的標準。

個性

聖伯納犬友善有耐心、忠誠、熱衷於取悅、寬容且聰明。有些聖伯納犬可能會對陌生人冷漠，但大多數是熱情外向的。牠們以特別能容忍孩童而聞名。

照護需求

運動

幼犬的骨骼尚在成長，最好將散步和玩耍控制在相當短的時間內。不過等到兩歲大後，每天長距離步行有益於聖伯納犬。

飲食

由於聖伯納犬會迅速長成大狗，必須獲取營養的飲食，否則可能出現骨骼問題。飼主應謹記該品種有短壽的傾向，提供最高品質的飲食也許能幫助聖伯納犬享有最長的壽命。

梳理

兩種被毛類型每年都會掉毛兩次，但除此之外易於照料。大約每週一次用硬毛刷徹底梳理一次便已足夠。聖伯納犬不應洗澡，除非有絕對的必要。

健康

聖伯納犬的平均壽命為八至十年，品種的健康問題可能包含擴張性心肌病（DCM）、眼瞼外翻、肘關節發育不良、眼瞼內翻、癲癇、髖關節發育不良症、分離性骨軟骨炎（OCD），以及骨肉瘤。

訓練

有鑑於其成犬的體型和體重，必須趁體型小還容易控制時，及早讓牠學習適當的規矩和基本指令。聖伯納犬偶爾可能會倔強，但牠忠心耿耿、順從且聰明，願意溫和地接受訓練。

速查表

適合小孩程度	梳理（粗）	訓練難易度
🐾🐾🐾🐾🐾	🐾🐾🐾🐾🐾	🐾🐾🐾🐾🐾
適合其他寵物程度	梳理（細）	
🐾🐾🐾🐾🐾	🐾🐾🐾🐾🐾	
活力指數	忠誠度	
🐾🐾🐾🐾🐾	🐾🐾🐾🐾🐾	
運動需求	護主性	
🐾🐾🐾🐾🐾	🐾🐾🐾🐾🐾	

薩路基獵犬 Saluki

品種資訊

原產地
伊朗

身高
公 23-28 英寸（58.5-71 公分）／母犬較小

體重
29-66 磅（13-30 公斤）[估計]

被毛
兩種類型：羽狀飾毛型的被毛平滑、柔軟、質地絲滑，腿部有少量的羽狀飾毛，大腿後側亦有羽狀飾毛／平毛型的被毛相同，但無羽狀飾毛

毛色
白色、奶油色、淺黃褐色、金黃色、紅色、灰斑棕褐色、三色（白、黑、棕褐）、黑棕褐色，或前述顏色的變化｜任何顏色或顏色組合 [FCI] [KC] [UKC]

其他名稱
阿拉伯獵犬（Arabian Hound）；瞪羚獵犬（Gazelle Hound）；波斯靈緹犬（Persian Greyhound）；Saluqi；Tazi

註冊機構（分類）
AKC（狩獵犬）；ANKC（狩獵犬）；CKC（狩獵犬）；FCI（視覺型獵犬）；KC（狩獵犬）；UKC（視覺型獵犬及野犬）

起源與歷史

漂亮優雅的薩路基獵犬的起源可追溯到人類最早文明之一的古埃及，可能代表最古老形式的家犬。「Saluki」一詞源自中東早已消失的阿拉伯城市薩路克（Saluq），該品種與中東和阿拉伯世界關係密切。

敏銳的視力和驚人的速度（瞬間衝刺速度可達每小時 40 英里〔64.5 公里〕），使薩路基獵犬成為優秀的視覺型獵犬。古代沙漠部族利用牠來獵捕鹿、狐狸、野兔以及甚至快捷的瞪羚。傳統上，每個部族都會培育自己的薩路基獵犬，以適應當地地形和獵物條件，因此就歷史角度而言，薩路基獵犬擁有多種變異形式和顏色。薩路基獵犬深受沙漠部族族長的珍視，稱之為「高貴者」（el hor），絕不會將之販賣。牠被視為真主的神聖贈禮，只能當作以示光榮或尊崇的禮物饋贈。

1800 年代後期，阿姆赫斯特夫人（Lady Florence Amherst）獲贈一對薩路基獵犬，她對牠們十分著迷，努力要讓該品種在英國獲得承認。不過等到第一次世界大戰結束後，薩路基獵犬才在不列顛群島有所進展，1923 年得到承認。這時種畜從英國來到美國，而美國育犬協會（AKC）於 1927 年承認該品種。1930 年代後期，俄亥俄州的艾絲特·奈普（Esther Bliss Knapp）開始育種，從海外進口一些優良個體到她的松林牧場犬舍（Pine Paddock Kennels）。這個直

接源自沙漠的血統，構成在美國持續進行之優良育種計畫的基礎。

個性

薩路基獵犬高貴莊重、聰明且獨立。這種性情穩重溫和的狗對人類飼主懷有深情，但並不會表露出來。牠通常對陌生人冷漠，可能有些害羞。由於牠相當敏感，幼童對牠而言可能過於喧鬧。牠具備追捕小型獵物的強烈本能，因此為了小型寵物的幸福著想，不應與諸如貓、兔子或天竺鼠等為伴。薩路基獵犬不常吠叫，但如果受驚或心煩，有些會以高頻嗥叫的音調「唱歌」。

照護需求

運動

薩路基獵犬應該讓牠每天都有機會快步或慢跑，或者更好的是，在有圍欄的安全區域內奔跑。該品種會追逐任何移動的東西，因此不可不使用牽繩。牠們也善於跳躍，圍築高籬是必要的措施。

飲食

薩路基獵犬食量大，必須給予高品質的飲食，不應任由牠超重；牠理應看起來苗條，過度餵食會對牠的身體健康造成壓力。

梳理

羽狀飾毛型的薩路基獵犬需要每週用鬃刷輕輕梳理數次，以防毛髮糾結成團。平毛型僅需偶爾刷毛和去除死毛。應不時檢查牠的耳朵，確保其清潔。

健康

薩路基獵犬的平均壽命為十二至十四年，品種的健康問題可能包含癌症、眼部問題、心臟問題，以及甲狀腺問題。

訓練

薩路基獵犬被育種用來獵捕小型動物，牠難以抗拒這種天生的特性。當牠的本能佔上風時，牠可能會突然奔跑，不理會任何呼喚和命令。天性敏感的薩路基獵犬不適合嚴格的紀律，因此需採行以獎賞為基礎的溫和訓練方式。

速查表

適合小孩程度	梳理（粗）	訓練難易度

適合其他寵物程度	梳理（細）	

活力指數	忠誠度	

運動需求	護主性	

薩摩耶犬 Samoyed

速查表

適合小孩程度
🐾🐾🐾🐾🐾

適合其他寵物程度
🐾🐾🐾🐾🐾

活力指數
🐾🐾🐾🐾🐾

運動需求
🐾🐾🐾🐾🐾

梳理
🐾🐾🐾🐾🐾

忠誠度
🐾🐾🐾🐾🐾

護主性
🐾🐾🐾🐾🐾

訓練難易度
🐾🐾🐾🐾🐾

品種資訊

原產地
俄羅斯、西伯利亞

身高
公 20-23.5 英寸（51-59.5 公分）／母 18-21.5 英寸（46-54.5 公分）

體重
35-65 磅（16-29.5 公斤）[估計]

被毛
雙層毛，底毛短、柔軟、厚、緊密、如羊毛，外層毛較長、粗糙、蓬鬆、耐候；有頸部環狀毛

毛色
純白、白灰黃色、奶油色｜亦有全灰黃色 [AKC] [UKC]

其他名稱
比傑吉爾犬（Bjelkier）；Samoiedskaïa Sabaka；Samoyedskaya

註冊機構（分類）
AKC（工作犬）；ANKC（萬用犬）；CKC（工作犬）；FCI（狐狸犬及原始犬）；KC（畜牧犬）；UKC（北方犬）

起源與歷史

薩摩耶犬的歷史可追溯到西元前 1000 年，其外表和性情至今沒有太大改變。該品種命名自薩莫耶德人（Samoyede），他們居住在鄰近北極圈的俄羅斯北部和西伯利亞凍原。薩莫耶德人利用他們稱之為比傑吉爾（bjelkiers）的犬隻來放牧馴鹿、拉雪橇以及偶爾獵熊。這些友善且實用的狗極受珍視，被當作家庭成員對待，和他們一起生活在原始的住所中。長期與人類關係緊密的薩摩耶犬現在依舊是和藹可親的家庭伴侶。

歐洲的極地探險家於 1800 年代中葉發現薩摩耶犬，並將牠們納為探索北極和南極的成員，還帶了一些薩摩耶犬返鄉，主要來到英國。1889 年，英國動物學家厄尼斯特·基爾伯恩—史科特（Ernest Kilburn-Scott）花費數月時間與薩莫耶德人一起生活，他帶回一隻公幼犬，接著又進口了數隻，正是他將該品種命名為薩摩耶犬。薩

摩耶犬受到英國貴族的青睞，然後散播到全世界。最早的品種標準在 1909 年於英國擬定。

個性

　　薩摩耶犬極為友善、性情隨和且深情。事實上，牠的招標「微笑」（嘴角自然上揚）突顯牠和藹可親的性情。此外，牠天生馴良且信任別人。儘管過於友善，無法專任看門犬，但薩摩耶犬的吠叫聲能產生些許嚇阻效果。牠被培育用於團隊工作，因此是合群的狗。薩摩耶犬在家庭環境中欣然茁壯，喜歡照顧孩童，不過可能會試著放牧他們。牠相當喜愛玩耍，有時甚至會淘氣。

照護需求

運動

　　薩摩耶犬能生活在窄小的房屋或公寓中，但牠是活潑的犬種，成犬應每天都有長距離的散步、慢跑或玩耍。幼犬需要大量遊戲時間，但應留意防止牠過度勞累，以免對成長中的骨骼造成壓力。由於有濃密的被毛，薩摩耶犬特別容中暑，因此讓牠在炎熱潮濕的天氣下運動時需格外注意。

飲食

　　薩摩耶犬需要高品質、適齡的飲食。牠豐厚的被毛可能隱藏了體重問題，所以飼主應留意餵食的份量，以及確保牠有足夠的運動量。

梳理

　　豐厚的被毛應該每週刷毛或梳理二至三次。髒污相當容易被抖落，因此甚少需要洗澡（洗澡時，被毛和底毛應浸透到皮膚為止——薩摩耶犬的毛髮抖落水分跟抖落塵土一樣容易）。牠每年會大量掉毛一或兩次，這段期間需要每天刷毛或梳理。

健康

　　薩摩耶犬的平均壽命為十二至十五年，品種的健康問題可能包含糖尿病、髖關節發育不良症、甲狀腺功能低下症、犬漸進性視網膜萎縮症（PRA），以及薩摩耶遺傳性腎小球病。

訓練

　　薩摩耶犬聰明、反應力佳，但也可能有些倔強傾向。最好及早開始訓練，過程中保持耐心和一慣性。送至幼犬學園對牠有好處。

三州犬 **Sanshu**

品種資訊

原產地
日本

身高
兩種體型：大型 20-22 英寸（51-56
公分）[估計] ／小型 16-18 英寸
（40.5-45.5 公分）
[估計]

體重
兩種體型：大型 44-55 磅（20-
25 公斤）[估計] ／小型 30-40 磅
（13.5-18 公斤）[估計]

被毛
短、粗糙、厚、蓬鬆 [估計]

毛色
紅色、黑棕褐色、棕褐色、椒鹽
色、花色 [估計]

其他名稱
Sanshu Dog

註冊機構（分類）
ARBA（狐狸犬及原始犬）

起源與歷史

　　三州犬培育於二十世紀初期，當時日本本州島的一群育種者決定設法創造一個
新品種的日本護衛犬。他們將平毛鬆獅犬（Chow Chow）與幾個四國犬品種（存在
於日本許多世紀的中型狐狸犬）雜交。結果產生體格結實、有兩種體型的漂亮犬種，
在日本各地相當受歡迎，不過該品種並未獲得日本登錄系統正式承認，在本國以外
相當罕見。

個性

　　三州犬是警覺性高、忠心耿耿的夥伴。儘管對陌生人冷漠，但對家人深情款款。
其特色是聰明且有些獨立，成為絕佳的看門犬。有些飼主說牠也可能倔強，傾向於
「選擇性的聽命」。

照護需求

運動

　　三州犬健壯結實、活躍程度適中，每天需要長距離的散步以維持最佳狀態。

飲食

　　三州犬食量大，應給予高品質食物，不可過度餵食或允許牠體重超重。

梳理

　　短而濃密的被毛毋需修剪，但應每週刷毛或梳理，以去除底層死毛。

健康

　　三州犬的平均壽命為十至十二年，根據資料並沒有品種特有的健康問題。

訓練

　　由於具備強烈的護衛本能，及早社會化和訓練對三州犬來說不可或缺。牠學習迅速，若接受持續一貫的訓練，會是可靠、守規矩的狗。

速查表

適合小孩程度	梳理
🐾🐾🐾	🐾🐾
適合其他寵物程度	忠誠度
🐾🐾🐾	🐾🐾🐾🐾
活力指數	護主性
🐾🐾🐾	🐾🐾🐾🐾🐾
運動需求	訓練難易度
🐾🐾🐾🐾	🐾🐾🐾🐾

薩普蘭尼那克犬 Sarplaninac

速查表

適合小孩程度
🐾🐾🐾🐾

適合其他寵物程度
🐾🐾🐾🐾🐾

活力指數
🐾🐾🐾🐾

運動需求
🐾🐾🐾🐾🐾

梳理
🐾🐾🐾🐾

忠誠度
🐾🐾🐾🐾🐾

護主性
🐾🐾🐾🐾🐾

訓練難易度
🐾🐾🐾🐾

品種資訊

原產地
科索沃、馬其頓共和國（前南斯拉夫）

身高
公 24-24.5 英寸（61-62 公分）以上／
母 22.5-23 英寸（57-58 公分）以上

體重
公 77-99 磅（35-45 公斤）／
母 66-88 磅（30-40 公斤）

被毛
雙層毛，外層毛長、直、質地略粗，底毛
較短、較厚

毛色
所有純色，從白色至近黑色的深棕色

其他名稱
伊利里亞牧羊犬（Illyrian Sheepdog）；
南斯拉夫牧羊犬（Jugoslovenski Ovcarski
Pas；Yugoslav Shepherd Dog；Yugoslavian
Shepherd Dog）；馬其頓 - 南斯拉夫牧羊犬
（Macedonian-Yugoslav Shepherd Dog）；
Sar Planina；Šarplaninac；Sharr Mountain
Dog；Sharrplaninatz

註冊機構（分類）
FCI（獒犬）；UKC（護衛犬）

起源與歷史

　　薩普蘭尼那克犬的名稱源自東南歐的薩爾山脈（Shar Planina），很久以前該品種便在那裡被培育成牲畜護衛犬。羅馬人稱該區為伊利里亞，在二十世紀的大部分時間中，屬於南斯拉夫的領土，目前分屬科索沃南部和馬其頓共和國的西北部。薩普蘭尼那克犬的家鄉位置相當孤立，其歷史少有人知，不過很可能追溯到古代。薩普蘭尼那克犬也許源自希臘畜牧犬和獵犬，以及護衛牲群的土耳其犬。

　　薩普蘭尼那克犬的名稱由來和牠的起源地一樣迂迴曲折，最早於 1939 年被世界畜犬聯盟（FCI）承認為伊利里亞牧羊犬。1957 年更名為南斯拉夫牧羊犬─薩普蘭尼那克犬。1990 年代初期，馬其頓共和國取得獨立後，想要在該品種的名稱中得到部分承

認，因此又更名為馬其頓—南斯拉夫牧羊犬—薩普蘭尼那克犬。不論什麼名稱，這種狗在牠的家鄉是極大的榮耀來源，至今廣泛用於保護畜群。直到 1970 年，從南斯拉夫出口該品種仍屬非法行為。首度出口到美國的薩普蘭尼那克犬是由騾子揹出山。薩普蘭尼那克犬目前在美國和加拿大極為成功，負責保護羊群不受土狼侵擾。

個性

　　薩普蘭尼那克犬是牲畜護衛犬的優良典範，聰明獨立、冷靜和穩定，但在保護羊群時勇氣十足且兇猛。巨大的力氣，加上長有巨齒、令人畏懼的上下頜，強化牠作為保護者的地位。牠更適合擔任工作犬，而非家庭寵物。薩普蘭尼那克犬對飼主忠心耿耿，願意容忍家庭成員，包括孩童，但不特別深情或喜愛玩耍。牠對外人冷漠。

照護需求

運動

　　薩普蘭尼那克犬每天需要高強度的戶外運動。在有牲群可看管或保護時最快樂。

飲食

　　薩普蘭尼那克犬貪吃成性，無論餵食什麼都來者不拒。因此必須監控其食物攝取量以防肥胖。牠們會耗費大量精力於各種活動，無論玩耍或護衛畜群，需要最高品質的飲食，確保牠們獲取適當營養。

梳理

　　該品種濃密耐候的被毛需要定期徹底刷毛或去除死毛。

健康

　　薩普蘭尼那克犬的平均壽命為十一至十三年，根據資料並沒有品種特有的健康問題。

訓練

　　薩普蘭尼那克犬非常聰明，但也極為獨立。牠對自己充滿自信，可能更傾向於遵循本能，而非聽從命令。

速查表

適合小孩程度
🐾🐾🐾🐾🐾

適合其他寵物程度
🐾🐾🐾🐾🐾

活力指數
🐾🐾🐾🐾🐾

運動需求
🐾🐾🐾🐾🐾

梳理
🐾🐾🐾🐾🐾

忠誠度
🐾🐾🐾🐾🐾

護主性
🐾🐾🐾🐾🐾

訓練難易度
🐾🐾🐾🐾🐾

斯恰潘道斯犬 Schapendoes

品種資訊

原產地
荷蘭

身高
公 17-20 英寸（43-51 公分）／
母 15.5-18.5 英寸（40-47 公分）

體重
33 磅（15 公斤）[估計]

被毛
雙層毛，外層毛長、略呈波浪狀，底毛
足量；有冠毛；有鬍鬚和髭鬚

毛色
所有顏色皆可

其他名稱
荷蘭斯恰潘道斯犬（Dutch
Schapendoes；Nederlandse
Schapendoes）；荷蘭牧羊犬（Dutch
Sheepdog）；荷蘭牧羊貴賓犬（Dutch
Sheep Poodle）

註冊機構（分類）
AKC（FSS：畜牧犬）；CKC（畜牧犬）；
FCI（牧羊犬）；UKC（畜牧犬）

起源與歷史

　　斯恰潘道斯犬據信與其他數種蓬亂被毛的牧羊犬：伯瑞犬、古代長鬚牧羊犬和
貝加馬斯卡犬，有共同的祖先。牠的型態已存在於荷蘭數百年，擔任技術熟練且勤
勉的農場犬。但如果沒有荷蘭檢查員暨宣傳者托帕爾（P.M.C. Toepoel）的努力，斯
恰潘道斯犬可能不會成為現今的一個品種。二十世紀初期，許多農場主開始利用進
口自英國的邊境牧羊犬，人們對本地品種的興趣也隨之消退。到了 1930 年代，少數
斯恰潘道斯犬被繁殖。此時托帕爾對該品種感興趣，並開始鼓吹其復育工作。他糾
集了一小群熱衷人士，使該品種重新取得立足點，首度於 1940 年代的犬展中現身。
1989 年，斯恰潘道斯犬獲得世界畜犬聯盟（FCI）的承認。

個性

許多世紀以來，荷蘭牧羊人一直珍視該品種的忠誠、聰慧和工作意願。這些屬性同樣明顯展現於現今的斯恰潘道斯犬，使之成為極其友善和個性外向的家庭伴侶犬。牠尤其擅長包含奔跑和跳躍障礙的運動，憑藉輕盈的身材和絕佳的靈活性和速度，成為在諸如敏捷等犬類運動賽事中的常勝軍。牠幾乎能與任何守規矩的動物或人類相處得來，第一次見面時假定每個人都是無辜的——用搖動的尾巴和笑臉靠近大家。

照護需求

運動

如同許多畜牧犬品種，斯恰潘道斯犬需要大量運動來發洩旺盛的精力。每天用牽繩長距離散步或跑步，加上例如高強度的玩耍、游泳或銜回獵物等活動，是提供充足運動量不可或缺。然而一旦運動時間結束，斯恰潘道斯犬能滿足於成為放鬆且安靜的家中成員。

飲食

斯恰潘道斯犬貪吃成性，不管餵食什麼東西都來者不拒。由於活潑的本性，牠需要最高品質的飲食，以確保獲得所需的營養。

梳理

該品種長而濃密、呈波浪狀的被毛，幾乎每天都需要刷毛以免糾結成團。由於死毛不會自然脫落，必須刻意去除，但不可擾亂耐候雙層毛的自然平衡。應只在必要時才替斯恰潘道斯犬洗澡，並且毋需修剪毛髮，儘管一般人似乎誤以為牠臉上蓬亂的毛髮會遮擋視線。該品種的愛好者建議不要在牠眼睛周遭的毛髮綁上髮帶或蝴蝶結。對斯恰潘道斯犬來說，「天然外貌」肯定是最佳裝扮。

健康

斯恰潘道斯犬的平均壽命為十二至十四年，品種的健康問題可能包含髖關節發育不良症，以及犬漸進性視網膜萎縮症（PRA）。

訓練

這個聰明的品種對於訓練有積極的回應，而且學習快速，不過可能會倔強。牠在獲得指令和有任務要完成時最快樂。

席勒獵犬 Schiller Hound

品種資訊

原產地
瑞典

身高
公 21-24 英寸（53-61 公分）／
母 19.5-22.5 英寸（49-57 公分）

體重
40-55 磅（18-25 公斤）[估計]

被毛
雙層毛，外層毛不過短、粗糙、
緊密，有一層底毛

毛色
棕褐色帶明顯的黑色披風；可接
受少量白色斑紋

其他名稱
Schillerstövare

註冊機構（分類）
ARBA（狩獵犬）；
FCI（嗅覺型獵犬）；
UKC（嗅覺型獵犬）

起源與歷史

　　十九世紀末，瑞典人佩爾‧席勒（Per Schiller）建立席勒獵犬的品種。席勒尋求培育一種骨架相對輕盈、體型更瘦長的獵犬，專門用於狩獵狐狸和野兔。該品種可能包含德國、奧地利、瑞士和起源自東歐的數個古老嗅覺型獵犬的血統。

　　席勒獵犬因其高貴的外型，以及身為狩獵者和追蹤者的絕佳才能而受賞識。席勒獵犬在瑞典以外相當罕見，在祖國目前被用於追蹤和獵捕狐狸和雪兔。這種能吃苦耐勞的強健獵犬在多雪的寒冷地區表現優異。

個性

　　席勒獵犬是活潑深情的陪伴者，精力相當旺盛，喜歡待在戶外。若自幼犬期開始社會化，該品種能與孩童和其他寵物相處融洽。有些席勒獵犬對陌生人顯得含蓄。

照護需求

運動

　　這種健壯的獵犬愛好戶外活動，無論天氣如何。每天至少一個小時的高強度運動，有助於讓牠維持快樂和健康。

飲食

　　強健的席勒獵犬貪吃成性，需要高品質、適齡的飲食。

梳理

　　席勒獵犬短而硬的被毛幾乎不需要照料。應定期檢查耳朵，確保乾淨無恙。

健康

　　席勒獵犬的平均壽命大約為十二年，根據資料並沒有品種特有的健康問題。

訓練

　　席勒獵犬熱衷於取悅，但有時牠可能更感興趣於鼻子告訴牠的事，而非飼主的命令。

速查表

適合小孩程度	梳理
🐾🐾🐾🐾🐾	🐾🐾🐾🐾🐾
適合其他寵物程度	忠誠度
🐾🐾🐾🐾🐾	🐾🐾🐾🐾🐾
活力指數	護主性
🐾🐾🐾🐾🐾	🐾🐾🐾🐾🐾
運動需求	訓練難易度
🐾🐾🐾🐾🐾	🐾🐾🐾🐾🐾

史奇派克犬 Schipperke

品種資訊

原產地
比利時

身高
公 11-13 英寸（28-33 公分）／
母 10-12 英寸（25.5-30.5 公分）

體重
12-19 磅（5.5-8.5 公斤）

被毛
雙層毛，外層毛直、粗糙、濃密、
量多，底毛柔軟、厚；有頸部環
狀毛

毛色
黑色｜通常為黑色，但可接受其
他全色 [KC]

註冊機構（分類）
AKC（家庭犬）；ANKC（家庭
犬）；CKC（家庭犬）；FCI（牧
羊犬）；KC（萬用犬）；UKC（伴
侶犬）

起源與歷史

　　史奇派克犬源自比利時的法蘭德斯省份，至少已在那裡存在數百年之久，其確切起源有些不明。曾有一段時間人們相信牠是與較大型的比利時牧羊犬（或 Leauvenaar）同血統的犬種後代，該種牧羊犬也有黑色立耳和類似的臉。也有人認為北方狐狸犬品種更有可能是史奇派克犬的先祖。

　　起初被稱作史匹茲（Spits）或小史匹茲（Spitske），該品種以作為捕鼠犬而獲得讚賞，專門驅除農場、作坊和居家中的害蟲。牠也是優秀的看門犬。到了 1800 年代後期，牠負責消滅比利時各地駁船和運河船上的害蟲，其名稱隨後變成史奇派克犬，在法蘭德斯語中意指「小船長」。

　　1885 年，比利時國王奧波德二世的妻子瑪麗・亨利埃塔（Marie Henriette）女王在犬展中看上一隻獲勝的史奇派克犬並收養牠，史奇派克犬從此地位上升，成為時髦寵物。史奇派克犬種協會——比利時的第一個犬種協會——於 1888 年確立品種標準。

個性

史奇派克犬動作敏捷、精力旺盛、警覺性高、好奇而且護主。牠似乎認為自己比實際上大得多。作為孜孜不倦的小看門犬，牠盤查闖入者，對陌生人心存警戒而且絕不退縮。牠對家庭成員忠心耿耿，特別會保護孩童。史奇派克犬關注身旁發生的一切並經常感興趣，而且可能會相當直接地表達牠的看法。

照護需求

運動

這種精力旺盛的狗需要每天長距離散步或慢跑。牠也喜歡在圈圍的範圍內奔跑，以及經常到戶外玩耍。

飲食

史奇派克犬食量大，應給予高品質的食物。

梳理

濃密的中長毛需要每週定期刷毛。每年會有二至三次在一週之內掉光全部的底毛，那時需要更加頻繁地刷毛。其餘時間會適度地掉毛。

健康

史奇派克犬的平均壽命為十三至十八年，品種的健康問題可能包含癲癇、髖關節發育不良症、甲狀腺功能低下症、黏多醣症第三 B 型，以及膝蓋骨脫臼。

訓練

史奇派克犬可能會任性，但也聰明且熱衷於取悅，因此能好好訓練。有些史奇派克犬難以進行居家訓練。

速查表

適合小孩程度	梳理
🐾🐾🐾🐾🐾	🐾🐾🐾🐾🐾
適合其他寵物程度	忠誠度
🐾🐾🐾🐾🐾	🐾🐾🐾🐾🐾
活力指數	護主性
🐾🐾🐾🐾🐾	🐾🐾🐾🐾🐾
運動需求	訓練難易度
🐾🐾🐾🐾🐾	🐾🐾🐾🐾🐾

蘇格蘭獵鹿犬 Scottish Deerhound

品種資訊

原產地
蘇格蘭

身高
公 30-32 英寸（76-81 公分）／
母 28 英寸（71 公分）以上

體重
公 85-110 磅（38.5-50 公斤）
／母 75-95 磅（34-43 公斤）

被毛
粗糙、蓬亂、厚、緊密；有鬍
鬚和髭鬚

毛色
深藍灰色、較深及較淺的灰色
調、虎斑黃色、沙紅色或紅淺
黃褐帶黑色斑點

其他名稱
獵鹿犬（Deerhound）

註冊機構（分類）
AKC（狩獵犬）；ANKC（狩
獵犬）；CKC（狩獵犬）；FCI
（視覺型獵犬）；KC（狩獵犬）；
UKC（視覺型獵犬及野犬）

起源與歷史

儀態高貴的蘇格蘭獵鹿犬是十分古老的品種，
對於該品種的描述出現在第一本正式分類英國犬種
的書《不列顛犬種》（De Canibus Britannicis），在
1570 年由英國女王伊莉莎白一世的醫師約翰・凱厄
斯（John Caius）出版。寫到靈緹犬時，凱厄斯說道：
「有些是體型較大的種類，有些體型較小；有些被
毛光滑，有些被毛捲曲。體型較大者因此被分派去
狩獵較大型的動物，例如雄鹿和雌鹿。」這意味著
蘇格蘭獵鹿犬起初是一種靈緹犬，被培育成更大、
更強壯，用以獵捕較大型的動物，並具備厚重的被
毛以抵禦家鄉的惡劣天候。

該品種最早在十六世紀時被確認為蘇格蘭獵鹿
犬，因其速度、力氣和狩獵技能而受珍視，伯爵以
下的階級不准飼養。然而到了十八世紀，該品種沒
落，因為獵人開始使用槍枝、土地被圈地、蘇格蘭
大氏族式微，以及大型獵物消失。到 1700 年代後期
和 1800 年代初期，蘇格蘭獵鹿犬幾乎滅絕。幸好大
約在 1825 年，阿奇博（Archibald）和當肯・麥克尼
爾（Duncan McNeill）兩兄弟著手復育該品種。隨著
維多利亞女王成為其愛好者，蘇格蘭獵鹿犬日漸受歡
迎。牠的運氣在一次世界大之戰再度下跌，因為當時
蘇格蘭和英格蘭的許多大型莊園解散。第二次世界大
戰期間的食物短缺，許多飼主被迫將牠們安樂死。

如今這個可愛的品種幸而得以穩定維持且日益受青睞，不過往往多半作為伴侶犬和寵物，而非獵犬。

個性

蘇格蘭獵鹿犬展現沉著安定的彬彬舉止、優雅、尊貴和靜默的忠誠。儘管狩獵時勇往直前，但牠並非看門犬，因為牠過於斯文和馴良，無法盤查入侵者。幼犬時期的蘇格蘭獵鹿犬性情活潑，但成犬則相當安於在室內久坐，還喜歡打盹兒（不過牠每天需要大量戶外運動）。這種忠心的狗愛護家人，是孩童的絕佳夥伴，讓瞭解牠的人深為讚賞；作家沃爾特·司史特爵士（Walter Scott）說他的獵鹿犬梅達（Maida）是「最完美的天國生物」。

照護需求

運動

蘇格蘭獵鹿犬每天需要充分運動，例如長距離散步或慢跑。應留意別讓幼犬過度勞累，因為在快速成長期間牠可能還不夠協調。如同所有視覺型獵犬，允許奔跑對蘇格蘭獵鹿犬有益，但必須注意不可在無圍欄的區域放開牠，因為其追逐本能可能導致牠走失。

飲食

蘇格蘭獵鹿犬是天生精瘦的品種，但並非因為牠胃口不好！牠是貪吃的大食客。

梳理

蘇格蘭獵鹿犬僅需最少的修整，每週一至兩次用梳子或刷子徹底梳理即可。有些飼主會稍微修剪或去除臉部和耳朵周圍的毛髮。

健康

蘇格蘭獵鹿犬的平均壽命為八至十一年，品種的健康問題可能包含過敏、胃擴張及扭轉、胱胺酸尿症、心臟問題、遺傳性第七凝血因子缺乏症、甲狀腺功能低下症、骨肉瘤，以及子宮積膿。

訓練

懶散的蘇格蘭獵鹿犬往往緩於服從命令，並且會因為長時間的訓練或大量練習而感到無聊。然而，牠喜歡取悅飼主。重要的是縮短訓練時間，以及找出牠喜歡的激發動力。

速查表

適合小孩程度	梳理
🐾🐾🐾🐾	🐾🐾🐾
適合其他寵物程度	忠誠度
🐾🐾🐾	🐾🐾🐾🐾
活力指數	護主性
🐾🐾🐾	🐾🐾
運動需求	訓練難易度
🐾🐾🐾🐾	🐾🐾🐾

蘇格蘭㹴 Scottish Terrier

速查表

適合小孩程度
🐾🐾🐾🐾🐾

適合其他寵物程度
🐾🐾🐾🐾🐾

活力指數
🐾🐾🐾🐾🐾

運動需求
🐾🐾🐾🐾🐾

梳理
🐾🐾🐾🐾🐾

忠誠度
🐾🐾🐾🐾🐾

護主性
🐾🐾🐾🐾🐾

訓練難易度
🐾🐾🐾🐾🐾

品種資訊

原產地
蘇格蘭

身高
10-11 英寸（25.5-28 公分）

體重
公 19-22 磅（8.5-10 公斤）／
母 18-21 磅（8-9.5 公斤）｜
18.5-23 磅（8.5-10.5 公斤）
[ANKC] [FCI] [KC]

被毛
耐候的雙層毛，外層毛極為剛硬、緊密，底毛短、濃密、柔軟

毛色
黑色、小麥色、任何顏色的虎斑｜
亦有鋼灰色或鐵灰色、沙色 [CKC]

其他名稱
亞伯丁㹴（Aberdeen Terrier）

註冊機構（分類）
AKC（㹴犬）；ANKC（㹴犬）；
CKC（㹴犬）；FCI（㹴犬）；KC（㹴犬）；UKC（㹴犬）

起源與歷史

　　若干最早關於狗的書提及小而活力充沛的蘇格蘭「地犬」。數個世紀以來，蘇格蘭高地的獵人持續蓄養結實強健、膽大到敢鑽闖獸穴追捕獵物的狗。如今無人確知該區出產的幾種㹴犬，哪一種是現在的蘇格蘭㹴的先祖，不過有可能蘇格蘭㹴、凱恩㹴和西高地白㹴三者關係密切。然而我們知道類似現今蘇格蘭㹴的狗，大約在 1870 年代後期被麥基（W. W. Mackie）船長帶出蘇格蘭。牠們在滅殺農場害蟲和獾方面表現優異。到了 1880 年代，蘇格蘭㹴的品種標準被建立，牠們在英國、加拿大和美國贏得喜愛。經濟大蕭條和接下來的第二次世界大戰期間，由於羅斯福總統所飼養的蘇格蘭㹴法拉（Fala）曝光，這個迷人且忠誠的犬種因此受到人們的歡迎。

個性

　　個性十足的蘇格蘭㹴聰明勇敢、高貴忠誠，幼犬時愛玩耍，但長大後較有目標感。牠喜愛能迎合其狩獵本能的活動——追球、認真地扯下玩具的發聲器，以及長距離散步和監視鄰近地區。牠積極活躍的天性可能表露在對其他犬隻的侵略性，而追逐獵物的強烈本能可能延伸到視鄰居家的貓或小型寵物為獵物。除此之外，牠性情穩重，對家人忠心耿耿。蘇格蘭㹴對陌生人冷漠，因此是警覺性高的看門犬。熟知蘇格蘭㹴的人，視這個有鬍鬚的紳士為最好的朋友和夥伴。

照護需求

運動

　　快走和熱烈的遊戲是不可或缺的日常運動。

飲食

　　蘇格蘭㹴是大食客，不管餵食什麼東西都狼吞虎嚥。牠們需要最高品質的飲食，以確保獲得所需營養。

梳理

　　蘇格蘭㹴應每週刷毛或梳理數次，特別要留意頭部和身體下半部的蓬亂飾毛。每隔幾個月去除或修剪覆蓋頸部、背部、臀部、肩隆和胸腔的被毛，保持在相當短的狀態，是最好的養護方式。除毛需保留下硬質的外層毛。

健康

　　蘇格蘭㹴的平均壽命為十二至十四年，品種的健康問題可能包含膀胱癌、小腦營養性衰竭（CA）、頭蓋骨下顎骨病（CMO）、庫欣氏症、癲癇、甲狀腺功能低下症、幼年型白內障、肝門脈系統分流、蘇格蘭㹴痙攣症，以及類血友病。

訓練

　　蘇格蘭㹴聰明伶俐，具備獨立的精神，除非從小教導牠守規矩，否則牠會支配全家人。但牠也有想要取悅的強烈欲望，獲得飼主的讚美比起強硬的手段更能讓牠服從。

西里漢㹴 Sealyham Terrier

速查表

適合小孩程度
🐾🐾🐾🐾🐾

適合其他寵物程度
🐾🐾🐾🐾🐾

活力指數
🐾🐾🐾🐾🐾

運動需求
🐾🐾🐾🐾🐾

梳理
🐾🐾🐾🐾🐾

忠誠度
🐾🐾🐾🐾🐾

護主性
🐾🐾🐾🐾🐾

訓練難易度
🐾🐾🐾🐾🐾

品種資訊

原產地
大不列顛

身高
10.5-12 英寸（25.5-30.5 公分）

體重
公 20-25 磅（9-11.5 公斤）／
母 17.5 磅（8 公斤）

被毛
雙層毛，外層毛長、剛硬，底毛柔
軟、濃密、耐候

毛色
全白或在頭部和耳部帶檸檬色、棕
或獾色斑紋｜亦有藍色斑紋
[ANKC] [CKC] [FCI] [KC] [UKC]

註冊機構（分類）
AKC（㹴犬）；ANKC（㹴犬）；
CKC（㹴犬）；FCI（㹴犬）；
KC（㹴犬）；UKC（㹴犬）

起源與歷史

　　1800 年代中葉，其莊園名為西里漢（Sealyham）的威爾斯運動家約翰·愛德華茲（John Edwardes）決意培育一種完美的㹴犬。牠的速度必須夠快，才能跟上行獵中的獵犬和馬匹，個頭必須夠小，才能入地追捕獵，而且還要夠勇敢，能面對任何獵物。牠的顏色還得夠淡，以免被獵犬誤認為獵物。

　　愛德華茲花了四十年時間，結合數個品種，拼湊出他的㹴犬。我們雖然不知道他使用了哪些品種，但其中可能包括牛頭㹴、赤郡㹴（Cheshire Terrier，已滅絕）、柯基犬、丹第丁蒙㹴、英國老式白㹴（Old English White Terrier，已滅絕）、西高地白㹴、剛毛獵狐㹴，以及一種矮身的法國嗅覺型獵犬。愛德華茲的適者生存育種計畫訓練了幼犬捕鼠，他用這種強硬的剔除法篩選出他要保留的犬隻。第一年幼犬進一步接受勇氣、力氣和精神的測試，表現不讓愛德華茲滿意者便剔除。該品種因其身為獵犬的非凡勇氣而引起注意，膽敢面對體型大牠好幾倍的獾和水獺。

1891 年愛德華茲去世之後，其他人接續培育西里漢㹴的理想。其中一位是佛瑞德·劉易斯（Fred Lewis），他孜孜不倦地為西里漢㹴宣傳和創辦機構，使他贏得西里漢㹴之父的稱號，不過真正的創始者無疑是愛德華茲。

西里漢㹴的漂亮外觀讓威爾斯育種者將牠展示於 1903 年的犬展。西里漢㹴在 1910 年及 1911 年，分別於英國和美國正式被認可。

個性

西里漢㹴驕傲且好奇，以極度的自信看待周遭世界。這種迷人、反應性佳的狗也是逗趣的小丑。牠對陌生人顯得含蓄，但對所愛的人是忠心耿耿的夥伴。西里漢㹴是相對低調的㹴犬。

照護需求

運動

每天快走或適度的玩耍應可滿足其運動需求。

飲食

西里漢㹴是大食客，應監控其食物攝取量以防肥胖。

梳理

西里漢㹴濃密的剛毛應每週至少梳理或刷毛兩次，每隔二至三個月修剪或除毛，保持光滑和造型。除毛需保留硬質的外層毛。

健康

西里漢㹴的平均壽命為十二至十四年，品種的健康問題可能包含背部問題、先天性耳聾，以及眼部問題。

訓練

西里漢㹴可能倔強且獨立，但牠友善的天性使牠稍較容易訓練。堅定但公正的調教可望獲得最佳成效。

塞爾維亞獵犬 Serbian Hound

速查表

適合小孩程度
🐾🐾🐾🐾🐾

適合其他寵物程度
🐾🐾🐾🐾🐾

活力指數
🐾🐾🐾🐾🐾

運動需求
🐾🐾🐾🐾🐾

梳理
🐾🐾🐾🐾🐾

忠誠度
🐾🐾🐾🐾🐾

護主性
🐾🐾🐾🐾🐾

訓練難易度
🐾🐾🐾🐾🐾

品種資訊

原產地
塞爾維亞／芒特尼格羅

身高
公 18-22 英寸（46-56 公分）／
母 17.5-21.5 英寸（44-54 公分）

體重
42-46 磅（19-21 公斤）[估計]

被毛
雙層毛，外層毛短、量多、有光澤、
厚，有一層底毛

毛色
紅色、從黃紅色至鐵鏽色調，帶黑
色披風或鞍型斑

其他名稱
巴爾幹獵犬（Balkan Hound；
Balkanski Gonič）；Serbski Gonič；
Srpski Gonič；南斯拉夫獵犬
（Yugoslavian Hound）

註冊機構（分類）
ARBA（狩獵犬）；FCI（嗅覺型獵
犬）；UKC（嗅覺型獵犬）

起源與歷史

塞爾維亞獵犬據信與其他斯拉夫嗅覺型獵犬關係密切，例如伊斯特拉獵犬、波士尼亞粗毛獵犬、塞爾維亞三色獵犬、蒙特內哥羅山獵犬和保沙瓦獵犬。據信所有這些獵犬皆大約起源於一千年前，當時腓尼基視覺型獵犬被帶到巴爾幹地區，與當地居民擁有的早期歐洲嗅覺型獵犬雜交。

運用於險惡地形上的塞爾維亞獵犬是不屈不撓的強健獵犬，可以捕獵野兔、狐狸、鹿以及甚至野豬。牠的高頻叫聲和擔任追蹤犬的能力尤其出名。先前被稱作巴爾幹獵犬，1996 年世界畜犬聯盟（FCI）將該品種正式更名為塞爾維亞獵犬。塞爾維亞獵犬鮮少出現在家鄉以外，但牠在家鄉極受歡迎，有大量愛好者。

個性

　　瞭解塞爾維亞獵犬的人描述牠本性溫和、順從、友善且合群，與孩童和其他寵物相處極為融洽。

照護需求

運動

　　塞爾維亞獵犬每天需要長距離散步或慢跑，需隨時使用牽繩，否則牠可能受誘惑，憑嗅覺本能行事而走失。

飲食

　　勤勉的塞爾維亞獵犬貪吃成性，體重應予以監控。牠需要食物賦予的能量，但必須留意維持健康。最好給予高品質、適齡的飲食。

梳理

　　塞爾維亞獵犬的硬短毛幾乎毋需保養。每週用梳毛手套擦拭或按摩一次，即可維持健康和光澤。耳朵應每週檢查，確保乾淨無恙。

健康

　　塞爾維亞獵犬的平均壽命大約為十二年，根據資料並沒有品種特有的健康問題。

訓練

　　理想上，塞爾維亞獵犬應及早妥善社會化並教導以基本規矩。要贏得敏銳的嗅覺型獵犬的注意力向來是件難事，牠們的鼻子不停地使牠們因各種令人興奮的事物而分心。關鍵在於讓訓練成為牠正向的享受。

品種資訊

原產地
塞爾維亞 / 芒特尼格羅

身高
17.5-21.5 英寸（44.5-54.5 公分）

體重
44-55 磅（20-25 公斤）[估計]

被毛
雙層毛，外層毛短、量多、有光
澤、稍厚，底毛發達

毛色
底毛為深紅色或狐紅色帶黑色披
風或鞍型斑；白色斑紋

其他名稱
南斯拉夫三色獵犬（Jugoslovenski
Trobojni Gonič；Yugoslavian
Tricolor Hound）；Srpski Trobojni
Gonič

註冊機構（分類）
FCI（嗅覺型獵犬）；
UKC（嗅覺型獵犬）

塞爾維亞三色獵犬 Serbian Tricolor Hound

起源與歷史

　　塞爾維亞三色獵犬據信與其他斯拉夫嗅覺型獵犬關係密切，例如伊斯特拉獵犬、
波士尼亞粗毛獵犬、塞爾維亞獵犬、蒙特內哥羅山獵犬和保沙瓦獵犬。據信所有這
些獵犬皆大約起源於一千年前，當時腓尼基視覺型獵犬被帶到巴爾幹地區，與當地
居民擁有的早期歐洲嗅覺型獵犬雜交。

　　1940 年代一群塞爾維亞三色獵犬的愛好者認為，該品種應獲得有別於塞爾維
亞獵犬的承認（在此之前，塞爾維亞三色獵犬一向被視為塞爾維亞獵犬的變種）。
1946 年，塞爾維亞三色獵犬取得品種的地位，首度擬定標準。塞爾維亞三色獵犬在
1950 年舉行的貝爾格勒國際犬展中現身，1961 年，世界畜犬聯盟（FCI）承認牠是
個別品種。如今塞爾維亞三色獵犬依舊在狩獵小型獵物，以及在世界各地讓犬展裁
判驚艷。即便在自己的家鄉，塞爾維亞三色獵犬也相當罕見。

個性

瞭解塞爾維亞三色獵犬的人描述牠本性和藹可親、順從、友善且合群。牠活力充沛且逗趣，熱愛打獵，與孩童和其他寵物相處極為融洽。

照護需求

運動

塞爾維亞三色獵犬每天需要長距離散步或慢跑。這種健壯的狗需要定期運動的刺激。

飲食

健壯的塞爾維亞三色獵犬貪吃成性，體重應予以監控。最好給予高品質、適齡的飲食。

梳理

塞爾維亞三色獵犬的硬短毛幾乎毋需保養。每週用梳毛手套刷拭或按摩一次，即可維持健康和光澤。耳朵應每週檢查，確保乾淨無恙。

健康

塞爾維亞三色獵犬的平均壽命大約為十二年，根據資料並沒有品種特有的健康問題。

訓練

理想上，塞爾維亞獵犬應及早妥善地社會化並教導以基本規矩。要贏得敏銳的嗅覺型獵犬的注意力向來是件難事，牠們的鼻子不停地使牠們因各種令人興奮的事物而分心。關鍵在於讓訓練成為牠正向的享受。

速查表

適合小孩程度	梳理
適合其他寵物程度	忠誠度
活力指數	護主性
運動需求	訓練難易度

喜樂蒂牧羊犬 Shetland Sheepdog

品種資訊

原產地
蘇格蘭

身高
公 14.5 英寸（37 公分）／母 14 英寸（36 公分）| 13-16 英寸（33-40.5 公分）[AKC] [CKC] [UKC]

體重
14-27 磅（6.5-12 公斤）[估計]

被毛
雙層毛，外層毛長、直、粗糙，底毛短、毛茸茸、濃密；有鬃毛

毛色
黑色、藍大理石色、深褐色調，皆帶不等量的白色和／或棕褐色｜亦有以白色為主 [UKC]

註冊機構（分類）
AKC（畜牧犬）；ANKC（工作犬）；CKC（畜牧犬）；FCI（牧羊犬）；KC（畜牧犬）；UKC（畜牧犬）

起源與歷史

　　1700 年代期間，漁船定期抵達昔得蘭群島（Shetland Islands），帶來了黑棕褐色的查理斯王小獵犬、來自格陵蘭島的雅基犬（Yakki）、來自斯堪地那維亞諸國的狐狸犬型畜牧犬，以及來自蘇格蘭的工作牧羊犬。這些可能是喜樂蒂牧羊犬先祖的犬種，與島上原產的狗雜交，創造出性情熱烈、警覺性高的工作犬。

　　昔得蘭群島的土地貧瘠崎嶇，本地居民因此培育出不需要繁茂植物便能存活的牲畜。島上的迷你牛、侏儒羊和昔得蘭小馬由體型相應的小型牧羊犬來放牧。其步姿使牠們能輕鬆穿越崎嶇地形，隨和的舉止讓牠們溫和地對待家畜。

　　最終，昔得蘭人詹姆斯‧洛吉（James Loggie）將品種標準化以參加犬展，而該品種於 1906 年參加克魯福茲狗展（Crufts），與柯利牧羊犬一同展示，被歸類為迷你型。歷經第一次世界大戰的毀滅性年代後，有些育種者將柯利牧羊犬導入倖存的犬種

中，產生我們現今所知的這個品種。然而，喜樂蒂牧羊犬不單是迷你型的柯利牧羊犬，該品種作為極受重視的工作犬已存在了數百年。

個性

喜樂蒂牧羊犬活潑而溫和，以及反應佳的特性，使牠成為絕佳的陪伴者。由於聰明和樂意配合，喜樂蒂牧羊犬在服從、敏捷和其他狗運動項目中都有優良的表現。牠被培育來用聲音放牧，因此牠很可能經常吠叫。飼主應特別留意自幼犬期讓牠開始社會化，以克服害羞的傾向。喜樂蒂牧羊犬依戀家人，非常適合與孩童作伴，不過牠對陌生人顯得含蓄。

照護需求

運動

每天充分散步、慢跑或從事高強度的遊戲或訓練，有益於被培育用來全天工作的喜樂蒂牧羊犬。

飲食

喜樂蒂通常食量大。不管牠挑食與否，都應給予高品質、適齡的食物。

梳理

每幾天刷毛一次有助於維持喜樂蒂豐沛被毛的健康、美觀，並免於糾結。為了留住被毛的天然油脂，只有必要時才洗澡。

健康

喜樂蒂牧羊犬平均壽命為十二至十四年，品種的健康問題可能包含牧羊犬眼異常（CEA）、皮肌炎、血友病、髖關節發育不良症、甲狀腺功能低下症、股骨頭缺血性壞死、MDR-1 基因突變、犬漸進性視網膜萎縮症（PRA），以及癲癇發作。

訓練

因為牠極其聰明且渴望取悅，喜樂蒂是最容易訓練的犬種之一。絕不可對這個敏感的犬種使用粗暴手段，許多喜樂蒂是為了獲得讚美和鼓勵而工作，更甚於要求食物獎賞。

柴犬 Shiba Inu

速查表

適合小孩程度
🐾🐾🐾🐾🐾

適合其他寵物程度
🐾🐾🐾🐾🐾

活力指數
🐾🐾🐾🐾🐾

運動需求
🐾🐾🐾🐾🐾

梳理
🐾🐾🐾🐾🐾

忠誠度
🐾🐾🐾🐾🐾

護主性
🐾🐾🐾🐾🐾

訓練難易度
🐾🐾🐾🐾🐾

品種資訊

原產地
日本

身高
公 14.5-16.5 英寸（37-42 公分）／
母 13.5-15.5 英寸（34.5-39.5 公分）

體重
公 23 磅（10.5 公斤）／
母 17 磅（7.5 公斤）

被毛
雙層毛，外層毛直、堅挺，底毛柔軟、
厚

毛色
紅色、黑棕褐色、芝麻色 [AKC]
[CKC]｜紅色、黑棕褐色、芝麻色、
黑芝麻色、紅芝麻色 [ANKC] [FCI]｜
紅色、紅芝麻色、黑棕褐色、白色
[KC]｜紅色、紅芝麻色、黑棕褐色
[UKC]

其他名稱
Japanese Shiba Inu；日本小型犬
（Japanese Small-Size Dog）；Shiba；
Shiba Ken

註冊機構（分類）
AKC（家庭犬）；ANKC（萬用犬）；
CKC（家庭犬）；FCI（狐狸犬及原始
犬）；KC（萬用犬）；UKC（北方犬）

起源與歷史

　　柴犬起源自日本山區，在那裡為人所知已有將近三千年歷史。牠是包括秋田犬
在內的數種古老日本狐狸犬品系中最小的一種，為山陰犬（Sanin）、美濃犬（Mino）
和信州犬（Shinshu）等古代品種雜交的結果。

　　柴犬以往主要用於獵捕鳥類和小型獵物，不過因為其絕佳的勇氣和敏捷度，偶爾
也協助獵人狩獵野豬、熊和鹿。該品種幾乎消失於第二次世界大戰的蹂躪，而 1952 年
爆發的犬瘟熱讓牠的數量變得更稀少。然而現今這個迷人的犬種正逐漸興旺，在世界
各地日益受歡迎。

個性

　　有些飼主描述柴犬像貓一樣獨立和愛挑剔。牠生氣勃勃、靈俐敏捷，喜歡玩耍喧鬧。總是充滿自信的柴犬可能任性不受管束。牠對家人深情並且愛與他們玩耍，但對陌生人則傾向於冷淡，保持戒備的天性使牠成為絕佳的看門犬。牠可能會與其他狗打鬥，並擁有狩獵小型動物的強烈本能。有些柴犬可能相當愛吠叫，在不舒服或快樂時會發出被說成是「柴犬呼嚎」的高頻叫聲。

照護需求

運動

　　日常從事高強度運動，消耗部分的無窮精力對柴犬有益。每天長距離的散步或激烈的玩耍能讓牠保持健康快樂。飼主在任由柴犬自由奔跑前應三思，因為牠強烈的狩獵本能可能使牠一有機會便發足奔跑。

飲食

　　柴犬通常食量大，需要給予高品質、適齡的食物。

梳理

　　濃密的雙層毛至少需要每週用硬針梳梳理一次，大量脫毛期間應增加次數。

健康

　　柴犬的平均壽命為十三至十六年，品種的健康問題可能包含過敏、牙齒問題、眼部問題、髖關節發育不良症、甲狀腺功能低下症，以及膝蓋骨脫臼。

訓練

　　要培養其獨立精神，特別需要及早訓練和社會化。柴犬極為聰明，但就像許多狐狸犬品種，可能偏愛視而不見，而非聽從命令。然而只要飼主保持耐心和堅持到底，牠會變成相當順從。柴犬容易進行居家訓練。

西施犬 Shih Tzu

速查表

適合小孩程度
🐾🐾🐾

適合其他寵物程度
🐾🐾🐾🐾

活力指數
🐾🐾🐾🐾

運動需求
🐾🐾

梳理
🐾🐾🐾🐾🐾

忠誠度
🐾🐾🐾🐾

護主性
🐾🐾🐾🐾🐾

訓練難易度
🐾🐾🐾🐾

品種資訊

原產地
西藏（中國）

身高
8-11 英寸（20-28 公分）

體重
公 9-16 磅（4-7.5 公斤）／母犬較
輕｜10-17.5磅（4.5-8公斤）[ANKC]
[FCI] [KC]

被毛
雙層毛，外層毛長、飄逸、華麗、
濃密，底毛良好

毛色
所有顏色皆可

其他名稱
中國獅子犬（Chinese Lion Dog）；
菊花犬（Chrysanthemum Dog）

註冊機構（分類）
AKC（玩賞犬）；ANKC（家庭犬）；
CKC（家庭犬）；FCI（伴侶犬及玩
賞犬）；KC（萬用犬）；UKC（伴
侶犬）

起源與歷史

　　西施犬的古老根源可能起始於西藏，作為拉薩犬的較小型表親，但該品種是在
中國被培育並臻於完美。數個世紀以來，這種優雅溫馴的小「獅子犬」深受中國宮
廷珍視，在皇宮過著奢華的生活。該品種在慈禧太后統治期間（1861 至 1908 年）進
一步純化。慈禧太后死後，皇宮犬舍被解散，往後年間西施犬變得稀有。1912 年中
國成為共和國之後，偶爾有西施犬個體來到英國，後來又到達挪威和北美，在那裡
展開繁殖計畫。

　　1949年共產黨掌權後，西施犬差不多在中國滅絕。幸好有一小群西施犬存活下來，
這七對公母西施犬構成現存所有西施犬的基礎。如今牠是世界上最受青睞的犬種之一。

個性

　　這個精神奕奕的小傢伙是溫和的玩賞犬，也是愛玩耍的夥伴。西施犬出人意料地結實，能 容孩童且對他們滿懷深情。牠可能一時倔強，但不久之後便會緩和下來，表現出迷人的滑稽模樣。

照護需求

運動

　　由於體型小，每天短距離的散步，再加上一些室內玩耍時間，便能滿足西施犬的運動需求。

飲食

　　餵食西施犬時要記得牠曾是被嬌養的寵物，這習性可能會帶到飼料前，成為挑嘴的狗。最好給予此品種高品質、適齡的飲食。

梳理

　　如果按傳統方式保留牠華麗的長毛，應每天刷毛以防糾結成團。冠毛必須保養（用橡皮筋綁住），不讓毛髮遮住眼睛。許多飼主和育種者將西施犬的毛剪短，更易於照顧牠們的被毛。

健康

　　西施犬的平均壽命為十一至十五年，品種的健康問題可能包含顎裂、牙齒問題、眼部問題、甲狀腺功能低下症、椎間盤疾病、膝蓋骨脫臼、腎發育不良、呼吸系統問題，以及類血友病。

訓練

　　西施犬可能頑固不化，但耐心加以訓練終究會獲得回報。如同某些玩賞犬品種，居家訓練可能是一項挑戰。

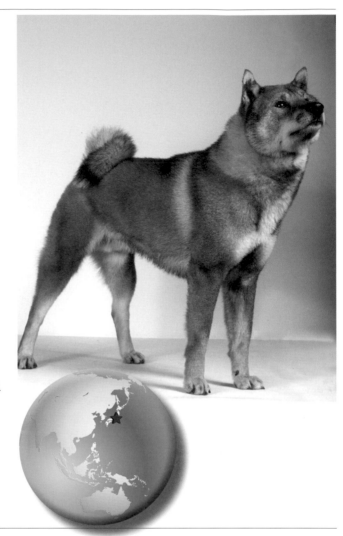

品種資訊

原產地
日本

身高
公 20.5 英寸（52 公分）／
母 18 英寸（46 公分）

體重
40-60 磅（18-27 公斤）[估計]

被毛
雙層毛，外層毛直、相當粗，底
毛柔軟、濃密

毛色
芝麻色、黑芝麻色、紅芝麻色

其他名稱
日本狼犬（Japanese Wolfdog）；
高知犬（Kochi-Ken）；三河犬
（Mikawa Inu）；Shikoku Dog；
Shikoku Inu

註冊機構（分類）
CKC（狩獵犬）；FCI（狐狸犬及
原始犬）；UKC（北方犬）

四國犬 Shikoku

起源與歷史

　　四國犬是日本狐狸犬品系中最古老的品種之一，以其發源地四國而命名，四國
是日四大本島中面積最小、人口最少的一個。四國犬自古便與人類一起生活，在山
區裡尤其被用於獵鹿，不過牠也能獵捕野豬。四國犬的原始外表據信接近於最早的
家犬。

　　1930 年代的日本學者磯貝晴雄將日本原生犬種分為三類：大型、中型和小型。
四國犬屬於中型犬（另外包括甲斐犬和紀州犬）。如今四國犬數量稀少，在日本以
外相當罕見。1937 年，日本政府宣布四國犬為日本天然紀念物。

個性

　　四國犬通常對陌生人顯得含蓄，但對飼主忠心耿耿。牠相當活潑健壯，是從事
戶外活動的絕佳夥伴，在家時則沉穩守規矩。如果社會化不足，有些四國犬可能對
其他狗具有攻擊性，而且由於牠們強烈的狩獵本能，不可讓牠們與小型動物同處。

有鑑於牠的狩獵和追逐欲望，除非在圈圍起來的區域，否則不應該鬆開四國犬的牽繩。

照護需求

運動

　　四國犬精力旺盛，更適合活躍的家庭，而非較少活動的生活方式。定期的散步或跑步讓牠保持滿足。

飲食

　　四國犬通常是大胃王，應給予高品質的食物。

梳理

　　該品種幾乎毋需梳理，也不需要經常洗澡。往往每年兩次大量掉毛，此外只需定期刷毛加上偶爾梳耙底毛便可維持整潔。

健康

　　四國犬的平均壽命為十至十二年，根據資料並沒有品種特有的健康問題。

訓練

　　聰明的四國犬學習快速，是敏捷和服從競賽中的常勝軍。牠渴望學習，但應從小展開社會化與訓練，以免養成支配的傾向。

夏伊洛牧羊犬 Shiloh Shepherd

速查表

適合小孩程度
🐾🐾🐾🐾🐾

適合其他寵物程度
🐾🐾🐾🐾🐾

活力指數
🐾🐾🐾🐾🐾

運動需求
🐾🐾🐾🐾🐾

梳理
🐾🐾🐾🐾🐾

忠誠度
🐾🐾🐾🐾🐾

護主性
🐾🐾🐾🐾🐾

訓練難易度
🐾🐾🐾🐾🐾

品種資訊

原產地
美國

身高
26-32 英寸（66-81.5 公分）[估計]

體重
100-160 磅（45.5-72.5 公斤）[估計]

被毛
兩種類型：蓬毛型（長毛）為雙層
毛，外層毛中等粗糙，底毛柔軟；
有鬃毛／平毛型（短毛）為雙層毛，
外層毛中等長度、直、濃密、緊密，
有一層底毛；有鬃毛 [估計]

毛色
金黃色、銀色、紅色、深棕色、深
灰色、黑深褐色、純黑、純白、黑
色調帶棕褐色、金棕褐色、紅棕褐
色、銀色或奶油色 [估計]

註冊機構（分類）
ARBA（畜牧犬）

起源與歷史

　　1970 年代初期，美國育種者蒂娜・巴柏（Tina Barber）不滿於美國的德國牧羊犬的發展方向，並渴望她兒時在德國所記得的德國牧羊犬，於是決定要改造和培育出一種不同的牧羊犬。她理想中的犬種必須聰明易於訓練、忠心且強健，還要能放牧和保護牲群，但又完全可以放心讓牠與孩童相處。巴柏知道健全的身心是她心目中這個品種的基石。

　　雖然她以美國的德國牧羊犬開始育種，到了 1990 年卻造出截然不同的品種，她將該血統與美國育犬協會（AKC）登錄的德國牧羊犬做區分。她成立了國際夏伊洛牧羊犬登記處（International Shiloh Shepherd Registry, ISSR），並於 1993 年利用特別設計的電腦程式，開始記錄以往所有紙本的登錄資料，並收集了九個世代的同窩犬隻 X 光照片（Littermate X-Rays, LMX），替夏伊洛牧羊犬建立資料庫，這項工作持續至今。夏伊洛牧羊犬目前只獲美國稀有犬種協會得（ARBA）的承認。

個性

根據喜愛者的說法，夏伊洛牧羊犬是「靈犬萊西（Lassie）、強心（Strongheart）和任丁丁（Rin Tin Tin，譯注：強心和任丁丁都是早期電影中的明星德國牧羊犬）的綜合體。」夏伊洛牧羊犬是聰明的大狗，既是絕佳的保護者，也是溫和的朋友。多才多藝的夏伊洛牧羊犬幾乎無所不能，擅長各種運動和保護工作、放牧、敏捷、服從以及犬展。牠也是優異的治療犬和服務犬。

照護需求

運動

定期的高強度運動有益於健壯的夏伊洛牧羊犬。理想上，牠應該從事某種可以讓牠獲得運動量的工作，例如放牧、追蹤或敏捷。

飲食

夏伊洛牧羊犬食量大，應給予高品質、適齡的飲食。

梳理

平毛夏伊洛牧羊犬擁有更大量的底毛，因此會掉更多毛。牠們需要經常刷毛和梳理，以便儘可能減少掉毛。此外，牠們耐候的被毛天生富於光澤。蓬毛型夏伊洛雖然掉毛量較少，但牠如絲綢般的被毛也需要定期刷毛和梳理，以保持最美觀的狀態。

健康

夏伊洛牧羊犬的平均壽命為十至十四年，品種的健康問題可能包含自體免疫疾病、胃擴張及扭轉、先天性心臟病、內生骨疣、髖關節發育不良症、甲狀腺功能低下症、皮膚問題、主動脈下狹窄（SAS），以及類血友病。

訓練

夏伊洛牧羊犬十分聰慧、反應極佳，訓練起來是一件樂事。牠學習快速並且能記住學會的事，幾乎可以接受任何訓練。被培育成具備穩定性情，社交活動對牠極為有益，因為牠樂於認識新的人，尤其是孩童。接受各種運動和活動的訓練使牠真正能成長茁壯。

西伯利亞雪橇犬 Siberian Husky

速查表

適合小孩程度
🐾🐾🐾🐾🐾

適合其他寵物程度
🐾🐾🐾🐾🐾

活力指數
🐾🐾🐾🐾🐾

運動需求
🐾🐾🐾🐾🐾

梳理
🐾🐾🐾🐾🐾

忠誠度
🐾🐾🐾🐾🐾

護主性
🐾🐾🐾🐾🐾

訓練難易度
🐾🐾🐾🐾🐾

品種資訊

原產地
西伯利亞

身高
公 21-23.5 英寸（53.5-59.5 公分）
／母 20-22 英寸（51-56 公分）

體重
公 45-60 磅（20.5-27 公斤）／
母 35-50 磅（16-22.5 公斤）

被毛
雙層毛，外層毛中等長度、直、柔
軟、略為平滑伏貼，底毛柔軟、濃
密

毛色
從黑色至純白的所有毛色；頭部常
見各種斑紋

其他名稱
北極雪橇犬（Arctic Husky）

註冊機構（分類）
AKC（工作犬）；ANKC（萬用犬）；
CKC（工作犬）；FCI（狐狸犬及原
始犬）；KC（工作犬）；UKC（北
方犬）

起源與歷史

　　在亞洲東北端游牧的處克奇族（Chukchi）自古便培育出這個犬種，用於拉雪橇
和獵馴鹿。許久以來直到十九世紀，處克奇族以其優異的長距離雪橇犬而聞名。該
部族定居於內陸，必須長距離移動才能獵捕到用以餵飽人犬的海生哺乳動物。小型
雪橇犬是理想的選擇——只靠少量食物即可存活。這些雪橇犬既非短跑健將，也非
負重高手，牠們是富於持久力的動物，可以拉著輕量的獵物，以中等速度長途奔跑。
該品種後來被稱作西伯利亞處克奇犬，首度於 1909 年到達美國，從西伯利亞越過白
令海峽，被帶到阿拉斯加。牠們開始在阿拉斯加安居樂業，就像在家鄉一樣愜意。

　　該品種於 1925 年開始成為受歡迎的寵物。那年諾姆（Nome）爆發白喉疫情，最
近的血清遠在 600 多英里（965.6 公里）外。三隊西伯利亞雪橇犬執行了一趟接力任務，
迅速將血清運送到諾姆，拯救了許多人命。這或許是大多數美國人首度聽聞這個犬種，

他們立刻愛上牠。負責最後一段路程的犬群領隊犬巴爾托（Balto）的塑像，至今仍矗立在紐約市的中央公園。儘管這座塑像只描繪一隻狗，但它是獻給參與這次救難任務的所有西伯利亞雪橇犬。

第二次世界大戰期間，西伯利亞雪橇犬的受歡迎程度攀升至另一個高峰，其間美國陸軍利用牠們從事北極探索和救援。戰後，人們對於該品種和雪橇犬競賽都更加感興趣。

個性

西伯利亞的雪橇犬愛玩、友善、溫和、警覺性高且個性外向。幼犬喜愛玩耍和淘氣，成熟時會變得比較莊重和含蓄。不過牠依然不具佔有欲、領域性或對陌生人心存懷疑。牠被培育用於過團體生活和工作，因此不喜歡落單。西伯利亞雪橇犬與孩童和其他狗相處融洽，但對較小型的動物會展現掠食性。牠有嗥叫而非吠叫的傾向。

照護需求

運動

西伯利亞雪橇犬培育用來拖著雪橇長距離奔跑而不覺疲累。可想而知牠天生需要大量運動。牠需要一個可以奔跑且防止逃脫的大院子，以及每天用牽繩跑步或奔跑。

飲食

強健的西伯利亞雪橇犬所需的食物量少於同體型的品種。最好給予高品質、適齡的飲食。

梳理

西伯利亞雪橇犬的被毛僅需最少程度的照料；掉毛的季節除外，這時牠會脫落全部的底毛，期間應每天梳理。西伯利亞雪橇犬是天生乾淨的犬種。

健康

西伯利亞雪橇犬的平均壽命為十至十四年，品種的健康問題可能包含水晶體角膜混濁、癲癇、髖關節發育不良症、甲狀腺功能低下症、幼年型白內障、分離性骨軟骨炎（OCD）、犬漸進性視網膜萎縮症（PRA），以及類血友病。

訓練

這種狗被培育用來拉雪橇和自行做決定。牠也喜歡追逐小型動物。考慮到此項事實，便明白再多的訓練也無法保證牠不使用牽繩、在無圍欄區域外的安全。西伯利亞雪橇犬雖然聰明友善，卻可能倔強，牠只有在理解時才會服從命令。正向強化、前後一致，加上耐心和對雪橇犬性格的瞭解，都是不可或缺的事。

絲毛㹴 Silky Terrier

適合小孩程度

適合其他寵物程度

活力指數

運動需求

梳理

忠誠度

護主性

訓練難易度

品種資訊

原產地
澳大利亞

身高
公 9-10 英寸（23-23.5 公分）／
母犬較小｜9-10 英寸（23-23.5 公分）[AKC]
[CKC] [UKC]

體重
8-10 磅（3.5-4.5 公斤）

被毛
單層毛，扁平、細緻、有光澤、絲滑；有冠毛

毛色
藍棕褐色

其他名稱
澳洲絲毛㹴（Australian Silky Terrier）；絲
毛玩具㹴（Silky Toy Terrier）；雪梨絲毛㹴
（Sydney Silky）

註冊機構（分類）
AKC（玩賞犬）；ANKC（玩賞犬）；CKC（玩
賞犬）；FCI（㹴犬）；KC（玩賞犬）；UKC
（㹴犬）

起源與歷史

　　絲毛㹴在 1800 年代初期發展於澳大利亞，其歷史與澳洲㹴（該國另一個藍棕褐色的原生㹴犬品種）交混。已知約克夏㹴是絲毛㹴的祖先之一，不過其他犬種例如丹第丁蒙㹴、斯凱㹴和凱恩㹴，可能也包含在內。

　　活力充沛的絲毛㹴雖然善於捕殺鼠類和其他害蟲，但牠主要被培育成伴侶犬和家庭寵物。第二次世界大戰後，從澳大利亞返鄉的軍人將絲毛㹴帶回美國，而有了各種名稱，其中包括「雪梨絲毛㹴」，直到 1955 年，「澳洲絲毛㹴」成為牠在世界大多數地區的正式名稱。在美國和加拿大，牠簡單稱作「絲毛㹴」。

個性

　　絲毛㹴個性活潑、聰明且友善。牠深情款款，卻不輕易流露。牠想要待在人類夥伴身旁，但並非玩賞犬。牠與孩童和其他大多數寵物相處融洽，不過並非所有的

絲毛㹴都喜歡有另一隻同性別絲毛㹴作伴。這種愛玩耍的小淘氣不介意小小胡亂一番——如果落單太久，牠會找出有創意的方法自娛。牠雖然溫馴，但可能無法忍受粗暴對待或戲弄。牠對周遭事物始終感到好奇，隨時保持警覺，可能經常吠叫。

照護需求

運動

絲毛㹴精力旺盛，比大多數玩賞犬品種需要更多一點的運動量。牠每天至少需要一次中等距離的散步，也能享受在封閉區域中的玩耍時光。

飲食

該品種雖然貪吃，但可能會挑食，每天少量多餐更合牠的心意，但必須給予高品質且適齡的食物。

梳理

絲毛㹴華麗的被毛需要每天刷毛或梳理，還有定期洗澡。許多飼主將牠眼睛上方的毛髮用小橡皮筋紮綁成冠毛。腿上和耳朵上的毛髮應予以修剪。不參加犬展的絲毛㹴可將被毛修剪至較短、較易於保養的長度。

健康

絲毛㹴的平均壽命為十二至十五年，品種的健康問題可能包含過敏、氣管塌陷、糖尿病、肘關節發育不良、癲癇、椎間盤疾病、股骨頭缺血性壞死，以及膝蓋骨脫臼。

訓練

及早與孩童和其他動物完成社會化訓練尤其重要。絲毛㹴可能會任性，但牠聰明且熱衷於取悅，而且學習快速。

斯凱㹴 Skye Terrier

品種資訊

原產地
蘇格蘭

身高
公 10 英寸（25.5 公分）／
母 9.5 英寸（24 公分）

體重
18-40 磅（8-18 公斤）[估計]

被毛
雙層毛，外層毛長、直、扁平、
硬，底毛短、柔軟、如羊毛、
緊密；有羽狀飾毛

毛色
黑色、藍色、深或淺灰色、銀
白色、淺黃褐色、奶油色 [AKC]
[UKC] ｜黑色、深或淺灰色、
淺黃褐色、奶油色 [ANKC]
[FCI] [KC] ｜任何顏色 [CKC]

註冊機構（分類）
AKC（㹴犬）；ANKC（㹴犬）；
CKC（㹴犬）；FCI（㹴犬）；
KC（㹴犬）；UKC（㹴犬）

起源與歷史

斯凱㹴起源自蘇格蘭西海岸外的斯凱島（Isle of Skye），其歷史至少可往回推溯四百年。1600 年代初期，一艘西班牙船隻在島上失事。據信船上的瑪爾濟斯品系犬種最後與當地㹴犬配種，可能因此產生出斯凱㹴。另一方面，約翰·凱厄斯（John Caius）的《不列顛犬種》（De Canibus Britannicis）描述了一種來自「極北之地」的類似㹴犬品種，「由於毛長的緣故，遮蓋住雙眼和身體。」這本書出版於 1570 年，因此早在那艘西班牙船隻被沖上岸之前，蘇格蘭本島似乎已有長毛犬。無論如何，這種毛量豐沛的長毛犬無疑源自古老的譜系。

斯凱㹴起初被農場主用於搜尋和獵殺獾、狐狸和水獺。在熱愛育種、促成許多犬種產生的維多利亞女王漫長的統治期間，斯凱㹴獲得其地位。斯凱㹴在 1860 年代於英格蘭伯明罕市舉行的最早犬展中出場角逐。垂耳品種起初受青睞，但如今立耳的斯凱㹴在作為寵物犬和犬展中佔優勢。

說到斯凱㹴的歷史，就不能不提灰衣修士墓園的忠犬巴比（Greyfriars Bobby）。1856 年，愛丁堡警官約翰·格雷（John Gray）接受了一位狗搭檔，牠是一隻名為巴比（Bobby）的斯凱㹴。兩年後，格雷死於結核病，巴比跟隨送葬行列到伯明罕市的灰衣修士

墓園。之後幾天，即使在最惡劣的天氣，這隻狗依舊拒絕離開主人的墳墓。巴比的忠心很快便感動當地居民，進而提供食物給牠。墓園看守人幾度設法驅趕巴比，最後終究放棄，還替牠搭建了一座簡陋的遮蔽所。巴比的名聲傳揚出去，每天都引來群眾聚集在墓園門口，看著牠離開墳墓去吃午餐，然後返回原處。接連十四年，直到牠自己死亡為止，期間巴比不間斷地看守主人的安息地。如今在愛丁堡矗立著巴比的青銅雕像，與墓園對望。巴比的墓碑上寫著：「讓牠的忠心與摯愛給我們大家上一課。」

個性

斯凱㹴深情友善，樂於陪伴熟識者，但牠不信任陌生人，儘管牠絕對不會兇惡。牠比較適合年紀較大的孩童，而且可能無法與陌生的狗相處融洽。斯凱㹴是忠心耿耿的絕佳保護者，冷靜且舉止溫和，具備可追溯到牠身為勇敢獵犬血統的大膽和堅韌精神。

照護需求

運動

由於斯凱㹴是軟骨發育不全的品種，這表示牠具備大的身體配上短腿，飼主必須留意別讓幼狗運動過度。如果幼犬在生長板密合之前過度運動，可能產生跛行問題。對斯凱㹴成犬而言，每天至少中距離的散步，加上在封閉區域內奔跑和玩耍，能使牠們保持健康。

飲食

斯凱㹴食量大，應給予高品質的食物。

梳理

雖然斯凱㹴擁有豐沛的長毛，但每週只需刷毛一次以防糾結。洗澡頻率取決於牠們的生活區域，但所有的斯凱㹴都需要特別留意，讓牠們眼睛和嘴巴周圍的毛髮保持乾淨。許多飼主會用橡皮筋紮綁住牠們眼睛上方的長毛髮。

健康

斯凱㹴的平均壽命為十二至十四年，品種的健康問題可能包含背部問題、腎發育不良，以及斯凱㹴跛行。

訓練

斯凱㹴需要從小進行與人類和其他寵物接觸的大量社會化訓練，協助克服牠的含蓄天性。牠可能敏感但倔強，因此在訓練時必須保持耐心和一貫性。

北非獵犬 Sloughi

速查表

適合小孩程度
🐾🐾🐾🐾

適合其他寵物程度
🐾🐾🐾🐾🐾

活力指數
🐾🐾🐾🐾🐾

運動需求
🐾🐾🐾🐾🐾

梳理
🐾🐾

忠誠度
🐾🐾🐾🐾🐾

護主性
🐾🐾🐾🐾

訓練難易度
🐾🐾🐾🐾

品種資訊

原產地
摩洛哥

身高
公 26-29 英寸（66-73.5 公分）／
母 24-27 英寸（61-68 公分）

體重
公 55-65 磅（25-29.5 公斤）／
母 45-50 磅（20.5-22.5 公斤）

被毛
短、細緻、平滑、濃密；底毛可能於
冬季期間生長

毛色
從淺沙色到紅沙色（淺黃褐色）；或
有黑色面罩

其他名稱
阿拉伯靈緹犬（Arabian
Greyhound）；阿拉伯視覺型獵犬
（Arabian Sighthound）；Sloughi
Moghrebi；Sloughui；Slughi

註冊機構（分類）
AKC（FSS：狩獵犬）；ANKC（狩
獵犬）；ARBA（狩獵犬）；FCI（視
覺型獵犬）；KC（狩獵犬）；UKC（視
覺型獵犬及野犬）

起源與歷史

　　北非獵犬無疑源自古老血統，但其確切起源已失落於時間迷霧中。身為存在數千
年的獵犬，北非獵犬與薩路基獵犬和阿札瓦克犬關係密切。牠在十三世紀寫成的摩洛
哥書本中被提及，其誕生地是涵蓋現今摩洛哥、阿爾及利亞、突尼西亞和利比亞的沙
漠地帶。

　　目前見存於北非、描繪北非獵犬／視覺型獵犬品種的岩刻畫，年代可追溯到數千
年前。撒哈拉沙漠古老的柏柏人（Berber）文化曾使用這種獵犬幹活。隨著文明的興起，
從事有組織狩獵活動的富裕者需要這些獵犬──只有酋長和國王方能擁有牠們。據稱
北非獵犬是埃及法老圖坦卡門最喜愛的犬種，他的墓室裡發現許多描繪北非獵犬的圖

畫和器物。漢尼拔將軍（Hannibal）在柏柏人騎兵部隊的陪同下翻越阿爾卑斯山脈，由於這些騎士總是帶著他們的獵犬，所以北非獵犬很可能在那時被引進南歐。

北非獵犬主要是沙漠部族的狗。牠們與過著游牧生活的主人一同生活了數千年，負責追逐沙漠中的獵物和守衛營地。蹼狀長趾使牠們能在奔跑時抓緊沙地。北非獵犬有時被稱作阿拉伯靈緹犬或阿拉伯視覺型獵犬，但柏柏人——及其北非獵犬——在阿拉伯人到達之前，老早就在撒哈拉沙漠上漫遊。

北非獵犬在 1800 年代後期首度抵達歐洲，一直到 1973 年才出現於美國。

個性

尊貴驕傲的北非獵犬對人類夥伴忠誠且深情，必要時願意挺身保衛他們。除此之外，牠們是安靜、敏感、溫和的狗。北非獵犬忠心耿耿，與飼主形成深刻的情感連結，可能成為單人專屬的狗。如果一同飼養，牠們能與孩童和其他動物相處融洽，但有鑑於牠們的狩獵本能，不應將較小型的寵物託負給牠們。成年的北非獵犬尤其難以適應新家。北非獵犬雖是強健的獵犬，但喜歡舒適，應該養在室內而非戶外，提供牠地毯、毛毯或柔軟的狗床，而別讓牠躺在裸露的地板上。

照護需求

運動

北非獵犬需要每天奔跑，這是適合牠的活動強度，不過待在室內時，牠鎮定且安靜。如果單獨讓牠留在戶外，牠無疑會起身追逐松鼠或其他奔跑的小動物。

飲食

北非獵犬貪吃成性，體重應予以監控。牠需要食物賦予的能量，但需注意維持健康。

梳理

不時用梳毛手套、橡膠手套或軟毛刷擦拭即可。

健康

北非獵犬的平均壽命為十二至十五年，品種的健康問題可能包含心雜音，以及犬漸進性視網膜萎縮症（PRA）。

訓練

公平溫和的訓練計畫最適合敏感的北非獵犬。以獎勵為基礎的正向訓練方法成效最佳。

品種資訊

原產地
斯洛伐克（前捷克斯拉夫）

身高
公 24.5-27.5 英寸（62-70 公分）／
母 23-25.5 英寸（58.5-65 公分）

體重
公 79-97 磅（36-44 公斤）／
母 68-81 磅（31-36.5 公斤）

被毛
雙層毛，外層毛呈適度波浪狀、濃
密，底毛在冬季細緻、濃密；公犬有
明顯的鬃毛

毛色
白色

其他名稱
Liptok；Slovak Cuvac；Slovakian
Chuvach；Slovensky Cuvac；
Slovensky Kuvac；Slovensky
Tchouvatch；Tatransky Cuvac

註冊機構（分類）
ARBA（畜牧犬）；FCI（牧羊犬）；
UKC（護衛犬）

斯洛伐克庫瓦克犬 Slovac Cuvac

起源與歷史

　　總體而言，斯洛伐克庫瓦克犬的歷史悠久，但就個別來說則相當短暫。自上一次冰河時期結束後，東歐山區的人們一直在飼養綿羊和其他動物，而原型的大型白色護衛犬也幾乎一直保護著牲群，免於狼和其他動物的威脅。

　　斯洛伐克庫瓦克犬與匈牙利的庫瓦茲犬和波蘭的塔特拉山牧羊犬關係密切。文獻資料提及該品種可推溯到 1600 年代，但幾個世紀來隨著該區的狼群被消滅，斯洛伐克庫瓦克犬的數量也跟著減少。到了 1950 年代，只剩下少量個體。倘若沒有布爾諾獸醫學院（Brno Veterinary College，位於現今的捷克共和國）安東寧·赫魯扎（Antonin Hruza）教授的努力，斯洛伐克庫瓦克犬可能已經絕種。赫魯扎展開繁殖計畫，成功復育該品種，於 1964 年首度建立書面標準。目前斯洛伐克庫瓦克犬仍屬稀有，即便是在捷克共和國。

個性

該品種巨大有力，就其體型和重量而言，速度驚人。斯洛伐克庫瓦克犬勇敢忠誠，對家人充滿深情，但對陌生人則心存懷疑。牠隨時保持警覺，會保護家人和牲群，不管要對抗什麼，包括狼和熊。牠有守護孩童的天性。

速查表

適合小孩程度	梳理
🐾🐾🐾🐾🐾	🐾🐾🐾🐾🐾
適合其他寵物程度	忠誠度
🐾🐾🐾🐾🐾	🐾🐾🐾🐾🐾
活力指數	護主性
🐾🐾🐾🐾🐾	🐾🐾🐾🐾🐾
運動需求	訓練難易度
🐾🐾🐾🐾🐾	🐾🐾🐾🐾🐾

照護需求

運動

斯洛伐克庫瓦克犬需要定期從事高強度的運動，以及廣闊的活動空間。在有空間可以漫步的家中最能茁壯，最好也有牲畜和家人可以讓牠看守。

飲食

斯洛伐克庫瓦克犬貪吃成性，無論餵食什麼，通常都會狼吞虎嚥。幼年時期牠們會消耗許多精力在各種家庭活動——從玩耍到擔任守衛，需要最高品質的飲食以確保牠們獲得所需的營養。

梳理

斯洛伐克庫瓦克犬豐沛的被毛應每天刷毛。春季時牠會大量掉毛，需要更常刷毛和洗澡。

健康

斯洛伐克庫瓦克犬的平均壽命為十一至十三年，根據資料並沒有品種特有的健康問題。

訓練

牠可能倔強且獨立，應及早展開訓練並持續進行，以克服這些特質。人們總說斯洛伐克庫瓦克犬需要一個瞭解其牲群護衛犬天性的有自信飼主。

品種資訊

原產地
斯洛伐克（前捷克斯拉夫）

身高
公 17.5-19.5 英寸（45-50 公分）／
母 15.5-17.5 英寸（40-45 公分）

體重
33-44 磅（15-20 公斤）

被毛
雙層毛，外層毛中等粗糙、緊貼、
濃密，底毛濃密的底

毛色
黑色帶棕色至赤褐棕色斑紋

其他名稱
黑森林獵犬（Black Forest
Hound）；Slovensky Kopov

註冊機構（分類）
ARBA（狩獵犬）；FCI（嗅覺型
獵犬）；UKC（嗅覺型獵犬）

起源與歷史

　　這個多用途犬種源自斯洛伐克（前捷克斯拉夫），是該國唯一本土產的嗅覺型獵犬。其長久的培育過程可能涉及中歐槍獵犬品種與早期東歐嗅覺型獵犬的雜交，例如匈牙利和巴爾幹的獵犬。較大型的波蘭獵犬可能也明顯包含在牠的血統中。身為獵犬，斯洛伐克獵犬的天性尤其強悍——就此而言是重要和有利的性格特質，因為牠的專長是追蹤和狩獵難對付的野豬。

　　斯洛伐克獵犬雖然已被知道並使用了數個世紀，卻一直到第二次世界大戰後才獲得犬種認證機構的正式承認。此原生品種在斯洛伐克和捷克共和國（前捷克斯拉夫）山區依舊是廣受青睞的優秀獵犬，不過如今也因為牠擔任看門犬和伴侶犬的特質而受到歡迎。

個性

　　斯洛伐克獵犬性情隨和可親，但也強悍和護主，工作衝勁十足。牠不像大多數

斯洛伐克獵犬 Slovakian Hound

嗅覺型獵犬那樣典型的平和與順從。精力旺盛且多少有些獨立的斯洛伐克獵犬，比許多獵犬更適合擔任看門犬，而且有愛吠叫的傾向。只要自幼犬期開始社會化，牠能與其他狗和孩童相處融洽。牠對陌生人心存警戒。

照護需求

運動

如同大多數培育用來長時間待在野外的品種，斯洛伐克獵犬天生活力充沛，需要充足的運動。牠應該每天進行長距離的疾走，並且盡可能常有一個小時的玩耍時間或在安全的封閉區域內奔跑。

飲食

斯洛伐克獵犬食量大，應給予優質食物。

梳理

粗糙的短毛只需定期刷毛。如同任何垂耳品種，應該每週至少檢查一次耳朵，查看是否有污垢或生病跡象。

健康

斯洛伐克獵犬的平均壽命為十二至十四年，品種的健康問題可能包含眼部問題以及髖關節發育不良症。

訓練

儘管深情且聰明，斯洛伐克獵犬並非天性順從的狗，及早社會化和嚴格的訓練是必要的。該種獵犬是氣味取向的狗，因此成功的訓練涉及找到方法激勵牠，並且維持牠的興趣。訓練斯洛伐克獵犬必須保持耐心和一貫性。

斯洛伐克剛毛指示犬 Slovakian Wire-Haired Pointing Dog

速查表

適合小孩程度
🐾🐾🐾🐾🐾

適合其他寵物程度
🐾🐾🐾🐾🐾

活力指數
🐾🐾🐾🐾🐾

運動需求
🐾🐾🐾🐾🐾

梳理
🐾🐾🐾🐾🐾

忠誠度
🐾🐾🐾🐾🐾

護主性
🐾🐾🐾🐾🐾

訓練難易度
🐾🐾🐾🐾🐾

品種資訊

原產地
斯洛伐克（前捷克斯拉夫）

身高
公 24.5-27 英寸（62-68 公分）／
母 22.5-25 英寸（57-64 公分）

體重
48.5-75 磅（22-34 公斤）[估計]

被毛
雙層毛，外層毛直、粗糙、扁平，底毛
短、細緻；有髭鬚

毛色
灰色、棕色調的深褐色帶較深和較淺的
陰影色

其他名稱
斯洛伐克指示格里芬犬（Slovakian
Pointing Griffon）；斯洛伐克粗毛指示
犬（Slovakian Rough Haired Pointer）；
Slovakian Wirehaired Pointer；Slovakian
Wire-Haired Pointing Dog；斯洛伐克
剛毛指示格里芬犬（Slovakian Wire-
Haired Pointing Griffon）；Slovenský
Hrubosrsty Stavač（Ohar）；Slovenský
Hrubosrstý Stavač；Slovenský Ohař
Hrubosrstý

註冊機構（分類）
FCI（指示犬）；KC（槍獵犬）；UKC（嗅
覺型獵犬）

起源與歷史

　　如同斯洛伐克剛毛指示犬的愛好者所言：「威瑪犬的血液流進牠的血管。」1940
年代，斯洛伐克運動家科洛馬那・斯利馬卡（Kolomana Slimaka）尋求培育一種多用
途獵犬，適合在他家鄉的崎嶇山區地形工作。他和一群喜愛打獵的同好需要能在大片
區域狩獵、進出密林、在水中感到自在，且可取回任何獵物的狗。這種狗必須強悍和
勇敢，能追蹤和獵鹿、找尋野豬以及獵殺狐狸和其他害獸。他們用威瑪犬作為育種計
畫的基礎，將牠與德國剛毛指示犬、捷克福斯克犬及鄰近的捷克共和國（前捷克斯拉
夫）的粗毛指示犬雜交。

歐洲大陸的全國性狩獵協會有時也監督槍獵犬的繁殖和發揮用途。在培育斯洛伐克剛毛指示犬期間,要進行繁殖需經過「品種管理人」的批准。歷經數十年的多次繁殖後,品種被建立,也擬定好標準。1985 年,斯洛伐克剛毛指示犬獲得世界畜犬聯盟(FCI)的承認。有人認為斯洛伐克剛毛指示犬是復育自十九世紀曾存在於該區,但後來消失的犬種。

斯洛伐克剛毛指示犬在斯洛伐克以外地區相當罕見,但在當地是極受愛好打獵者歡迎的優良獵犬。除了搜尋獵物的技能,牠是特別有才能的尋回犬,擅長找尋被射中或受傷的獵物。

個性

這種「儀態高貴的獵犬」性情穩定、明智且隨和。雖然牠更常被飼養用於狩獵,而非當作寵物,卻也是絕佳的伴侶犬。牠聰明、友善和深情。一整天待在野外之後,牠樂意安靜坐在飼主家的爐邊。如果自幼犬期與孩童和其他狗一起飼養,牠能與他們相處融洽。由於牠的狩獵背景,牠很可能無法相容於較小型的動物。

照護需求

運動

精力絕倫是斯洛伐克剛毛指示犬的特性,牠每天需要充足的戶外運動。成犬每天應至少散步一小時或慢跑,牠是絕佳的慢跑夥伴。只要有機會,牠喜歡在戶外奔跑或玩耍;如果未訓練到每次都能聽從命令回來,務必要在安全的封閉區域內活動。銜回獵物是牠最喜愛的活動之一,使其興奮的長距離取物不僅讓牠開心,同時也達成運動效果。

飲食

斯洛伐克通常貪吃成性,需要高品質、適齡的飲食。

梳理

應每週一至兩次用硬鬃刷徹底刷毛。牠們的鬍鬚和髭鬚偶爾需要梳理或刷拂,留意確保沒有沾染到食物。夏季時牠柔軟的底毛會脫落,需要更常刷毛或梳理。

健康

斯洛伐克剛毛指示犬的平均壽命為十二至十四年,根據資料並沒有品種特有的健康問題。

訓練

斯洛伐克容易訓練。牠穩定又聰明,喜歡取悅飼主。應該讓牠自幼犬時期開始社會化,學習基本的服從命令。

斯莫蘭德獵犬 Småland Hound

品種資訊

原產地
瑞典

身高
公 18-21.5 英寸（46-54 公分）／母 16.5-20.5 英寸（42-52 公分）

體重
33-40 磅（15-18 公斤）[估計]

被毛
雙層毛，外層毛中等長度、粗糙、緊貼，底毛短、柔軟、濃密

毛色
黑棕褐色

其他名稱
Småland Hound；Småland-Laufhund；Smålands Hound；Smålandsstövare

註冊機構（分類）
FCI（嗅覺型獵犬）；
UKC（嗅覺型獵犬）

起源與歷史

這種健壯結實的瑞典獵犬自中世紀以來，已在該國被作為多用途獵犬使用了數百年。牠可能是很久之前古老的東歐獵犬與瑞典北歐種農場犬雜交的產物。牠源自瑞典南部省份斯莫蘭德（Småland，意指「小片土地」），是技術高超的當地獵犬，在崎嶇濃密的森林地帶獵捕野兔、狐狸和鳥類。

選擇性育種直到 1800 年代才展開，斯莫蘭德獵犬於 1921 年正式獲得瑞典育犬協會的承認。斯莫蘭德獵犬身為靈敏的嗅覺型獵犬，如今在瑞典依舊受到歡迎，用於狩獵野兔、狐狸和其他獵物。

個性

強健的斯莫蘭德獵犬生性活潑、精力旺盛，樂於專心擔任獵犬的工作。雖然牠能適應室內生活，但讓牠最快樂的事可能是在戶外陪伴飼主。

照護需求

運動

長距離散步或在安全的封閉區域內玩耍,有助於維持該品種的健康。

飲食

斯莫蘭德獵犬食量大,應給予高品質的食物。天生的強健可能導致牠每天消耗不少熱量,特別是在幼犬時期,斯莫蘭德獵犬可能需要更大量的食物,或更多次的餵食。

梳理

斯莫蘭德獵犬濃密的短毛只需偶爾刷毛。

健康

斯莫蘭德獵犬的平均壽命為十二至十四年,根據資料並沒有品種特有的健康問題。

訓練

骨子裡是獵人的斯莫蘭德獵犬最適合從事狩獵活動,有時偏愛順應自己的本能,而非聽從命令。然而這個聰明的犬種能快速學會服從命令。

速查表

適合小孩程度	梳理
適合其他寵物程度	忠誠度
活力指數	護主性
運動需求	訓練難易度

小木斯德蘭犬 Small Münsterländer

速查表

適合小孩程度
🐾🐾🐾🐾

適合其他寵物程度
🐾🐾🐾🐾🐾

活力指數
🐾🐾🐾🐾🐾

運動需求
🐾🐾🐾🐾🐾

梳理
🐾🐾🐾🐾🐾

忠誠度
🐾🐾🐾🐾🐾

護主性
🐾🐾🐾🐾🐾

訓練難易度
🐾🐾🐾🐾

品種資訊

原產地
德國

身高
公 21.5 英寸（54 公分）／
母 20.5 英寸（52 公分）

體重
33-64 磅（15-29 公斤）[估計]

被毛
中等長度、無或僅略呈波浪狀、濃
密、緊密、防水

毛色
棕白色或棕雜色帶棕色斑塊、棕色
披風或棕色碎斑

其他名稱
Kleiner Münsterländer；Kleiner
Münsterländer Vorstehhund；小木斯
德蘭指示犬（Small Münsterländer
Pointer）

註冊機構（分類）
AKC（FSS：狩獵犬）；ARBA（狩
獵犬）；CKC（狩獵犬）；FCI（指
示犬）；KC（槍獵犬）；UKC（槍
獵犬）

起源與歷史

　　小木斯德蘭犬起源源五百多年前的德國西北部、被視為文化重鎮的西發利亞明斯特（Münster）地區的首府木斯德蘭。當地自古流行使用獵鳥犬狩獵，而且獵人一直熱衷於培育善於嗅聞氣味和追蹤的多用途獵犬。當時有許多符合需求的獵鳥犬（huenerhunden），純粹因其功能而進行雜交。由於牠們的體型、毛色和被毛類型互異，最終被區分成不同品種。小木斯德蘭犬是德國長毛指示犬與歐陸的長耳獵犬（spaniel）雜交的結果。

　　小木斯德蘭犬於十九世紀的德國受到一般民眾的歡迎，他們需要一種能將各式獵物帶回來的多用途獵犬。1912 年，小木斯德蘭指示犬協會（Verein für Kleine Münsterländer Vorstehunde）成立。六十八位創始會員中包括詩人赫曼・倫斯（Hermann

Löns）和他的兄弟艾德蒙（Edmund）。該品種的標準最終建立於 1921 年。如今，小木斯德蘭犬在原產地因其指示、追蹤和銜回鳥類和較小型毛皮獵物的本領而被看重。該品種在世界其他地方多半相當罕見。

個性

小木斯德蘭犬是性情穩定、快樂外向和順從的狗。牠們聰明且敏於學習。在野外待了一整天後，這些親近、配合人類的優異獵犬最喜歡蜷曲在家人身旁。

照護需求

運動

小木斯德蘭犬每天需要大量運動，而且真正沉迷於戶外活動。牠們需要可以解開牽繩自由奔跑的場所，這必須在廣而封閉的安全區域進行。牠們也喜歡水。小木斯德蘭犬是運動健將，只要不過度勞累，是陪著慢跑或騎單車的絕佳夥伴。

飲食

小木斯德蘭犬食量大，應給予高品質的食物。

梳理

小木斯德蘭犬的被毛應定期刷毛或梳理，以去除可能在戶外累積的污垢和碎屑，特別要注意有羽狀飾毛的部位。牠的垂耳必須保持清潔和乾燥，以防感染。

健康

小木斯德蘭的平均壽命為十三至十五年，品種的健康問題可能包含髖關節發育不良症。

訓練

小木斯德蘭犬為了取悅飼主而活，因此相當容易訓練。每天只需要實施數次以獎勵為基礎的正向訓練，牠們很快便學會並記住所學。然而，牠們可能倔強，這一點有助於狩獵追蹤，但有時會對訓練者造成挑戰。小木斯德蘭是競賽項目的常勝軍，包括參加服從、敏捷和飛盤運動。牠們喜歡和人打交道，容易社會化。

平毛獵狐㹴 Smooth Fox Terrier

速查表

適合小孩程度
🐾🐾🐾🐾🐾

適合其他寵物程度
🐾🐾🐾🐾🐾

活力指數
🐾🐾🐾🐾🐾

運動需求
🐾🐾🐾🐾🐾

梳理
🐾🐾🐾🐾🐾

忠誠度
🐾🐾🐾🐾🐾

護主性
🐾🐾🐾🐾🐾

訓練難易度
🐾🐾🐾🐾🐾

品種資訊

原產地
英格蘭

身高
公不超過 15.5 英寸（39.5 公分）／
母犬較小

體重
公 16.5-18 磅（7.5-8 公斤）／
母 15.5-16.5 磅（7-7.5 公斤）

被毛
短、硬、濃密、量多、緊密

毛色
全白，或以白色為主帶棕褐色、黑
棕褐色或黑色斑紋

註冊機構（分類）
AKC（㹴犬）；ANKC（㹴犬）；
CKC（㹴犬）；FCI（㹴犬）；KC（㹴
犬）；UKC（㹴犬）

起源與歷史

　　獵狐㹴是古老的英國品種，十八世紀時為獵狐人所用，他們需要一種小巧結實、精力旺盛、願意下地驅趕獵物的勇敢犬種。當時的獵人會將獵狐㹴置於馬背的鞍袋或箱子裡，跟隨著前方拼命追逐的獵狐犬，等到狐狸找到藏身處，獵人便放下獵狐㹴將狐狸驅趕出來。獵狐㹴被培育成思考敏捷的獵犬，倚靠牠們自己的本能行事，而非接收命令。歷來規定獵狐㹴的毛色應以白色為主，不可帶有紅色，如此一來在激烈的狩獵過程中容易與狐狸做區分。

　　獵狐㹴依被毛區分成兩種類型：平毛和粗毛。如今被毛雖是兩者之間唯一的重大差別，但責權單位認為平毛和粗毛獵狐㹴有不同的起源。平毛獵狐㹴的祖先據信包括英格蘭的黑與棕褐色平毛㹴犬、牛頭㹴以及甚至靈緹犬和米格魯。粗毛獵狐㹴據信起源自威爾斯的黑與棕褐色粗毛㹴犬。

　　將近一百年時間中，獵狐㹴在美國被視為具備兩種型態的同一品種，然而到了

1984 年，美國育犬協會（AKC）贊成不同的標準。兩者在英國早已有不同的標準，自 1876 年起便分別登錄。

個性

平毛獵狐㹴大膽好鬥、精力旺盛，對活躍的家庭而言是健壯結實的絕佳寵物。牠友善、警覺性高，喜歡親近同類。經過適當的社會化，能與其他狗和睦相處，但不應讓牠在不受監督的情況下，與可能被牠視為獵物的小型寵物共處，例如鳥類、倉鼠或兔子。這種群居性的狗不太適合讓牠長時間落單——牠會容易發出聲音，並可能經常吠叫。

照護需求

運動

由於體型嬌小，平毛獵狐㹴適合城市人，不過飼主必須願意每天花時間讓牠長距離散步，或從事高強度的玩耍活動，以滿足這種精力旺盛的小傢伙的運動需求。牠的充沛活力有利於有孩童的家庭，因為在遊戲時，平毛獵狐㹴甚少最先顯露疲態。

飲食

平毛獵狐㹴貪吃成性，無論餵食什麼，通常會狼吞虎嚥。有鑑於此，應監控其食物攝取量以防肥胖。幼年時期的牠們會消耗大量精力在各種家庭活動中，需要最高品質的飲食以確保牠們取得所需營養。

梳理

除了偶爾清潔耳朵和剪趾甲，平毛獵狐㹴甚少需要打理，應在必要時才洗澡。大約每週用梳毛手套迅速梳理一番，即有助維持被毛的光滑和健康。

健康

平毛獵狐㹴的平均壽命為十二至十五年，品種的健康問題可能包含白內障、先天性心臟病、先天性耳聾、多生睫毛、青光眼、股骨頭缺血性壞死、原發性水晶體脫位，以及皮膚過敏。

訓練

平毛獵狐㹴聰明且熱衷於取悅，能快速適應大多數的正向訓練方法。然而，牠也可能衝動，因為牠是為了追逐和探索而活。牠擅長飛球、敏捷和其他任何可以讓牠高速奔馳的活動，展現舞者的優雅和小丑的心靈。

軟毛麥色㹴 Soft Coated Wheaten Terrier

速查表

適合小孩程度
🐾🐾🐾🐾🐾

適合其他寵物程度
🐾🐾🐾🐾🐾

活力指數
🐾🐾🐾🐾🐾

運動需求
🐾🐾🐾🐾🐾

梳理
🐾🐾🐾🐾🐾

忠誠度
🐾🐾🐾🐾🐾

護主性
🐾🐾🐾🐾🐾

訓練難易度
🐾🐾🐾🐾🐾

品種資訊

原產地
愛爾蘭

身高
公 18-19.5 英寸（46-49 公分）／
母 17-18 英寸（43-43.5 公分）

體重
公 35-45 磅（16-20.5 公斤）

被毛
單層毛，柔軟、絲滑、微波浪狀或
捲曲、量多

毛色
任何色調的小麥色

其他名稱
愛爾蘭軟毛麥色㹴（Irish Soft
Coated Wheaten Terrier）；Soft-
Coated Wheaten Terrier；Wheaten
Terrier

註冊機構（分類）
AKC（㹴犬）；ANKC（㹴犬）；
CKC（㹴犬）；FCI（㹴犬）；KC（㹴
犬）；UKC（㹴犬）

起源與歷史

以往愛爾蘭所有的㹴犬統稱為愛爾蘭㹴，因此難以知道提及該品種的古代記述，是否關乎通稱的愛爾蘭㹴，或者專指我們現今所知的軟毛麥色㹴。我們確實知道的是麥色㹴、凱利藍㹴和愛爾蘭㹴，都有類似的長腿、方正、生氣蓬勃的外表，顯現牠們大致相同的起源。

兩百年前的軟毛麥色㹴也是窮人家的狗，由於十分普遍，所以沒有人認為牠值得注意。有些記載提到小麥色、咬合力強的狗，主要位於凱里（Kerry）和科克（Cork）地區。這些狗特別被用於狩獵水獺和獾。在 1700 年代的愛爾蘭刑法規定下，佃農不准擁有價值超過五鎊的狗，因此這種軟毛狗最常被飼養。牠在農場上工作，負責一般的㹴犬任務，也就是追趕小動物進洞穴，並將牠們拖拉出來。牠也因為放牧牲畜、狩獵獾和狐狸，以及看家護院的能力而受到重視。

軟毛麥色㹴未曾有富裕的貴族飼養，一直到 1937 年才分配到現今的名稱，被愛爾蘭育犬協會承認為不同品種。在北美，麥色㹴最終在 1973 年於美國被承認為獨立品種，並於 1978 年在加拿大獲得承認。

個性

警覺性高、友善愉悅，軟毛麥色㹴往往比較小型的㹴犬更安靜。牠雖固執但順從，喜歡孩童，是孩童的良伴，不過最適合年紀較長的孩童，因為牠的熱情可能讓幼童吃不消。如果及早社會化，軟毛麥色㹴能與其他狗相處融洽，但該品種通常無法相容於其他較小型的動物，包括貓在內。牠聰明、愛玩耍，對於周遭事物感到好奇。這種深情的狗與家人感情緊密。由於牠會吠叫示意陌生人的靠近，是優秀的看門犬。

照護需求

運動

軟毛麥色㹴每天需要適度的運動，室內或室外皆可。每天長距離的散步，加上在院子裡的遊戲，有助於讓牠保持健康。

飲食

軟毛麥色㹴需要均衡、高品質的飲食來保持健康。

梳理

該品種絲滑的長毛應每隔一或兩天刷毛或梳理，以及至少每隔一個月洗澡一次。牠不太會掉毛，且只需加以梳理便能除去鬆脫的毛髮——如果不這麼做會造成糾結。牠蓬亂的毛髮應定期修剪以維持㹴犬的外形。

健康

軟毛麥色㹴的平均壽命為十二至十四年，品種的健康問題可能包含愛迪生氏症、蛋白質流失性腸病（PLE）、蛋白質流失性腎病（PLN），以及腎發育不良。

訓練

軟毛麥色㹴是意志堅強的狗，可能會倔強；牠想要領導，而非聽命行事。自幼犬時期開始教導牠可被接受的行為對飼主而言尤其重要。早期且徹底的社會化至關重要。軟毛麥色㹴需要溫和但堅定的訓練。牠相當聰明，因此學習快速。

南俄羅斯牧羊犬 South Russian Ovcharka

品種資訊

原產地
烏克蘭

身高
公 25.5 英寸（65 公分）最小／
母 24.5 英寸（62 公分）最小

體重
108-110 磅（49-50 公斤）[估計]

被毛
雙層毛，外層毛長、粗、厚、濃密，
底毛發達

毛色
白色、白黃色、稻草色、灰白色、
其他灰色調、白色帶灰色、灰色斑
點

其他名稱
Ioujnorousskaia Ovtcharka；South
Russian Ovtcharka；South Russian
Sheepdog；South Russian Shepherd
Dog

註冊機構（分類）
ARBA（畜牧犬）；FCI（牧羊犬）；
UKC（畜牧犬）

起源與歷史

　　數千年前來自西藏或東方其他地區的蓬毛大型犬，伴隨游牧部族西遷到烏克蘭
的大草原。其中一些游牧部族停留定居下來，而他們那些勇敢的狗在數個世紀以來
擔任令人生畏的牲畜護衛犬，保護牲群免於遭受強大的烏克蘭狼侵襲。其他的狗隨
著部族深入到匈牙利，這些狗最終發展成可蒙犬，牠們類似老式牧羊犬，擁有相似
的繩索狀被毛。

　　十九世紀初期，來自西班牙的畜牧犬伴隨進口的美麗諾（merino）綿羊進到烏克
蘭。這些西班牙犬體型太小，無法護衛羊群，抵禦該區可怕的狼群，但牠們與早期的
牧羊犬雜交，產生出南俄羅斯牧羊犬，成為一流的羊群護衛犬。然而該品種的數量在
上世紀變稀少。蘇聯時期，這些狗受到發現牠們能勝任守衛工作的紅軍青睞。南俄羅

斯牧羊犬雖然在家鄉以外極為罕見，但有些已經出口到歐洲和西方世界。

個性

南俄羅斯牧羊犬自信強悍，謹防陌生人。該品種極具保護性且聰明，需要意志堅強的飼主。牠可能比其他某些護衛犬品種的反應更快速，一旦察覺到威脅，牠不發出警告便展開攻擊。南俄羅斯牧羊犬能善待家中的孩童，但必須隨時予以監督，而且無法與不熟悉的孩童和睦相處。牠通常不相容其他大多數的狗或寵物。

照護需求

運動

龐碩活潑的南俄羅斯牧羊犬需要可供自由活動的廣闊戶外環境。理想而言，牠能從放牧和守護牲群中獲得充足的運動量。如果花大量時間待在室內，牠每天需要長距離、高強度的散步或慢跑。

飲食

體型龐大的南俄羅斯牧羊犬需要大量食物。為了避免使牠變肥胖，以及維護成長期間的健康，應給予高品質、適齡的飲食。

梳理

豐沛的長毛必須每天刷毛以保持健康和避免糾結。嘴部周圍需要定期清理。

健康

南俄羅斯牧羊犬的平均壽命為十至十三年，根據資料並沒有品種特有的健康問題。

訓練

這種優秀的牲群護衛犬固然聰明，卻具備支配性格，而且幾乎無意取悅主人。牠需要深情但堅定的調教，並不適合新手或膽小的飼主。南俄羅斯牧羊犬不喜歡服從重覆的要求，很可能不遵守命令。及早的社會化和訓練是絕對必要的，飼主必須是強大的領導者，並在牠的一生中維持這種領導地位。

南俄羅斯草原獵犬 South Russian Steppe Hound

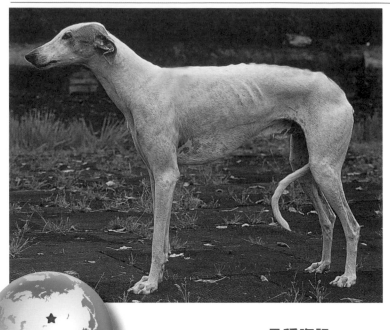

品種資訊

原產地 俄羅斯	**毛色** 任何純色 [估計]
身高 24-28 英寸（61-71 公分）[估計]	**其他名稱** 草原獵狼犬（Steppe Borzoi）
體重 45-75 磅（20.5-34 公斤）[估計]	**註冊機構（分類）** ARBA（狩獵犬）
被毛 短、厚 [估計]	

起源與歷史

　　烏克蘭與俄羅斯南部大草原地區的哥薩克人和韃靼人，以馬術嫻熟而聞名。他們的騎馬狩獵傳統保存至今，由一對視覺型獵犬和一隻獵鷹陪伴行獵，獵人使用南俄羅斯草原獵犬及其近親短毛視覺型獵犬「Chortaj」。他們騎馬搜尋獵物，仰賴視力敏銳的Chortaj去發覺遠在280碼（256公尺）外的獵物。一旦發現獵物便展開追逐。草原獵犬的耐力驚人，能長距離持續追逐，最終使獵物精疲力竭。獵狼犬雖然速度更快，但會比在遼闊大草原上奔跑的狐狸、野兔或羚羊更早體力不濟。然而，南俄羅斯草原獵犬能在短距離衝刺中爆發驚人速度，逼使獵物轉向，使牠們來不及進入灌叢或密林找尋安全藏身處。

　　南俄羅斯的這種追逐獵犬很可能源自古代時被帶到該區的中東視覺型獵犬。在上個世紀，南俄羅斯草原獵犬往往受忽視，可看見營養不良的牠們在村莊間流浪。近來這個古老品種的命運有所改善，全聯盟犬類大會（All-Union Cynological Congress）於1952年認定牠是值得保存的品種。

個性

　　這種視覺型獵犬對家人忠誠且深情，但對陌生人則明顯冷漠。牠固然極為強健，但在家中是溫和、沉著和安靜的陪伴者。

照護需求

運動

　　南俄羅斯草原獵犬每天至少需要一次長距離、高強度的散步或慢跑以維持健康。牠喜歡儘可能經常在封閉的安全區域內奔跑，飼主應謹記這種獵犬的強烈追逐本能，可能使牠在任何時候撒腿跑開。

飲食

　　南俄羅斯草原獵犬食量大，應給予高品質的食物。

梳理

　　平滑的短毛幾乎不用保養，只需偶爾用布或梳毛手套擦拭。如果替牠洗澡，應留意別讓牠著涼。

健康

　　南俄羅斯草原獵犬的平均壽命為九至十二年，根據資料並沒有品種特有的健康問題。

訓練

　　如同許多視覺型獵犬，南俄羅斯草原獵犬可能不會快速聽從命令，儘管牠相當聰明。訓練這個敏感的犬種必須溫柔並有耐心。

西班牙靈緹犬 Spanish Greyhound

速查表

適合小孩程度
🐾🐾🐾🐾🐾

適合其他寵物程度
🐾🐾🐾🐾🐾

活力指數
🐾🐾🐾🐾🐾

運動需求
🐾🐾🐾🐾🐾

梳理（粗）
🐾🐾🐾🐾🐾

梳理（細）
🐾🐾🐾🐾🐾

忠誠度
🐾🐾🐾🐾🐾

護主性
🐾🐾🐾🐾🐾

訓練難易度
🐾🐾🐾🐾🐾

品種資訊

原產地
西班牙

身高
公 24.5-27.5 英寸（62-70 公分）／
母 23.5-27 英寸（60-68 公分）

體重
44-66 磅（20-30 公斤）[估計]

被毛
兩種類型：短毛型平滑、非常細緻、
濃密／半長毛型具各種長度的硬毛；
易於形成鬍鬚、髭鬚、冠毛

毛色
所有顏色皆可

其他名稱
Galgo Español；Spanish Galgo

註冊機構（分類）
FCI（視覺型獵犬）；
UKC（視覺型獵犬及野犬）

起源與歷史

　　西班牙靈緹犬的歷史可追溯至高盧人，他們是西元前 600 年以前生活在伊比利半島的一支凱爾特部族。凱撒（Caesar）征服該區後，西班牙靈緹犬在西元第一和第二世紀的羅馬著作中被提及。其確切先祖不明，但據信是源自古代非洲與亞洲視覺型獵犬的雜交種。

　　許多世紀以來，西班牙靈緹犬由卡斯提爾（Castille）和安達魯西亞（Andalusia）的農場主所飼養，用作護衛犬和獵捕小型獵物的獵犬，包括野兔在內。西班牙貴族最終青睞該品種，將牠們當成追逐獵犬，用於此目的的西班牙靈緹犬成為確立的品種。

　　運動型賽跑靈緹犬於二十世紀開始受歡迎，一談到穿越崎嶇叢林、追逐活獵物，西班牙靈緹犬的機動性雖然不輸其他任何視覺型獵犬，不過牠們在直線賽道上的速度不如靈緹犬。由於發生品種雜交，古代西班牙靈緹犬的血統幾乎被稀釋。一群育種者

保存了真正的型態，並確保牠成長茁壯至今（事實上，競速用西班牙靈緹犬被視為不同品種，其被稱為西班牙伊格雷靈緹犬〔Galgo Inglés-Español〕）。

西班牙靈緹犬至今依舊是珍視其古代系譜者的高貴夥伴。牠有兩種類型的被毛：短毛和半長毛。短毛型在西班牙比較常見，但半長毛型在西班牙以外更常見。

個性

聰明、莊重且性情親切的西班牙靈緹犬，因其高智能、強健的體能加上美麗外表而存活了許多世紀。在大多數情況下，牠嚴肅且含蓄，不過一有機會自由奔跑，就變得活躍愉悅、精力旺盛。如同大多數視覺型獵犬，該品種幾乎像貓一樣，在屋內安靜沉著地移動，但牠的體能絕佳，特別是在追捕獵物時。西班牙靈緹犬對家人溫柔深情。由於牠天生的捕食衝動，如果要與較小的寵物相處，必須適當地社會化。

照護需求

運動

西班牙靈緹犬享受能夠撒開腿全速奔馳的快感，但這樣激烈的活動只是插曲，牠平常的生活相當靜態。牠需要使用牽繩每天至少長距離散步一次。牠也喜歡一有機會就奔跑，但務必要在封閉的範圍內。許多飼主描述該品種成天懶散不愛動，這點使牠成為絕佳的家中寵物，甚至適合住在公寓的飼主。由於短毛加上低體脂率，牠對於低溫敏感，冬天待在戶外的時間不宜過長。

飲食

西班牙靈緹犬需要高品質、適齡的食物。有些可能需要特殊飲食以預防大腸激躁症（IBS）。

梳理

兩種被毛類型的西班牙靈緹犬幾乎都不太需要梳理。偶爾用梳毛手套擦拭，就能讓短毛型保持乾淨有光澤。半長毛型應使用軟毛刷定期保養。刷毛時動作需輕柔，因該品種的皮膚容易撕裂。

健康

西班牙靈緹犬的平均壽命為十二至十五年，品種的健康問題可能包含胃擴張及扭轉、癌症、牙齒問題、眼瞼外翻、眼瞼內翻、癲癇，以及大腸激躁症（IBS）。

訓練

這種溫和的視覺型獵犬需要動作和聲音輕柔的訓練者，牠過於敏感，強硬的訓練方法對牠成效不佳。及早社會化能讓牠產生自信，縮短時間和誘發積極性的訓練有助於讓牠學習到基本原則。西班牙靈緹犬天生會在家中守規矩，且易於用牽繩控制。

西班牙獒犬 Spanish Mastiff

速查表

適合小孩程度
🐾🐾🐾🐾🐾

適合其他寵物程度
🐾🐾🐾🐾🐾

活力指數
🐾🐾🐾🐾🐾

運動需求
🐾🐾🐾🐾🐾

梳理
🐾🐾🐾🐾🐾

忠誠度
🐾🐾🐾🐾🐾

護主性
🐾🐾🐾🐾🐾

訓練難易度
🐾🐾🐾🐾🐾

品種資訊

原產地
西班牙

身高
公至少 30.5-31.5 英寸（77-80 公分）／母
至少 28.5-29.5 英寸（72-75 公分）

體重
90-220 磅（41-100 公斤）[估計]

被毛
中等長度、平滑、厚、濃密

毛色
無關緊要，但黃色、淺黃褐紅色、黑色、
狼色最受青睞

其他名稱
Mastín de España；Mastín de Extremadura；
Mastín de la Mancha；Mastín de Leon；
Mastín Espanol

註冊機構（分類）
AKC（FSS：工作犬）；ANKC（萬用犬）；
ARBA（工作犬）；FCI（獒犬）；UKC（護
衛犬）

起源與歷史

　　西班牙獒犬的先祖據信可追溯到存在於西元前 2000 年的古代獒犬，與來自西班
牙和葡萄牙的所有牲畜護衛犬有共同的起源歷史。牠們隨著腓尼基人登陸，是西班
牙南部山牧季移傳統的一部分。那些外溢到葡萄牙的犬隻變成埃什特雷拉山犬和阿
蘭多獒犬。

　　西班牙獒犬身為絕佳牲畜護衛犬的歷史悠久，至今持續無畏地執行這項任務——
當闖入者靠近牲群時。牠向來也是拖拉補給貨車的曳引犬，以及極有效能的護衛犬，
負責看守住家、莊園，甚至西班牙內戰期間的軍火。如今西班牙獒犬主要被飼養作為
伴侶犬，不過牠擅長參加服從競賽和從事搜救任務。此品種在西班牙受歡迎，但在該
地區以外的地方則相當少見。

個性

這種高貴的巨犬性情冷淡、莊重、鎮靜且聰明。牠對家人忠心耿耿，如果適當社會化，可以客氣地接受陌生人，不過仍會防備他們。牠對其他狗可能具有攻擊性。西班牙獒犬不是都會區的理想寵物，因為牠隆隆作響的叫聲和巨大體型會是問題。牠是住家和家人絕佳的保護者。

照護需求

運動

西班牙獒犬傾向於笨重地挪動腳步而非奔馳，但必要時牠的動作相當迅速。每天長距離散步即足夠，不過牠會喜歡在圈圍的區域，按自己的步調運動。

飲食

西班牙獒犬貪吃成性，不管餵食什麼，通常都狼吞虎嚥。牠們需要高品質、適齡的飲食。因為西班牙獒犬在第一年成長非常快速，應謹慎監控其飲食，以防增加太多體重，造成骨骼和關節的壓力。

梳理

每週梳理牠濃密的被毛有助於去除死毛和減少掉毛。由於牠很會流口水，每天應至少用布擦拭臉部一至兩次，有助於防止皮膚皺摺處的感染。

健康

西班牙獒犬的平均壽命為十至十一年，品種的健康問題可能包含胃擴張及扭轉、內生骨疣、眼瞼內翻、心臟問題，以及髖關節發育不良症。

訓練

社會化和訓練工作應及早展開，以確保培養出穩定可靠的寵物。幼犬時期讓牠在監督下與各種陌生但不具威脅性的狗社交，有助於抑制牠對其他狗的攻擊傾向。該品種的警覺性相當高，食物可以激勵牠，但容易感到無聊，其訓練必須前後貫徹和堅定，但態度要溫和。一旦訓練者成為受牠尊敬的領導者，西班牙獒犬會是極其忠誠的寵物。

西班牙水犬 Spanish Water Dog

品種資訊

原產地
西班牙

身高
公 17.5-19.5 英寸（44-50 公分）／
母 15.5-18 英寸（40-46 公分）

體重
公 39.5-48.5 磅（18-22 公斤）／
母 31-39.5 磅（14-18 公斤）

被毛
捲曲、如羊毛；較長的被毛可能形成繩索

毛色
各種色調的黑白色、棕白色；亦有各種色
調的白色、黑色、栗色

其他名稱
安達魯西亞土耳其犬（Andalusian
Turk）；Perro de Agua Español；Turco de
Andaluz；土耳其犬（Turkish Dog）

註冊機構（分類）
AKC（FSS：狩獵犬）；ARBA（狩獵犬）；
FCI（水犬）；KC（槍獵犬）；
UKC（槍獵犬）

起源與歷史

　　無人確切知曉西班牙水犬的起源，或者牠如何來到西班牙。有人說牠是羅馬帝國滅亡後，隨著西元 500 年代蠻族入侵的浪潮被帶到中歐。也有人相信牠來自北非，被在 700 年代至 1000 年代佔領西班牙，且直到 1492 年仍保有部分領土的摩爾人帶往西班牙。牠有時被稱作土耳其犬，或許意味著牠跟隨中世紀期間航渡地中海的土耳其商人抵達。有一件事是可確知的，那便是到了十二世紀時，一種被毛如羊毛般的狗在西班牙被用於放牧，以及在水中取物。這無疑是西班牙水犬的先祖。其他幾個品種可能也包含在牠的血統中。

　　儘管歷史悠久，這種多才多藝的狗直到 1985 年才被承認為獨立品種，主要得歸功於兩個人的努力，安東尼奧‧佩雷斯（Antonio Garcia Perez）和聖地牙哥‧蒙特西諾斯（Santiago Montesinos）。西班牙水犬如今依舊在西班牙南部山區工作，擔任尋回犬

和照料綿羊和山羊。

個性

西班牙水犬忠心耿耿、順從和勤奮，具備強烈的放牧、狩獵和護衛本能。這些特質加上無窮的精力，意味著西班牙水犬只在有事可做時，才會真正感到快樂。牠易於訓練，而且幾乎能適應各種環境。西班牙水犬可能對陌生人有所保留。

照護需求

運動

該品種需要大量運動，例如每天長距離散步。充足的玩耍時間同樣不可或缺。在有任務需要完成時欣然茁壯。

飲食

健壯的西班牙水犬貪吃成性，體重應予以監控。牠需要食物賦予的能量，但當然也必須注意維持健康。最好給予高品質、適齡的飲食。

梳理

西班牙水犬的被毛往往形成繩索狀，應任其自然成長，不要梳理或刷毛。每年修剪被毛一至二次（獵人可能選擇更常修剪）。必要時得去除糾結的毛髮，並且應該清潔耳朵以防感染。只在被毛變髒時才洗澡。

健康

西班牙水犬的平均壽命為十至十四年，品種的健康問題可能包含愛迪生氏症、過敏、白內障、犬胰外分泌不足（EPI）、髖關節發育不良症、甲狀腺功能低下症，以及犬漸進性視網膜萎縮症（PRA）。

訓練

西班牙水犬聰明且敏於學習，因此容易接受服從訓練。牠可能具有領域性，應從小與人和動物打交道。

義大利史畢諾犬 Spinone Italiano

品種資訊

原產地
義大利

身高
公 23-27.5 英寸（58.5-70 公分）／
母 22-25.5 英寸（56-65 公分）

體重
公 70-86 磅（31.5-39 公斤）／
母 62-75 磅（28-34 公斤）

被毛
單層毛，扁平或微捲、略為剛硬、堅韌、
濃密、堅挺；有鬍鬚和髭鬚

毛色
白色、白色帶橙色斑紋、白色帶椒橙色、
白色與棕色斑紋、棕雜色或帶棕色斑紋

其他名稱
義大利粗毛指示犬（Italian Coarsehaired
Pointer）；義大利格里芬犬（Italian
Griffon）；Italian Spinone；義大利剛毛指
示犬（Italian Wire-Haired Pointing Dog）

註冊機構（分類）
AKC（狩獵犬）；ANKC（槍獵犬）；
ARBA（狩獵犬）；CKC（狩獵犬）；FCI（指
示犬）；KC（槍獵犬）；UKC（槍獵犬）

起源與歷史

　　史畢諾犬純粹起源於義大利，是古老的多用途槍獵犬。中世紀期間，牠被描繪在若干圖畫和壁畫上。在 1683 年一本名為《完美獵人》（Le Parfait Chasseur）的書籍中，一位名叫塞林古（Sélincourt）的男士曾提及義大利皮埃蒙特地區的「格里芬犬」，這可能便是義大利史畢諾犬。

　　現今所知的史畢諾犬在十六世紀時已是既成品種，但在二十世紀初卻嚴重劣化，因為任意雜交而污染了血統。幸好在 1950 年時，有幾位義大利育種者合力復育史畢諾犬，使牠恢復昔日光采，並確保其存續。

　　如今，史畢諾犬繼續在義大利皮埃蒙特各處狩獵。目前在牠的家鄉，對史畢諾犬

的興趣似乎分裂成展示與狩獵用途兩派，各自有不同的標準。該品種以靈敏的鼻子和超軟的嘴巴而聞名，且因為具備十分管用的保護性被毛，特別能應付濃密植被或濕冷的天氣。

個性

這位迷人的紳士冷靜、深情且性情隨和。如果沒有在幼犬時期社會化，牠會膽小害羞，不過一旦社會化，牠會對友善對待陌生人，即便有時顯得謹慎。牠很快便和家人形成情感連結，與孩童和其他大多數動物相處融洽，不過可能會追逐小動物。長大後變得溫馴的史畢諾犬仍然愛玩耍。這種忠心的狗在被當成家庭成員對待時最快樂。

照護需求

運動

史畢諾犬雖然是大型犬，但不善奔跑，牠傾向於慢條斯理。每天讓牠散步或慢跑、自由待在圈圍起來的區域內，加上一兩回玩耍的時間，應可滿足牠的運動需求。

飲食

健壯的史畢諾犬貪吃成性，體重應予以監控。最好給予高品質、適齡的飲食。

梳理

史畢諾犬只需每週刷毛或去除死毛。

健康

義大利史畢諾犬的平均壽命為十二至十四年，品種的健康問題可能包含小腦共濟失調，以及髖關節發育不良症。

訓練

聰明的史畢諾犬學習快速。然而，牠並非總是表現良好。在接受命令時，牠只做牠覺有道理的事。考慮到牠的敏感，最好及早展開溫和的訓練。

運動盧卡斯㹴 Sporting Lucas Terrier

品種資訊

原產地
英格蘭

身高
公 11-13 英寸（28-33 公分）／
母 10-12 英寸（25.5-30.5 公分）

體重
公 14-18 磅（6.5-8 公斤）／
母 11-15 磅（5-8 公斤）

被毛
雙層毛，外層毛粗糙、堅挺，底
毛濃密

毛色
黑色或帶棕褐色、白色為主帶任
何色調的棕色、灰斑色或獾灰色

註冊機構（分類）
UKC（㹴犬）

起源與歷史

　　不同於許多比較古老的品種，運動盧卡斯㹴的起源沒有疑義。該品種名稱源於少校喬斯林・盧卡斯爵士（Jocelyn Lucas），他是熱心的運動家，在從第一次世界大戰的戰場返回後，開始追求自己的興趣，想要培育出新品種的小型工作㹴。他滿意於他鍾愛的西里漢㹴母犬所具備的特質，只不過其體型大於理想中的品種。他於1940 年代展開計畫，將他的西里漢㹴與一隻諾福克㹴種犬雜交。最終出現兩個不同品種，如今稱作盧卡斯㹴和運動盧卡斯㹴。

　　關於兩個品種之間的差異，目前存在一些爭議，不過大多數運動盧卡斯㹴的愛好者同意，他們的狗最能體現盧卡斯爵士的期望：體型小巧結實、同類之間不會相互對抗，能一起穿地洞，以及成群地狩獵和驚趕獵物，完全沒有狗對狗的侵略性。

個性

　　運動盧卡斯㹴在追逐獵物時，具備㹴犬不屈不撓的典型精神，不過牠不像其他

許多㹴犬那樣愛打鬥。該品種成群工作時表現良好，彼此能和睦相處，並且喜愛有規矩的孩童。牠們精力充沛、活躍且警覺性高，是㹴犬中典型的小丑，擁有看起來淘氣的鼻子。運動盧卡斯㹴不會立即歡迎陌生人。

照護需求

運動

運動盧卡斯㹴需要每天在院子裡嬉戲，或從事一兩次長距離的散步，以發洩牠特有的精力，並為牠的好奇心提供出口。

飲食

盧卡斯㹴食量大，應給予高品質、適齡的食物。

梳理

每週徹底刷毛一至二次，有助於維持運動盧卡斯㹴的最佳狀態。牠的雙層毛幾乎不會脫落，但偶爾需要用手拔除以維持被毛質感，否則乾脆加以修剪。

健康

運動盧卡斯㹴的平均壽命為十四至十六年，根據資料並沒有品種特有的健康問題。

訓練

訓練這種有自信的犬種需要堅定但溫和的手段。運動盧卡斯㹴在敏捷方面表現優異，喜歡有工作可做。要牠服從多少是一種挑戰，但如果飼主喜歡自有主張、能獨力解決問題的狗，運動盧卡斯㹴會令他滿意。

速查表

適合小孩程度	梳理
適合其他寵物程度	忠誠度
活力指數	護主性
運動需求	訓練難易度

斯塔比嚎犬 Stabyhoun

品種資訊

原產地
荷蘭

身高
公 21 英寸（53 公分）／
母 19.5 英寸（50 公分）

體重
40-55 磅（18-25 公斤）[估計]

被毛
長、平滑

毛色
黑色、棕色、橙色，皆帶白色斑紋

其他名稱
Beike；Friese Stabij；Frisian Pointing
Dog；Stabij；Stabijhoun；斯塔比獵
犬（Stabyhound）

註冊機構（分類）
AKC（FSS：狩獵犬）；ARBA（狩
獵犬）；FCI（指示犬）；UKC（槍
獵犬）

起源與歷史

此狩獵品種起源於荷蘭的弗里斯蘭省（Friesland），自 1600 年代起已為人所知。西班牙人佔領荷蘭直到十六世紀中葉，有人推測他們從歐洲其他地區帶來蹲獵犬。這些進口犬種發展成本地的長耳獵犬／蹲獵犬，包括斯塔比嚎犬。最早的書面描述明確指出該品種出自 1800 年代初期的荷蘭。斯塔比嚎犬直到 1940 年代才開始參展，1942 年在荷蘭正式獲得承認。

起初，斯塔比嚎犬的性情至關重要，因為牠被期待完成多種任務，例如作為獵犬、看門犬和家庭寵物。斯塔比嚎犬平穩忠實的個性贏得其品種名稱，意譯為「在我身旁的狗」。斯塔比嚎犬擅長指示、驚趕獵物和銜回獵物，特別是鴨子和山地鳥類，牠在野外就像在家中爐床旁一樣自在。

斯塔比嚎犬育種者矢志保護與保存這個本地古老品種的優秀特質，而且荷蘭斯塔

比嚎犬協會規定種犬在繁殖前必須先通過嚴格的檢測。

個性

　　斯塔比嚎犬的性情「適度平衡」。牠是優良的看門犬，不會過度具有攻擊性，從事任務或運動時精力旺盛，但在室內卻能冷靜平和。牠對陌生人略顯含蓄，但對家庭成員忠誠熱情。牠與人和其他寵物相處融洽，對待孩童溫柔和順。全能的斯塔比嚎犬幾乎在任何情況下都表現良好，實為家庭寵物或工作、伴侶犬的首選。

照護需求

運動

　　活潑的斯塔比嚎犬喜歡長距離的散步，以及在有圍欄的院子裡嬉戲。

飲食

　　斯塔比嚎犬食量大，應給予高品質、適齡的食物。理想體重的斯塔比嚎犬會有最佳表現和感知。

梳理

　　斯塔比嚎犬擁有只需低度保養的被毛，每週徹底刷毛或梳理一次，應可保持牠絲滑的長毛免於糾結成團，並將掉毛情況減至最低。

健康

　　斯塔比嚎犬的平均壽命為十三至十四年，品種的健康問題可能包含癲癇以及髖關節發育不良症。

訓練

　　斯塔比嚎犬是敏捷的狗，具備極高的智力和取悅訓練者的欲望，極適合從事可以發揮牠的出色速度、優雅和銜回獵物能力的各種運動。

斯塔福郡鬥牛㹴 Staffordshire Bull Terrier

速查表

適合小孩程度
🐾🐾🐾🐾🐾

適合其他寵物程度
🐾🐾🐾🐾🐾

活力指數
🐾🐾🐾🐾🐾

運動需求
🐾🐾🐾🐾🐾

梳理
🐾🐾🐾🐾🐾

忠誠度
🐾🐾🐾🐾🐾

護主性
🐾🐾🐾🐾🐾

訓練難易度
🐾🐾🐾🐾🐾

品種資訊

原產地
英格蘭

身高
14-16 英寸（35.5-40.5 公分）

體重
公 28-38 磅（12.5-17 公斤）／
母 24-34 磅（11-15.5 公斤）

被毛
短、平滑、緊密

毛色
紅色、淺黃褐色、白色、黑色、藍色，或前述任何顏色帶白色；任何色調的虎斑；任何色調的虎斑帶白色

註冊機構（分類）
AKC（㹴犬）；ANKC（㹴犬）；CKC（㹴犬）；FCI（㹴犬）；KC（㹴犬）；UKC（㹴犬）

起源與歷史

　　如同美國比特鬥牛㹴和美國斯塔福郡㹴，斯塔福郡鬥牛㹴起源自稱作馬魯索斯犬（Molossian）的早期希臘獒犬，牠們進入羅馬帝國的鬥獸場，與從人到大象的各種動物格鬥，藉以娛樂觀眾。斯塔福郡鬥牛㹴培育自鬥牛犬和㹴犬，其先祖起初被屠夫用於對付公牛，以及被獵人用於協助獵捕野豬和其他獵物。在英國，這些任務逐漸發展成鬥牛和鬥熊的血腥運動，直到 1835 年宣布為非法。此後鬥狗活動取而代之，為具備體力以及撕咬與扭打能力、可致其他動物於死地的狗，保存了一項用途。

　　到了 1930 年代，鬥狗成為非法活動。育種者約瑟夫・鄧恩（Joseph Dunn）不忍見他喜愛的犬種隨著牠們的職業而消失，於是籌組協會並致力於使該品種獲得英國育犬協會（KC）的承認。他們選用斯塔福郡鬥牛㹴這個名稱以示與牛頭㹴作區分。

　　1935 年正式獲得承認後，斯塔福郡鬥牛㹴的優良特質使牠在家鄉受到歡迎，至今依舊維持不墜。斯塔福郡鬥牛㹴大多在第二次世界大戰後被帶到北美洲。該品種於

1952 年在加拿大獲得承認，接下來於 1974 年在美國獲得承認。如今，斯塔福郡鬥牛㹴的外觀與牠的鬥牛㹴先祖仍十分相像，而且選擇性的繁殖已建立出一種小巧結實、友善愛玩的家庭寵物。

個性

斯塔福郡鬥牛㹴以其溫和、愛玩耍的性情而聞名。活潑聰明的牠喜歡玩遊戲。牠熱愛家人，尤其是孩童，甚至因為牠對孩童的誠摯情感而被暱稱為「保姆犬」。斯塔福郡鬥牛㹴對於其他狗和動物可能具有攻擊性，不過如果自幼犬期開始適當社會化，便可與牠們和睦共處。

照護需求

運動

斯塔福郡鬥牛㹴精力充沛，這表示牠需要大量運動以維持肌肉發達的身材。飼主應樂於找時間讓牠從事長距離的散步，並能提供安全的圈圍區域，供牠自由奔跑。若缺乏足夠的運動，斯塔福郡鬥牛㹴可能變得無聊和消沉。

飲食

斯塔福郡鬥牛㹴貪吃成性，體重應予以監控。牠需要食物賦予的能量，但當然必須注意維持健康。最好給予高品質、適齡的飲食。皮膚過敏的斯塔福郡鬥牛㹴需要特別調配的飲食。

梳理

斯塔福郡鬥牛㹴平滑的短毛易於保養，只需每週數次用梳毛手套刷拭。如此便可去除死毛，促進被毛中天然油脂的散布。

健康

斯塔福郡鬥牛㹴的平均壽命為十二至十四年，品種的健康問題可能包含白內障、先天性耳聾、肘關節發育不良、心臟問題、髖關節發育不良症、甲狀腺功能低下症、L-2- 羥基戊二酸尿症（L-2-HGA）、膝蓋骨脫臼，以及皮膚過敏。

訓練

斯塔福郡鬥牛㹴極為聰明，不過牠有倔強和獨立的傾向，這些特質可能對訓練者構成挑戰。然而如果施以溫和堅定的訓練，牠能快速學會接收命令，且反應性良好。自幼犬時期開始妥善社會化對於該品種至關重要。

標準雪納瑞 Standard Schnauzer

速查表

適合小孩程度
🐾🐾🐾🐾🐾

適合其他寵物程度
🐾🐾🐾🐾🐾

活力指數
🐾🐾🐾🐾🐾

運動需求
🐾🐾🐾🐾🐾

梳理
🐾🐾🐾🐾🐾

忠誠度
🐾🐾🐾🐾🐾

護主性
🐾🐾🐾🐾🐾

訓練難易度
🐾🐾🐾🐾🐾

品種資訊

原產地
德國

身高
公 17.5-22 英寸（45-48 公分）／
母 17-21 英寸（43-46 公分）

體重
31-44 磅（14-20 公斤）

被毛
雙層毛，外層毛剛硬、緊密、非常厚，
底毛柔軟、濃密；有鬍鬚

毛色
椒鹽色、純黑

其他名稱
中型雪納瑞（Mittelschnauzer）；雪
納瑞（Schnauzer）

註冊機構（分類）
AKC（工作犬）；ANKC（萬用犬）；
CKC（工作犬）；FCI（平犬及雪納
瑞）；KC（萬用犬）；UKC（護衛犬）

起源與歷史

　　許多世紀以來雪納瑞在德國一直是受歡迎的農場犬。牠們勤奮強悍，負責消滅
害蟲，同時也是家庭良伴。當時並無既定的品種類型，體型較大的用於拖拉貨車、
看守牲畜和獵殺有害動物，較小的則通常負責消滅害蟲。

　　標準雪納瑞曾被稱作剛毛平犬（Wirehaired Pinscher），是三個雪納瑞品種中（包
括迷你型和巨型雪納瑞）最古老的一種。該品種在牠的起源地德國有明確的記載，時
間可追溯到十四世紀，那時已是當地受青睞的獵犬和伴侶犬。描繪標準雪納瑞的圖象
見於知名藝術家，例如林布蘭和杜勒的作品。標準雪納瑞是工作犬、狩獵犬和㹴犬的
偶然混種，屬於早期粗毛平犬品系與灰色凱斯犬和黑色德國貴賓犬雜交的結果。該品
種名稱源自德語「Schnauze」（鼻吻部），指稱牠那具有特色的濃密髭鬚和鬍鬚。

　　自從出現以來，標準雪納瑞一直出色地發揮多種用途：作為捕鼠犬、護衛犬、獵
犬／尋回犬，甚至還是第一次世界大戰期間的傳信犬。牠現在依舊受珍視，是生氣蓬

勃且勇敢的伴侶犬。

個性

這種活潑、忠誠和聰明的夥伴善於狩獵、追蹤、銜回獵物、護衛以及參加服從競賽。牠還樂於為讚賞牠的觀眾表演把戲。牠喜歡孩童，必要時願意用自己的性命保護家人。雪納瑞性情穩重、友善，是可靠的家庭成員。

照護需求

運動

多樣化的散步、每天解開牽繩讓牠自由玩耍嬉鬧，以及人狗之間的大量遊戲，能使標準雪納瑞保持健康快樂。這個精力旺盛的品種雖說需要充足的運動，但在幼犬完全成長之前，不應讓牠過度勞累。

飲食

標準雪納瑞貪吃成性，對於食物通常來者不拒，因此應監控其食物攝取量以防肥胖，並且牠們需要高品質、適齡的飲食。

梳理

標準雪納瑞極少掉毛，除了每天刷拂較長的飾毛以防糾結，幾乎不需要打理。要參展的雪納瑞可修剪維持造型，包括剃除背部、耳朵和臉頰的毛髮。純粹作為寵物的雪納瑞可用修剪代替剃毛。

健康

標準雪納瑞的平均壽命為十三至十六年，品種的健康問題可能包含白內障、毛囊性皮膚炎，以及髖關節發育不良症。

訓練

訓練時應採取堅定但溫和的手段，而且必須有一貫性，及早社會化不可或缺。標準雪納瑞聰明且學習快速，不過有時可能想按自己的方式行事。

史蒂芬斯雜種犬 Stephens' Cur

品種資訊

原產地
美國

身高
16-23 英寸（40.5-58.5 公分）

體重
絕不超過 55 磅（25 公斤）

被毛
雙層毛，外層毛短、平滑或粗糙，
底毛短、柔軟、濃密

毛色
黑色；或帶白色斑紋

其他名稱
Stephens Cur；Stephens Stock；
Stephens' Stock Cur

註冊機構（分類）
UKC（嗅覺型獵犬）

起源與歷史

　　史蒂芬斯雜種犬是約莫上世紀期間，在美國南方地區培育出來的眾多獵犬品種之一。如同當中的某些品種，史蒂芬斯雜種犬的名稱源於創始者休・史蒂芬斯（Hugh Stephens），乃透過數種獵犬之間的雜交，產生出適合特定狩獵任務的專門獵犬。

　　就史蒂芬斯雜種犬的例子來說，史蒂芬斯先生尋求一種略為小型的獵犬，牠能夠追蹤氣味已經變淡的痕跡，同時出聲示意。史蒂芬斯雜種犬不僅在狩獵時幾乎不停地出聲，當獵物被驅趕上樹時，還能改變吠叫的聲調。如同牠的獵犬先祖，史蒂芬斯雜種犬無論單獨或集體行動都有良好的表現。牠擅長追捕松鼠和浣熊，但也足夠勇敢，可成群用於狩獵熊和其他大型獵物。

個性

　　讓這種獵犬成為傑出獵犬的特質，正好也使牠成為比較不為大多數人喜愛的家犬。牠與人和其他狗相處融洽，但狩獵是牠生存的理由。該品種聰明且順從，不過

當察覺附近有獵物時，牠會變成十分專注。儘管大多數史蒂芬斯雜種犬完全是為了狩獵目的，並非為了陪伴而被飼養，但牠們對於善意深有所感，在家中飼養的史蒂芬斯雜種犬是忠心深情的狗。牠們會防備陌生人。

照護需求

運動

    史蒂芬斯雜種犬需要大量運動以維持良好的身心狀態。該品種乃為狩獵而活，戶外環境讓牠欣然茁壯。

飲食

    史蒂芬斯雜種犬食量大，應給予高品質的食物。

梳理

    只需偶爾用麂皮布或梳毛手套擦拭，便可維持其黑色被毛的光澤和清潔。

健康

    史蒂芬斯雜種犬的平均壽命為十至十四年，根據資料並沒有品種特有的健康問題。

訓練

    史蒂芬斯雜種犬專門培育成能順從訓練。史蒂芬斯雜種犬伶俐聰慧，但如果任由牠佔上風，可能會有些倔強。

速查表

適合小孩程度	梳理
🐾🐾🐾	🐾🐾
適合其他寵物程度	忠誠度
🐾🐾🐾	🐾🐾🐾
活力指數	護主性
🐾🐾🐾🐾	🐾🐾🐾
運動需求	訓練難易度
🐾🐾🐾🐾🐾	🐾🐾🐾🐾

品種資訊

原產地
奧地利

身高
公 18.5-21 英寸（47-53 公分）／
母 17.5-20 英寸（45-51 公分）

體重
33-45 磅（15-20.5 公斤）[估計]

被毛
粗糙、無光澤；髭鬚

毛色
紅色、淺黃褐色

其他名稱
派尼泰格獵犬（Peintinger
Bracke）；Steirische
Rauhhaarbracke；Steirischer
Rauhaarige Hochgebirgsbracke；
Styrian Roughhaired Mountain
Hound

註冊機構（分類）
ARBA（狩獵犬）；FCI（嗅覺型
獵犬）；UKC（嗅覺型獵犬）

施蒂里亞粗毛獵犬 Styrian Coarse-Haired Hound

起源與歷史

　　施蒂里亞粗毛獵犬起源於奧地利南部的施蒂里亞省，是培育自尋血獵犬型的追蹤犬與附近伊斯特拉半島的剛毛獵犬的雜交種。此一混種創造出強悍實用的嗅覺型獵犬，運用於這個崎嶇山區的最高處。

　　1870 年，運動家卡爾・派尼泰格（Karl Peintinger）執行首次雜交計畫，讓他的漢諾威母犬「海拉一號」（Hela I）與一隻伊斯特拉公犬交配。在品種達到穩定之前歷經多次雜交和實驗，但不久之後派尼泰格已經展示第三代的純粹品種，並用於打獵。

　　施蒂里亞粗毛獵犬於 1889 年被認可目前的名稱。該區的現代獵人仍珍視這種強韌但性情和善的獵犬，因為牠能夠安靜地跟蹤，並在追尋到新鮮氣味時發出叫聲。如今有一個嚴格的品種協會負責確保施蒂里亞粗毛獵犬的存續。

個性

施蒂里亞粗毛獵犬以易於飼養而聞名，能忍受狩獵時的惡劣天候，因其堅韌性格而受到重視。牠對於狩獵懷抱持久不懈的強烈衝動。牠的臉部表情看起來嚴肅，但並非不友善。施蒂里亞粗毛獵犬是極為聰明、穩定和令人愉悅的夥伴。

照護需求

運動

這種獵犬培育用於從事長時間的追蹤，每天需要多次長距離的散步以維持健康。

飲食

健壯、勤奮的施蒂里亞粗毛獵犬貪吃成性，體重應予以監控。最好給予高品質、適齡的飲食。

梳理

被毛需要每週快速梳理或刷毛以去除死毛和防止糾結。

健康

施蒂里亞粗毛獵犬的平均壽命為十二年，根據資料並沒有品種特有的健康問題。

訓練

施蒂里亞粗毛獵犬雖是聰明的犬種，但可能具有支配性，訓練者必須努力取得和維持這個極度執著的狩獵者的注意力。

速查表

適合小孩程度	梳理
適合其他寵物程度	忠誠度
活力指數	護主性
運動需求	訓練難易度

薩塞克斯獵犬 Sussex Spaniel

品種資訊

原產地
英格蘭

身高
13-16 英寸（33-41 公分）|
公 14-16 英寸（35.5-40.5 公分）／
母 13-15 英寸（33-38 公分）[CKC]

體重
35-50.5 磅（16-23 公斤）|
公 45 磅（20.5 公斤）或超過／
母 40 磅（18 公斤）或超過 [CKC]

被毛
扁平或略呈波浪狀、量多；有羽狀
飾毛

毛色
濃豔的金黃肝紅色

註冊機構（分類）
AKC（獵鳥犬）；ANKC（槍獵犬）；
CKC（獵鳥犬）；FCI（驅鳥犬）；
KC（槍獵犬）；UKC（槍獵犬）

起源與歷史

　　薩塞克斯獵犬的名稱取自於牠的起源地：英格蘭的薩塞克斯郡。如今雖然相當罕見，但曾風靡一時，是美國育犬協會（AKC）剛成立時最早登錄的十個品種之一。AKC 成立於 1894 年，而薩塞克斯獵犬於 1895 年登錄。

　　薩塞克斯獵犬被培育用於追捕小型獵物，動作緩慢但穩定，在各種條件下都能堅持到底。據信該品種是長耳獵犬與獵犬雜交的結果，可證實牠的靈敏嗅覺、被毛濃密的外表，以及聞到氣味時的吠叫衝動。薩塞克斯獵犬健壯結實，牠看起來厚實的整體外觀是界定其品種最重要的考量之一。

　　自從最初引進後，這種不尋常的長耳獵犬不斷處於絕種邊緣。薩塞克斯獵犬的數量在第二次世界大戰期間變得特別少，若沒有育種者喬伊·弗瑞爾（Joy Freer）的努力，該品種可能已不復存在。她設法在戰時照料八隻薩塞克斯獵犬，藉以延續其血統至今。如今薩塞克斯獵犬受到妥善照顧，縱使不是登錄品種調查中的第一名，但肯定是欣賞

其獨特外表和個性的愛好者排行榜中的第一名。

個性

　　薩塞克斯獵犬性情隨和友善，但有時對人慢熱。然而，牠依戀家人，願意跟隨他們到任何地方。牠與孩童和其他動物相處融洽。薩塞克斯獵犬可能比其他長耳獵犬更具有領域性，並且喜歡吠叫。

照護需求

運動

　　薩塞克斯獵犬不需要大量運動，但享受每天的散步和在院子裡玩耍。該品種的活力低於其他某些長耳獵犬。

飲食

　　薩塞克斯獵犬食量大，應給予高品質的食物。

梳理

　　薩塞克斯獵犬柔軟的被毛需要定期刷毛，耳朵和腳周圍的毛髮需要修剪。牠的耳朵也需要定期清理，因為牠們下垂的厚耳朵容易感染，尤其當牠執行被培育用來從事的工作，亦即在潮濕或林木繁茂的地區狩獵。由於牠是矮身狗，故需要額外留意腹部和腿部。牠的大臉包含下垂的垂唇和眼瞼，需要時常照料。

健康

　　薩塞克斯獵犬的平均壽命為十二至十四年，品種的健康問題可能包含先天性耳聾、耳部感染、眼部問題、甲狀腺功能低下症、開放性動脈導管（PDA）、前列腺疾病、肺動脈狹窄，以及法洛四聯症（TOF）。

訓練

　　薩塞克斯獵犬基本上是隨遇而安的狗，以彰顯自我權力而聞名，因此必須自幼犬期開始進行訓練，讓牠習慣一切事物，以達到最好的社會化成效。薩塞克斯獵犬學習快速，且熱衷於取悅飼主。

瑞典獵麋犬 Swedish Elkhound

速查表

適合小孩程度
🐾🐾🐾🐾

適合其他寵物程度
🐾🐾🐾🐾

活力指數
🐾🐾🐾🐾

運動需求
🐾🐾🐾🐾

梳理
🐾🐾🐾🐾

忠誠度
🐾🐾🐾🐾

護主性
🐾🐾🐾🐾

訓練難易度
🐾🐾🐾🐾

品種資訊

原產地
瑞典

身高
公 22.5-25.5 英寸（57-65 公分）／母 20.5-23.5 英寸（52-59.5 公分）

體重
大約 66 磅（30 公斤）[估計]

被毛
雙層毛，外層毛緊密，底毛短、柔軟、輕盈

毛色
淺灰色、深灰色；淺灰色或奶油色斑紋

其他名稱
耶姆特蘭獵犬（Jämthund）

註冊機構（分類）
ARBA（狐狸犬及原始犬）；FCI（狐狸犬及原始犬）；UKC（北方犬）

起源與歷史

　　忠心勇敢的獵麋犬數千年來一直陪伴在人類身旁，其骨骼遺骸幾乎無異於現今的獵麋犬，獵麋犬的歷史可推溯到西元前 5000 至 4000 年。長久以來由於用途廣泛，獵麋犬持續受到青睞。牠不僅因狩獵能力而受珍視，也是絕佳的看門犬、畜牧犬、牲群護衛犬、幫忙拖曳補給品的雪橇犬，以及家庭良伴。

　　瑞典獵麋犬是幾種斯堪地那維亞獵麋犬品種中最大的一種。瑞典獵麋犬身為狐狸犬家族的一員，自最後一次冰河時期在歐洲被培育，起初用於狩獵熊和大山貓。如今瑞典獵麋犬更常用於獵捕駝鹿或麋鹿，以及拉雪橇和守護牲畜。進行狩獵時，瑞典獵麋犬會驅趕獵物回頭朝向獵人所在之處，或使獵物進入射擊範圍內。牠們並非追逐者，像嗅覺型獵犬那樣長距離跟蹤獵物，而是在獵人附近作業。

　　該品種起源自瑞典的耶姆特蘭地區，普遍被稱作耶姆特蘭獵犬。儘管在瑞典以外極為罕見，但在家鄉十分受歡迎。牠是瑞典國犬、瑞典空軍的正式服役犬，也是瑞典

海軍陸戰隊的軍犬。

個性

　　該品種堅強勇敢到足以與熊對峙，但也溫和到可作為絕佳的家庭寵物。瑞典獵麋犬與家人相處時鎮靜且深情，但對其他狗可能展現些許支配性，而且有強烈的捕食衝動。牠是真正的全能犬，可以出外狩獵，而回家後泰然自若。牠遇事從容，不輕易被觸怒，使之成為野外或居家的沉穩陪伴者。

照護需求

運動

　　如同大多種培育用於狩獵的品種，瑞典獵麋犬需要定期大量運動以保持身心健康。倘若待在室內太久，牠很快便會感到無聊，可能具有破壞性。

飲食

　　瑞典獵麋犬食量大，應給予高品質、適齡的食物。該品種有快速增重的傾向，所以不應過度餵食。

梳理

　　必須定期刷毛以免濃密的底毛產生糾結。不應太常洗澡，因為容易使牠耐候的被毛變乾燥。

健康

　　瑞典獵麋犬的平均壽命為十二至十四年，根據資料並沒有品種特有的健康問題。

訓練

　　瑞典獵麋犬樂於學習，喜歡取悅飼主，應及早開始進行社會化訓練，以防日後展現支配性。

瑞典拉普蘭犬 Swedish Lapphund

速查表

適合小孩程度

適合其他寵物程度

活力指數

運動需求

梳理

忠誠度

護主性

訓練難易度

品種資訊

原產地
瑞典

身高
公 17.5-20 英寸（45-51 公分）／
母 15.5-18 英寸（40-46 公分）

體重
33-44 磅（15-20 公斤）[估計]

被毛
雙層毛，外層毛耐候、蓬鬆，底毛微捲、
濃密；有頸部環狀毛

毛色
黑色、肝紅色；白色斑紋｜亦有棕色
[ANKC]｜亦有熊棕色、黑棕色的組合[KC]

其他名稱
Lapinkoira；Lapland Spitz; Lapplandska
Septs；Lapplandska Spetz；
Suomenlapinkoira；Svensk Lapphund；
Swedish Lappspitz

註冊機構（分類）
AKC（FSS：畜牧犬）；ANKC（工作犬）；
ARBA（狐狸犬及原始犬）；FCI（狐狸犬
及原始犬）；KC（畜牧犬）；UKC（北方犬）

起源與歷史

　　瑞典拉普蘭犬屬於發源自拉普蘭的古老狐狸犬，該地區含括挪威、瑞典、芬蘭
北部，以及俄羅斯西北部。拉普蘭犬曾被生活於該區的半游牧部族薩米人（Sami）
用於獵捕馴鹿——供應他們食物和衣服——以及提供保護。等到薩米人開始定居下
來，拉普蘭犬的功能從狩獵馴鹿變成放牧馴鹿，時間長達許多世紀，直到放牧馴鹿
的活動式微。

　　最終，拉普蘭犬分成三個不同品種：瑞典拉普蘭犬、芬蘭拉普蘭犬和拉普蘭畜牧
犬。三者之間的差異不大，主要在於被毛的長度和顏色。由於管理馴鹿的方式開始改
變，對狗的需求愈來愈小，直到牠們面臨滅絕的危險。拉普蘭犬於雖於 1920 年代獲救，

但很快又再度因為世界大戰而陷入險境。

1940 年代初期，來自瑞典和芬蘭育犬協會的代表接洽薩米人，重新取得該品種的基礎血統，藉此再一次復育拉普蘭犬。世界畜犬聯盟（FCI）於 1944 年承認瑞典拉普蘭犬。如今牠並非活躍的畜牧犬，不過仍保留這些本能。然而，在拉普蘭犬數量集中的瑞典，牠是受歡迎的伴侶犬。

個性

瑞典拉普蘭犬是多才多藝的狗，不僅敏於學習，而且熱衷工作。牠喜歡參與戶外冒險活動；在其原產地，瑞典拉普蘭犬從事放牧和追蹤，以及服從和敏捷競賽。如同許多北歐犬種，牠喜歡吠叫，有必要接受抑制這種本能的訓練。

照護需求

運動

充分的運動對於瑞典拉普蘭犬整體的安康至關重要，倘若運動量不足，牠可能養成壞習慣。瑞典拉普蘭犬能適應各種天候，樂於在任何時間外出。除了長距離散步，最好還要讓牠從事可發揮其智能和體力的活動，包括與放牧有關的活動、追蹤、敏捷和競爭性服從。

飲食

瑞典拉普蘭犬食量大，應給予高品質、適齡的飲食。

梳理

拉普蘭犬濃密的雙層毛會脫落，應定期刷毛以儘量減少掉毛問題。除此之外，牠的被毛易於照料。過度頻繁的洗澡會奪走被毛的天然油脂，通常不建議這麼做。

健康

瑞典拉普蘭犬的平均壽命為十二至十五年，品種的健康問題可能包含癲癇、髖關節發育不良症，以及犬漸進性視網膜萎縮症（PRA）。

訓練

瑞典拉普蘭犬極為受教，以正向方法教導時可獲最佳學習成效。應自幼犬時期開始讓牠與各式各樣的人、場所和其他動物進行社會化。

速查表

適合小孩程度
🐾🐾🐾🐾🐾

適合其他寵物程度
🐾🐾🐾🐾🐾

活力指數
🐾🐾🐾🐾🐾

運動需求
🐾🐾🐾🐾🐾

梳理
🐾🐾🐾🐾🐾

忠誠度
🐾🐾🐾🐾🐾

護主性
🐾🐾🐾🐾🐾

訓練難易度
🐾🐾🐾🐾🐾

瑞典牧羊犬 Swedish Vallhund

品種資訊

原產地
瑞典

身高
公 12.5-14 英寸（31.5-35.5 公分）／
母 11.5-13 英寸（29-33 公分）｜
12-14 英寸（30.5-35.5 公分）[UKC]

體重
20-35 磅（9-16 公斤）

被毛
雙層毛，外層毛中等長度、粗糙、緊密、
防水，底毛如羊毛、柔軟、濃密

毛色
鋼灰色、灰棕色、灰黃色、紅黃色、紅
棕色；或有白色斑紋｜亦有黑深褐色帶

較淺的陰影色 [UKC]

其他名稱
Schwedischer Schäferspitz；瑞典牧牛
犬（Swedish Cattledog；Swedish Cattle
Dog）；Västgötaspets；維京犬（Viking
Dog）；Westgotenspitz

註冊機構（分類）
AKC（畜牧犬）；ANKC（工作犬）；
ARBA（狐狸犬及原始犬）；CKC（畜牧
犬）；FCI（狐狸犬及原始犬）；KC（畜
牧犬）；UKC（畜牧犬）

起源與歷史

　　多年來犬類歷史學者反覆探詢，關於某些關係密切的短腿犬起源的古老問題，
那便是：柯基犬和瑞典牧羊犬，何者先出現？的確，我們難以證明是否瑞典牧羊犬
（Vallhund，意指「森林犬」）先被培育出來，並由到處殺人越貨的維京人帶往威爾斯，
構成柯基犬的基礎，或者柯基犬先出現，並且被帶回斯堪地那維亞半島，成為戰利品
的一部分，後來發展成瑞典牧羊犬。答案可能將持續是個謎團，儘管在愛爾蘭海岸發
現的維京船殘骸中，船首斜桅上刻有瑞典牧羊犬形狀的裝飾性圖案。

　　不管瑞典牧羊犬的起源為何，許多世紀以來，牠在瑞典西部快樂勤勉地擔任多用

途的牧場犬。牠不僅善於驅趕牲群，也是看門犬和捕鼠犬。到了1930年代，其數量開始減少，但專心致志的育種者比約恩‧馮‧羅森伯爵（Björn von Rosen）糾集其他同好，努力保存住這個健壯結實的本國品種。該品種於1948年正式獲得瑞典育犬協會的承認，此後在瑞典和英國頗受歡迎。1964年，其名稱在瑞典改為「Västgötaspets」，命名自西約特蘭省（Västergötland），該品種在此處持續發展興旺。

個性

瑞典牧羊犬大膽伶俐，天生愛炫耀，會毫不遲疑地大聲表達牠的快樂。牠性情穩定、戒備心強、精力旺盛、勇敢無畏且警覺性高。深情聰明的瑞典牧羊犬是絕佳的伴侶犬。一旦經過適當的社會化，牠與孩童和其他寵物相處融洽。

照護需求

運動

瑞典牧羊犬天性活潑，需要適度的運動。每天至少快走一次，有助於維持牠的身心健康。

飲食

瑞典牧羊犬貪吃成性，體重應予以監控。最好給予高品質、適齡的飲食。

梳理

該品種堅硬緊密的被毛幾乎不需要保養，每週用硬鬃刷拂拭一次，有助於去除死毛。季節性脫毛期間需要每天刷毛。

健康

瑞典牧羊犬的平均壽命為十三至十五年，品種的健康問題可能包含隱睪症、髖關節發育不良症、膝蓋骨脫臼，以及腎發育不良。

訓練

理想上，瑞典牧羊犬應自幼犬期開始與各行各業的人、動物和環境進行社交接觸。牠的反應性極佳，聰明且忠心，容易接受訓練。牠是優秀的看門犬，在幼犬時期進行適當的社會化，有助於防止牠在成犬時具有過度的保護性。

瑞士獵犬：伯恩獵犬 Swiss Hound, Bernese Hound

速查表

適合小孩程度

適合其他寵物程度

活力指數

運動需求

梳理

忠誠度

護主性

訓練難易度

品種資訊

原產地
瑞士

身高
公 19.5-23 英寸（49-59 公分）／母
18.5-22.5 英寸（47-57 公分）

體重
33-44 磅（15-20 公斤）[估計]

被毛
短、平滑、濃密

毛色
白色帶黑色斑塊或黑色鞍型斑；淺
至深棕褐色斑紋

其他名稱
Berner Laufhund；Bernese Hound；
Schweizer Laufhund-Chien Courant
Suisse

註冊機構（分類）
FCI（嗅覺型獵犬）

起源與歷史

　　瑞士的嗅覺型獵犬稱為「laufhunds」（步行犬），意指用步行方式進行追蹤的狗，如同法國的獵犬，牠們已存在數千年。在阿旺什（Avenches）發現的一幅鑲嵌畫，其中包含一群與瑞士獵犬非常相似的獵犬。義大利的犬隻育種者於十五世紀找到牠，到了十八世紀，法國人因其狩獵野兔的非凡能力而欣然接受牠。中世紀期間瑞士獵犬在歐洲的名聲遠播，促成發展出五個不同品種：伯恩獵犬、汝拉獵犬、琉森獵犬、什威茲獵犬和聖休伯特（St. Hubert）汝拉獵犬（現已滅絕）。每個品種各自培育出體型較小的小瑞士獵犬，稱作「neiderlaufhunds」（短腿獵犬）。

　　到了 1882 年，每種瑞士獵犬都有各自的標準。1933 年，一項單一標準為只剩四種（聖休伯特汝拉獵犬已消失）的所有瑞士獵犬擬定。如今，瑞士獵犬主要在瑞士本國流行，作為優秀機智的獵犬，仍用於獵捕野兔、狐狸、獐和野豬。除了毛色和體型，所有這些品種都相去不遠。

伯恩獵犬可能並非因伯恩市（Bern），而是因伯恩阿爾卑斯山（Bernese Alps）而得名。牠與法國獵犬有相近的血緣關係，例如體型中等的阿里埃日嚮導獵犬和阿圖瓦犬。

個性

瑞士獵犬忠心耿耿，也是絕佳的狩獵夥伴。牠獨立狩獵，會發聲向獵人顯示牠的行蹤，即便穿越困難地形仍然意志堅定不受動搖。不執行嗅聞任務的瑞士獵犬溫馴且敏感，樂於在一天的辛苦狩獵後，睡在家人身旁。所有的瑞士獵犬都有強烈的狩獵和追逐本能。

照護需求

運動

所有品種的瑞士獵犬都是勤勉的獵犬，最喜愛的莫過於能執行任務，整天追蹤和狩獵。如果無法定期做這件事，牠們必須外出長距離散步，以便能真正運用鼻子。牠們樂於與家人待在戶外，隨時隨地陪伴他們。

飲食

從事工作的瑞士獵犬貪吃成性，體重應予以監控，好讓牠獲得所需能量，同時保持健康。最好給予高品質、適齡的飲食。

梳理

只要定期刷毛，瑞士獵犬平滑濃密的短毛易於維持整潔。需要不時檢查牠的長耳朵，找尋是否有堆積耳垢或感染的跡象，也應檢查臉部是否有狩獵之後可能聚積的碎屑。

健康

瑞士獵犬的平均壽命為十二至十四年，根據資料並沒有品種特有的健康問題。

訓練

瑞士獵犬志在取悅主人，特別是在狩獵時。在做最喜歡的事情時，瑞士獵犬表現馴良且反應性佳，牠的溫馴本性使牠易於從事居家活動。然而牠傾向於用鼻子生活，可能會在接受訓練時分心。瑞士獵犬生性敏感，採取強硬手段會適得其反。運用以獎勵為基礎的方法進行訓練，激發其最佳潛能，會讓瑞士獵犬全力投入。

瑞士獵犬：汝拉獵犬 Swiss Hound, Jura Hound

速查表

適合小孩程度
🐾🐾🐾🐾

適合其他寵物程度
🐾🐾🐾🐾

活力指數
🐾🐾🐾🐾

運動需求
🐾🐾🐾🐾

梳理
🐾🐾🐾

忠誠度
🐾🐾🐾🐾

護主性
🐾🐾🐾

訓練難易度
🐾🐾🐾

品種資訊

原產地
瑞士

身高
公 19.5-23 英寸（49-59 公分）／
母 18.5-22.5 英寸（47-57 公分）

體重
33-44 磅（15-20 公斤）[估計]

被毛
短、平滑、濃密

毛色
棕褐色帶黑色毯狀紋或黑色；棕褐色斑紋

其他名稱
布魯諾汝拉獵犬（Bruno de Jura；Bruno
Jura Laufhund）；Schweizer Laufhund-
Chien Courant Suisse

註冊機構（分類）
ARBA（狩獵犬）；FCI（嗅覺型獵犬）

起源與歷史

　　瑞士的嗅覺型獵犬稱為「laufhunds」（步行犬），意指用步行方式進行追蹤的狗，如同法國的獵犬，牠們已存在數千年。在阿旺什（Avenches）發現的一幅鑲嵌畫，其中包含一群與瑞士獵犬非常相似的獵犬。義大利的犬隻育種者於十五世紀找到牠，到了十八世紀，法國人因其狩獵野兔的非凡能力而欣然接受牠。中世紀期間瑞士獵犬在歐洲的名聲遠播，促成發展出五個不同品種：伯恩獵犬、汝拉獵犬、琉森獵犬、什威茲獵犬和聖休伯特汝拉獵犬（現已滅絕）。每個品種各自培育出體型較小的小瑞士獵犬，稱作「neiderlaufhunds」（短腿獵犬）。

　　到了 1882 年，每種瑞士獵犬都有各自的標準。1933 年，一項單一標準為只剩四種（聖休伯特汝拉獵犬已消失）的所有瑞士獵犬擬定。如今，瑞士獵犬主要在瑞士本國流行，作為優秀機智的獵犬，仍用於獵捕野兔、狐狸、獐和野豬。除了毛色和體型，所有這些品種都相去不遠。

　　沿瑞士西緣分布的汝拉山脈形成瑞士與法國的邊界。這裡培育出來的獵犬沒有白

色系，有點更加接近於古老的純凱爾特獵犬。牠可能發展自聖休伯特型的法國和比利時犬種。汝拉品種的瑞士獵犬類似法國獵犬和其他瑞士獵犬。

個性

瑞士獵犬忠心耿耿，也是絕佳的狩獵夥伴。牠獨立狩獵，會發聲向獵人顯示牠的行蹤，即便穿越困難地形仍然意志堅定不受動搖。不執行嗅聞任務的瑞士獵犬溫馴且敏感，樂於在一天的辛苦狩獵後，睡在家人身旁。所有的瑞士獵犬都有強烈的狩獵和追逐本能。

照護需求

運動

所有品種的瑞士獵犬都是勤勉的獵犬，最喜愛的莫過於能執行任務，整天追蹤和狩獵。如果無法定期做這件事，牠們必須外出長距離散步，以便能真正運用鼻子。牠們樂於與家人待在戶外，隨時隨地陪伴他們。

飲食

從事工作的瑞士獵犬貪吃成性，體重應予以監控，好讓牠獲得所需能量，同時保持健康。最好給予高品質、適齡的飲食。

梳理

只要定期刷毛，瑞士獵犬平滑濃密的短毛易於維持整潔。需要不時檢查牠的長耳朵，找尋是否有堆積耳垢或感染的跡象，也應檢查臉部是否有狩獵之後可能聚積的碎屑。

健康

瑞士獵犬的平均壽命為十二至十四年，根據資料並沒有品種特有的健康問題。

訓練

瑞士獵犬志在取悅主人，特別是在狩獵時。在做最喜歡的事情時，瑞士獵犬表現馴良且反應性佳，牠的溫馴本性使牠易於從事居家活動。然而牠傾向於用鼻子生活，可能會在接受訓練時分心。瑞士獵犬生性敏感，採取強硬手段會適得其反。運用以獎勵為基礎的方法進行訓練，激發其最佳潛能，會讓瑞士獵犬全力投入。

瑞士獵犬：琉森獵犬 Swiss Hound, Lucerne Hound

速查表

適合小孩程度
🐾🐾🐾🐾🐾

適合其他寵物程度
🐾🐾🐾🐾🐾

活力指數
🐾🐾🐾

運動需求
🐾🐾🐾🐾

梳理
🐾🐾🐾

忠誠度
🐾🐾🐾🐾

護主性
🐾🐾🐾

訓練難易度
🐾🐾🐾🐾

品種資訊

原產地
瑞士

身高
公 19.5-23 英寸（49-59 公分）／母
18.5-22.5 英寸（47-57 公分）

體重
33-44 磅（15-20 公斤）[估計]

被毛
短、平滑、濃密

毛色
「藍色」帶黑色斑塊或黑色鞍型斑；
淺至深棕褐色斑紋

其他名稱
Lucernese Hound；Luzerner
Laufhund；Schweizer Laufhund-
Chien Courant Suisse

註冊機構（分類）
FCI（嗅覺型獵犬）

起源與歷史

　　瑞士的嗅覺型獵犬稱為「laufhunds」（步行犬），意指用步行方式進行追蹤的狗，如同法國的獵犬，牠們已存在數千年。在阿旺什（Avenches）發現的一幅鑲嵌畫，其中包含一群與瑞士獵犬非常相似的獵犬。義大利的犬隻育種者於十五世紀找到牠，到了十八世紀，法國人因其狩獵野兔的非凡能力而欣然接受牠。中世紀期間瑞士獵犬在歐洲的名聲遠播，促成發展出五個不同品種：伯恩獵犬、汝拉獵犬、琉森獵犬、什威茲獵犬和聖休伯特汝拉獵犬（現已滅絕）。每個品種各自培育出體型較小的小瑞士獵犬，稱作「neiderlaufhunds」（短腿獵犬）。

　　到了 1882 年，每種瑞士獵犬都有各自的標準。1933 年，一項單一標準為只剩四種（聖休伯特汝拉獵犬已消失）的所有瑞士獵犬擬定。如今，瑞士獵犬主要在瑞士本國流行，作為優秀機智的獵犬，仍用於獵捕野兔、狐狸、獾和野豬。除了毛色和體型，所有這些品種都相去不遠。

琉森位於瑞士的中北部湖區，是琉森獵犬的家鄉。牠可能源自法國的小藍色加斯科尼犬，並且在外表上與之相似。

個性

瑞士獵犬忠心耿耿，也是絕佳的狩獵夥伴。牠獨立狩獵，會發聲向獵人顯示牠的行蹤，即便穿越困難地形仍然意志堅定不受動搖。不執行嗅聞任務的瑞士獵犬溫馴且敏感，樂於在一天的辛苦狩獵後，睡在家人身旁。所有的瑞士獵犬都有強烈的狩獵和追逐本能。

照護需求

運動

所有品種的瑞士獵犬都是勤勉的獵犬，最喜愛的莫過於能執行任務，整天追蹤和狩獵。如果無法定期做這件事，牠們必須外出長距離散步，以便能真正運用鼻子。牠們樂於與家人待在戶外，隨時隨地陪伴他們。

飲食

從事工作的瑞士獵犬貪吃成性，體重應予以監控，好讓牠獲得所需能量，同時保持健康。最好給予高品質、適齡的飲食。

梳理

只要定期刷毛，瑞士獵犬平滑濃密的短毛易於維持整潔。需要不時檢查牠的長耳朵，找尋是否有堆積耳垢或感染的跡象，也應檢查臉部是否有狩獵之後可能聚積的碎屑。

健康

瑞士獵犬的平均壽命為十二至十四年，根據資料並沒有品種特有的健康問題。

訓練

瑞士獵犬志在取悅主人，特別是在狩獵時。在做最喜歡的事情時，瑞士獵犬表現馴良且反應性佳，牠的溫馴本性使牠易於從事居家活動。然而牠傾向於用鼻子生活，可能會在接受訓練時分心。瑞士獵犬生性敏感，採取強硬手段會適得其反。運用以獎勵為基礎的方法進行訓練，激發其最佳潛能，會讓瑞士獵犬全力投入。

瑞士獵犬：什威茲獵犬 Swiss Hound, Schwyz Hound

速查表

適合小孩程度
🐾🐾🐾🐾

適合其他寵物程度
🐾🐾🐾🐾

活力指數
🐾🐾🐾🐾

運動需求
🐾🐾🐾

梳理
🐾🐾🐾

忠誠度
🐾🐾🐾🐾

護主性
🐾🐾🐾🐾

訓練難易度
🐾🐾🐾

品種資訊

原產地
瑞士

身高
公 19.5-23 英寸（49-59 公分）／母
18.5-22.5 英寸（47-57 公分）

體重
33-44 磅（15-20 公斤）[估計]

被毛
短、平滑、濃密

毛色
白色帶橙色斑塊或橙色鞍型斑

其他名稱
Schweizerischer Laufhund；
Schweizer Laufhund；Schweizer
Laufhund-Chien Courant Suisse

註冊機構（分類）
FCI（嗅覺型獵犬）

起源與歷史

　　瑞士的嗅覺型獵犬稱為「laufhunds」（步行犬），意指用步行方式進行追蹤的狗，如同法國的獵犬，牠們已存在數千年。在阿旺什（Avenches）發現的一幅鑲嵌畫，其中包含一群與瑞士獵犬非常相似的獵犬。義大利的犬隻育種者於十五世紀找到牠，到了十八世紀，法國人因其狩獵野兔的非凡能力而欣然接受牠。中世紀期間瑞士獵犬在歐洲的名聲遠播，促成發展出五個不同品種：伯恩獵犬、汝拉獵犬、琉森獵犬、什威茲獵犬和聖休伯特汝拉獵犬（現已滅絕）。每個品種各自培育出體型較小的小瑞士獵犬，稱作「neiderlaufhunds」（短腿獵犬）。

　　到了 1882 年，每種瑞士獵犬都有各自的標準。1933 年，一項單一標準為只剩四種（聖休伯特汝拉獵犬已經失）的所有瑞士獵犬擬定。如今，瑞士獵犬主要在瑞士本國流行，作為優秀機智的獵犬，仍用於獵捕野兔、狐狸、獾和野豬。除了毛色和體型，所有這些品種都相去不遠。

　　由於在地理分布上靠近法國邊界，色彩豐富的什威茲獵犬展現出與其品種源頭法蘭琪—康堤（Franche-Compté）的瓷器犬，以及其他橙白法國獵犬的緊密關係。作為回報，什威茲獵犬被用於復育還原瓷器犬。

個性

　　瑞士獵犬忠心耿耿，也是絕佳的狩獵夥伴。牠獨立狩獵，會發聲向獵人顯示牠的行蹤，即便穿越困難地形仍然意志堅定不受動搖。不執行嗅聞任務的瑞士獵犬溫馴且敏感，樂於在一天的辛苦狩獵後，睡在家人身旁。所有的瑞士獵犬都有強烈的狩獵和追逐本能。

照護需求

運動

　　所有品種的瑞士獵犬都是勤勉的獵犬，最喜愛的莫過於能執行任務，整天追蹤和狩獵。如果無法定期做這件事，牠們必須外出長距離散步，以便能真正運用鼻子。牠們樂於與家人待在戶外，隨時隨地陪伴他們。

飲食

　　從事工作的瑞士獵犬貪吃成性，體重應予以監控，好讓牠獲得所需能量，同時保持健康。最好給予高品質、適齡的飲食。

梳理

　　只要定期刷毛，瑞士獵犬平滑濃密的短毛易於維持整潔。需要不時檢查牠的長耳朵，找尋是否有堆積耳垢或感染的跡象，也應檢查臉部是否有狩獵之後可能聚積的碎屑。

健康

　　瑞士獵犬的平均壽命為十二至十四年，根據資料並沒有品種特有的健康問題。

訓練

　　瑞士獵犬志在取悅主人，特別是在狩獵時。在做最喜歡的事情時，瑞士獵犬表現馴良且反應性佳，牠的溫馴本性使牠易於從事居家活動。然而牠傾向於用鼻子生活，可能會在接受訓練時分心。瑞士獵犬生性敏感，採取強硬手段會適得其反。運用以獎勵為基礎的方法進行訓練，激發其最佳潛能，會讓瑞士獵犬全力投入。

瑞士獵犬：小伯恩獵犬 Swiss Hound, Small Bernese Hound

速查表

適合小孩程度
🐾🐾🐾🐾🐾

適合其他寵物程度
🐾🐾🐾🐾🐾

活力指數
🐾🐾🐾🐾🐾

運動需求
🐾🐾🐾🐾🐾

梳理
🐾🐾🐾🐾🐾

忠誠度
🐾🐾🐾🐾🐾

護主性
🐾🐾🐾🐾🐾

訓練難易度
🐾🐾🐾🐾🐾

品種資訊

原產地
瑞士

身高
公 14-17 英寸（35-43 公分）／
母 13-15.5 英寸（33-40 公分）

體重
30-40 磅（13.5-18 公斤）[估計]

被毛
兩種類型：平毛型短、緊貼／粗毛型
粗糙、有彈性、緊貼，底毛極少量；
稍有鬍鬚

毛色
三色（白、黑和棕褐）；棕褐色斑紋

其他名稱
Berner Niederlaufhund；
Schweizerischer Niederlaufhund-Petit
Chien Courant Suisse

註冊機構（分類）
FCI（嗅覺型獵犬）；UKC（嗅覺型
獵犬）

起源與歷史

　　瑞士的嗅覺型獵犬稱為「laufhunds」（步行犬），意指用步行方式進行追蹤的狗，如同法國的獵犬，牠們已存在數千年。在阿旺什（Avenches）發現的一幅鑲嵌畫，其中包含一群與瑞士獵犬非常相似的獵犬。義大利的犬隻育種者於十五世紀找到牠，到了十八世紀，法國人因其狩獵野兔的非凡能力而欣然接受牠。中世紀期間瑞士獵犬在歐洲的名聲遠播，促成發展出五個不同品種：伯恩獵犬、汝拉獵犬、琉森獵犬、什威茲獵犬和聖休伯特汝拉獵犬（現已滅絕）。如今，瑞士獵犬主要在瑞士本國流行，作為優秀機智的獵犬，仍用於獵捕野兔、狐狸、獐和野豬。除了毛色和體型，所有這些品種都相去不遠。

　　每種瑞士獵犬也被培育成較小體型，稱作「neiderlaufhunds」（短腿獵犬），或小瑞士獵犬，但牠們和大型瑞士獵犬採相同的評判標準。當時在圈禁場地上狩獵的概念

日漸在瑞士流行，而較大型的瑞士獵犬被認為速度太快，難以應付這種受侷限的空間。牠們因此被縮小培育，創造出體型較小的短腿嗅覺型獵犬。小瑞士獵犬尤以宏大的音量而聞名，愉悅地回蕩於狩獵活動中，牠們追蹤和找尋獵物的熱忱同樣出名。小伯恩獵犬是唯一具備粗糙剛毛的瑞士獵犬。

1905 年 6 月 1 日，瑞士短腿獵犬協會成立，起初名稱為瑞士達克斯布若卡犬協會。

個性

瑞士獵犬忠心耿耿，也是絕佳的狩獵夥伴。牠獨立狩獵，會發聲向獵人顯示牠的行蹤，即便穿越困難地形仍然意志堅定不受動搖。不執行嗅聞任務的瑞士獵犬溫馴且敏感，樂於在一天的辛苦狩獵後，睡在家人身旁。所有的瑞士獵犬都有強烈的狩獵和追逐本能。

照護需求

運動

所有品種的瑞士獵犬都是勤勉的獵犬，最喜愛的莫過於能執行任務，整天追蹤和狩獵。如果無法定期做這件事，牠們必須外出長距離散步，以便能真正運用鼻子。牠們樂於與家人待在戶外，隨時隨地陪伴他們。

飲食

從事工作的瑞士獵犬貪吃成性，體重應予以監控，好讓牠獲得所需能量，同時保持健康。最好給予高品質、適齡的飲食。

梳理

只要定期刷毛，瑞士獵犬平滑濃密的短毛易於維持整潔。需要不時檢查牠的長耳朵，找尋是否有堆積耳垢或感染的跡象，也應檢查臉部是否有狩獵之後可能聚積的碎屑。

健康

瑞士獵犬的平均壽命為十二至十四年，根據資料並沒有品種特有的健康問題。

訓練

瑞士獵犬志在取悅主人，特別是在狩獵時。在做最喜歡的事情時，瑞士獵犬表現馴良且反應性佳，牠的溫馴本性使牠易於從事居家活動。然而牠傾向於用鼻子生活，可能會在接受訓練時分心。瑞士獵犬生性敏感，採取強硬手段會適得其反。運用以獎勵為基礎的方法進行訓練，激發其最佳潛能，會讓瑞士獵犬全力投入。

瑞士獵犬：小汝拉獵犬 Swiss Hound, Small Jura Hound

速查表

適合小孩程度
🐾🐾🐾🐾🐾

適合其他寵物程度
🐾🐾🐾🐾🐾

活力指數
🐾🐾🐾🐾🐾

運動需求
🐾🐾🐾🐾🐾

梳理
🐾🐾🐾🐾🐾

忠誠度
🐾🐾🐾🐾🐾

護主性
🐾🐾🐾🐾🐾

訓練難易度
🐾🐾🐾🐾

品種資訊

原產地
瑞士

身高
公 14-17 英寸（35-43 公分）／
母 13-15.5 英寸（33-40 公分）

體重
30-40 磅（13.5-18 公斤）[估計]

被毛
兩種類型，但汝拉通常為平毛：平毛
型短、緊貼／粗毛型粗糙、有彈性、
緊貼，底毛量極少；稍有鬍鬚

毛色
深黑帶棕褐色斑紋、棕褐帶黑色披風
或鞍座

其他名稱
Jura Niederlaufhund；Schweizerischer
Niederlaufhund-Petit Chien Courant
Suisse

註冊機構（分類）
FCI（嗅覺型獵犬）；
UKC（嗅覺型獵犬）

起源與歷史

瑞士的嗅覺型獵犬稱為「laufhunds」（步行犬），意指用步行方式進行追蹤的狗，如同法國的獵犬，牠們已存在數千年。在阿旺什（Avenches）發現的一幅鑲嵌畫，其中包含一群與瑞士獵犬非常相似的獵犬。義大利的犬隻育種者於十五世紀找到牠，到了十八世紀，法國人因其狩獵野兔的非凡能力而欣然接受牠。中世紀期間瑞士獵犬在歐洲的名聲遠播，促成發展出五個不同品種：伯恩獵犬、汝拉獵犬、琉森獵犬、什威茲獵犬和聖休伯特汝拉獵犬（現已滅絕）。如今，瑞士獵犬主要在瑞士本國流行，作為優秀機智的獵犬，仍用於獵捕野兔、狐狸、獐和野豬。除了毛色和體型，所有這些品種都相去不遠。

每種瑞士獵犬也被培育成較小體型，稱作「neiderlaufhunds」（短腿獵犬），或小

瑞士獵犬，但牠們和大型瑞士獵犬採相同的評判標準。當時在圈禁場地上狩獵的概念日漸在瑞士流行，而較大型的瑞士獵犬被認為速度太快，難以應付這種受侷限的空間。牠們因此被縮小培育，創造出體型較小的短腿嗅覺型獵犬。小瑞士獵犬尤以宏大的音量而聞名，愉悅地回蕩於狩獵活動中，牠們追蹤和找尋獵物的熱忱同樣出名。小伯恩獵犬是唯一具備粗糙剛毛的瑞士獵犬。

1905 年 6 月 1 日，瑞士短腿獵犬協會成立，起初名稱為瑞士達克斯布若卡犬協會。

個性

瑞士獵犬忠心耿耿，也是絕佳的狩獵夥伴。牠獨立狩獵，會發聲向獵人顯示牠的行蹤，即便穿越困難地形仍然意志堅定不受動搖。不執行嗅聞任務的瑞士獵犬溫馴且敏感，樂於在一天的辛苦狩獵後，睡在家人身旁。所有的瑞士獵犬都有強烈的狩獵和追逐本能。

照護需求

運動

所有品種的瑞士獵犬都是勤勉的獵犬，最喜愛的莫過於能執行任務，整天追蹤和狩獵。如果無法定期做這件事，牠們必須外出長距離散步，以便能真正運用鼻子。牠們樂於與家人待在戶外，隨時隨地陪伴他們。

飲食

從事工作的瑞士獵犬貪吃成性，體重應予以監控，好讓牠獲得所需能量，同時保持健康。最好給予高品質、適齡的飲食。

梳理

只要定期刷毛，瑞士獵犬平滑濃密的短毛易於維持整潔。需要不時檢查牠的長耳朵，找尋是否有堆積耳垢或感染的跡象，也應檢查臉部是否有狩獵之後可能聚積的碎屑。

健康

瑞士獵犬的平均壽命為十二至十四年，根據資料並沒有品種特有的健康問題。

訓練

瑞士獵犬志在取悅主人，特別是在狩獵時。在做最喜歡的事情時，瑞士獵犬表現馴良且反應性佳，牠的溫馴本性使牠易於從事居家活動。然而牠傾向於用鼻子生活，可能會在接受訓練時分心。瑞士獵犬生性敏感，採取強硬手段會適得其反。運用以獎勵為基礎的方法進行訓練，激發其最佳潛能，會讓瑞士獵犬全力投入。

速查表

適合小孩程度
🐾🐾🐾🐾🐾

適合其他寵物程度
🐾🐾🐾🐾🐾

活力指數
🐾🐾🐾🐾🐾

運動需求
🐾🐾🐾🐾🐾

梳理
🐾🐾🐾🐾🐾

忠誠度
🐾🐾🐾🐾🐾

護主性
🐾🐾🐾🐾🐾

訓練難易度
🐾🐾🐾🐾🐾

瑞士獵犬：小琉森獵犬 Swiss Hound, Small Lucerne Hound

品種資訊

原產地
瑞士

身高
公 14-17 英寸（35-43 公分）／
母 13-15.5 英寸（33-40 公分）

體重
30-40 磅（13.5-18 公斤）[估計]

被毛
短、平滑、緊貼的短毛

毛色
白色帶濃密的灰白色或黑白色斑點，呈
現「藍色」的效果；棕褐色斑紋

其他名稱
Luzerner Neiderlaufhund；
Schweizerischer Niederlaufhund-Petit
Chien Courant Suisse

註冊機構（分類）
FCI（嗅覺型獵犬）；UKC（嗅覺型獵犬）

起源與歷史

　　瑞士的嗅覺型獵犬稱為「laufhunds」（步行犬），意指用步行方式進行追蹤的狗，如同法國的獵犬，牠們已存在數千年。在阿旺什（Avenches）發現的一幅鑲嵌畫，其中包含一群與瑞士獵犬非常相似的獵犬。義大利的犬隻育種者於十五世紀找到牠，到了十八世紀，法國人因其狩獵野兔的非凡能力而欣然接受牠。中世紀期間瑞士獵犬在歐洲的名聲遠播，促成發展出五個不同品種：伯恩獵犬、汝拉獵犬、琉森獵犬、什威茲獵犬和聖休伯特汝拉獵犬（現已滅絕）。如今，瑞士獵犬主要在瑞士本國流行，作為優秀機智的獵犬，仍用於獵捕野兔、狐狸、獐和野豬。除了毛色和體型，所有這些品種都相去不遠。

　　每種瑞士獵犬也被培育成較小體型，稱作「neiderlaufhunds」（短腿獵犬），或小瑞士獵犬，但牠們和大型瑞士獵犬採相同的評判標準。當時在圈禁場地上狩獵的概念日漸在瑞士流行，而較大型的瑞士獵犬被認為速度太快，難以應付這種受侷限的空間。

牠們因此被縮小培育，創造出體型較小的短腿嗅覺型獵犬。小瑞士獵犬尤以宏大的音量而聞名，愉悅地回蕩於狩獵活動中，牠們追蹤和找尋獵物的熱忱同樣出名。小伯恩獵犬是唯一具備粗糙剛毛的瑞士獵犬。

1905 年 6 月 1 日，瑞士短腿獵犬協會成立，起初名稱為瑞士達克斯布若卡犬協會。

個性

瑞士獵犬忠心耿耿，也是絕佳的狩獵夥伴。牠獨立狩獵，會發聲向獵人顯示牠的行蹤，即便穿越困難地形仍然意志堅定不受動搖。不執行嗅聞任務的瑞士獵犬溫馴且敏感，樂於在一天的辛苦狩獵後，睡在家人身旁。所有的瑞士獵犬都有強烈的狩獵和追逐本能。

照護需求

運動

所有品種的瑞士獵犬都是勤勉的獵犬，最喜愛的莫過於能執行任務，整天追蹤和狩獵。如果無法定期做這件事，牠們必須外出長距離散步，以便能真正運用鼻子。牠們樂於與家人待在戶外，隨時隨地陪伴他們。

飲食

從事工作的瑞士獵犬貪吃成性，體重應予以監控，好讓牠獲得所需能量，同時保持健康。最好給予高品質、適齡的飲食。

梳理

只要定期刷毛，瑞士獵犬平滑濃密的短毛易於維持整潔。需要不時檢查牠的長耳朵，找尋是否有堆積耳垢或感染的跡象，也應檢查臉部是否有狩獵之後可能聚積的碎屑。

健康

瑞士獵犬的平均壽命為十二至十四年，根據資料並沒有品種特有的健康問題。

訓練

瑞士獵犬志在取悅主人，特別是在狩獵時。在做最喜歡的事情時，瑞士獵犬表現馴良且反應性佳，牠的溫馴本性使牠易於從事居家活動。然而牠傾向於用鼻子生活，可能會在接受訓練時分心。瑞士獵犬生性敏感，採取強硬手段會適得其反。運用以獎勵為基礎的方法進行訓練，激發其最佳潛能，會讓瑞士獵犬全力投入。

瑞士獵犬：小什威茲獵犬 Swiss Hound, Small Schwyz Hound

速查表

適合小孩程度
🐾🐾🐾🐾🐾

適合其他寵物程度
🐾🐾🐾🐾🐾

活力指數
🐾🐾🐾🐾🐾

運動需求
🐾🐾🐾🐾🐾

梳理
🐾🐾🐾🐾🐾

忠誠度
🐾🐾🐾🐾🐾

護主性
🐾🐾🐾🐾🐾

訓練難易度
🐾🐾🐾🐾🐾

品種資訊

原產地
瑞士

身高
公 14-17 英寸（35-43 公分）／
母 13-15.5 英寸（33-40 公分）

體重
30-40 磅（13.5-18 公斤）[估計]

被毛
短、平滑、緊貼

毛色
白色帶較大或較小的黃紅色至橙紅
色斑塊

其他名稱
Schweizerischer Niederlaufhund-
Petit Chien Courant Suisse；Schwyz
Neiderlaufhund

註冊機構（分類）
FCI（嗅覺型獵犬）；UKC（嗅覺
型獵犬）

起源與歷史

　　瑞士的嗅覺型獵犬稱為「laufhunds」（步行犬），意指用步行方式進行追蹤的狗，如同法國的獵犬，牠們已存在數千年。在阿旺什（Avenches）發現的一幅鑲嵌畫，其中包含一群與瑞士獵犬非常相似的獵犬。義大利的犬隻育種者於十五世紀找到牠，到了十八世紀，法國人因其狩獵野兔的非凡能力而欣然接受牠。中世紀期間瑞士獵犬在歐洲的名聲遠播，促成發展出五個不同品種：伯恩獵犬、汝拉獵犬、琉森獵犬、什威茲獵犬和聖休伯特汝拉獵犬（現已滅絕）。如今，瑞士獵犬主要在瑞士本國流行，作為優秀機智的獵犬，仍用於獵捕野兔、狐狸、獐和野豬。除了毛色和體型，所有這些品種都相去不遠。

　　每種瑞士獵犬也被培育成較小體型，稱作「neiderlaufhunds」（短腿獵犬），或小瑞士獵犬，但牠們和大型瑞士獵犬採相同的評判標準。當時在圈禁場地上狩獵的概念日漸在瑞士流行，而較大型的瑞士獵犬被認為速度太快，難以應付這種受侷限的空間。

牠們因此被縮小培育，創造出體型較小的短腿嗅覺型獵犬。小瑞士獵犬尤以宏大的音量而聞名，愉悅地回蕩於狩獵活動中，牠們追蹤和找尋獵物的熱忱同樣出名。小伯恩獵犬是唯一具備粗糙剛毛的瑞士獵犬。

1905 年 6 月 1 日，瑞士短腿獵犬協會成立，起初名稱為瑞士達克斯布若卡犬協會。

個性

瑞士獵犬忠心耿耿，也是絕佳的狩獵夥伴。牠獨立狩獵，會發聲向獵人顯示牠的行蹤，即便穿越困難地形仍然意志堅定不受動搖。不執行嗅聞任務的瑞士獵犬溫馴且敏感，樂於在一天的辛苦狩獵後，睡在家人身旁。所有的瑞士獵犬都有強烈的狩獵和追逐本能。

照護需求

運動

所有品種的瑞士獵犬都是勤勉的獵犬，最喜愛的莫過於能執行任務，整天追蹤和狩獵。如果無法定期做這件事，牠們必須外出長距離散步，以便能真正運用鼻子。牠們樂於與家人待在戶外，隨時隨地陪伴他們。

飲食

從事工作的瑞士獵犬貪吃成性，體重應予以監控，好讓牠獲得所需能量，同時保持健康。最好給予高品質、適齡的飲食。

梳理

只要定期刷毛，瑞士獵犬平滑濃密的短毛易於維持整潔。需要不時檢查牠的長耳朵，找尋是否有堆積耳垢或感染的跡象，也應檢查臉部是否有狩獵之後可能聚積的碎屑。

健康

瑞士獵犬的平均壽命為十二至十四年，根據資料並沒有品種特有的健康問題。

訓練

瑞士獵犬志在取悅主人，特別是在狩獵時。在做最喜歡的事情時，瑞士獵犬表現馴良且反應性佳，牠的溫馴本性使牠易於從事居家活動。然而牠傾向於用鼻子生活，可能會在接受訓練時分心。瑞士獵犬生性敏感，採取強硬手段會適得其反。運用以獎勵為基礎的方法進行訓練，激發其最佳潛能，會讓瑞士獵犬全力投入。

品種資訊

原產地
臺灣

身高
公 19-20.5 英寸（48-52 公分）／
母 17-18.5 英寸（43-47 公分）

體重
公 31-39.5 磅（14-18 公斤）／
母 26.5-35.5 磅（12-16 公斤）

被毛
短、硬、緊密伏貼

毛色
黑色、虎斑、淺黃褐色、白色、
黑白色、淺黃褐白色、白色虎斑

其他名稱
福爾摩莎犬（Formosan Mountain
Dog）

註冊機構（分類）
FCI（暫時認可：狐狸犬及原始犬）

臺灣犬 Taiwan Dog

起源與歷史

　　這個稀有品種似乎一直與臺灣島上的人共存。1970 年代由臺灣大學、日本岐阜大學和名古屋大學學者合作進行的研究，確定臺灣犬是隨著早期移民來到島上的南亞獵犬的後裔。牠們被原住民用作獵犬，其敏捷的動作和絕佳的感官能力非常能適應臺灣的多山地區和密林地形。歷經幾個世紀後，該品種變得半野化，加上二十世紀期間外來品種的湧入，意味著純種臺灣犬所剩數量有限。

　　1980 年代，育種者陳明南奉獻心力，找尋生活在山區少數僅存的臺灣犬，並展開繁殖計畫，協助保存該品種，因此還被封為「土狗兒」，他拯救這種本土珍寶的努力持續至今。儘管臺灣犬已獲得世界畜犬聯盟（FCI）的暫時認可，但在臺灣以外仍不甚知名。臺灣犬繼續擔任島上原住民的獵犬、護衛犬和伴侶犬。

個性

　　靈活敏捷的臺灣犬敏銳、大膽、警覺性高且忠誠，提供家人絕佳的陪伴。牠對

飼主和家人忠心耿耿，但如果沒有妥善地社會化，會對陌生人起疑，甚至加以攻擊。認真聰明的牠是稱職的看門犬，非常具有領域性。

照護需求

運動

定期運動對臺灣犬有好處，這至少要包含每天數次的散步。

飲食

臺灣犬食量大，應給予高品質的食物。身為海島上的狗，魚類向來是牠的主食。

梳理

臺灣犬的硬短毛易於照料，只需偶爾擦拭，是天生乾淨的狗。

健康

臺灣犬的平均壽命為十二至十四年，根據資料並沒有品種特有的健康問題。

訓練

臺灣犬極為聰明，並且與飼主形成深厚的情感連結，使訓練變得容易。牠天生會在家裡守規矩。臺灣犬學習快速，可以訓練成看門犬、獵犬甚或耍把戲。牠必須自幼犬期開始社會化，以便對不熟悉的人和情況有安全感。

速查表

適合小孩程度	梳理
🐾🐾🐾🐾🐾	🐾🐾🐾🐾🐾
適合其他寵物程度	忠誠度
🐾🐾🐾🐾🐾	🐾🐾🐾🐾🐾
活力指數	護主性
🐾🐾🐾🐾🐾	🐾🐾🐾🐾🐾
運動需求	訓練難易度
🐾🐾🐾🐾🐾	🐾🐾🐾🐾🐾

泰迪羅斯福㹴 Teddy Roosevelt Terrier

速查表

適合小孩程度
🐾🐾🐾🐾🐾

適合其他寵物程度
🐾🐾🐾🐾🐾

活力指數
🐾🐾🐾🐾🐾

運動需求
🐾🐾🐾🐾🐾

梳理
🐾🐾🐾🐾🐾

忠誠度
🐾🐾🐾🐾🐾

護主性
🐾🐾🐾🐾🐾

訓練難易度
🐾🐾🐾🐾🐾

品種資訊

原產地
美國

身高
8-15 英寸（20-38 公分）

體重
12-35 磅（5.5-16 公斤）[估計]

被毛
短、濃密、中等硬度至平滑、有光
澤

毛色
純白或雙色、三色、黑色、棕褐色
調、巧克力色調、藍色、藍淺黃褐
色、杏黃色調、檸檬色調，皆帶些
許白色

其他名稱
Bench Legged Feist；B 型捕鼠㹴（Rat
Terrier Type B）

註冊機構（分類）
UKC（㹴犬）

起源與歷史

　　泰迪羅斯福㹴與捕鼠㹴關係密切。如同捕鼠㹴，泰迪羅斯福㹴源自於 1700 年代後期與 1800 年代初期，由英國礦工帶到美國的工作㹴。這些狗需要消滅害獸，而且經常用於鬥鼠場競賽，其中牠們的本領高低取決於短時間內獵殺老鼠的數量。

　　牠們的血統五花八門，包括平毛獵狐㹴、曼徹斯特㹴、牛頭㹴，以及甚至米格魯、惠比特犬和義大利靈緹犬的雜交種——飼主想要聰明、強悍、敏捷和結實的狗。牠們擔任捕鼠者的表現出類拔萃，因而被賦予第一個名字：捕鼠㹴。最終尺寸發揮了作用，這些捕鼠㹴開始按體型和腿長進行分類。腿較短的捕鼠㹴被命名為泰迪羅斯福㹴，因為牠們與美國總統羅斯福有淵源，據信羅斯福總統（Theodore Roosevelt）曾飼養過這種狗。有些組織認定牠們是捕鼠㹴的變種（B 型捕鼠㹴）。

　　幸而泰迪羅斯福㹴的鬥鼠場生涯早已成為往事，不過牠們在場中展現的特質至今依舊存在，泰迪羅斯福㹴是消滅嚙齒類動物的高手。在這種強悍的㹴犬心目中，其他

小型動物也是「適於獵捕的獵物」。健壯的泰迪羅斯福㹴精力旺盛，能參與多種競賽，包括穿地道、㹴犬賽跑、犬展、服從和敏捷。

個性

泰迪羅斯福㹴是生氣蓬勃的陪伴者，隨時準備行動，想成為家庭的一分子。好奇聰明的牠需要被關注，成長茁壯需要夥伴。牠對家人深情，但有保護的傾向，在公開場合可能顯得冷漠或具有領域性。如果在孩童的陪伴下飼養並社會化，能與他們相處融洽。由於牠具備追逐小動物的強烈狩獵本能，不應勉強牠與小動物和睦相處，不過牠能和貓成為朋友。就體型而言，牠擁有不尋常的充足體力和衝勁。

照護需求

運動

這種小型㹴犬需要大量運動。敏捷是非常適合牠的運動，因為跑、跳和閃避障礙物正是牠的拿手好戲。如果沒有從事活動或固定的工作，泰迪羅斯福㹴必須每天外出數次，讓牠可以在安全區域內發洩鬱悶。

飲食

泰迪羅斯福㹴通常貪吃成性，不管餵食什麼都會狼吞虎嚥。因此必須監控其食物攝取量以防肥胖。牠們需要最高品質的飲食以確保獲得所需營養。

梳理

濃密的短毛意味著要讓泰迪羅斯福㹴保持乾淨並不困難。牠應該定期刷毛，以及用梳毛手套鬆開死毛和促進皮膚的血液循環。牠會掉毛，所以有必要定期刷毛。

健康

泰迪羅斯福㹴的平均壽命為十五至十六年，品種的健康問題可能包含過敏。

訓練

聰明的泰迪羅斯福㹴敏於察覺飼主的反應，相當容易訓練。牠最大的挑戰是社會化，必須及早展開且終身持續進行。牠大剌剌的個性和活躍的舉止，說明牠不害怕因為牠的保護本能可能引發的挑戰。

泰盧米安犬 Telomian

品種資訊

原產地
馬來西亞

身高
15-19 英寸（38-48.5 公分）[估計]

體重
18-30 磅（8-13.5 公斤）[估計]

被毛
短、滑 [估計]

毛色
深褐色調、棕色調；或有白色斑紋；
或有黑色面罩 [估計]

其他名稱
Telomaihund；Telomian Dog

註冊機構（分類）
ARBA（狩獵犬）

起源與歷史

　　泰盧米安犬源自馬來半島，是古老的伴侶犬，負責保護村民免於蛇害、獵捕小型獵物，以及甚至從溪流裡捉魚。牠們吃人類的食物：木薯粉、米飯、魚和水果。牠們甚至還能攀登 6 至 8 英尺（2 至 2.5 公尺）高的柱子，到高腳屋裡和人類一同過夜。

　　人類學家奧維爾・艾略特（Orville Elliot）在叢林裡與原住民一起生活時發現了這種狗，他首度讓馬來西亞以外的人注意到該品種。他以流經其居住地的泰隆河（Telom River）替這種狗命名。為了研究和協助保護該品種，艾略特博士取得一對泰盧米安犬，並將牠們帶回美國，在實驗室繁殖。如同巴仙吉犬和其他野犬，泰盧米安犬具備有皺紋的眉頭、杏眼、方正的身體構造、每年一次的發情週期（就母犬而言），以及明顯有別的吠叫型態。然而，人們對該品種的興趣無法持久，如今牠們的數量極為稀少。

個性

泰盧米安犬聰明迷人，對飼主忠心耿耿。牠們對陌生人抱持疑心，因此是優秀的看門犬。活潑的泰盧米安犬精力旺盛，喜愛玩耍和奔跑，需要發洩活力，追逐獵物尤其吸引牠們。如果適當社會化，牠們能與其他寵物和睦相處。

照護需求

運動

泰盧米安犬必須有大量的運動來維持滿足感。如果缺乏運動量，牠可能具有破壞性，不僅對牠自己，也會破壞財物。

飲食

泰盧米安犬習慣於分享馬來西亞人的飲食，幾乎不需自行覓食。高品質的食物為必需，但牠的食量不大。

梳理

泰盧米安犬平滑的短毛只需偶爾刷毛，以維持好看的外觀。

健康

泰盧米安犬的平均壽命為十二至十五年，根據資料並沒有品種特有的健康問題。

訓練

該品種有倔強的傾向，天生習慣於獨立思考。然而牠極為聰明，若有公正、始終如一的領導者，差不多什麼事情牠都能學會。及早社會化至關重要。

速查表

適合小孩程度	梳理
🐾🐾🐾🐾🐾	🐾🐾🐾🐾🐾
適合其他寵物程度	忠誠度
🐾🐾🐾🐾🐾	🐾🐾🐾🐾🐾
活力指數	護主性
🐾🐾🐾🐾🐾	🐾🐾🐾🐾🐾
運動需求	訓練難易度
🐾🐾🐾🐾🐾	🐾🐾🐾🐾🐾

坦特菲爾德㹴 Tenterfield Terrier

速查表

適合小孩程度
🐾🐾🐾🐾🐾

適合其他寵物程度
🐾🐾🐾🐾🐾

活力指數
🐾🐾🐾🐾🐾

運動需求
🐾🐾🐾🐾🐾

梳理
🐾🐾🐾🐾🐾

忠誠度
🐾🐾🐾🐾🐾

護主性
🐾🐾🐾🐾🐾

訓練難易度
🐾🐾🐾🐾🐾

品種資訊

原產地
澳大利亞

身高
10-12 英寸（25.5-30.5 公分）

體重
10-14.5 磅（4.5-6.5 公斤）[估計]

被毛
單層毛，短、平滑

毛色
以白色為主，帶黑色、肝紅色和／
或棕褐色斑紋

註冊機構（分類）
ANKC（㹴犬）

起源與歷史

　　該品種起源於 1800 年代的英格蘭，被培育用來將狐狸趕出巢穴，由澳洲人發展出現今真正的坦特菲爾德㹴。因此，坦特菲爾德㹴被認為是澳洲特有品種，目前見存於家鄉以外的幾個地方。前往澳大利亞的移民帶著這種狗去協助消滅農場裡的害蟲。對坦特菲爾德㹴血統有貢獻的犬種包括平毛獵狐㹴、曼徹斯特㹴、英國玩具㹴，以及後來的惠比特犬，可能還有吉娃娃。

　　坦特菲爾德㹴與傑克羅素㹴雖有幾分相似，但牠是獨一無二的品種。澳洲或紐西蘭地區繁殖和喜歡坦特菲爾德㹴的人，和牠一起做各種事情，從品種展到服從、敏捷競賽以及鑽闖獸穴等。多才多藝的坦特菲爾德㹴深受珍視。天生存在的短尾基因，讓有些坦特菲爾德㹴犬具備不同長度的尾巴。

個性

　　坦特菲爾德㹴是活潑熱切的狗，對於外出探索世界和窩在飼主大腿上同樣感興趣。牠的性情開朗愉悅、反應性佳，是十足的㹴犬。

牠喜歡追逐、挖掘、吠叫和熱鬧的生活，因此訓練牠參與諸如敏捷或穿地道等運動競賽，有助於發洩牠的精力。牠偶爾會對其他犬隻展現領域性，但大多數時候喜歡與牠們為伍。由於牠強烈的消滅害獸本能，不應放任牠與小動物例如天竺鼠或倉鼠相處（即便是貓，與坦特菲爾德同處都可能會有麻煩），對坦特菲爾德㹴來說，遏制這些動物是牠認真以對的份內工作。牠對家人無比忠心，因此最喜歡的事莫過於夜裡待在飼主身旁。

照護需求

運動

坦特菲爾德㹴必須外出，才能好好運動。牠精力旺盛、好奇心強，東一趟、西一趟的短距離散步無法滿足牠。允許牠隨心所欲到處走動和探索，是讓牠最快樂的事，倘若沒有這個選項，牠需要每天數次相當高強度的活動。參與快步調的運動訓練和比賽，例如敏捷競賽，非常適合牠。

飲食

坦特菲爾德貪吃成性，通常會狼吞虎嚥，所以應監控其食物攝取量以防肥胖。牠們需要最高品質的飲食以確保獲得所需營養。

梳理

坦特菲爾德㹴平滑的短毛易於保養，只需每週用鬃刷刷毛數次。

健康

坦特菲爾德㹴的平均壽命為十至十四年，根據資料並沒有品種特有的健康問題。

訓練

如同所有的㹴犬，坦特菲爾德㹴自有主張。牠雖然想要聽從命令和取悅飼主，但牠的本能往往佔上風。牠終生都需要公正且具有一貫性的訓練，其中應包括大量的社會化。參與運動比賽一舉兩得，從而可提供有引導的訓練和運動量。

巴西㹴 Terrier Brasileiro

品種資訊

原產地
巴西

身高
公 14-15.5 英寸（35-40 公分）／
母 13-15 英寸（33-38 公分）

體重
最重 22 磅（10 公斤）

被毛
短、平滑、細緻但不柔軟、緊密

毛色
以白色為主，帶黑色、棕色或藍色
斑紋

其他名稱
Brazilian Terrier

註冊機構（分類）
FCI（㹴犬）

起源與歷史

　　巴西㹴是原產於巴西的數個犬種之一，其他還包括巴西菲勒獒犬和巴西追蹤犬。雖然巴西㹴的確切起源不明，但據推測在十九世紀時，傑克羅素㹴從歐洲被帶到巴西，協助構成巴西㹴的基礎。牠們最有可能與較大型的吉娃娃和迷你杜賓犬雜交。

　　巴西㹴是優秀的捕鼠犬，通常成群狩獵，包圍和騷擾獵物。牠們在巴西本地受歡迎，但在世界其他地方幾乎無人知曉。

個性

　　強悍堅韌的巴西㹴身量雖小，卻能應付大麻煩。巴西㹴活躍有生氣、警覺性高，如果發現任何可能擾亂居家的事物，會激烈地向家人示警。然而，牠們也是溫和深情的陪伴者。

照護需求

運動

　　精力旺盛的巴西㹴需要大量運動。牠在室內積極活躍，會緊跟著家人以免錯過任何事。到了戶外，只要飼主容許，散步多少次都不成問題，牠也可以藉此監視周遭地區。

飲食

　　巴西㹴喜歡吃東西，需要高品質的飲食以維持健康。

梳理

　　用軟毛刷或濕布迅速擦拭便能使巴西㹴保持乾淨。

健康

　　巴西㹴的平均壽命為十至十二年，根據資料並沒有品種特有的健康問題。

訓練

　　巴西㹴可能任性固執，需要堅定但公正的訓練方式。牠總是隨時保持警覺，同時具備強烈的狩獵本能，可能會追逐任何吸引牠注意的東西。這包括小動物在內，因此不應像家庭寵物那樣放任巴西㹴與小動物同處。愛玩耍的天性讓牠能輕鬆接受特技訓練。

速查表

適合小孩程度	梳理
活力指數	忠誠度
適合其他寵物程度	護主性
運動需求	訓練難易度

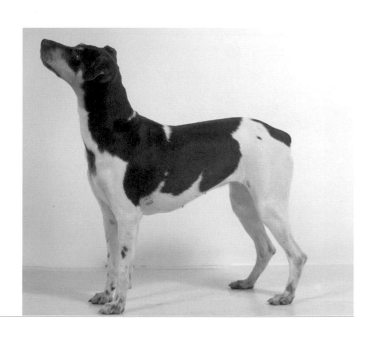

泰國背脊犬 Thai Ridgeback

品種資訊

原產地
泰國

身高
公 22-26 英寸（56-66 公分）／
母 20-24 英寸（51-61 公分）

體重
51-75 磅（23-34 公斤）[估計]

被毛
短、平滑；與其他被毛生長方向
相反的毛髮形成脊狀隆起

毛色
紅色、黑色、藍色、淺黃褐色

其他名稱
Mah Thai Lung Ahn；Thai
Ridgeback Dog

註冊機構（分類）
AKC（FSS：狩獵犬）；ARBA（狐
狸犬及原始犬）；FCI（狐狸犬及
原始犬）；UKC（視覺型獵犬及
野犬）

起源與歷史

　　泰國背脊犬是泰國的古老犬種。長久以來此品種被稱作「跟車犬」，但現在改稱泰國背脊犬，所依據的是牠的原產地，以及沿著背脊明顯與其他被毛反方向生長的毛髮。兇猛的天性使牠極適合護送沿著蜿蜒道路行進的運貨車，但牠也是能幹的獵犬，用於狩獵和消滅農場裡的害獸，包括眼鏡蛇。

　　論及泰國背脊犬的考古學著作可追溯到大約三百五十年前。由於牠在孤立中度過大部分的存在時間，因此沒有雜交的機會，得以保留住純正血統。該品種獨特的背脊隆起展現八種不同形態（包括例如「小提琴」、「菩提葉」和「魯特琴」圖案），還具備帶有斑點、有時呈純藍／黑的舌頭。據信是育種者傑克‧史特林（Jack Sterling）於 1990 年代將泰國背脊犬引進北美洲。如今該品種雖罕見，但正發展出一批國際支持者，而且已獲得幾個登錄團體的承認。

個性

泰國背脊犬是忠實的家庭成員，對家人忠心耿耿且天生具有領域性。牠遇見陌生人時可能顯得冷漠，需要社會化以便和其他狗和貓和睦相處。牠擁有強烈的捕食衝動，因此必須讓牠遠離小型寵物。這種天生的看門犬積極活躍、警覺性高，總是密切注意任何具有威脅性或值得狩獵的對象。

照護需求

運動

泰國背脊犬個性活潑，隨時充滿好奇心。為了滿足其身心需求，牠需要定期運動，例如長距離的散步，或者任何能讓牠仔細探索的活動。牠尤其喜歡在有圍欄的大型安全區域玩耍。

飲食

健壯結實的泰國背脊犬貪吃成性，體重應予以監控。牠需要食物賦予的能量，當然也得注意維持健康。最好給予高品質、適齡的飲食。

梳理

泰國背脊犬濃密的短毛只需偶爾刷毛，即可維持整齊清潔。如此可鬆脫死毛，促進新毛生長和皮膚健康。

健康

泰國背脊犬的平均壽命為十二至十六年，品種的健康問題可能包含皮樣竇。

訓練

沒有太多事情能威懾果決的泰國背脊犬。獨立、機智的牠需要富於創意但堅定的訓練者，使牠專注於學習和強化規範。必須使牠維持學習動機，而持續不懈是成功的關鍵。這種聰明的狗容易學會居家訓練和基本規矩。自幼犬期開始社會化是有必要的。

速查表

適合小孩程度	梳理
適合其他寵物程度	忠誠度
活力指數	護主性
運動需求	訓練難易度

西藏獒犬 Tibetan Mastiff

品種資訊

原產地
西藏（中國）

身高
公至少 26 英寸（66 公分）／
母至少 24 英寸（61 公分）

體重
公 100-160 磅（45.5-72.5 公斤）或超
過／母 75-120 磅（34-54.5 公斤）或
超過

被毛
雙層毛，外層毛長直、粗厚，底毛豐
厚柔軟（冬季）或稀少（較暖的月份）

毛色
濃黑色或帶棕褐色斑紋、藍色或帶
棕褐色斑紋、金黃色調｜亦有棕色
[AKC] [UKC]

其他名稱
藏獒（Do-Khyi）

註冊機構（分類）
AKC（工作犬）；ANKC（萬用犬）；
ARBA（工作犬）；CKC（工作犬）；
FCI（獒犬）；KC（工作犬）；
UKC（護衛犬）

起源與歷史

西藏獒犬的確切起源已失落於時間中，不過這個古老的犬種被視為今日許多大型的牲畜護衛犬和獒犬品系的始祖。許多世紀以來，西藏獒犬作為兇猛的居家保護者被飼養於原產地，必要時還能保護整個村莊。

西藏長年拒絕西方人士進入，孤立了西藏獒犬的現代發展。1800 年代後期，有一隻藏獒被贈予維多利亞女王，而 1880 年代期間，威爾斯親王至少擁有一隻。1930 年代出現藏獒的英國標準，實際上是英國育種者改良和保存了西藏獒犬。即便是現在，西藏和喜馬拉雅山的藏獒個體也極為有限，通常用於守護牲群和主人，以及對抗狼和其他掠食動物。

在美國，艾森豪總統於 1950 年代獲得達賴喇嘛致贈的兩隻藏獒，但直到 1970 年

代，該品種才開始確立。西藏獒犬目前得到全球各地的協會承認，如今的藏獒飼主與該品種的無數愛好者互有連繫。

個性

　　體型龐碩令人生畏的西藏獒犬認真擔任護衛犬的工作，但牠也有柔軟友善的一面。牠對家人百分之百忠心，會毫不遲疑地保護他們，也會看守牠的資產以及牠認定的領域。西藏獒犬對家中孩童溫和深情。牠獨立自恃，習慣於自行做決定，因此持續的訓練和社會化不可或缺。牠天生對陌生人冷漠。

照護需求

運動

　　牠是成熟緩慢的犬種，成長中的藏獒不應過度勞累。幼犬時期愛玩耍，與家人的大量互動和參與家庭活動對牠有好處。牠需要嬉戲的空間，而且應該定期運動，但體型龐大不代表牠得進行高強度的運動。成犬喜歡有許多機會外出，牠能忍受各種天候。牠需要活動空間，在設法逃離受侷限的區域時，會展現驚人的敏捷身手。藏獒在戶外顯得活潑，而在室內時通常能安定下來。

飲食

　　西藏獒犬可能會挑食，牠需要高品質、適合體型的食物。

梳理

　　西藏獒犬濃密的雙層毛需要定期照料。應按時刷毛和梳理以控制糾結程度，在掉毛的季節，可能每天都需要梳理。

健康

　　西藏獒犬的平均壽命為十三至十六年，品種的健康問題可能包含髖關節發育不良症、皮膚問題，以及甲狀腺問題。

訓練

　　聰明的西藏獒犬深知飼主的需求。然而牠是獨立思考的巨犬，因此訓練時需要予以尊重和理解。使牠社會化是絕對必要的事，以免牠的保護本能失控。

西藏長耳獵犬 Tibetan Spaniel

品種資訊

原產地
西藏（中國）

身高
大約 10 英寸（25.5 公分）

體重
9-15 磅（4-7 公斤）

被毛
雙層毛，外層毛絲滑，底毛細緻、濃密

毛色
可接受所有顏色和顏色組合

註冊機構（分類）
AKC（家庭犬）；ANKC（玩賞犬）；CKC（家庭犬）；FCI（伴侶犬及玩賞犬）；KC（萬用犬）；UKC（伴侶犬）

起源與歷史

　　如同其他西藏犬種，西藏長耳獵犬這個古老的品種同樣一身是謎。就像西藏㹴並非㹴犬，西藏長耳獵犬也不是真的長耳獵犬。目前存在著西藏長耳獵犬是否促成了日本狆、西施犬、拉薩犬和北京犬，或者情況正好相反的爭論。

　　西藏長耳獵犬數個世紀以來被飼養於西藏僧院中並受到寵愛。冬天時僧侶會將這些小狗放進長袍裡，給彼此取暖。傳說長耳獵犬會替僧侶轉動轉經輪，此外還擔任警報器——在陌生人靠近時吠叫。如同也受到喇嘛青睞的拉薩犬，西藏長耳獵犬被認為能帶來好運。

　　該品種的首隻個體在 1920 年代被醫療傳教士帶回英國。當時北京犬的高人氣，似乎已經讓牠們較為樸素的表親沒有容身之地。但西藏長耳獵犬在第二次世界大戰後取得小小的立足點，最終在英國站穩腳跟，作為展示犬和家庭寵物皆大放異彩。最早的一批西藏長耳獵犬在 1960 年代中葉被帶往加拿大，該品種於 1979 年獲得加拿大育犬協會（CKC）的承認。西藏長耳獵犬較晚才被引進美國，最終在 1983 年獲得承認。

個性

西藏長耳獵犬是為了陪伴用途而被培育。牠們深愛和敬慕飼主，熱衷於取悅。這種聰明、愛玩耍的狗隨時想要成為注意力的焦點。牠們天生會對陌生人起疑，無法很快就親近非家庭成員。西藏長耳獵犬在室內不會過度活躍，但牠們是稱職的看門犬，一發現不尋常的活動，便向家人示警。

照護需求

運動

活潑愛玩耍的西藏長耳獵犬不需要大量運動，但喜歡和家人一同到廣闊的戶外探索。牠喜歡玩耍以及快樂地和有興趣參與的人一起玩遊戲。讓牠出外走動也有助於牠的社會化，此事相當重要，因為牠天生對於老是想要和牠打招呼的陌生人冷漠。

飲食

貪吃的西藏長耳獵犬需要高品質、適齡的飲食。應監控其食物攝取量，因為牠們容易發胖。

梳理

西藏長耳獵犬的掉毛情況屬於一般程度，會經歷季節性的大量掉毛。大多數時候只需偶爾刷毛或梳理，但在季節性脫毛期間則需要每天照料。

健康

西藏長耳獵犬的平均壽命為十四年，品種的健康問題可能包含肝門脈系統分流，以及犬漸進性視網膜萎縮症（PRA）。

訓練

西藏長耳獵犬曾與西藏僧侶分擔經營寺院的責任，如今牠們喜歡成為運作良好的家庭中的一分子。為此牠們會關注似乎有利於牠們的家中地位的事，這是讓訓練產生重大成效的動機。缺乏熱忱的訓練會讓牠失去興趣。

西藏㹴 Tibetan Terrier

品種資訊

原產地
西藏（中國）

身高
公 14-16 英寸（35.5-40.5 公分）
／母犬較小

體重
18-30 磅（8-13.5 公斤）

被毛
雙層毛，外層毛長、呈波浪狀
或直、細緻、量多，底毛柔軟、
如羊毛

毛色
任何顏色或顏色組合｜但無巧
克力色、肝紅色 [ANKC] [FCI]
[KC]

其他名稱
杜克阿普索犬（Dhoki Apso）

註冊機構（分類）
AKC（家庭犬）；ANKC（家
庭犬）；CKC（家庭犬）；FCI
（伴侶犬及玩賞犬）；KC（萬
用犬）；UKC（伴侶犬）

起源與歷史

西藏㹴（並非真正的㹴，實際為畜牧犬）很可
能是大多數西藏犬種的先祖，包括拉薩犬和西施犬。
其自身包含了北崑崙山犬（North KunLun Mountain
Dog）和內蒙古犬（Inner Mongolian Dog）的血統，
牠們類似貴賓犬，起源可溯及牧羊犬。

久而久之，這些狗替勤勉的藏人放牧和保護牲
畜，透過工作發展出自己的身分，從而出現兩個各別
犬種：負責衛護的西藏獒犬，以及負責放牧的西藏㹴。
西藏㹴也提供第一線的防衛，經常向西藏獒犬示警，
通報入侵者闖進村莊或農場的跡象。不過，西藏㹴不
只是工作犬，牠也受到僧侶的珍視，數世紀以來作為
寺院裡的伴侶犬、看門犬和幸運物。

西藏㹴由英國醫師愛格尼斯·葛利格（Agnes
H.R. Grieg）引進西方世界。蒙她拯救性命的某位病
患送給她幾隻西藏㹴，而達賴喇嘛也曾贈予她西藏
㹴。她將這些狗帶回英國，創立了犬舍。西藏㹴於
1937 年獲得育犬協會（KC）的承認。一直到 1970 年
代，該品種才在美國獲得確立。

個性

數世紀以來西藏㹴一直受到西藏喇嘛的照料和
喜愛，精於陪伴之道。牠懂得適應家庭生活，能接
納比較隨和的人，也能接納比較活潑的人。牠善於

跳躍且相當敏捷,是參與戶外活動和狗運動賽的高手。牠通常外向友善,但可能對陌生人有所保留。牠會保護家人,是絕佳的看門犬,不過牠的保護性可能對其他狗表現為具有領域性的行為,因此建議要自幼犬時期開始社會化。西藏㹴喜歡吠叫。

照護需求

運動

體型中等的西藏㹴喜愛外出探索和玩耍。牠天生是具備放牧本能的看門犬,想知道周遭發生的事情,這是牠喜歡散步的原因之一。隨飼主喜歡、或長或短的運動時間,牠都能樂在其中。然而如果牠不能經常散步,牠需要遊戲所帶來的身心刺激,以及額外的關注。

飲食

西藏㹴食量大,應給予高品質的食物。

梳理

長而細緻的外層毛加上羊毛般的底毛,讓美容整飾成為一項挑戰。為了避免糾結,應時常替牠刷毛和梳理。臉部和足部的毛髮須維持乾淨並加以修剪,以免這些部位因沾染食物或污垢而結塊。許多飼主偏好將西藏㹴的毛髮剪短,如此一來更易於梳理。幸好西藏㹴不太會掉毛,甚至是適合推薦給過敏患者的品種。

健康

西藏㹴的平均壽命為十二至十六年,品種的健康問題可能包含犬類神經性蠟樣脂褐質沉著症(NCL)、白內障、髖關節發育不良症、甲狀腺功能低下症、膝蓋骨脫臼、原發性水晶體脫位,以及犬漸進性視網膜萎縮症(PRA)。

訓練

西藏㹴聰明敏感,以能提供啟發和鼓勵的正向方法加以訓練時,牠能快速學習,而且幾乎什麼事都做得到。牠想要取悅,但牠確實有獨立、倔強的傾向,如果飼主無法讓牠尊奉為領導者,便會顯現出這種傾向。

托恩雅克犬 Tornjak

速查表

適合小孩程度
🐾🐾🐾🐾🐾

適合其他寵物程度
🐾🐾🐾🐾🐾

活力指數
🐾🐾🐾🐾🐾

運動需求
🐾🐾🐾🐾🐾

梳理
🐾🐾🐾🐾🐾

忠誠度
🐾🐾🐾🐾🐾

護主性
🐾🐾🐾🐾🐾

訓練難易度
🐾🐾🐾🐾🐾

品種資訊

原產地
波士尼亞 / 赫塞哥維納 / 克羅埃西亞

身高
公 25.5-27.5 英寸（65-70 公分）／
母 23.5-25.5 cm (60-65 公分)

體重
77-110 磅（35-50 公斤）[估計]

被毛
雙層毛，外層毛長直、粗厚，底毛長、
如羊毛、厚（冬季）

毛色
雜色帶各種純色斑紋

其他名稱
波士尼亞 - 赫塞哥維納 - 克羅埃西亞牧
羊犬（Bosnian-Herzegovinian-Croatian
Shepherd Dog）

註冊機構（分類）
FCI（暫時認可：獒犬）

起源與歷史

　　這種溫和的巨型犬長久以來是波士尼亞和赫塞哥維納山區居民的工作犬。曾提
及這種牲畜護衛犬的文獻，其時間可追溯到第十一和十四世紀。其名稱「Tornjak」
源自「tor」一詞——描述山區放牧季期間用來關圍羊群的柵欄。

　　如同許多古代品種，托恩雅克犬曾面臨幾乎絕種的命運，但多虧了波士尼亞、赫
塞哥維納和克羅埃西亞若干位育種者的投入與研究，托恩雅克犬成功被復育。他們的
復育工作於 1970 年代初期展開，由於他們的努力，托恩雅克犬如今已確立其地位，並
且在牠自古以來服務的山區日益受到歡迎。托恩雅克犬於 2006 年獲得世界畜犬聯盟
（FCI）的暫時認可。

個性

托恩雅克犬是忠實坦率的工作犬，在其標準中被描述為「友善、勇敢、順從、聰明、莊重且充滿自信」。牠的護衛本能十分強烈，沒有任何可疑事物能逃過牠的注意。牠對飼主和家人忠心耿耿，將他們納入牠誠摯的看護下。牠對家人溫柔親切而且喜愛孩童，有如熊一般的大狗，性情穩定。

照護需求

運動

托恩雅克犬不需要高強度的運動，但必須有工作可做。身為真正的工作犬，牠的一生應該花在照顧牲群和保衛家人。

飲食

托恩雅克犬的需求簡單且少量，牠的食量並不大。給予高品質的食物至關重要。飲食中過多蛋白質可能會造成問題，因此應該提供牠營養健全的食物。

梳理

托恩雅克犬濃密豐沛的被毛不畏惡劣天候，天生引人注目。抖動之後便可恢復原狀，不太需要照料。擁有濃密的底毛，加上長長的外層毛，托恩雅克犬確實常會掉毛，當牠待在室內時，應該定期刷毛。

健康

托恩雅克犬的平均壽命為十至十二年，根據資料並沒有品種特有的健康問題。

訓練

托恩雅克犬反應性佳，敏於察覺飼主的願望，因此學習快速。但這不表示牠會盲目服從。就像所有的牲群護衛犬，托恩雅克犬具備獨立思考的能力，習慣於評估情勢和自行做決定。飼主必須是優秀的領導者，才能獲得托恩雅克犬的尊重。該品種需要及早且持續的社會化，以便對各式各樣的人和情況感到自在。

土佐犬 Tosa

速查表

適合小孩程度
🐾🐾🐾🐾🐾

適合其他寵物程度
🐾🐾🐾🐾🐾

活力指數
🐾🐾🐾🐾🐾

運動需求
🐾🐾🐾🐾🐾

梳理
🐾🐾🐾🐾🐾

忠誠度
🐾🐾🐾🐾🐾

護主性
🐾🐾🐾🐾🐾

訓練難易度
🐾🐾🐾🐾🐾

品種資訊

原產地
日本

身高
公至少 23.5 英寸（60 公分）／
母至少 21.5 英寸（55 公分）

體重
100-200 磅（45-91 公斤）[估計]

被毛
短、直、濃密、緊密伏貼

毛色
黑色、虎斑、淺黃褐色、紅色；或有
白色斑紋｜亦有杏黃色 [FCI]｜亦有
棕色 [UKC]

其他名稱
日本獒犬（Japanese Mastiff）；Tosa
Inu；Tosa Ken

註冊機構（分類）
AKC（FSS：工作犬）；FCI（獒犬）；
UKC（護衛犬）

起源與歷史

　　土佐犬被培育成終極的鬥犬，長久以來鬥狗活動一向是日本的國民娛樂。該品種起源自高知縣的土佐，那裡的鬥狗活動是場面盛大的儀典。參賽的狗穿著精心製作的袍服，頸部環繞白色粗繩，由幾乎控制不住牠們的工作人員牽著遊行進入鬥狗場。1854 年日本解除鎖國政策後，西方犬種被帶進該國。土佐犬與獒犬、大丹狗、鬥牛犬和聖伯納犬雜交，產生出現今認定的品種。

　　如同世界上其他犬種，土佐犬也在第二次世界大戰期間遭逢挫折。最有希望的土佐犬被送日本北部的孤立地區繼續繁衍。戰後，土佐犬愛好者將該品種的外觀標準化，並使之復元。土佐犬目前已出口到其他地區，其中包括美國，在那裡土佐犬只被當作陪伴和護衛犬。由於牠那令人畏懼的打鬥血統，土佐犬在某些國家被禁止。

個性

　　妥善調教的土佐犬可成為絕佳的伴侶犬，但想與該品種一起生活的人都必須瞭解，牠被培育成絕不退縮，而且是迎面進行攻擊。土佐犬也被培育成安靜的犬種，除非有事要向飼主示警，否則不會出聲。土佐犬體型龐碩，但就其尺寸而言，堪稱敏捷靈活。土佐犬需要一個有力氣處理強壯巨犬的有經驗飼主；倘若無法控制牠，結果可能造成其他犬隻、動物和人的傷害。另一方面，土佐犬絕對忠心耿耿，全力全意只想服侍家人。牠能和善對待孩童，但若要與其他動物共處，則必須一同飼養並適當地社會化。

照護需求

運動

　　土佐犬不需要大量運動，但如果一天沒有散步數趟，牠會變得煩躁無聊。牠是必須保持健康的大狗，也就是說要讓牠外出活動。幼犬期的土佐犬不應過度勞累，因為可能對牠成長中的骨骼、肌肉和關節造成不利的影響。

飲食

　　體型龐碩的土佐犬貪吃成性，體重應予以監控。牠需要食物賦予的能量，但需注意維持健康。最好給予高品質、適齡的飲食。

梳理

　　土佐犬濃密的短毛易於維持整潔，只需偶爾刷毛或用梳毛手套擦拭。臉部和頸部的皺摺必須保持乾淨，牠在喝水過後以及天氣炎熱或興奮時會流口水，但情況不太嚴重。

健康

　　土佐犬的平均壽命為十至十二年，品種的健康問題可能包含胃擴張及扭轉、肘關節發育不良、髖關節發育不良症，以及犬漸進性視網膜萎縮症（PRA）。

訓練

　　敏捷強健的土佐犬極能體察飼主的願望，相當容易訓練。由於牠是龐碩強大、令人畏懼的巨犬，因此需要不容牠自行其是，並且瞭解與尊重其力量的飼主／訓練者。土佐犬出人意料的敏感，絕對不能對牠使用強硬的手段。自幼犬期開始社會化至關重要。

玩具獵狐㹴 Toy Fox Terrier

速查表

適合小孩程度

適合其他寵物程度

活力指數

運動需求

梳理

忠誠度

護主性

訓練難易度

品種資訊

原產地
美國

身高
8.5-11.5 英寸（21.5-29 公分）

體重
公 16-18 磅（7.5-8 公斤）／
母 15-17 磅（7-7.5 公斤）｜
3.5-7 磅（1.5-3 公斤）[UKC]

被毛
短、直、扁平、硬、量多、平滑、
柔滑；有頸部環狀毛

毛色
三色（黑、棕褐、白）；白色、巧
克力棕褐色；白棕褐色；黑白色｜
亦有全白 [ARBA]

其他名稱
美國玩具㹴（American Toy
Terrier；AmerToy）

註冊機構（分類）
AKC（玩賞犬）；ARBA（伴侶犬）；
CKC（玩賞犬）；UKC（㹴犬）

起源與歷史

　　玩具獵狐㹴是在美國培育的道地美國品種，由育種者將平毛獵狐㹴與數種玩賞犬品種進行雜交而成，其中包括義大利靈緹犬、吉娃娃、迷你杜賓犬和曼徹斯特㹴。該品種的創造者尋求結合狩獵㹴的本能與玩賞犬品種較容易處置的體型和特性。

　　如同大多數㹴犬，玩具獵狐㹴能夠工作、鑽闖獸穴和參與穿地道測驗，並於一天結束時蜷曲在飼主腿上。牠會在犬展中現身，也是受珍視的陪伴者。

個性

　　瞭解玩具獵狐㹴的人著迷於牠的生命熱力。牠合群友善，總是準備要玩耍和參與家中的任何活動。牠一向被描述成幾乎像小丑般，想要娛樂周遭的人。就牠那嬌小的體型而言，玩具獵狐㹴是健壯結

實的狗，極適合高強度的犬類運動，例如敏捷、飛球、飛盤和其他許多種競賽。牠保有㹴犬的狩獵本能，會在花園裡追逐小動物。儘管牠樂於嬉鬧，但也喜歡待在主人腿上，並且會在大家都安靜時，迅速安定下來。牠有喜愛吠叫的傾向。

照護需求

運動

鬧騰的玩具獵狐㹴十分喜歡散步，以及被帶到家人想去的任何地方。牠強健的體能展現在參與各種狗運動或者在院子裡玩任何一種遊戲時。牠樂於與人互動，外出同時也能滿足牠的社交需求。

飲食

活躍的玩具獵狐㹴雖然貪吃，但可能會挑食，每天少量多餐更合牠的心意，但必須給予高品質且適齡的食物。

梳理

玩具獵狐㹴平滑的短毛只需花費極少的時間梳理。用溫暖的濕布擦拭，以及偶爾用梳毛手套摩擦刺激皮膚，能讓牠保持最佳的外觀和感覺。

健康

玩具獵狐㹴的平均壽命為十二至十四年，品種的健康問題可能包含股骨頭缺血性壞死、膝蓋骨脫臼，以及類血友病。

訓練

玩具獵狐㹴極願意取悅和參與活動，訓練起來是一大樂事。牠能迅速理解基本要求，很快便準備進入下一階段。運用以獎勵為基礎的正向訓練方法，玩具獵狐㹴幾乎什麼都能學會。

品種資訊

原產地
匈牙利

身高
21.5-25.5 英寸（55-65 公分）

體重
至少 55 磅（25 公斤）

被毛
雙層毛，外層毛短、直、粗、濃密、扁平、有光澤，有一層底毛

毛色
黑色帶棕褐色斑點和斑紋；或有白色斑紋

其他名稱
Erdelyi Kopo

註冊機構（分類）
ARBA（狩獵犬）；FCI（嗅覺型獵犬）；UKC（嗅覺型獵犬）

外西凡尼亞獵犬 Transylvanian Hound

起源與歷史

　　這種古老的嗅覺型獵犬源自於第九世紀馬札兒人侵匈牙利喀爾巴阡山脈時帶來的獵犬。牠們與早已存在於喀爾巴阡地區的狗雜交，或許是來自波蘭的獵犬，構成了外西凡尼亞獵犬的基礎。在喀爾巴阡山脈密林中狩獵的狗必須特別強健，牠們被培育用於跟隨騎馬的獵人追逐獵物。大量積雪的冬季和悶熱的夏季，也需要尤其能適應極端天候的獵犬。

　　以往，匈牙利的王公貴族廣泛利用外西凡尼亞獵犬去狩獵山區的狼和熊。到了更現代的期間，長腿品種被用於獵捕雄鹿、大山貓和野豬，而腿較短的則用於跟蹤狐狸和野兔。外西凡尼亞獵犬以其敏銳的方向感、能適應環境，以及在樹木叢生的多山之地展現充沛活力而聞名。第二次世界大戰後，這種獵犬的數量陡然減少，幾乎到達絕種的程度。匈牙利育種者謹慎復育該品種。直到最近，外西凡尼亞獵犬才開始在匈牙利以外的地方為人所知，目前的數量依舊稀少。

個性

　　容易照料的外西凡尼亞獵犬因其順從、可訓練以及馴良的本性而受珍視，是絕佳的伴侶犬和專門老練的獵犬。牠與家人形成牢固的情感連結，致力於保護他們。

照護需求

運動

　　若主要作為伴侶犬，外西凡尼亞獵犬需要適度的運動——至少每天散步幾次。獵犬是在野外獲得運動量，作為陪伴者的獵犬應該偶爾前往大到足以讓牠進行探索和狩獵的安全區域。定期來到開闊的戶外，可以讓牠的好奇本性和靈敏的嗅覺發展茁壯。

飲食

　　健壯的外西凡尼亞獵犬吃東西時狼吞虎嚥，體重應予以監控。牠需要食物賦予的能量，當然也必須注意維持健康。最好給予高品質、適齡的飲食。

梳理

　　掉毛程度一般，外西凡尼亞獵犬只需偶爾刷毛以保持良好狀態。

健康

　　外西凡尼亞獵犬的平均壽命為十二至十四年，根據資料並沒有品種特有的健康問題。

訓練

　　外西凡尼亞獵犬受鼻子控制且容易分心，儘管如此，牠願意且熱衷於取悅，會按照要求而表現。保持耐心和堅持不懈的正向訓練方法是成功的關鍵。

速查表

適合小孩程度	梳理
🐾🐾🐾🐾🐾	🐾🐾🐾🐾🐾
適合其他寵物程度	忠誠度
🐾🐾🐾🐾🐾	🐾🐾🐾🐾🐾
活力指數	護主性
🐾🐾🐾🐾🐾	🐾🐾🐾🐾🐾
運動需求	訓練難易度
🐾🐾🐾🐾🐾	🐾🐾🐾🐾🐾

品種資訊

原產地
美國

身高
18-24 英寸（45.5-61 公分）

體重
30-60 磅（13.5-27 公斤）

被毛
雙層毛，外層毛短至中等長度、平滑或粗糙，底毛短、柔軟、濃密

毛色
可接受任何顏色、顏色花紋或顏色組合

註冊機構（分類）
UKC（嗅覺型獵犬）

趕上樹雜種犬 Treeing Cur

起源與歷史

在培育所謂的「雜種犬品種」（Cur breeds）時，其中包括山地雜種犬、黑嘴雜種犬和趕上樹雜種犬等，著眼的因素是牠們的功能。這些雜種犬源自美國鄉村地區，在那裡，能帶食物回家比標準化的外表重要得多。雜種犬被期待的不僅是帶著獵物歸來，牠還得保護財產和看管家畜。

當某些雜種犬開始標準化時，現今所稱的趕上樹雜種犬仍舊保有多種尺寸和毛色。如今，牠主要仍是獵犬、護衛犬和畜牧犬，並以帶回松鼠、浣熊和各種大型獵物而聞名，此外牠還擅長將獵物驅趕到樹上（因此得名）。趕上樹雜種犬於 1998 年獲得聯合育犬協會（UKC）的承認。

個性

趕上樹雜種犬具備優異的視覺、嗅覺和聽覺，能迅速找到並帶回獵物。趕上樹雜種犬明白自己的任務，因此容易訓練。牠們是忠心耿耿的夥伴，與孩童和其他動

物相處融洽。

照護需求

運動

　　趕上樹雜種犬在能狩獵時最快樂，不應期待牠可以輕易適應都市生活環境。牠需要打獵這種高強度運動帶來的身心刺激。

飲食

　　辛苦狩獵的趕上樹雜種犬食量大，體重應予以監控。最好給予高品質、適齡的飲食。

梳理

　　趕上樹雜種犬的底毛會脫落，但只要保持清潔和定期刷毛，牠便會擁有一身光亮的被毛。

健康

　　趕上樹雜種犬的平均壽命為十二年，根據資料並沒有品種特有的健康問題。

訓練

　　反應性佳且警覺性高，趕上樹雜種犬易於訓練——只要被要求的任務是牠熱愛的工作。牠天生擅長狩獵。牠會向飼主尋求指示，因此耐心和正向的訓練能造就一隻守規矩的家犬。

速查表

項目	評分	項目	評分
適合小孩程度	🐾🐾🐾🐾	梳理	🐾🐾🐾
適合其他寵物程度	🐾🐾🐾🐾	忠誠度	🐾🐾🐾🐾
活力指數	🐾🐾🐾🐾	護主性	🐾🐾🐾
運動需求	🐾🐾🐾🐾🐾	訓練難易度	🐾🐾🐾

趕上樹小犬 Treeing Feist

品種資訊

原產地
美國

身高
10-18 英寸（25.5-45.5 公分）

體重
12-30 磅（5.5-13.5 公斤）

被毛
短、平滑、濃密

毛色
任何顏色或顏色花紋

其他名稱
小犬（Feist）

註冊機構（分類）
UKC（㹴犬）

起源與歷史

這種小型獵犬發展於美國的偏遠地區，特別是南方。如同雜種犬品種，牠們的功用是帶食物回家，成功完成任務的狗便會被培育。標準化的重點並非外觀——僅工作描述——且牠們往往是獵犬與㹴犬雜交的結果。如今這些活躍的小犬專門獵捕松鼠、兔子、負鼠、浣熊和鳥類等小型動物。

「小犬」（Feist）指的是具備相同通性的犬種類型。其中包含不同的品種，例如山地小犬（Mountain Feist）、丹麥小犬（Denmark Feist）和捕鼠㹴。趕上樹小犬於 1998 年被聯合育犬協會（UKC）承認為獨立品種。

個性

「Feist」一詞還可以指涉喧鬧的事物，不過當趕上樹小犬在進行追蹤時，牠幾乎完全不出聲。就小型犬而言，趕上樹小犬性具備獨特的強烈性格，牠的衝勁和勇氣使牠世世代受青睞。在野外辛苦工作一天之後，牠樂於待在家中陪伴熟識的家人。

照護需求

運動

　　趕上樹小犬需要定期的高強度運動來滿足牠。狩獵是牠所知所愛的事，快樂莫過於此。

飲食

　　趕上樹小犬非常貪吃，體重應予以監控。最好給予高品質、適齡的飲食。

梳理

　　趕上樹小犬濃密的短毛只需偶爾刷毛，使掉毛的情況降到最低。

健康

　　趕上樹小犬的平均壽命為十二至十四年，根據資料並沒有品種特有的健康問題。

訓練

　　敏捷、警覺性高的趕上樹小犬需要公平且具有一貫性的領導者。應自幼犬時期開始與其他犬隻、人和動物進行社交，以增強牠的自信。

速查表

適合小孩程度	梳理
適合其他寵物程度	忠誠度
活力指數	護主性
運動需求	訓練難易度

趕上樹田納西斑紋犬 Treeing Tennessee Brindle

速查表

適合小孩程度
🐾🐾🐾🐾🐾

適合其他寵物程度
🐾🐾🐾🐾🐾

活力指數
🐾🐾🐾🐾🐾

運動需求
🐾🐾🐾🐾🐾

梳理
🐾🐾🐾🐾🐾

忠誠度
🐾🐾🐾🐾🐾

護主性
🐾🐾🐾🐾🐾

訓練難易度
🐾🐾🐾🐾🐾

品種資訊

原產地
美國

身高
16-24 英寸（40.5-61 公分）[估計]

體重
30-45 磅（13.5-20.5 公斤）[估計]

被毛
短、平滑、柔軟、濃密 [估計]

毛色
黑色、虎斑；整齊虎斑；白色斑紋

其他名稱
Tennessee Treeing Brindle

註冊機構（分類）
AKC（FSS：狩獵犬）；
ARBA（狩獵犬）

起源與歷史

　　遍及美國的早期移民帶來他們最珍視的財產，其中往往包括他們的狗。早期的美國狗包含來自英國和歐洲其他地區的獵犬、㹴犬以及其他狩獵或賭博用的狗。等到牠們適應了美國的環境，並且被培育或雜交成能夠獵捕某些類型的獵物，便逐漸發展出明顯不同的區域性品種。在美國南方，牠們被稱作雜種犬（Cur dogs），趕上樹田納西斑紋犬便是源自這種獵浣熊犬。其特點包括身上斑紋和更像獵犬的外觀。

　　獵人和移民世世代代與小型斑紋獵犬合作。當時他們沒替牠們命名，只知道這些不虛裝門面的狗是優秀的曠野追蹤者，以及找尋浣熊和松鼠的高手，並且對人類和其他犬隻十分友好。來自田納西州的牧師厄爾‧菲利浦斯（Earl Phillips）熱愛這些有斑紋的雜種犬，最終使該品種正式化並加以命名。透過他發行的一份狩獵雜誌，從通信中菲利浦斯牧師瞭解到，許多人利用這種斑紋雜種犬從事狩獵。1967 年，趕上樹田納西斑紋犬繁殖者協會成立，這時菲利浦斯牧師已經年近百歲。十年之內，該協會已在三十個國家中擁有五百多名會員。

趕上樹田納西斑紋犬的狩獵特性很像其他的獵浣熊犬品種，包括用於追蹤獵物的大鼻子、短促的刺耳吠叫聲以及將各種獵物驅趕到樹上的能力。

個性

趕上樹田納西斑紋犬是迅捷勇敢的獵犬，作為伴侶犬時聰明深情且性情隨和。愛好者表示牠們勇於嘗試。其天性快活、大膽、自信和好奇。趕上樹田納西斑紋犬對於被忽視或遭受虐待尤其敏感，育種者警告說，訓練時必須小心謹慎，不要傷了牠的心，如他們所言：「千萬別傷牠的心，否則再也無法補救！」

照護需求

運動

趕上樹田納西斑紋犬是獵犬，因此在執行份內工作時最快樂。要做到這點，牠需要合適的環境，如果無法取得，牠可能變得無聊或焦躁不安。飼養斑紋犬作伴而非用來打獵的人，必須提供某種開闊空間，好讓牠隨心所欲地運用嗅覺。

飲食

趕上樹田納西斑紋犬食量大，應給予高品質的食物。不可過度餵食或讓牠養成乞食習慣，因為牠很容易發胖。

梳理

趕上樹田納西斑紋犬濃密的短毛易於維持清潔，只需不時刷毛和偶爾用梳毛手套徹底摩擦。狩獵回來時應檢查牠的臉部和腳掌是否受傷，以及查看耳朵是否有感染。

健康

趕上樹田納西斑紋犬的平均壽命為十一至十五年，根據資料並沒有品種特有的健康問題。

訓練

談到狩獵訓練，趕上樹田納西斑紋犬似乎毋需指導，便可學會牠需要知道的事。至於其他類型的訓練，只要保持耐心、堅持不懈和正向的態度便可產生成效——粗糙的手段無法見效。如果是牠所能理解的合理要求，趕上樹田納西斑紋犬樂於從命。

速查表

適合小孩程度

適合其他寵物程度

活力指數

運動需求

梳理

忠誠度

護主性

訓練難易度

品種資訊

原產地
美國

身高
公 22-27 英寸（56-68.5 公分）／
母 20-25 英寸（51-63.5 公分）

體重
50-70 磅（22.5-31.5 公斤）[估計]

被毛
平滑、細緻、有光澤、濃密至足以
提供保護

毛色
三色（白、黑、棕褐）

其他名稱
Treeing Walker

註冊機構（分類）
AKC（FSS）；ARBA（狩獵犬）；
UKC（嗅覺型獵犬）

起源與歷史

　　英國獵狐犬隨著最早期的移民被帶到美國。這些獵犬構成 1700 年代在南方受歡迎的「維吉尼亞獵犬」品系的基礎。維吉尼亞獵犬是競走者獵狐犬的先祖，而競走者獵狐犬則是趕上樹競走者獵浣熊犬的先祖。1800 年代有個與趕上樹競走者進行雜交的著名案例：一隻起源不明、名叫「田納西領導」（Tennessee Lead）的狗，因其絕佳的獵物感知、衝勁和速度，以及清晰短促的吠叫聲而與該品種雜交。

　　趕上樹競走者起初被歸類為英國獵浣熊犬，但自 1945 年起，育種者開始不按英國標準育種，而是培育他們自己想要的特質。這些特質包括對新鮮氣味的靈敏嗅覺、衝向樹木時穩定清晰的短促吠叫召喚聲、遠距離狩獵範圍、迅速找出獵物的能力、絕佳的持久力、以及若偵測到較強烈的氣味、會留下蹤跡的本能。隨著夜間狩獵活動日益受歡迎，趕上樹競走者憑其速度和能力，被認定為常勝的獵犬，至今仍是如此。

個性

趕上樹競走者獵浣熊犬不僅是狩獵良伴，也是和善明理的家庭伴侶犬。然而，若要讓該品種有出色的表現，大量的運動和打獵的機會不可或缺。牠與孩童和其他的狗相處融洽，歷經一夜辛苦的狩獵後，牠喜歡在家四處閒蕩。趕上樹競走者獵浣熊犬聰明、精力旺盛、深情且自信。

照護需求

運動

趕上樹競走者獵浣熊犬在狩獵時有最佳表現，這是牠最適合的運動方式。牠是為求速度和耐力而被培育，體能強健的牠必須有發洩精力和力氣的管道。

飲食

趕上樹競走者貪吃成性，不管餵食什麼東西，通常會狼吞虎嚥。除非讓牠們定期狩獵，否則應監控其食物攝取量以防肥胖。牠們需要最高品質的飲食，確保獲得所需要營養。

梳理

趕上樹競走者獵浣熊犬的硬短毛只需偶爾刷毛和擦拭，就能維持最佳外觀。完成狩獵活動後應注意牠的臉部和足部，並且定期檢查耳朵以防發生感染。

健康

趕上樹競走者獵浣熊犬的平均壽命為十一至十三年，根據資料並沒有品種特有的健康問題。

訓練

一說到狩獵訓練，趕上樹競走者獵浣熊犬幾乎不需要指導。至於其他類型的訓練，只要保持耐心、堅持不懈和正向的態度便可產生成效——粗糙的手段無法見效。牠是強烈渴望去打獵的大狗，而且牠的鼻子總是擺在服從任何要求之前。然而趕上樹競走者聰明且熱衷於取悅，因此只要施予前後一致的訓練，牠能成為家庭良伴。

特里格獵犬 **Trigg Hound**

品種資訊

原產地
美國

身高
23-25 英寸（58.5-63.5 公分）[估
計]

體重
50-70 磅（22.5-31.5 公斤）[估計]

被毛
短、有光澤、柔軟、細緻 [估計]

毛色
三色、雙色 [估計]

註冊機構（分類）
ARBA（狩獵犬）

起源與歷史

　　特里格獵犬是 1800 年代後期和 1900 年代初期，由海登‧特里格上校（Haiden C. Trigg）在肯塔基州巴倫郡培育出來的獵狐犬。特里格上校出身於喜愛馬匹、獵犬和狩獵狐狸的富裕家族，本身也熱衷打獵，他認為當時所能取得的獵狐犬在鄉間狩獵時速度太慢。在向喬治‧伯德桑上校（George L. F. Birdsong）購買了幾隻獵犬後，特里格開始審慎地讓牠們與其他獵狐犬品種雜交，其中包括莫平（Maupin）和競走者品系。這些雜交種的後代接受耐力、速度、嗅聞能力和「狐狸感知」的徹底測試，直到特里格獲得他想要的——在地形崎嶇的鄉間地區、具備更佳狩獵能力的紅色獵狐犬。

　　1940 年代，全國特里格獵狐犬協會成立，首屆特里格大會於 1949 年 10 月 9 日在伊利諾州的鮑靈格林（Bowling Green）召開。如今特里格獵犬是罕見的獵犬，不過依舊有愛好者。

個性

特里格獵犬精力旺盛，熱衷於追捕狐狸，群體出獵表現良好，也能與人、孩童和其他動物和睦相處。

照護需求

運動

特里格獵犬需要狩獵所提供的運動——在開闊的鄉間成天運用鼻子和追捕狐狸。

飲食

特里格獵犬貪吃成性，應給予最高品質的食物，成犬每天餵食兩餐。

梳理

該品種富於光澤的短毛只需偶爾刷毛。

健康

特里格獵犬的平均壽命為十至十二年，根據資料並沒有品種特有的健康問題。

訓練

特里格獵犬天生用於獵捕狐狸，在執行任務時並不太需要接受指示，牠也會向狗群同伴學習。牠聰明且樂於幫助飼主，因此保持耐心和一貫性便能加以訓練。

速查表

適合小孩程度	梳理
🐾🐾🐾🐾🐾	🐾🐾🐾🐾🐾
適合其他寵物程度	忠誠度
🐾🐾🐾🐾🐾	🐾🐾🐾🐾🐾
活力指數	護主性
🐾🐾🐾🐾🐾	🐾🐾🐾🐾🐾
運動需求	訓練難易度
🐾🐾🐾🐾🐾	🐾🐾🐾🐾🐾

品種資訊

原產地
奧地利

身高
公 17.5-19.5 英寸（44-50 公分）
／母 16.5-19 英寸（42-48 公分）

體重
33-48 磅（15-22 公斤）[估計]

被毛
雙層毛，外層毛厚，底毛粗

毛色
紅色、黑棕褐色、三色；
白色斑紋

其他名稱
Tiroler Bracke

註冊機構（分類）
ARBA（狩獵犬）；
FCI（嗅覺型獵犬）；
UKC（嗅覺型獵犬）

提洛爾獵犬 Tyrolean Hound

起源與歷史

　　自中世紀便聞名阿爾卑斯山脈的凱爾特獵犬，構成許多德國和奧地利獵犬的基礎。這些阿爾卑斯獵犬逐漸發展出許多現代品種。到了 1860 年，奧地利提洛爾地區的獵人開始篩選出自己的特定犬種，該品種發展成現代能幹的提洛爾獵犬。提洛爾地處瑞士與義大利阿爾卑斯山交界處，由於高度的緣故，冬季嚴寒、夏季燠熱，而提洛爾獵犬完全能適應這種嚴苛的環境。身為追蹤者的提洛爾獵犬外形極似巴伐利亞犬，擁有強壯的身軀但較短的腿。這種奧地利獵犬的尺寸小於其德國表親。首隻個體在 1896 年於因斯布魯克（Innsbruck）亮相，此後其標準被接受。

　　提洛爾獵犬用於獵捕兔子和狐狸，但也可搜索生病或負傷的鹿。牠們尤其適合從事開槍之後的追蹤。牠們負責追蹤新鮮的痕跡──美國獵犬飼主稱之為「開頭的」追蹤，聞到氣味時會吠叫，以便讓獵人知道。

個性

聰明且隨和的提洛爾獵犬性情馴良，十分適合家居生活。然而，牠在從事狩獵工作時最為快樂。牠是活潑、生氣蓬勃的狗，具備一流的嗅覺和狩獵時的絕佳耐力。

照護需求

運動

提洛爾獵犬需要狩獵，也需要從狩獵中獲得的運動和心智刺激。能夠工作讓牠們感到滿足。

飲食

提洛爾獵犬貪吃成性，通常會狼吞虎嚥。因此必須監控牠們的飲食以防肥胖。尤其因為牠們是工作犬，所以需要高品質的食物。

梳理

提洛爾獵犬粗糙濃密的被毛不太需要保養，只需偶爾刷毛。其多用途的被毛能適應瑞士和義大利阿爾卑斯山脈沿線提洛爾地區的極端天候，無論冬夏都能保護牠。

健康

提洛爾獵犬的平均壽命為十二至十四年，根據資料並沒有品種特有的健康問題。

訓練

提洛爾獵犬天生喜愛狩獵和遼闊的戶外。如果獲得所需要的工作，牠能安於家居生活。牠對堅定但公正的訓練者有最佳的反應，關於狩獵以外的事，牠可能需要額外的時間來學習。

速查表

適合小孩程度	梳理
活力指數	忠誠度
運動需求	護主性
	訓練難易度

適合小孩程度
適合其他寵物程度
活力指數
運動需求
梳理
忠誠度
護主性
訓練難易度

維茲拉犬 Vizsla

品種資訊

原產地
匈牙利

身高
公 22-25 英寸（56-64 公分）／
母 21-23.5 英寸（53.5-60 公分）

體重
44-66 磅（20-30 公斤）

被毛
單層毛，短、平滑、濃密、緊密

毛色
金黃鐵鏽色調

其他名稱
匈牙利指示犬（Hungarian Pointer）；
匈牙利短毛指示犬（Hungarian
Shorthaired Pointing Dog）；匈牙利
維茲拉犬（Hungarian Vizsla）；馬
札兒維茲拉犬（Magyar Vizsla）；
Rövidszörü Magyar Vizsla

註冊機構（分類）
AKC（獵鳥犬）；ANKC（槍獵犬）；
CKC（獵鳥犬）；FCI（指示犬）；
KC（槍獵犬）；UKC（槍獵犬）

起源與歷史

　　維茲拉犬的先祖是最終定居於現今匈牙利的游牧民族馬札兒人的獵犬和伴侶犬。據信維茲拉犬源自古老的外西凡尼亞獵犬和現已絕種的土耳其黃犬（Turkish Yellow Dog）。後來也摻入德國短毛指示犬和指示犬的血統。維茲拉犬與匈牙利普茲塔地區最有關聯，這個中央地帶存在多元的農業和各種狩獵文化。這片遼闊地形上的生活有助於創造出一種具備優異嗅覺和狩獵能力、適應各種極端天候的犬種。

　　該品種在第二次世界大戰後遭逢大難，幾乎滅絕。擁有維茲拉犬被視為貴族行徑，不見容於在戰後控制匈牙利的俄國人。被移民歐洲其他地區及海外的飼主帶出匈牙利的維茲拉犬，構成現今多數維茲拉犬的基礎。1950 年代期間，維茲拉犬抵達美國，其狩獵本領，特別是炎熱氣候下的精力，讓獵人們留下深刻印象。全能的維茲拉犬會勤奮地進行搜索，不會走太遠，牠會做出標示並從陸上和水上銜回獵物。加上牠的友善天性，也容易飼養作為家庭伴侶。

　　1987 年，一隻維茲拉犬首度奪得美國的三料冠軍，這是美國育犬協會（AKC）為擁有理想外表、野外追蹤冠軍、服從考驗冠軍的狗所創設的特別獎項。

個性

　　漂亮的維茲拉犬無論到哪裡都會引起注意。牠愈是與人接觸，性情愈是溫和馴良。然而倘若缺乏運動或刺激，

牠天生旺盛的精力可能導致牠沉溺於破壞行為。忽略這方面的需求，對高貴的維茲拉犬是不公平的，牠本質上是極好交際和表露情感的狗。如果調教得當，牠能與知道如何應付其充沛精力的較年長孩童相處融洽。牠可以與其他狗和動物和睦相處，但不應放任牠與可能被視為獵物的小動物同處。維茲拉犬的才能是多方面的，牠是經過驗證的追蹤犬、尋回犬、指示犬、敏捷與服從競賽的參與者，以及耀眼的犬展狗。

速查表

適合小孩程度	梳理
適合其他寵物程度	忠誠度
活力指數	護主性
運動需求	訓練難易度

照護需求

運動

維茲拉犬是活潑健壯的狗，運動使牠成長苗壯——最好能讓牠從事大範圍的狩獵活動。如果沒有機會定期狩獵，牠們需要每天數次高強度的散步。維茲拉犬是慢跑或騎單車的良伴。

飲食

極為活躍的維茲拉犬貪吃成性，體重應予以監控。牠需要食物賦予的能量，但需注意維持健康。最好給予高品質、適齡的飲食。

梳理

維茲拉犬平滑的短毛易於維持清潔。使用梳毛手套能鬆脫死毛和刺激皮膚生長，此外還需要用軟布擦拭。再者，由於牠花費大量時間待在戶外，必須勤加檢查被毛，杜絕蜱和其他寄生蟲，也應時常檢查牠的長耳朵以防感染。

健康

維茲拉犬的平均壽命為十一至十五年，品種的健康問題可能包含過敏、眼瞼外翻、眼瞼內翻、癲癇、髖關節發育不良症、甲狀腺功能低下症、犬漸進性視網膜萎縮症（PRA）、皮脂腺炎（SA），以及類血友病。

訓練

維茲拉犬多才多藝，而且可接受訓練。話雖如此，精力旺盛的牠容易分心，應由具備耐心、堅持不懈的人加以訓練，可運用以獎勵為基礎的方法，使牠保持專注。讓牠有充足的運動量是維持其穩定性，以及施予良好訓練的關鍵。

義大利小狐狸犬 Volpino Italiano

速查表

適合小孩程度
🐾🐾🐾🐾🐾

適合其他寵物程度
🐾🐾🐾🐾🐾

活力指數
🐾🐾🐾🐾🐾

運動需求
🐾🐾🐾🐾🐾

梳理
🐾🐾🐾🐾🐾

忠誠度
🐾🐾🐾🐾🐾

護主性
🐾🐾🐾🐾🐾

訓練難易度
🐾🐾🐾🐾🐾

品種資訊

原產地
義大利

身高
公 10.5-12 英寸（27-30 公分）／
母 9.5-11 英寸（24-28 公分）

體重
大約不超過 9 磅（4 公斤）[估計]

被毛
極長、直、濃密、蓬鬆

毛色
白色、紅色（非常罕見）；可接受香檳
色但並非理想

其他名稱
Cane de Quirinale；佛羅倫斯狐狸犬
（Florentine Spitz）；Italian Spitz；
Italian Volpino

註冊機構（分類）
FCI（狐狸犬及原始犬）；UKC（北方犬）

起源與歷史

　　義大利小狐狸犬源自早期的歐洲狐狸犬，自古即在牠所居住的義大利被培育。許多世紀以來，這個義大利皇族的寵兒持續看守城堡和莊園、溫暖貴族的大腿，以及用牠的魅力和聰慧逗樂他們。牠的飼主往往用象牙鐲子和頸圈來裝飾牠，藉以表現他們對牠的莫大鍾愛。據說米開朗基羅在繪製西斯汀教堂壁畫時，有一隻他珍愛的小狐狸犬在陪伴他。然而，歷史紀錄指出小狐狸犬不是只懂得過養尊處優的生活，牠也在鄉下農場主和運貨車伕之間找到差事，尤其在托斯卡尼和拉齊奧地區，以擔任看門犬來謀得生計。

　　不知何故，小狐狸犬從義大利最受歡迎的犬種之一，變成數量稀少、一度面臨絕種的命運。1965 年，最後的五隻小狐狸犬登錄於義大利育犬協會（ENCI）的品種冊。1984 年，該協會展開復育義大利品種的計畫，從各種來源取得像似小狐狸犬的狗，藉以復育該品種。小狐狸犬在義大利之外少為人知，目前數量仍然有限，但全心奉獻的

育種者不僅致力於保存小狐狸犬，同時也想盡力培育出最好的個體。

個性

小狐狸犬強烈的護衛本能使牠成為絕佳的看門犬，但也賦予牠有點易於反應的性情。牠謹防陌生人，與家人和居家領域形成緊密連結，非常具有保護性。儘管牠極為忠誠，但並非黏人的狗，而是選擇讓自己盡情享受好奇感和玩樂。當周遭環境安全無虞時，牠是活潑迷人且快樂的狗。

照護需求

運動

警覺性高、活力充沛的小狐狸犬渴望監視事物，牠想要且需要定期外出蹓躂。除了享受廣闊的戶外環境，出門散步也讓牠有機會獲得附近地區的消息。在室內，牠藉由緊跟著家人到處走動，以及與有興趣者一起玩耍來獲得運動量。

飲食

結實的小狐狸犬喜歡吃東西，但可能會挑食。每天少量多餐比較合牠的心意，但應給予高品質、適齡的食物。

梳理

小狐狸犬濃密的被毛需要定期刷毛和梳理以減少掉毛，不過它本身就能令人驚奇地保持乾淨。牠確實會經歷換毛期，但只要妥善整飾，總能維持美觀。所有白色犬種都需留意保持臉部的乾淨，特別是眼睛周圍。

健康

義大利小狐狸犬的平均壽命為十二至十五年，根據資料並沒有品種特有的健康問題。

訓練

反應佳且熱衷於取悅，小狐狸犬易於訓練，尤其當學習涉及能促進與飼主的互動時。小狐狸犬有點頑固，而且天生具有保護性，應自幼犬時期開始與各種人、其他犬隻和動物進行社交接觸。

威瑪犬 Weimaraner

適合小孩程度

適合其他寵物程度

活力指數

運動需求

梳理（粗）

梳理（細）

忠誠度

護主性

訓練難易度

品種資訊

原產地
德國

身高
公 23-27.5 英寸（59-70 公分）／
母 22.5-25.5 英寸（57-65 公分）

體重
公 66-88 磅（30-40 公斤）／
母 55-77 磅（25-35 公斤）

被毛
兩種類型：短毛型的外層毛短、短、強
韌、非常濃密、平滑伏貼，底毛稀少或
無／長毛型的外層毛長、扁平或略呈波
浪狀、柔軟，底毛或有或無｜一種類型：
短、平滑、有光澤 [AKC] [UKC]

毛色
鼠灰色調至銀灰色調的純色

其他名稱
威瑪獵犬（Weimaraner Vorstehhund）

註冊機構（分類）
AKC（獵鳥犬）；ANKC（槍獵犬）；
CKC（獵鳥犬）；FCI（指示犬）；KC（槍
獵犬）；UKC（槍獵犬）

起源與歷史

　　這個優雅的品種發展於德國，曾是德國東—中部威瑪宮廷青睞的犬種。被視為
文化重鎮的威瑪是擁有豐富歷史的城鎮，甚至有一段時間曾作為德國的國名。

　　威瑪犬起初稱為威瑪指示犬，據信源自該區的德國獵犬和嗅覺型獵犬，用於狩獵
大型獵物，例如熊、狼和大型貓科動物。當時體型大的威瑪犬與獵鳥犬雜交，產生了
獵鳥的能力。不久之後，獵人培育出如今受賞識的多用途槍獵犬，能夠找到並帶回獵
物——包括追蹤有時因獵人失了準頭而負傷的鳥類。

　　德國威瑪犬育種者守住該品種不外傳許多年，維持低數量和高品質。美國人霍華
德·奈特（Howard Knight）於 1920 年代進口一對威瑪犬，並於 1929 年成立美國威瑪

犬協會。1943 年該品種在美國正式獲得承認。長毛威瑪犬在歐洲廣為人知且被接受，不過長毛品種在美國被視為不合格。

　　如今的威瑪犬育種者瞭解到該品種的才能是多方面的，並且已在許多領域證明：狩獵、犬展、野外測試、追蹤、敏捷和服從競賽。有不少威瑪犬贏得犬展和野外測試雙料冠軍。

個性

　　威瑪犬天資聰穎、友善、順從、警覺性高且活力充沛。牠被培育來處理棘手的情況，不會輕易退卻。牠學習快速，很快便感到無聊。牠對家人和認識的人深情款款，但對陌生人則可能顯得冷漠和起疑。健壯活躍的威瑪犬雖然需要大量的外戶運動，但並非戶外犬，牠渴望經常受人關照。牠喜歡孩童的陪伴，但幼兒往往會被牠肌肉發達、動作敏捷的身體推擠。自幼犬期開始社會化，是讓牠見識各種情況和建立自信與信任的最好方法。

照護需求

運動

　　運動讓威瑪犬成長茁壯，如果無法獲得足夠的運動量，牠會變得無聊和焦躁不安，並訴諸破壞行為。成犬是慢跑或騎單車時的良伴，但不應讓幼犬過度運動。威瑪犬最喜歡有機會去狩獵，在開闊的空間中盡情伸展，如果可以去打獵，對牠助益良多。否則必須每天從事數次高強度的長距離散步。

飲食

　　健壯、精力旺盛的威瑪犬需要最高品質且適齡的食物。

梳理

　　偶爾刷毛或使用梳毛手套擦拭，足以讓短毛威瑪犬保持清潔。梳毛手套能鬆開死毛和促進皮膚健康。長毛威瑪犬應每週刷毛和梳理，以防細緻的毛髮糾結並去除殘渣。應檢查該品種下垂的耳朵是否有感染的跡象。

健康

　　威瑪犬的平均壽命為十至十二年，品種的健康問題可能包含胃擴張及扭轉、肘關節發育不良、髖關節發育不良症、肥大性骨質萎縮 (HOD)，以及類血友病。

訓練

　　看看威瑪犬的才藝便明白，只要加以訓練，牠幾乎能精通任何事情。該品種需要有耐心、堅持不懈的訓練者。手段強硬的訓練只會讓牠變得謹慎和壓抑。給予牠完成任務的鼓勵和動機，威瑪犬會有良好回應，且不僅如此。自幼犬時期開始社會化，有助於培養牠的信任和自信。

威爾斯激飛獵犬 Welsh Springer Spaniel

速查表

適合小孩程度

適合其他寵物程度

活力指數

運動需求

梳理

忠誠度

護主性

訓練難易度

品種資訊

原產地
威爾斯

身高
公 18-19 英寸（45.5-48.5 公分）／
母 17-18 英寸（43-45.5 公分）

體重
35-45 磅（16-20.5 公斤）

被毛
直、扁平、柔軟、絲滑、防水、耐候；
適量的羽狀飾毛

毛色
艷紅色和白色；可接受任何花紋

註冊機構（分類）
AKC（獵鳥犬）；ANKC（槍獵犬）；
CKC（獵鳥犬）；FCI（驅鳥犬）；
KC（槍獵犬）；UKC（槍獵犬）

起源與歷史

　　這個具有特色的威爾斯品種可以追溯到數千年前、居住於不列顛群島的紅白色獵犬。牠與近親英國可卡犬和英國史賓格犬（英國激飛獵犬）有共通的歷史。所有這些長耳獵犬一度都簡單稱作「可卡犬」或「可卡長耳獵犬」，為了培育出能吃苦耐勞、密切合作的槍獵犬，而彼此進行雜交。最終，激飛獵犬和可卡犬被分門別類，接下來這些威爾斯和英格蘭品種進一步做區分。到了 1900 年代，威爾斯激飛獵犬和英國激飛獵犬被界定為不同品種。

　　威爾斯激飛獵犬與英國激飛獵犬的不同之處在於體型、外觀和顏色。威爾斯激飛獵犬比較矮小，擁有尺寸較小但位置較高的耳朵、更加逐漸變尖細的頭顱以及招牌的紅白色被毛。牠的羽狀飾毛不像英國激飛獵犬或美國可卡犬那樣顯著。

　　牠是天生會驚趕獵物的長耳獵犬，熱衷工作不知疲倦，尤其擅長入水。該品種在美國或其他國家並未特別受歡迎，這對於威爾斯激飛獵犬的愛好者來說是件好事——

牠的馴良性情和狩獵能力成為他們深藏的機密。

個性

威爾斯激飛獵犬是和藹可親的夥伴，牠樂於待在廣闊的戶外，也同樣喜歡蜷曲在火爐旁。這個未被寵壞的犬種保有許多世紀以來所培育的狩獵本能——搜尋、跳躍和銜回鳥類獵物的敏銳感覺。牠具備充沛的精力，可以整天待在戶外，但一回到家陪伴家人，很快便安定下來。社會化有助於幫牠克助些許的害羞傾向，尤其在面對陌生人時。

照護需求

運動

要讓威爾斯激飛獵犬真正感到快樂，必須儘可能讓牠時常外出待在廣闊的戶外。牠是天生的探險家，對於周遭環境充滿好奇和熱情。如果牠無法在戶外滿足這些需求，可能會在室內訴諸破壞行為。

飲食

威爾斯激飛獵犬食量大，應給予高品質的食物。

梳理

定期照料可讓威爾斯激飛獵犬絲滑的被毛保持最美觀的狀態。這表示應每隔幾天刷毛和梳理，尤其是具有羽狀飾毛的部分，例如耳朵、胸膛和腿部。牠的耳朵需要不時檢查是否有感染。

健康

威爾斯激飛獵犬的平均壽命為十二至十五年，品種的健康問題可能包含癲癇以及髖關節發育不良症。

訓練

威爾斯激飛獵犬具備激飛犬與可卡犬一般而言的馴良本性，因此是訓練起來讓人感覺愉快的狗。威爾斯激飛獵犬被培育用來貼近獵人身旁工作，擁有想要取悅的強烈欲望，這點使牠能專注於眼前的學習。對這種狗絕對不可採取強硬的手段，如此會讓牠退卻且永遠懷疑飼主。經過適當調教的威爾斯激飛獵犬擅長追蹤、狩獵、銜回獵物以及其他運動和競賽。

速查表

適合小孩程度

適合其他寵物程度

活力指數

運動需求

梳理

忠誠度

護主性

訓練難易度

品種資訊

原產地
威爾斯

身高
公 15-15.5 英寸（38-39.5 公分）／
母犬較小｜不超過 15.5 英寸（39.5
公分）[ANKC] [FCI] [KC]

體重
20-21 磅（9-9.5 公斤）

被毛
雙層毛，外層毛剛硬、濃密，底毛
短、柔軟

毛色
黑棕褐色、黑灰斑棕褐色

註冊機構（分類）
AKC（㹴犬）；ANKC（㹴犬）；
CKC（㹴犬）；FCI（㹴犬）；KC（㹴
犬）；UKC（㹴犬）

起源與歷史

　　現今的許多㹴犬可以追溯到英格蘭北部古老的黑棕褐色碎毛㹴（Broken-Coated Terrier，或老式英國㹴〔Old English Terrier〕）。威爾斯㹴事實上可能是與這個古老品系關係最密切、最直接的後裔。威爾斯㹴之所以受重視，是因為牠們能狩獵水獺、狐狸和獾，一對一將牠們困在獸穴裡，以及成群獵捕其他動物。獾是尤其強悍的敵人，㹴犬必須大膽無畏且堅持不懈方可摺倒牠們。環境協助界定狩獵風格，威爾斯獵人培育出腿較長、身軀更寬廣的狗。

　　直到 1888 年為止，所有老式英國㹴都在同一分類範疇中。當時有一隻名叫迪克・圖爾賓（Dick Turpin）的狗改變了局面。牠的勝利無比風光，以致英格蘭人希望將牠歸類為英格蘭㹴，而威爾斯人希望牠登錄為道地的威爾斯㹴。結果育犬協會（KC）站在威爾斯人這邊，迪克・圖爾賓於是成為我們現今所知的威爾斯㹴的品種奠基之祖。

　　威爾斯㹴再也毋需靠著滅殺害蟲來維持生計，不過牠們的確保留住狩獵本能，與小動物同處時必須受到監督。如今牠們因為運動活力和作為忠誠的陪伴者而受珍視。

個性

　　威爾斯㹴小巧結實的外表下隱藏著真正和藹可親的狗，樂於與牠最親愛的人膩在一起。這個漂亮的小傢伙是絕佳的旅伴，因為牠好奇友善且容易相處。其鑑定標準描述牠展現出自我控制力，這種態度明顯表露於牠的舉止。撇開這些讚美不提，威爾斯㹴畢竟是道地的㹴犬，一旦受到挑戰，會拼命反抗。因此牠是絕佳的看門犬——而且必須自幼犬時期開始社會化，以便讓牠對不同的人、地方和事物感覺到有自信而不受威脅。

照護需求

運動

　　威爾斯㹴不需要大量運動，儘管牠是活潑好奇的品種。牠喜歡每天散步數次，但毋需激烈。牠可以在家中跟隨每個人走動以及和他們玩耍，從而獲得運動量。

飲食

　　威爾斯㹴喜歡吃東西，但可能會挑食。每天少量多餐比較合牠的心意，但應給予高品質、適齡的食物。

梳理

　　為了維持最佳外觀，威爾斯㹴應由瞭解其應有造型的專業人士打理。這包括每年四次用手除毛以免牠的被毛變得蓬亂。修剪可能損及應該粗糙且剛硬的毛髮質地。再者，牠幾乎不會掉毛，若定期除毛，只需偶爾梳理便可維持美觀。

健康

　　威爾斯㹴的平均壽命為十三至十五年，品種的健康問題可能包含癲癇、青光眼、皮膚問題，以及甲狀腺問題。

訓練

　　說到訓練威爾斯㹴，其原則是從小開始以及保持耐心。牠是聰明和有才能的狗，但具備獨立的意志，以及有點容易分心。為求最佳效果，訓練時應使用正向方法和縮短時間。威爾斯㹴必須自幼犬期開始社會化，以學會應付各種外界影響力。

速查表

適合小孩程度
🐾🐾🐾🐾

適合其他寵物程度
🐾🐾🐾🐾🐾

活力指數
🐾🐾🐾🐾🐾

運動需求
🐾🐾🐾🐾🐾

梳理
🐾🐾🐾🐾🐾

忠誠度
🐾🐾🐾🐾🐾

護主性
🐾🐾🐾🐾🐾

訓練難易度
🐾🐾🐾🐾🐾

品種資訊

原產地
蘇格蘭

身高
公 11 英寸（28 公分）／母 10 英寸
（25.5 公分）｜ 11 英寸（28 公分）
[ANKC] [FCI] [KC] [UKC]

體重
15-22 磅（7-10 公斤）[估計]

被毛
雙層毛，外層毛直、粗糙，底毛短、
柔軟、緊密

毛色
白色

註冊機構（分類）
AKC（㹴犬）；ANKC（㹴犬）；
CKC（㹴犬）；FCI（㹴犬）；KC（㹴
犬）；UKC（㹴犬）

起源與歷史

　　粗毛㹴已存在於蘇格蘭數百年。白色幼犬從一般㹴犬中被挑選出來，構成了西高地白㹴的基礎（同樣的，有色幼犬也從這些老式㹴犬生下來的幼犬中被挑選出來，構成凱恩㹴和蘇格蘭㹴的品種）。牠們獨特的全白毛色使牠們容易在蘇格蘭鄉間被看見，且三百多年來一直受到歡迎。如同其他所有㹴犬，西高地白㹴用於抑制害蟲。

　　一般認為阿蓋爾郡波多羅克村的馬爾科姆上校（Colonel Malcolm）是該品種的創始者。他的家族自十八世紀開始飼養白色㹴犬，早期牠們常被稱作「波多羅克㹴」。十九世紀期間，阿蓋爾公爵開始在他位於羅茲尼絲（Roseneath）的莊園培育一種類似波多羅克㹴的品種。該品系的白色㹴被稱作「羅茲尼絲㹴」。當這些㹴犬開始參加犬展時，波多羅克品種受到評審的青睞，而這些狗最接近存續至今的品種。

　　為該品種提出描述性名稱的人便是馬爾科姆上校，西高地白㹴以此名稱參加了1907 年的英國克魯福茲狗展（Crufts）。1906 年在美國初次亮相時稱作羅茲尼絲㹴，但到了 1908 年正式獲得承認時，牠的名稱改成現在的形式。此後西高地白㹴日漸受歡

迎。培育者替牠安排的犬展修剪造型是展現突出的頭部，配上銳利的黑眼睛和鈕扣般的黑色鼻子，這種造型讓最鐵石心腸的人也動心，賦予牠相當討人喜愛的形象。

個性

西高地白㹴雖然擁有一張可愛的臉和迷人的性格，但牠依舊是正經認真的㹴犬。該品種勇敢忠誠、生氣盎然，展現典型的㹴犬傾向：強健結實、用於示警的吠叫、掘地、趾高氣昂的步姿，以及凌駕其他狗的氣勢。但西高地白㹴不像其他某些㹴犬品種那樣反覆無常。事實上，西高地白㹴的要求標準戒絕過度的好鬥，牠是絕佳的家庭寵物。

照護需求

運動

西高地白㹴樂於陪伴任何人外出探險，無論是在附近地區蹓躂或加入足球比賽。活潑敏捷的牠喜歡參與所有的活動，包括玩耍、訓練和各種犬類運動。

飲食

西高地白㹴雖然喜歡吃東西，但可能會挑食，而且往往腸胃敏感。每天少量多餐更合牠們的心意，應給予高品質、適齡的食物。

梳理

西高地白㹴雖然貼近地面，但不會真的弄髒身體。只要簡單地刷毛或梳理，牠的被毛便會快速擺脫塵垢或泥土。西高地白㹴不會掉毛，但牠濃密的被毛需要每年數次用手拔除，以免變得蓬亂。

健康

西高地白㹴的平均壽命為十二至十四年，品種的健康問題可能包含銅中毒、球細胞腦白質失養症、股骨頭缺血性壞死、肺纖維化、皮膚問題，以及白狗搖擺症候群。

訓練

西高地白㹴是最容易訓練的㹴犬之一。牠熱衷於取悅且反應性良好，特別喜歡聽命行事之後獲得的關注和獎勵。進行訓練時應縮短時間和採用正向方法，牠終生都應該接受訓練，保持有事可忙的狀態。西高地白㹴喜歡敏捷和穿地道等運動項目。

品種資訊

原產地
德國

身高
12-15 英寸（30.5-38 公分）[估計]

體重
大約 33-40 磅（15-18 公斤）[估計]

被毛
粗、濃密

毛色
紅色至黃色帶黑色鞍型斑或披風；
白色斑紋

其他名稱
Westfalische Dachsbracke

註冊機構（分類）
FCI（嗅覺型獵犬）；
UKC（嗅覺型獵犬）

威斯特達克斯布若卡犬 **Westphalian Dachsbracke**

起源與歷史

　　就像法國人發展出他們的短腿長耳獵犬，用於從事較靠近獵人或速度較慢的獵犬工作，德國也創造出自己的短腿獵犬——臘腸犬和達克斯布若卡犬。牠們已經在德國某些地區從事狩獵好幾千年，其中出自西發利亞和和紹爾蘭的獵犬最為知名，部分因為牠們是皇族所飼養。

　　該品種可以狩獵各種獵物，從野兔和狐狸到大型獵物，包括鹿和野豬。現代權威人士認為威斯特達克斯布若卡犬的發展包含了較大型獵犬的短腿突變，以及當時臘腸犬的雜交。犬類學家路德維格‧貝克曼（Ludwig Beckmann）和奧托圖‧格拉希（Otto Grashey）於 1886 年首度描述和命名該品種，不過中世紀的畫像已經描繪了這種小型犬。威斯特達克斯布若卡犬於 1935 年獲得德國育犬協會的承認，如今受到德國布若卡犬協會的養育和庇護。

　　威斯特達克斯布若卡犬向來被用於狩獵中央高山地帶的野兔、狐狸、野豬和兔子。要在山林中狩獵，少了獵犬是辦不到的。威斯特達克斯布若卡犬搜索獵物，尤

其擅長「環繞追逐」兔子，也被運用於追蹤血跡。

個性

　　威斯特達克斯布若卡犬縱或矮小，但不容易被打倒。牠是能夠自我保衛的獵犬。在野外，牠擁有充沛精力，會堅持不懈直到發現獵物為止。在家裡，牠會拼命要到牠想要的東西。牠對家人忠心耿耿，多少總是在進行搜尋，樂於嗅聞出某件東西並加以追蹤。及早與持續的社會化，加上堅定但公正的訓練能讓牠展現深情和順從的一面。

照護需求

運動

　　威斯特達克斯布若卡犬需要外出執行牠的任務。每天至少有一部分時間可以花在狩獵，是牠身心最愉快的時候。

飲食

　　精力旺盛的威斯特達克斯布若卡犬貪吃成性，體重應予以監控。牠需要食物賦予的能量，但當然必須注意維持健康。最好給予高品質、適齡的飲食。

梳理

　　短而硬的被毛易於保持乾淨，只需定期刷毛。

健康

　　威斯特達克斯布若卡犬的平均壽命為十二至十四年，根據資料並沒有品種特有的健康問題。

訓練

　　只要獲得充足的運動，這種嗅覺型獵犬相當好處理，最好有機會定期狩獵。牠是天生的狩獵高手，但可能需要加把勁學習服從。

西西伯利亞雷卡犬 West Siberian Laïka

速查表

適合小孩程度
🐾🐾🐾🐾🐾

適合其他寵物程度
🐾🐾🐾🐾🐾

活力指數
🐾🐾🐾🐾🐾

運動需求
🐾🐾🐾🐾🐾

梳理
🐾🐾🐾🐾🐾

忠誠度
🐾🐾🐾🐾🐾

護主性
🐾🐾🐾🐾🐾

訓練難易度
🐾🐾🐾🐾🐾

品種資訊

原產地
俄羅斯

身高
公 21-23.5 英寸（53.5-59.5 公分）
／母 20.5-23 英寸（52-58.5 公分）

體重
40-55 磅（18-25 公斤）[估計]

被毛
雙層毛，外層毛直、硬，底毛發達

毛色
白色、椒鹽色、紅色、所有灰色調、
黑色；白色帶椒鹽色、紅色或灰色
班塊

其他名稱
Zapadno-Sibirskaia Laïka

註冊機構（分類）
FCI（狐狸犬及原始犬）；
UKC（北方犬）

起源與歷史

雷卡犬（Laïka），俄語意指「吠叫者」，歷來都是頑強的獵犬，用於替歐亞大陸北部的民族狩獵大型獵物，例如熊、馴鹿和麋鹿。不同地區使用的雷卡犬發展出些微不同的特性。1947 年全聯盟犬類大會（All-Union Cynological Congress）將雷卡犬分為四個品種：俄歐雷卡犬、卡累里亞—芬蘭雷卡犬（Karelo-Finnish Laïka）、東西伯利亞雷卡犬和西西伯利亞雷卡犬。這時有人合作篩選培育出各地區具有代表性的雷卡犬。

西西伯利亞雷卡犬來自北烏拉爾山脈和西伯利亞，以其耐力、靈活和優異的狩獵感而聞名。兩個品系的西西伯利亞雷卡犬最終被發展出來——曼西（Mansi）和漢特（Hanty）種，曼西種體態較輕盈、腿較長。儘管二者在體型上有些微差異，仍被視為相同品種，因為這些獵犬的功能勝過外形。

如今，西西伯利亞雷卡犬是該區受青睞的獵犬，專門追捕高價值的貂。其受歡迎

程度促成建立品種一致性和絕佳工作能力的巨大進展。該品種於 1960 年代來到美國，目前雖然仍屬稀罕，但因為傑出的狩獵特性而受到愛好者的珍視。

個性

西西伯利亞雷卡犬具備討人喜歡的性情，而且對飼主忠心耿耿，但骨子裡是道地的獵犬。牠獨立自信，傾向於有支配性，尤其處在不熟悉的成犬之間時。牠可能對陌生人冷漠，但對家人則深情忠誠。聰明的西西伯利亞雷卡犬喜愛學習。

照護需求

運動

西西伯利亞雷卡犬是強健活潑的犬種，被培育用於長時間待在艱困地形。因此，牠們天生想要且需要充足的運動。如果不用於狩獵，或運動不足，可能轉而訴諸破壞性手段以發洩牠們的精力。

飲食

健壯的西西伯利亞雷卡犬通常貪吃成性，高品質、適齡的飲食讓牠們成長茁壯。壯年期的牠們需要大份量的食物。

梳理

耐候的濃密被毛只需定期稍加整理。每週徹底刷毛和梳理有助於去除死毛。季節性脫毛期間可能需要更頻繁梳理或刷毛。

健康

西西伯利亞雷卡犬的平均壽命為九至十二年，根據資料並沒有品種特有的健康問題。

訓練

西西伯利亞雷卡犬冷靜聰明，非常容易訓練。及早訓練和社會化是抑制其支配傾向的關鍵。缺乏適當的社會化可能導致對其他狗的攻擊性。

惠比特犬 whippet

速查表

適合小孩程度

適合其他寵物程度

活力指數

運動需求

梳理

忠誠度

護主性

訓練難易度

品種資訊

原產地
英格蘭

身高
公 18.5-22 英寸（47-56 公分）／
母 17-21 英寸（44-53.5 公分）

體重
25-40 磅（11.5-18 公斤）[估計]

被毛
短、平滑、堅實、緊密

註冊機構（分類）
AKC（狩獵犬）；ANKC（狩獵犬）；
CKC（狩獵犬）；FCI（視覺型獵
犬）；KC（狩獵犬）；UKC（視
覺型獵犬及野犬）

起源與歷史

　　惠比特犬的發展相當近期——1800 年代。牠是迷你型的靈緹犬，同尺寸家畜中速度最快者，奔跑時可高達時速 35 英里（56.5 公里）。儘管贏得高貴的名聲，但牠並非發展自貴族仕紳使用大型視覺型獵犬行獵的原野。牠其實源自於「撲殺犬」（snapdogs）——賭客用來下注比賽的狗，打賭牠們在封閉區域內的指定時間中，能追捕獵殺多少隻兔子。許多撲殺犬屬於靈緹犬—㹴犬雜交種。㹴犬雖是出了名的捕鼠犬，但牠們的速度比不上兔子，而靈緹犬和其他大型視覺型獵犬則過於笨重，無法在舉行撲殺比賽的小區域內發揮速度。該項「運動」最終被禁止，賭客轉而在競速動物上押注。產生自撲殺鬥獸場的這個敏捷品種進一步被改良，成為能奔馳更長距離的惠比特犬，也被稱作「窮人的賽馬」。

　　1900 年代初期，蘭開郡紡織工人帶著惠比特犬移居新英格蘭，將該品種及其競速比賽引進美國。牠們先在麻薩諸塞州落腳，繼而遷往馬里蘭州的巴爾的摩。不久之後，牠們的速度、優雅外形和良好規矩便開始受到注意。由於這些特質，惠比特犬成為人見人愛的寵物，如今是受青睞的小型視覺型獵犬。

個性

惠比特犬是性情隨和、適應力強的品種。在奔跑或參與運動比賽時，牠專注且熱烈，不過在家時則溫和深情，總是樂於蜷曲在沙發上打盹兒。牠非常依戀飼主，通常也對陌生人友善和信任。惠比特犬冷靜穩定，與孩童和其他的狗（特別是其他惠比特犬）相處融洽，但可能會追逐其他小動物。除非在有圍欄的安全區域，否則應該用牽繩繫住，以免為萬一有東西吸引牠的注意，而牠決定加以追逐，可能因此走失或衝進車流中，或遇上危險情況。

照護需求

運動

惠比特犬儘管能高速奔跑，但牠不需要每天衝刺來保持健康或快樂。如果看見值得追逐的東西，牠可能會有想要疾馳的衝動，除此之外，牠滿足於平靜跟隨著飼主散步，尊貴地觀察周遭世界。

飲食

想用最適合的食物來滿足惠比特犬會是一項挑戰。惠比特犬可能挑食，對食盤置之不理，而安靜地輕推飼主，彷彿要求提供別種食物。應給予小份量的高品質、適齡食物，必要時補充例如少量的糙米飯或全熟的瘦肉。

梳理

惠比特犬是天生乾淨整齊的狗。偶爾刷毛或用梳毛手套按摩對牠們有益。

健康

惠比特犬的平均壽命為十三至十五年，品種的健康問題可能包含眼部問題。

訓練

惠比特犬聰明且獨立。由於性情隨和，牠們傾向於尋求在家庭中的地位，不過接受過訓練的惠比特犬更適合每一個人。牠是敏感的品種，所以應採取獎勵導向的訓練方法，絕對不可蠻幹。牠需要重覆教導，舉例來說，不應期待牠像尋回犬一樣工作或表現。必須讓牠自幼犬時期開始社會化，以及進行有趣的訓練活動。

白色牧羊犬 White Shepherd

品種資訊

原產地
芬蘭

身高
公 24-26 英寸（61-66 公分）／
母 22-24 英寸（56-61 公分）

體重
公 75-85 磅（34-38.5 公斤）／
母 60-70 磅（27-31.5 公斤）

被毛
雙層毛，外層毛中等長度、直、
粗糙、濃密、耐候，底毛短、厚、
細緻

毛色
白色、白色帶灰黃色

其他名稱
白色德國牧羊犬（White German
Shepherd Dog）

註冊機構（分類）
ARBA（畜牧犬）；
UKC（畜牧犬）

起源與歷史

　　白色牧羊犬與德國牧羊犬有共通的血緣。該品種可追溯到德國上尉馬克斯・馮・史蒂芬尼斯（Max von Stephanitz）的熱情，他想要創造一個具備所有牧羊犬重要特質的品種。這些特質包括聰明、步履穩健迅速、保護本能、能全天工作的健全身體、完全值得信賴的能力，及想要取悅的強烈欲望。馮・史蒂芬尼斯開始進行雜交計畫。他特別喜愛其中一隻名叫格雷夫（Greif）的白色牧羊犬，1899 年他獲得一隻名為赫克特・林克謝姆（Hektor Linkrsheim）的狗，牠是格雷夫的孫子。他將其改名為霍蘭・馮・格拉夫拉特（Horand von Grafrath），這隻狗成為關鍵的奠基先祖。由於具備白色基因，霍蘭生育出許多白色幼犬和有色幼犬。馮・史蒂芬尼斯並不在意幼犬的顏色，他感興趣的是將他所認定的工作與性情方面的特性固定下來。

　　1899 年，馮・史蒂芬尼斯成立了德國牧羊犬協會，並擔任首任會長。該協會舉辦展覽和工作競賽以推廣他的牧羊犬，德國牧羊犬日益受歡迎。1930 年代初期，德國牧羊犬接續實現了馮・史蒂芬尼斯對於優秀工作犬的願景。約在此時，白色牧羊犬逐漸失寵，被視為「蒼白」且不夠格。此外，白色牧羊犬因其品種的疾病而受責難，結果被排除於犬展和育種庫外。

　　在美國，白色牧羊犬與其他顏色的牧羊犬一樣，都是德國牧羊犬育種者繁殖計畫的一部分。1917 年，有一窩共四隻的白色牧羊犬誕生，且極富盛名的犬舍也繁殖白色牧羊犬，例如 Longworth Kennels、Giralda Farms 和 Grafmar Kennels。當

白色牧羊犬在德國和歐洲失寵時，美國育種者也跟進，美國育犬協會（AKC）於 1968 年將白色列為不合格的德國牧羊犬標準。白色德國牧羊犬雖然可以登錄在 AKC 並參加表演項目，但不能在 AKC 犬展中出賽。1999 年，聯合育犬協會（UKC）承認白色德國牧羊犬是稱作白色牧羊犬的獨立品種。同時，科學證實了導致白色的基因本身不會產生任何缺陷，且白色牧羊犬的基因與有色德國牧羊犬完全相同。

速查表

適合小孩程度	梳理
適合其他寵物程度	忠誠度
活力指數	護主性
運動需求	訓練難易度

個性

牠自信、率直且大膽。高智商讓牠能夠評估情勢，做正確的決定。牠對家人忠誠愛慕，對陌生人則顯冷淡，略微保持提防，但絕無攻擊性。事實上，牠通常比德國牧羊犬更令人感到愉悅。與懂得尊重的孩童一同飼養，或經過社會化的白色牧羊犬，是一輩子的朋友和玩伴。

照護需求

運動

牠喜愛且需要每天數次的長距離散步。牠們聰明、警覺性高，喜歡散步所提供的刺激，而且運動有助於讓牠們在室內維持平靜。白色牧羊犬是天生的表演者，參與從敏捷到放牧等運動能使牠們保持快樂。

飲食

白色牧羊犬可能容易食物過敏，因此需要最高品質的飲食，以確保牠們獲得所需的營養。

梳理

會季節性地大量脫毛，有必要定期刷毛和梳理，讓牠的被毛終年維持在最佳狀態，嚴重掉毛期間需要每天照料。如同其他天生的白犬，白色牧羊犬不會因為外出而弄髒或沾上污垢。

健康

白色牧羊犬的平均壽命為十二至十四年，品種的健康問題可能包含過敏、胃擴張及扭轉、肘關節發育不良、內生骨疣、癲癇、髖關節發育不良症、吸收不良症候群、巨食道症，以及類血友病。

訓練

訓練熱衷於取悅且敏感的白色牧羊犬是一件樂事。極度聰明的牠敏於學習，在被重覆要求時，會真心想要將事情做對。應自幼犬時期開始社會化，協助牠發展成有自信的狗。

剛毛獵狐㹴 Wire Fox Terrier

速查表

適合小孩程度
🐾🐾🐾🐾🐾

適合其他寵物程度
🐾🐾🐾🐾🐾

活力指數
🐾🐾🐾🐾🐾

運動需求
🐾🐾🐾🐾🐾

梳理
🐾🐾🐾🐾🐾

忠誠度
🐾🐾🐾🐾🐾

護主性
🐾🐾🐾🐾🐾

訓練難易度
🐾🐾🐾🐾🐾

品種資訊

原產地
英格蘭

身高
公不超過 15.5 英寸（39.5 公分）／
母犬較小

體重
公 18 磅（8 公斤）／母犬較輕

被毛
雙層毛，外層毛非常剛硬、濃密，
底毛柔軟、濃密

毛色
以白色為主，帶黑色、黑棕褐色或
棕褐色斑紋

註冊機構（分類）
AKC（㹴犬）；ANKC（㹴犬）；
CKC（㹴犬）；FCI（㹴犬）；KC（㹴
犬）；UKC（㹴犬）

起源與歷史

　　獵狐㹴是古老的英國品種，十八世紀時為獵狐人所使用，他們需要一種小巧結實、精力旺盛，願意下地追趕獵物的勇敢犬種。當時的獵人會將獵狐㹴置於馬背的鞍袋或箱子裡，跟隨著在前方拼命追逐的獵狐犬，等到狐狸找到藏身處，獵人便放下獵狐㹴將狐狸驅趕出來。獵狐㹴被培育成思考敏捷的獵犬，倚靠牠們自己的本能行事，而非接收飼主的命令。歷來規定獵狐㹴的毛色應以白色為主，不可帶有紅色，如此一來在激烈的狩獵過程中容易與狐狸作區分。

　　獵狐㹴依被毛分為兩種類型：剛毛和平毛。如今被毛雖是兩者之間唯一的重大差別，但權責單位認為平毛和剛毛獵狐㹴有不同的起源。平毛獵狐㹴的祖先據信包括英格蘭的黑棕褐色平毛㹴犬、牛頭㹴以及甚至靈緹犬和米格魯。剛毛獵狐㹴據信起源自威爾斯的黑棕褐色粗毛㹴犬。

　　近一百年來，獵狐㹴在美國被視為具備兩種類型的同一品種；然而到了 1984 年，

美國育犬協會（AKC）贊成不同的標準。兩者在英國早有不同的標準，自1876年起便分別登錄。

個性

　　剛毛獵狐㹴個性外向、精力旺盛和充滿自信，對活躍的家庭而言是健壯結實的絕佳寵物。牠警覺性高且好奇，需要獲得家人的關注。雖然牠在陌生人面前顯得自信和友善，但確實有護主的傾向。如果適當社會化，牠能與其他狗和睦相處，但不應讓牠在不受監督的情況下，與可能被牠視為獵物的小型寵物共處，例如鳥類、倉鼠或兔子。這種合群的狗不太適合長時間落單。牠有愛出聲的傾向，可能會經常吠叫。

照護需求

運動

　　剛毛獵狐㹴需要有每天運動和探索的機會，以及確保周遭地區一切沒問題，牠在巡視時會認真查看和嗅聞。參與和其他剛毛獵狐㹴較量的狗運動賽是絕佳的點子，因為這會讓訓練變得更有趣，並且使牠獲得更多運動量。

飲食

　　剛毛獵狐㹴食量大，應給予高品質的食物。

梳理

　　該品種粗糙的剛毛需要由瞭解其應有造型的專業人士來打理。每年數次經專業人士用手除毛和修整的剛毛獵狐㹴只需偶爾刷毛。牠剛硬的被毛幾乎不會掉毛。

健康

　　剛毛獵狐㹴的平均壽命為十二至十五年，品種的健康問題可能包含白內障、先天性耳聾、多生睫毛、青光眼、股骨頭缺血性壞死、水晶體脫位、巨食道症，以及皮膚過敏。

訓練

　　活力十足的剛毛獵狐㹴可能難以訓練，但牠絕對不會令人感到無聊。以獎勵為基礎的正向訓練有助於讓牠集中注意力。牠是聰明的狗，但也容易分心。然而，如果剛毛獵狐㹴將訓練視為好玩的事，牠幾乎什麼都學得會，居家訓練可能需要花費一些額外的時間。自幼犬時期開始社會化是訓練的關鍵部分，讓牠與更多人和其他動物社交，牠會變得愈有自信，從而降低領域性本能。

剛毛指示格里芬犬 Wirehaired Pointing Griffon

速查表

適合小孩程度
🐾🐾🐾🐾🐾

適合其他寵物程度
🐾🐾🐾🐾🐾

活力指數
🐾🐾🐾🐾🐾

運動需求
🐾🐾🐾🐾🐾

梳理
🐾🐾🐾🐾🐾

忠誠度
🐾🐾🐾🐾🐾

護主性
🐾🐾🐾🐾🐾

訓練難易度
🐾🐾🐾🐾🐾

品種資訊

原產地
法國

身高
公 21.5-24 英寸（54.5-61 公分）／
母 19.5-22 英寸（49.5-56 公分）

體重
50-60 磅（23-27 公斤）[估計]

被毛
雙層毛，外層毛中等長度、直、粗糙，
底毛細緻、厚、如絨毛；有髭鬚

毛色
鋼灰色帶肝紅棕色斑塊、肝紅雜色、肝
紅色、肝紅白色、橙白色

其他名稱
French Wire-Haired Korthals Pointing
Griffon；Griffon d'Arrêt à Poil dur
Korthals；科薩爾格里芬犬（Korthals
Griffon）

註冊機構（分類）
AKC（獵鳥犬）；CKC（獵鳥犬）；
FCI（指示犬）；KC（槍獵犬）；
UKC（槍獵犬）

起源與歷史

　　這個多才多藝的品種是荷蘭人愛德華・科薩爾（Edward K. Korthals）於 1870 年代創造出來的。他想要創造一種能吃苦耐勞、近身跟隨步行獵人的槍獵犬。科薩爾的基礎血統始於一隻名叫「蒼蠅」（Mouche）的格里芬犬品系母犬，他為了獲取被毛、愛水習性和智商等特性，將牠與其他格里芬犬雜交。專家推測他運用了多種蹲獵犬、指示犬或長耳獵犬，以求取指示和嗅聞氣味的能力。由於科薩爾是法國龐蒂耶夫爾公爵（Duke of Penthièvre）的代理商，因此他的特殊犬種很快便引來一批忠實擁護者——其陣容如此龐大，以致於法國被認為是該品種的原產地。

　　剛毛指示格里芬犬於十九世紀後期被帶到美國，事實上牠是第一種在北美洲獲得正式承認的「多用途」品種。該品種於 1916 年在威斯敏斯特育犬協會首次亮相。但如同之後許多優秀的歐陸品種，剛毛指示格里芬犬往往被美國犬種評論詆毀為速度太慢

和不美觀。如今隨著土地和獵物日益稀少，獵人們對這個歐陸犬種有了新的評價。牠縱或速度較慢，但更貼近獵人在工作，而且更容易在小型農場發揮作用，牠也可以追蹤受傷奔逃的鳥類，不至遺失獵物。這個多用途品種也被培育成能銜回水上和陸上的獵物。

個性

剛毛指示格里芬犬是戶外活動愛好者的絕佳夥伴。本性馴良可親，在各種環境和天候條件下進行長距離的散步能讓牠欣然茁壯。在室內，牠是令人愉悅的狗，想要和家人待在一起。剛毛指示格里芬犬與孩童相處融洽，牠是有耐心但愛玩耍、性情穩定可以信賴的大狗。

照護需求

運動

每天運動對這種獵犬來說是有必要的。如果無法去狩獵，至少需要在野外或其他戶外地區玩耍二十分鐘。牠喜歡游泳，也是絕佳的慢跑夥伴。

飲食

健壯的剛毛指示格里芬犬貪吃成性，體重應予以監控。牠需要食物賦予的能量，但也需注意維持健康。最好給予高品質、適齡的飲食。

梳理

剛毛指示格里芬犬天生看起來髒亂，每年大約兩次讓專業理容師拔毛和打理，對牠會有助益。牠粗糙的被毛只需偶爾刷毛便可保持乾淨，天生不太會掉毛。應經常檢查耳朵是否有感染的跡象。

健康

剛毛指示格里芬犬的平均壽命為十至十二年，品種的健康問題可能包含髖關節發育不良症。

訓練

剛毛指示格里芬犬被培育用來在獵人身旁工作，是真正的多用途犬種，易於訓練。牠懂得尊重人、反應性良好，很快便能學會人們期待牠做的事——尤其當這事情與找尋獵物有關時。用正向的獎勵予以刺激，加上縮短時間但增加次數的教導，剛毛指示格里芬犬很快便能學會守規矩，表現出與家人和諧相處必須有的舉止。社會化有助於培養牠的外向性格。

剛毛維茲拉犬 Wirehaired Vizsla

速查表

適合小孩程度

適合其他寵物程度

活力指數

運動需求

梳理

忠誠度

護主性

訓練難易度

品種資訊

原產地
德國

身高
公 22.5-25 英寸（57-64 公分）／
母 21-23.75 英寸（53.5-60.5 公分）

體重
48.5-66 磅（22-30 公斤）

被毛
雙層毛，外層毛剛硬、堅韌、濃密、緊密，
底毛濃密、防水；有鬍鬚

毛色
金黃沙色調至赤褐色；或有白色斑紋

其他名稱
馬札兒維茲拉犬（Drotzörü Magyar
Vizsla）；匈牙利剛毛指示犬（Hungarian
Wire-Haired Pointing Dog）；匈牙利
剛毛維茲拉犬（Hungarian Wire-Haired
Vizsla；Hungarian Wirehaired Vizsla；
Wirehaired Hungarian Vizsla）

註冊機構（分類）
AKC（FSS：獵鳥犬）；ANKC（槍獵犬）；
ARBA（獵鳥犬）；CKC（獵鳥犬）；
FCI（指示犬）；KC（槍獵犬）；UKC（槍
獵犬）

起源與歷史

讓維茲拉犬具備在野外的持久力，是培育者一開始的主要動機。獵人和用鷹狩
獵者雖然欣賞平毛維茲拉犬的許多優點，卻發現牠的短被毛不足以讓牠長時間處於
比較崎嶇的地形或比較寒冷的氣溫中。在 1930 年代，這些獵人開始培育現今的剛
毛維茲拉犬，他們的計畫得到匈牙利維茲拉犬協會的贊同和監督。兩隻維茲拉母犬
（Csibi 和 Zsuzsi）與一隻德國剛毛指示犬（Astor von Potat）雜交，其後代再彼此交
配，誕生出第一隻正式被認可的剛毛維茲拉犬「Dia de Selle」。專職的育種者花費
數十年時間，發展出他們理想中被毛粗厚的品種，同時保有平毛維茲拉犬所具備的
相同特質。

1966 年，世界畜犬聯盟（FCI）終於承認剛毛維茲拉犬為獨立品種。不久之後世

界各地的獵人都開始注意到牠作為多用途槍獵犬的多項長處。剛毛維茲拉犬可以在原野、水裡或森林中狩獵，是能獵捕禽類和畜類的能幹獵犬。最早的一批剛毛維茲拉犬於 1970 年代進口到美國，並於 1986 年獲得北美多用途獵犬協會（North American Versatile Hunting Dog Association）的承認。

個性

深情、聰明且極為忠誠，剛毛維茲拉犬為牠所愛的人努力工作。牠無法忍受粗糙的對待，而且可能會倔強。然而若給予正確的指引和領導，牠是忠心耿耿的好夥伴，與孩童和其他動物相處融洽。牠在戶外固然生龍活虎，但回到室內則沉靜穩定。

照護需求

運動

剛毛維茲拉犬是精力旺盛的品種，需要定期的高強度運動。理想上，牠應該接受打獵的訓練，這項運動理應列為牠的固定練習。如果沒有狩獵的機會，牠必須每天運動數次，而參與例如敏捷等快步調的運動也有助益。

飲食

剛毛維茲拉犬食量大，需要每天提供兩餐高品質的食物。

梳理

該品種的耐候被毛易於照料，偶爾刷毛即可保持良好狀態。眉毛和鬍鬚應輕輕梳理以防糾結和卡住殘渣。

健康

剛毛維茲拉犬的平均壽命為十二至十五年，品種的健康問題可能包含愛迪生氏症、白內障、髖關節發育不良症，以及犬漸進性視網膜萎縮症（PRA）。

訓練

剛毛維茲拉犬反應佳且熱衷於取悅，能好好為牠所尊敬的人工作。強硬的對待或者要求剛毛維茲拉犬去做牠不特別感興趣的事，牠可能會抗拒和不聽話。當工作有趣時，牠會熱心投入。

迷你無毛犬 Xoloitzcuintle, Miniature

品種資訊

原產地
墨西哥

身高
13.75-18 英寸（35-45.5 公分）

體重
13-22 磅（6-10 公斤）[估計]

被毛
兩種類型：無毛型全身無毛，但前額和後頸有粗厚的短毛／有毛型全身有毛｜一種類型：無毛 [ARBA] [KC]

毛色
無毛型從黑色至灰色、紅色、肝紅色、古銅色至金黃色；出現雜色，包含白色斑塊／有毛型可有任何顏色或顏色組合｜任何顏色組合皆可 [UKC]

其他名稱
Mexican Coated Dog；Mexican Hairless Dog；Perro sin Pelo Mexicano；Tepeizeuintli；Xoloitzcuintli；Xoloitzquintle

註冊機構（分類）
AKC（FSS：家庭犬）；ARBA（狐狸犬及原始犬：中間型）；CKC（家庭犬）；FCI（狐狸犬及原始犬）；KC（萬用犬）；UKC（視覺型獵犬及野犬）

起源與歷史

　　無毛犬原產於墨西哥（在那裡這種玩具犬被稱作迷你犬，而迷你犬被稱作中型犬），是世界上最古老、稀有的犬種之一。已知牠是美洲最早的狗，其祖先在一萬五千多年前隨首批移民者越過白令海峽，來到現在的南、北和中美洲。除了作為寵物、食物和獻祭品的價值，這些狗也因其治療功用和神秘力量而受到阿茲提克人的高度重視。牠們被視為聖犬，長久以來嚴格維持純正的血統。其名稱「Xoloitzcuintle」源自阿茲提克人的印第安神祇「Xolotl」和阿茲提克語「Itzcuintli」（意即「犬」）。無毛犬往往作為獻祭品及陪葬飼主，據信可以保護和指引靈魂前往陰間。

　　奇特的無毛犬在十九世紀時被視為伴侶犬，直到現在持續受珍視，被許多人當作治療犬。不只因為牠們的體溫有助於緩解關節或肌肉疼痛，而且據信能祛除失眠、牙痛和氣喘等疾病。人們也相信這種神秘的動物能保護居家免受邪靈侵擾。無毛犬因其優異的看家護院本領，自古擔任護衛犬，而如今的飼主繼續熱愛牠們世世代代以來的忠誠和適應力。無毛犬展現多方面的能力——作為寵物、服務犬、護衛犬、展示犬以及參加若干種犬類運動。

所有品種的無毛犬都不算特別大，迷你型被喜愛牠的人視為理想大小。迷你型與標準型和玩具型有同一品種標準，除體型之外，其他方面皆相同。

個性

無毛犬在數千年來一直擔任護衛犬，對陌生人心存懷疑，第一次見面時可能顯得冷漠。然而牠對家人則滿懷深情、忠心耿耿。無毛犬性情愉悅、專注且警覺性高，是絕佳的夥伴和看門犬，在家時通常鎮定安靜，不過一旦偵測或察覺到危險或使牠分心的事物，便會馬上採取行動。牠不常吠叫，因此當牠吠叫時，應加以留意。無毛犬向來被描述成身小志氣大，不是容易屈服的狗。牠需要指引和公正的領導，以便瞭解牠在家中的角色。

照護需求

運動

無毛犬在有些人眼中看似脆弱，但其實是堅強結實的狗，願意參與各種運動。牠喜歡玩遊戲，而定期到公園散步、快跑以及參加狗運動賽和其他更多活動，也能讓牠生長茁壯。無毛犬外出需穿著毛衣以免著涼，即便只是涼爽的天氣。

飲食

牠雖貪吃，但可能挑食，每天少量多餐更合牠的心意。應給予高品質且適齡的食物。

梳理

沒有毛髮的無毛犬相對容易照料，即便皮膚摸起來柔軟，卻富於彈性和韌性。事實上，過度洗澡或塗抹太多護膚霜，可能損及皮膚所提供的天然保護，而引發痤瘡和毛孔感染等問題。應該大約每月只洗一次澡，之後塗抹少量護膚霜。深色無毛犬的皮膚最堅韌，而顏色較淡者可能需要額外的保養。待在戶外時有必要使用防曬乳液。有毛型需要定期刷毛和梳理。

健康

無毛犬的平均壽命為十五至二十年，根據資料並沒有品種特有的健康問題。

訓練

無毛犬會自然配合照料者，因此易於訓練。牠具備容易與某人形成強烈依附的傾向，這意味著家中每個人都應參與照顧和訓練，以便讓牠的情感平均分配。不尋常的外表使無毛犬一出門就引人注目，非常有助於牠的社會化，對這個天生冷漠的品種來說是一大好處。

速查表

適合小孩程度	梳理
適合其他寵物程度	忠誠度
活力指數	護主性
運動需求	訓練難易度

標準無毛犬 Xoloitzcuintle, Standard

品種資訊

原產地
墨西哥

身高
17.5-23.5 英寸（25.5-35.5 公分）

體重
20-31 磅（9-14 公斤）[估計]

被毛
兩種類型：無毛型全身無毛，但前額和後頸有粗厚的短毛／有毛型全身有毛 | 一種類型：無毛 [ARBA] [KC]

毛色
無毛型從黑色至灰色、紅色、肝紅色、古銅色至金黃色；出現雜色，包含白色斑塊／有毛型可有任何顏色或顏色組合 | 任何顏色組合皆可 [UKC]

其他名稱
Mexican Coated Dog；Mexican Hairless Dog；Perro sin Pelo Mexicano；Tepeizeuintli；Xoloitzcuintli；Xoloitzquintle

註冊機構（分類）
AKC（FSS：家庭犬）ARBA（狐狸犬及原始犬）；CKC（家庭犬）；FCI（狐狸犬及原始犬）；KC（萬用犬）；UKC（視覺型獵犬及野犬）

起源與歷史

　　無毛犬原產於墨西哥，是世界上最古老、稀有的犬種之一。已知牠是美洲最早的狗，其祖先在一萬五千多年前隨首批移民者越過白令海峽，來到現在的南、北和中美洲。除了作為寵物、食物和獻祭品的價值，這些狗也因其治療功用和神秘力量而受到阿茲提克人的高度重視。牠們被視為聖犬，長久以來嚴格維持純正的血統。其名稱「Xoloitzcuintle」源自阿茲提克人的印第安神祇「Xolotl」和阿茲提克語「Itzcuintli」（意即「犬」）。無毛犬往往作為獻祭品及陪葬飼主，據信可以保護和指引靈魂前往陰間。

　　奇特的無毛犬在十九世紀時被視為伴侶犬，直到現在持續受珍視，被許多人當作治療犬。不只因為牠們的體溫有助於緩解關節或肌肉疼痛，而且據信能祛除失眠、牙痛和氣喘等疾病。人們也相信這種神秘的動物能保護居家免受邪靈侵擾。無毛犬因其優異的看家護院本領，自古擔任護衛犬，而如今的飼主繼續熱愛牠們世世代代以來的忠誠和適應力。無毛犬展現多方面的能力——作為寵物、服務犬、護衛

犬、展示犬以及參加若干種犬類運動。

三種無毛犬中，標準型體型最大。牠與玩具型和迷你型有同一品種標準，除體型之外，其他方面皆相同。

適合小孩程度	梳理
🐾🐾🐾🐾🐾	🐾🐾🐾🐾🐾
適合其他寵物程度	忠誠度
🐾🐾🐾🐾🐾	🐾🐾🐾🐾🐾
活力指數	護主性
🐾🐾🐾🐾🐾	🐾🐾🐾🐾🐾
運動需求	訓練難易度
🐾🐾🐾🐾🐾	🐾🐾🐾🐾🐾

個性

無毛犬在數千年來一直擔任護衛犬，對陌生人心存懷疑，第一次見面時可能顯得冷漠。然而牠對家人則滿懷深情、忠心耿耿。無毛犬性情愉悅、專注且警覺性高，是絕佳的夥伴和看門犬，在家時通常鎮定安靜，不過一旦偵測或察覺到危險或使牠分心的事物，便會馬上採取行動。牠不常吠叫，因此當牠吠叫時，應加以留意。無毛犬向來被描述成身小志氣大，不是容易屈服的狗。牠需要指引和公正的領導，以便瞭解牠在家中的角色。

照護需求

運動

無毛犬在有些人眼中看似脆弱，但其實是堅強結實的狗，願意參與各種運動。牠喜歡玩遊戲，而定期到公園散步、快跑以及參加狗運動賽和其他更多活動，也能讓牠生長茁壯。無毛犬外出需穿著毛衣以免著涼，即便只是涼爽的天氣。

飲食

牠雖然貪吃，但可能會挑食，少量多餐更合牠的心意。應給予高品質且適齡的食物。

梳理

沒有毛髮的無毛犬相對容易照料，即便皮膚摸起來柔軟，卻富於彈性和韌性。事實上，過度洗澡或塗抹太多護膚霜，可能損及皮膚所提供的天然保護，而引發痤瘡和毛孔感染等問題。應該大約每月只洗一次澡，之後塗抹少量護膚霜。深色無毛犬的皮膚最堅韌，而顏色較淡者可能需要額外的保養。待在戶外時有必要使用防曬乳液。有毛型需要定期刷毛和梳理。

健康

無毛犬的平均壽命為十五至二十年，根據資料並沒有品種特有的健康問題。

訓練

無毛犬會自然配合照料者，因此易於訓練。牠具備容易與某人形成強烈依附的傾向，這意味著家中每個人都應參與照顧和訓練，以便讓牠的情感平均分配。不尋常的外表使無毛犬一出門就引人注目，非常有助於牠的社會化，對這個天生冷漠的品種來說是一大好處。

玩具無毛犬 Xoloitzcuintle, Toy

品種資訊

原產地
墨西哥

身高
10-14 英寸（25.5-35.5 公分）

體重
9-18 磅（4-8 公斤）[估計]

被毛
兩種類型：無毛型全身無毛，但前額和後頸有粗厚的短毛／有毛型全身有毛｜一種類型：無毛 [ARBA] [KC]

毛色
無毛型從黑色至灰色、紅色、肝紅色、古銅色至金黃色；出現雜色，包含白色斑塊／有毛型可有任何顏色或顏色組合｜任何顏色組合皆可 [UKC]

其他名稱
Mexican Coated Dog；Mexican Hairless Dog；Perro sin Pelo Mexicano；Tepeizeuintli；Xoloitzcuintli；Xoloitzquintle

註冊機構（分類）
AKC（FSS：家庭犬）ARBA（狐狸犬及原始犬：小型）；CKC（玩賞犬）；FCI（狐狸犬及原始犬）；KC（萬用犬）；UKC（視覺型獵犬及野犬）

起源與歷史

　　無毛犬原產於墨西哥，是世界上最古老、稀有的犬種之一。已知牠是美洲最早的狗，其祖先在一萬五千多年前隨首批移民者越過白令海峽，來到現在的南、北和中美洲。除了作為寵物、食物和獻祭品的價值，這些狗也因其治療功用和神秘力量而受到阿茲提克人的高度重視。牠們被視為聖犬，長久以來嚴格維持純正的血統。其名稱「Xoloitzcuintle」源自阿茲提克人的印第安神祇「Xolotl」和阿茲提克語「Itzcuintli」（意即「犬」）。無毛犬往往作為獻祭品及陪葬飼主，據信可以保護和指引靈魂前往陰間。

　　奇特的無毛犬在十九世紀時被視為伴侶犬，直到現在持續受珍視，被許多人當作治療犬。不只因為牠們的體溫有助於緩解關節或肌肉疼痛，而且據信能祛除失眠、牙痛和氣喘等疾病。人們也相信這種神秘的動物能保護居家免受邪靈侵擾。無毛犬因其優異的看家護院本領，自古擔任護衛犬，而如今的飼主繼續熱愛牠們世世代代以來的忠誠和適應力。無毛犬展現多方面的能力——作為寵物、服務犬、護衛

犬、展示犬以及參加若干種犬類運動。

　　所有品種的無毛犬體型都不算特別大，玩具型是當中最小的一種。

適合小孩程度	梳理
🐾🐾🐾🐾🐾	🐾🐾🐾🐾🐾
適合其他寵物程度	忠誠度
🐾🐾🐾🐾🐾	🐾🐾🐾🐾🐾
活力指數	護主性
🐾🐾🐾🐾🐾	🐾🐾🐾🐾🐾
運動需求	訓練難易度
🐾🐾🐾🐾🐾	🐾🐾🐾🐾🐾

個性

　　無毛犬數千年來一直擔任護衛犬，對陌生人心存懷疑，第一次見面時可能顯得冷漠。牠對家人則滿懷深情、忠心耿耿。牠性情愉悅、專注且警覺性高，是絕佳的夥伴和看門犬，在家時通常鎮定安靜，不過一旦偵測或察覺到危險或使牠分心的事物，便會馬上採取行動。牠不常吠叫，因此當牠吠叫時，應加以留意。無毛犬向來被描述成身小志氣大，不是容易屈服的狗。牠需要指引和公正的領導，以便瞭解牠在家中的角色。

照護需求

運動

　　無毛犬在有些人眼中看似脆弱，但其實是堅強結實的狗，願意參與各種運動。牠喜歡玩遊戲，而定期到公園散步、快跑以及參加狗運動賽和其他更多活動，也能讓牠生長茁壯。無毛犬外出需穿著毛衣以免著涼，即便只是涼爽的天氣。

飲食

　　牠雖然貪吃，但可能會挑食，少量多餐更合牠的心意。應給予高品質且適齡的食物。

梳理

　　沒有毛髮的無毛犬相對容易照料，即便皮膚摸起來柔軟，卻富於彈性和韌性。事實上，過度洗澡或塗抹太多護膚霜，可能損及皮膚所提供的天然保護，而引發痤瘡和毛孔感染等問題。應該大約每月只洗一次澡，之後塗抹少量護膚霜。深色無毛犬的皮膚最堅韌，而顏色較淡者可能需要額外的保養。待在戶外時有必要使用防曬乳液。有毛型需要定期刷毛和梳理

健康

　　無毛犬的平均壽命為十五至二十年，根據資料並沒有品種特有的健康問題。

訓練

　　無毛犬會自然配合照料者，因此易於訓練。牠具備容易與某人形成強烈依附的傾向，這意味著家中每個人都應參與照顧和訓練，以便讓牠的情感平均分配。不尋常的外表使無毛犬一出門就引人注目，非常有助於牠的社會化，對這個天生冷漠的品種來說是一大好處。

約克夏㹴 Yorkshire Terrier

速查表

適合小孩程度

適合其他寵物程度

活力指數

運動需求

梳理

忠誠度

護主性

訓練難易度

品種資訊

原產地
英格蘭

身高
6-7 英寸（15-18 公分）[估計]

體重
不超過 7 磅（3 公斤）

被毛
長度適中、直、絲滑、有光澤、細緻

毛色
鋼藍棕褐色

註冊機構（分類）
AKC（玩賞犬）；ANKC（玩賞犬）；CKC（玩賞犬）；FCI（㹴犬）；KC（玩賞犬）；UKC（伴侶犬）

起源與歷史

　　有鑑於約克夏㹴是最受歡迎的犬種之一，教人難以置信的是，牠在大約一百五十年前才開始聞名於世。第一隻登記在案的約克夏㹴名叫哈德斯菲爾德·班（Huddersfeld Ben），公認為該品種的始祖。班出生於 1865 年，產自英格蘭北部的約克郡。這個崎嶇的地區昔日以勤奮的礦工和紡織工著稱，他們需要這些強悍的小狗來抑制礦場和紡織廠裡的害蟲。

　　構成約克夏㹴的特定品種至今仍不得而知。據信斯凱㹴、瑪爾濟斯、黑棕褐色曼徹斯特㹴、現已絕種的里茲㹴（Leeds Terrier），可能還包括丹第丁蒙㹴，是約克夏㹴主要先祖。起初稱碎毛蘇格蘭犬（Broken-Haired Scotch）或約克夏㹴，1870 年「約克夏㹴」成正式名稱。牠原本體型大上許多，但隨著牠作為美觀可靠的工作犬的聲名傳揚開，迅速成為上流社會青睞的陪伴寵物，因此被培育得愈來愈小。

　　不久之後，牠風靡全英國，隨後也在美國受歡迎。有個故事促使該品種獲得無數人的喜愛。第二次世界大戰期間，名叫威廉·懷恩（William Wynne）的美國人在新幾內亞日本戰線附近的砲彈坑內發現了一隻約克夏㹴。懷恩收養牠，將其取名為斯莫基（Smokey），牠在背包裡度過剩餘的戰事，陪伴懷恩完成一百五十次空襲和十二次海空救援任務。

約克夏㹴已風光地佔領幾乎每一種環境，從北英格蘭的礦井到第二次世界大戰的戰壕，乃至於美國白宮，在此尼克森總統（Richard Nixon）的約克夏㹴帕夏（Pasha）曾是常客。

個性

儘管體型嬌小，心性卻不小。牠也有愛玩耍的一面，可能同時淘氣又討人喜歡。約克夏㹴是精力旺盛、生氣盎然的陪伴者，不過骨子仍是道地的㹴犬——活躍、無畏，並且準備迎接任何挑戰。勇敢忠誠而頑強地守衛牠的領域，在家人未察覺前，讓他們知道可能存在的任何危險。由於牠相當大膽和獨立，容易讓自己惹上麻煩，需要讓牠知道是誰在當家作主。寵溺牠可能會導致神經兮兮的佔有欲行為，包括過度的吠叫，以及對陌生人和陌生動物的侵略性。

照護需求

運動

約克夏㹴藉由跟隨飼主到處活動而獲得運動量——在屋子和院子裡跟前跟後，以及到附近地區蹓躂或一起玩耍。約克夏㹴天性活潑，定期嬉戲和出遊能讓牠保持健康快樂。

飲食

約克夏㹴往往成為被溺愛的寵物，這種態度經常反映在牠的飲食上，可能讓牠變得挑食。最好給予高品質、適齡的飲食，必要時再補充蒸熟的糙米或煮熟的瘦肉。

梳理

約克夏㹴全身都是毛髮，必須每天刷毛和梳理以防糾結。牠臉部的毛髮也同樣過長，應將眼睛上方的毛髮紮綁成冠毛。許多飼主往往偏好修剪被毛，讓美容整飾的工作變得輕鬆許多，但仍然需要定期梳理。約克夏㹴甚少掉毛，皮屑也較少，可謂過敏患者的福音。約克夏㹴往往有牙齒方面的毛病，所以必須勤於清潔。由於身體非常靠近地面，牠可能沾染上各種髒污，容易污染嘴巴、耳朵和眼睛。牠的臉部和足部應保持乾淨。

健康

約克夏㹴的平均壽命為十二至十五年，品種的健康問題可能包含膀胱結石、白內障、氣管塌陷、多生睫毛、低血糖症、牙齒發育不全、角膜炎、股骨頭缺血性壞死、膝蓋骨脫臼、肝門脈系統分流，以及視網膜發育不良。

訓練

隨時保持注意力的約克夏㹴樂於為了獎賞和正向的回饋而行動，不過牠有可能頑固倔強。訓練課程必須簡單和簡短，並且經常重複，給足獎賞之後，牠們才能真正會意。縱使小巧的體型讓約克夏㹴較易於處置，但仍須由始終如一的群體領導者，教導這種大膽且獨立的小狗明白規矩。牠可能難以進行居家訓練，堅持不懈和耐心是成功的關鍵。

國家圖書館出版品預行編目資料

最完整犬種圖鑑百科／多明妮克.迪.畢托(Dominique
De Vito), 海瑟.羅素瑞維茲(Heather Russell-Revesz),
史蒂芬妮.佛尼諾(Stephanie Fornino)著；謝慈等譯.
-- 初版. -- 臺中市：晨星，2021.06
　　面；　公分. --（寵物館；81）

譯自：World atlas of dog breeds

ISBN 978-986-443-884-6（平裝）

　1.犬 2.動物圖鑑

437.35025　　　　　　　　　　　　108007274

寵物館81

最完整犬種圖鑑百科（下）

作者	多明妮克・迪・畢托（Dominique De Vito）、 海瑟・羅素瑞維茲（Heather Russell-Revesz）、 史蒂芬妮・佛尼諾（Stephanie Fornino）
譯者	謝慈、鍾莉方、張郁笛、林金源
編輯	李佳旻、邱韻臻、林珮祺
排版	陳柔含、曾麗香
封面設計	言忍巾貞工作室
創辦人	陳銘民
發行所	晨星出版有限公司 407台中市西屯區工業30路1號1樓 TEL：04-23595820　FAX：04-23550581 行政院新聞局局版台業字第2500號
法律顧問	陳思成律師
初版	西元 2021 年 6 月 1 日
總經銷	知己圖書股份有限公司 106 台北市大安區辛亥路一段 30 號 9 樓 TEL：02-23672044 / 23672047　FAX：02-23635741 407 台中市西屯區工業 30 路 1 號 1 樓 TEL：04-23595819　FAX：04-23595493 E-mail：service@morningstar.com.tw
網路書店	http://www.morningstar.com.tw
訂購專線	02-23672044
郵政劃撥	15060393（知己圖書股份有限公司）
印刷	上好印刷股份有限公司

定價 1880元
（上下兩冊不分售）

ISBN 978-986-443-884-6

World Atlas of Dog Breeds
Published by TFH Publications, Inc.
© 2009 TFH Publications, Inc.
All rights reserved.